우리를 방정식에 넣는다면

우리를 방정식에 넣는다면

인간의 마음을 설명할 수 있는
단 하나의 이론을 찾아서

조지 머서 지음 | 김소정 옮김

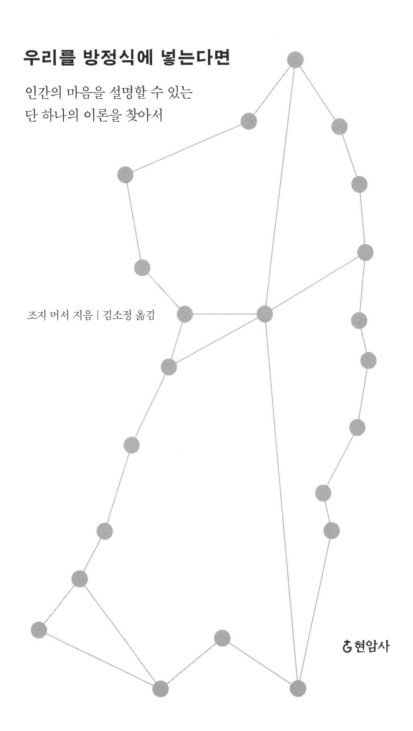

ઉ현암사

우리를 방정식에 넣는다면

: 인간의 마음을 설명할 수 있는
　단 하나의 이론을 찾아서

초판 1쇄 발행 2024년 11월 17일

지은이 | 조지 머서
옮긴이 | 김소정
펴낸이 | 조미현

책임편집 | 박이랑
교정교열 | 정차임
디자인 | 엄윤영

펴낸곳 | (주)현암사
등록 | 1951년 12월 24일 (제 10-126호)
주소 | 04029 서울시 마포구 동교로12안길 35
전화 | 02-365-5051 · 팩스 | 02-313-2729
전자우편 | editor@hyeonamsa.com
홈페이지 | www.hyeonamsa.com

ISBN 978-89-323-2390-9 03400

브렛과 조너선을 위하여

일러두기
책 말미에 있는 미주는 지은이 주, 본문 아래쪽에 ●로 표기된 각주는 옮긴이 주입니다.

목차

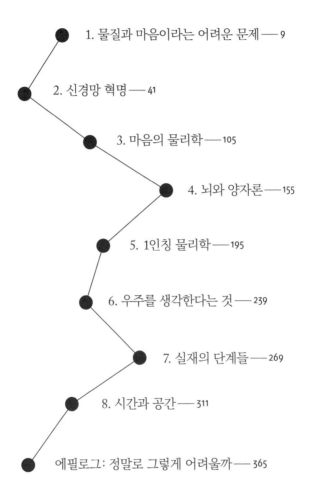

1

물질과 마음이라는
어려운 문제

나는 물리학 학회에 정말 많이 간다. 학회에서 블랙홀, 힉스 보손(Higgs boson), 암흑 물질 그리고 자연계 깊은 곳에서 일어나는 작용들에 관한 최신 소식을 접한다. 그런데 십여 년쯤 전에 물리학회 의제로 생각지도 않았던 주제가 등장했다. 바로 '마음'이었다. 저녁이 되어 참석자들이 한잔하거나 식사하려고 모였을 때, 물리학자들은 이내 '의식'이라는 주제를 입에 올렸다. 전에는 보지 못한 모습이었다. 오랫동안 물리학자들은 우리의 마음을 연구에서 배제하려고 애썼다. 일상의 경험은 초월한 채, 방대한 우주에 비해 인간이 얼마나 보잘것없는 존재인지를 밝히려고 애써왔다.

사람들은 가끔 자신이 마음에 관심을 갖게 된 계기를 내게 들려준다. 젊은 이탈리아 물리학자 지오반니 라부포(Giovanni Rabuffo)

는 2018년에 양자 중력학으로 박사 학위를 받았다. 양자 중력학은 공간과 시간의 본질을 탐구하고, 시공간을 이용해 우주의 기원을 찾는 이론 물리학의 한 갈래다. 라부포는 로마 남동쪽의 구릉지 마을에서 보낸 십 대 시절에 처음으로 물리학에 매력을 느꼈다고 한다. 그는 이렇게 말했다. "물리학은 추상적이면서도 매우 정밀합니다. 사물의 아주 깊은 곳까지 내려가는 학문이죠. 철학의 모습을 바꾸고, 평범한 추론으로는 발견할 수 없는 자연의 모습을 보여주는 학문입니다."

2013년, 피사 대학교에서 석사 과정을 밟고 있던 라부포는 자각몽을 알게 된다. 자각몽이란 자신이 꿈꾼다는 것을 자각하면서 꾸는 꿈을 말한다. 자각몽을 직접 꾸고 싶다는 호기심이 생긴 그는 자각몽 안내서를 읽고 명상을 시작했고, 생각을 가라앉히며 차분해지는 법을 배웠다. 그는 자신의 부차적인 관심사를 같은 학과 친구들에게 감추지는 않았지만 그렇다고 대놓고 광고하고 다니지도 않았다. "물리학 영역에서는 이런 열정과 호기심을 타인에게 전하기 어려울 때가 있다는 걸 알게 됐어요. 모두 그렇지는 않지만 이런 논의에 벽을 치는 사람이 있다는 것도요. 내가 경험한 바로는 물리학 공동체의 입장은 분명히 갈라져 있습니다." 라부포의 여자친구 역시 자각몽에 관심을 갖는 사람들을 이해하지 못했다. "여자친구는 '그게 뭐야?' 라는 반응을 보였어요. 결국 그 때문에 헤어졌죠."

어느 날 침대에 누워 있던 라부포는 자신이 꿈을 꾸고 있음을 깨달았다. 마침내 자각몽을 꾸게 되었는지도 모른다는 기쁨에 밖을 향해 두 팔을 힘껏 뻗는 상상을 했고, 그 결과 자신이 몸 밖으로 빠져나와 있음을 알았다. 그때의 느낌은 전혀 꿈 같지 않다. "정말로, 진짜 현실 같았어요. 완전히 깬 상태로 거기에 있는 것 같았습니다." 방은 어두웠지만 파란 빛이 방 안을 희미하게 밝히고 있었다고 그는 말했다. 주위를 둘러보던 그는 빛의 정체를 파악했다. "거울 앞으로 다가가 들여다보았어요. 거울에는 내가 비치지 않았습니다. 그저 파란 빛이 움직이고 있었을 뿐이에요. 내가 거울 앞으로 다가가면 빛도 다가오는 걸 보고서야 내가 바로 그 빛임을 깨달았습니다." 그에 따르면, 방문으로 걸어가 문을 열려고 하자 손잡이에서 녹이 슨 것 같은 소리가 나더니 갑자기 침대로, 자신의 몸으로 돌아가고 있다는 느낌이 들었다. 그 경험은 1분쯤 지속된 것 같았다.

그 뒤로도 라부포는 계속 물리학을 공부했고, 프랑스 마르세유로 옮겨 박사 학위를 받았다. 하지만 직접 경험한 자각몽의 매력에서 벗어날 수 없었다. 그는 신경과학자들을 찾아 문을 두드리기 시작했고, 결국 '유럽인의 뇌(European Human Brain) 프로젝트' 책임자가 그에게 박사 후 연구원직을 제안했다. 그곳의 신경과학자들에게서 라부포는 방대한 데이터를 처리하는 물리학자로서의 재능을 인정받았다. "그들에게는 수학이 필요했으니까요." 하지만 라부포는 오만한 사람이 아니다. "물리학자가 갖출 수 있는 최고의 자질은 열린 마음입니다. 모든 걸 알고 있는 척하면 안 됩니다." 라부포는 언젠가 사람의 뇌가 왜 자신이 경험한 것과 같은 감각을 느끼는지에 대해 연구할 수 있기를 바란다. "그런 독특한 경험을 사람들이 자주

한다는 것 그리고 그런 경험이 많은 경우 무시된다는 것은 놀라운 일입니다."

최근에 우주의 작동 원리를 연구하다 뇌의 복잡함을 고민하게 된 물리학자는 라부포만이 아니다. 체코에서 태어나 지금은 로잔의 스위스 연방 공과대학교에서 근무하는 렌카 즈데보로바(Lenka Zdeborová)는 수십억 개 이상으로 이루어진 대규모 입자들의 행동을 연구하는 통계물리학을 전공했다. 엄청난 수의 입자 무리가 복잡하게 행동한다는 사실은 전혀 놀랍지 않다. 그보다 훨씬 기이한 일은 그 복잡함이 단순함을 낳는다는 것이다. 과학자들이 어렴풋이 이해하고 있는 경이로운 자기 조직화(self-organization) 성향 때문에 입자들은 자발적으로 배열되어 결정, 기체, 유리 같은, 우리가 늘 보게 되는 집합체를 형성한다.

2015년 완전히 새로운 방향으로 연구를 시작하기 위해 자금이 필요했던 즈데보로바는 연구비 보조 신청서를 작성하던 중, 수십 년간 과학자들에게 가혹한 희망을 품게 했던 인공 지능 분야가 르네상스를 맞았다는 이야기를 읽었다. 그녀는 십 대였던 1990년대가 떠올랐다. 그때 체스를 했던 그녀는 IBM의 딥블루 체스 컴퓨터가 사람 챔피언 가리 카스파로프를 이기는 모습을 지켜보았다. 입력한 프로그램의 규칙을 따르는 딥블루는 전통 AI 방식으로 이룬 최대 업적이었다.[1] 하지만 어찌 보면 실망스러운 결과이기도 했다. 가능한 모든 값을 대입해 특정 암호를 푸는 무차별 대입(brute force) 방식을 주로 활용하는 딥블루의 승리는 분명 인상적이지만 그런 능력은 원주율 π를 소수점 아래 수조 자리까지 계산하는 컴퓨터의 능력과 거의 다를 바가 없었다. 1990년대와 2000년대 초반에는 지능의 본질에 관해 실질적인 통찰을 얻고자 하는 연구원 대부분이 고대 중국의 전략 게임인 바둑을 연구하는 편이 더 낫다고 생각하게 된다. 바둑은 컴퓨터 전략을 짜기가 쉽지 않은 게임이기 때문이다. 바둑에는 가능한 수가 너무 많다. 바둑을 두려면 전적으로 인간의 영역처럼 보이는 창의력과 고도의 사고력이 필요하다. '사람을 이기는 바둑' 컴퓨터 프로그램이라는 생각은 "언젠가는 핵융합으로 가동하는 발전소를 세우게 될 거라는 말과 동급으로 들렸어요. 언제나 50년이면 가능하다고 하지만 결코 오지 않는 계획처럼 말이에요." 즈데보로바의 말이다.

하지만 즈데보로바가 연구비를 신청하려고 프레젠테이션을 준비하는 동안 구글의 딥마인드 알파고가 세계 일류 바둑 기사 여러 명을 상대로 승리를 거두었다.[2] 이 승리는 신경망을 기반으로 하는 AI 기술이 시작됐음을 알리는 신호였다. 딥블루처럼 프로그램된 규칙을 따르는 것이 아니라 사람처럼 활동을 기반으로 배우는 AI의 시대가 열린 것이다. 비록 아주 좁은 범위라고 해도 무엇이 이런 시스템에 사람과 같은 능력을 주는 것일까? 컴퓨터의 순수한 능력도 그 이유 가운데 일부지만 정말로 일부일 뿐이다. "본질은 여전히 모릅니다." 즈데보로바의 말이다. "그래서 아주 흥미롭죠. 물리학은 그런 수수께끼를 사랑하니까요." 구두 발표 때 그녀는 학제 간 연구가 중요하다는 사실을 연구비 지원 재단뿐 아니라 스스로에게도 확신을 줄 수 있을 만큼 강력하게 주장했다.

라부포처럼 즈데보로바도 물리학자들이 모든 것을 다 알고 있다고 생각하고 다른 분야에 난입하는 것으로 명성이 자자하다는 사실을 정확히 알고 있었다. "그런 점에서 물리학자들의 평판은 형편없어요. 우리는 정말로 오만할 때가 있다니까요." 그래서 즈데보로바는 물리학이 신경망 연구에 제공해야 한다고 생각하는 것을 정확하게 설명하려고 애썼다.

신경망은 수십억 개의 연산 단위, 즉 '뉴런'을 포함할 수 있다. 수십억 개의 뉴런과 수십억 개의 입자. 이 둘은 크게 다르지 않다. 뉴런은 뉴런과, 입자는 입자와 상호 작용한다. 입자는 다른 입자와 자기적으로나 전기적으로 이끌리기도 하고 밀어내기도 한다. 인공 뉴런은 전선을 이용해, 신경 뉴런은 축삭돌기를 이용해 신호를 전달한다. 입자는 다른 입자를 뒤집을 수 있으며, 뉴런은 다른 뉴런을 점화할 수 있다. 입자와 뉴런이 상호 작용하는 세부 모습은 다르지만 추상적인 단계에서는 둘 다 정확히 같은 방식으로 작동한다. 수많은 개별 단위가 한 무리가 되어 조직하고 재조직하는 것이다. "우리가 이런 신경망을 훈련하는 방식은 정말로 입자계에도 통해요." 즈데보로바의 말이다.

입자계와 뉴런계는 이해하기 어렵다는 점에서도 같다. 방 안을 가득 채운 공기 속 개별 입자의 움직임을 추적하려는 노력은 헛되다 (통계물리학에서 '통계'라는 용어를 사용하는 이유는 입자의 행동을 확률로만 기술할 수 있기 때문이다). 신경망도 마찬가지다. 신경망은 너무도 방대해서 신경망의 행동은 100퍼센트 확신을 가지고 예측할 수 없다. 이런 특성이 신경망을 사람처럼 만드는데, 그것이 꼭 사용자가 원하는 것이라고 할 수는 없다. 전통 방식으로 프로그램하기에는 너무 복잡해서 신경망은 새로 배워야 하는데, 학습 과정에서 엉뚱한 것을 배울 수도 있다. 예를 들어 인터넷 정보를 배우게 할 경우, 온라인에 올라와 있는 온갖 종류의 인종 차별과 성차별적인 태도를 습득할 수도 있는 것이다.[3] AI 기반 챗봇을 보며 우리가 지금 목격하고 있듯, 사람의 심리를 충분히 익힌 신경망 프로그램은 사람을 조종할 수도 있다.[4] AI 프로그램을 설계하고 활용할 때 신경망을 깊이 이해하고 있어야 하는 건 바로 이런 이유들 때문이다. 즈데보로바는 "새로운 아이디어 없이 그저 기술력만으로는 우리가 절대로 넘지 못할 문제들이 생길 거예요"라고 말했다.

2장에서 살펴보겠지만, 물리학의 연구 방법은 신경망 연구에서도 쉽게 활용할 수 있다. 신경망도 기체나 결정(結晶)처럼 실험할 수 있고, 행동을 지배하는 법칙을 발견할 수 있다. "너무 복잡해서 이해할 수 있는 사람은 없어요. 진짜 자연이 그런 것처럼 말이에요. 그러니까 신경망도 물리학의 연구 주제가 될 수 있는 거예요. 너무도 복잡해서 본질적으로는 이해할 수 없으니까요. 우리는 정말로 (신경망을) 자연의 산물로 바라보고, 물리 실험계인 것처럼 다룰 필요가 있어요." 즈데보로바 같은 사람들은 인공 뇌뿐만 아니라 우리 뇌에도 적용할 수 있는 지능의 일반 이론(general theory)을 찾으려고 애쓰고 있다.

수많은 젊은 물리학자가 즈데보로바의 여정을 따르고 있다. "나는 학생들의 관심을 과도하게 받고 있어요. 학생들이 내게 와서 말해요. '정말, 그 주제를 사랑하게 됐어요. 왜 그렇게 됐는지는 모르겠지만요'라고요." 학생들이 AI를 전도유망한 연구 주제라고 생각한다고 해서 해가 될 일은 없다. 물리학자로서의 삶은 가혹하니까. 직장은 얻기 힘들고, 투자해야 하는 시간은 길며, 결실을 맺기까지는 수십 년이라는 세월이 필요한 직업이니까. 물리학자들이 척박한 자신들의 영토를 떠나 다른 분야로 대거 이주하는 전통은 이미 역사가 깊다.[5]

매사추세츠 공과대학교(MIT)의 우주학자 맥스 테그마크(Max Tegmark)도 자신의 연구 분야를 바꾼 유명한 물리학자다. 내가 그를 처음 알게 된 것은 1998년으로, 그가 박사 후 연구원으로 원시 우주 측정하는 법을 분석하던 시절이었다. 그 뒤로 우리는 《사이언티픽 아메리칸》에 실은 "우리 우주는 수많은 우주 가운데 하나일 뿐"이라고 주장하는 논문을 함께 집필했다. 우리는 아주 광대한, 어쩌면 무한에 이르는 다중 우주에서 살고 있다고 주장하는 논문이었다.[6]

몇 해 전 어느 오후에 함께 커피를 마시며 테그마크가 말했다. "십 대였을 때 나는 내가 수수께끼를 사랑한다는 걸 깨달았어요. 엄청난 수수께끼일수록 더욱더 사랑했죠. 내가 느끼기에 가장 큰 수수께끼는 두 가지, 저 바깥에 있는 우리 우주와 여기 있는 이 우주예요." 그는 이마를 툭툭 쳤다. 테그마크가 첫 25년 동안 바깥 우주를 연구한 이유는 우리 머릿속에 있는 우주를 연구할 수 있는 환경이 갖추어져 있지 않다고 생각했기 때문이다. 하지만 이제는 의식이 — 특히 철학자들이 현상적 의식(phenomenal consciousness)이라고 부르는, 주관적 경험의 본질로서의 의식이 — 앞으로 나가도 될 만큼 무르익었다는 생각이 든다고 했다. "이제 더는 시기상조라는 생각은 들지 않습니다. 오히려 여러 면에서 우주론이 정점에 도달했다는 느낌이 들어요."

우주학에서 데이터 분석하는 기술을 뇌 영상법(brain imaging)에 적용하고 있는 테그마크는 통합 정보 이론(integrated information theory)이 과학자들에게 의식을 연구할 수 있는 추진력을 제공해주리라고 생각한다. 통합 정보 이론은 뇌의 각 부분이 조화롭게 함께 작용한다는 점에서 뇌에 의식이 있다고 주장한다(통합 정보 이론은 3장에서 자세히 다룰 것이다). 대뇌를 이루는 방대한 신경망은 통합된 단일 집합체로 작동해 시각과 청각, 기억을 한데 녹여 매끈한 경험의 장을 이룬다. 이 같은 응집력은 즈데보로바가 입자계에서 찾아낸 집단 질서와 조금도 다르지 않은데, 테그마크는 입자계를 기술하는 수학 방법을 뇌에도 적용해야 한다고 생각한다. "어쩌면 어떤 방정식이 있는지도 모릅니다. 정보 처리 과정이 그 방정식을 따른다면 경험이 생기고, 그러지 않는다면 경험이 생기지 않는 거죠." 테그마크의 말이다.

테그마크가 큰 그림을 무시하고 있다는 오해는 하지 않아도 된다. 그는 지능을 우주적 현상이라고 생각한다. 작고한 이론 물리학자 프리먼 다이슨(Freeman Dyson)처럼 테그마크도 먼 미래에는 우리의 먼 후손이 자연의 힘과 동등한 천체물리적 힘이 될지도 모른다고 믿는다.[7] 따라서 우주의 운명을 예측하려는 우주학자는 지적인 존재들의 목표와 능력을 고려할 필요가 있다. 하지만 테그마크는 핵전쟁이나 초지능 로봇처럼, 인류 스스로 만들어내는 수많은 존재론적 위기 때문에 인류가 사라져버려 그런 고민 자체가 의미 없어질 수도 있다고 걱정한다. (그는 외계 문명도 스스로 자신들의 문명을 파괴해버렸기 때문에 우리가 목격하지 못하는 것일 수도 있다고 생각한다. 그건 우리에게 희망적인 사례가 아니다.) 테그마크는 과학자들이 이런 위협을 전문적으로 연구하고 있는데, 솔직히 말해 그런 위협을 만들어내는 역할도 하고 있다고 말했다. "따라서 우리에게는 '가짜 뉴스'와 '대안적 사실'이 미치는 악영향을 제한해 균형을 잡아야 할 특별한 책임이 있어요." 2014년, 그는 자신이 걱정하는 이런 문제를 해결하려고 생명의 미래 연구소(Future of Life Institute)를 공동 설립했다.

새로운 분야로 진출했지만 테그마크 같은 과학자들은 자신을 물리학자라고 여긴다. 여전히 물리학을 떠나지 않았으며, 다른 방법으로 연구하고 있을 뿐이라고 생각한다. 자신들이 보유한 물리학 지식으로 신경학자나 철학자가 마음을 연구할 수 있게 도울 뿐 아니라 다른 학문 분야의 연구자도 자신들을 도울 수 있다고 생각하는 것이다. 앞으로 살펴보겠지만 물리학의 최신 발전들 때문에 과학자들은 모순에 처했다. 우리의 마음을 먼저 이해하지 않으면 우리 마음 너머에 있는 측정 가능한 물리적 우주를 이해할 수 없다는 모순 말이다. 물리학은 객관적 실재를 추구하지만 주관적 요소에서 벗어날 수 없다. 테그마크의 말처럼 "기초 물리학을 여전히 괴롭히고 있는 문제들을 살펴보면, 그 가운데 많은 문제가 결국 의식의 문제"임을 알 수 있다.

마음과 물질의 분리

물리학이 단단한 원소로 이루어진 물질을 다룬 과학이라면, 마음은 말랑하고 감상적인 무언가이다. 마음은 우아한 방정식으로 나타낼 수도 없고, x축과 y축으로 표시한 그래프 위에 그릴 수도 없다. 물리학은 고작 공식 몇 줄로 빛의 행동을 기술하는 방정식을 세울 수 있고, 이를 통해 광학의 모든 원리를 도출할 수 있다. 반면 1,000쪽짜리 소설은 다 읽어도 여전히 등장인물들을 이해하지 못하는 느낌이 들 수 있고, 평생 정신과 치료를 받아도 여전히 자신을 알지 못하는 경우도 있다. 전통적으로 물리학자들은 주관적인 경험을 심리학자, 시인, 종교 사제들의 영역으로 남겨놓았으며, 이 감정 전문가들은 자신들의 분야에서 물리학을 거의 사용하지 않았다.

이런 학제 간 분리 현상은 일시적인 현상도, 쉽게 극복할 수 있는 상황도 아니다. 현대 과학의 태동을 위해 400년 전에 내린 결정이 만들어낸 결과다. 마음과 물질이 분리되면서 물리학이 탄생했다. 17세기 유럽에서 과학 혁명이 일어났을 때, 유명한 갈릴레오 갈릴레이와 르네 데카르트는 자신들의 연구 분야를 외부에서 관찰할 수 있고 수량화할 수 있는 영역이라고 규정했다.[8] 본질적으로 그들이 지칭한 영역은 운동이었다. 포탄, 행성, 진자 등의 이동 경로를 의미했다. 그런 이동 경로는 측정할 수 있고, 좌표로 나타낼 수 있고, 수치로 계산이 가능하다. 역학이라고 부르는 이런 운동에 관한 연구는 지금도 물리학과 학생이라면 가장 먼저 배워야 하는 영역이다. 대학교 때 나는 그 때문에 정말로 분노했다. 나는 아주 재미있는 분야, 그러니까 상대성 이론, 양자장, 빅뱅 같은 주제를 공부하고 싶었다. 하지만 시간이 흐르면서 단순한 분야의 가치를 인정하게 되었다. 물리학과 학생들은 진자를 흔들고 호수에 돌멩이를 던지면서 진동, 운동량, 에너지 같은 고등 물리학의 본질적 개념들을 알게 된다. 물리적인 우주는 거의 모두 운동이라는 개념으로 분석할 수 있다는 사실이 갈릴레오와 데카르트의 천재성 — 혹은 운 — 을 결정했다.

이 초기 과학자들이 마음의 기능에 관심이 없었던 것은 아니지만 — 실제로 데카르트는 물리학의 창시자이자 인지 과학의 창시자다[9] — 마음은 설명하기가 훨씬 어렵다는 것을 알았기에 효과적으로 봉인해버리고 말았다. 이런 분리 덕분에 과학은 '분할한 뒤에 정복한다'는 전략을 구사했고 엄청난 성공을 거둘 수 있었다. 하지만 토론토 대학교의 철학자 윌리엄 시거(William Seager)의 말처럼 객관과 주관의 분할은 째깍거리며 터지는 순간을 향해 가는 시한폭탄과 같다. 세상에는 분리하면 정복할 수 없는 것도 분명히 있기 때문이다.[10] 뇌를 연구할 때는 언제나 마음과 물질을 통합해야 한다는 것은 분명한 사실이다. 그보다 명확하지는 않지만 의식의 본질을 알아야만 물질을 이해할 수 있다는, 테그마크가 언급한 기초 물리학 문제도 마찬가지다. 과학자들은 아주 오랫동안 이 학제 간 문제를 해결하지 않고 미뤄둘 수 있었다.

현대 물리학자에게 양자 역학의 수수께끼보다 더 시급하게 풀어야 할 문제는 없다. 양자론은 현재 물질을 기술하는 기본 토대를 이룬다. DNA 변이부터 초신성 폭발에 이르기까지 모든 현상을 제어하고, 트랜지스터부터 레이저까지의 기술을 구현하는 데 필요한 이론이 양자론이다. 양자 역학에 어긋나는 예외는 아직 발견하지 못했다. 하지만 양자 역학의 성공에는 골치 아픈 피상성이 존재한다. 수박 겉핥기식으로 살펴보면 양자 역학은 전혀 말이 되지 않는다. 한 방에 세 명의 물리학자가 있으면 네 가지의 양자 역학 정의가 나온다. 나는 그런 방에 여러 번 있어보았기 때문에 잘 알고 있다. 한번은 노벨 물리학 수상자들뿐 아니라 저명한 물리학자와 철학자들이 양자 역학의 의미를 논하며 식사를 하는 공식적인 자리에 참석한 적이 있다. 그중에는 토론에 참석하려고 지구를 반 바퀴나 돌아온 사람도 있었다. 하지만 의견이 너무 팽팽하게 나뉘어, 결국 식사 시간 내내 국제 경제 발전에 관한 토의만 하고 말았다. 양자 역학이라는 주제는 너무도 큰 분열을 초래하기에, 오히려 정치 관련 주제가 훨씬 양호한 토론 주제가 되고 만 것이다!

양자 물리학자들을 정말로 짜증나게 하는 문제는, 양자론에서는 의식이 있는 관찰자가 중요한 역할을 하고 있는 것 같다는 점이다. 그러니까 우리가 관찰함으로써 실재를 만들어가는 것 같다는 것이다. 물론 숨을 쉬고 살아가고 있으니 어느 정도는 실재에 영향을 미치는 것이 당연하다. 하지만 양자 역학에서 말하는 영향은 그보다 훨씬 크다. 한 입자의 위치를 측정하고 싶다고 생각해보자. 양자 역학 이전의 고전 물리학에서는 입자가 실험실 어딘가에 있기 때문에 장비를 사용하면 그 위치를 알아낼 수 있다고 추정한다. 측정 장비들이 입자를 조금쯤 교란할 수 있겠지만, 정교한 공학 기술을 활용하면 장비의 영향력을 최대한 줄일 수 있다. 이론적으로 실험 장비의 능력에는 한계가 없다. 그에 반해 양자 역학에서는 측정 과정이 훨씬 덜 직관적이다. 우리가 측정하는 양은 우리가 측정 행위를 할 때에만 제값을 갖는다. 그전까지는 아직 빈칸을 채워 넣지 않은 규정되지 않은 양일 뿐이라고 양자론은 말한다. 처음에 입자에게는 특정한 위치가 없을 수도 있다. 특별한 곳에 머물지 않을 수도 있다. 하지만 입자를 들여다보는 순간, 이런! 관찰자는 특정한 곳에서 입자를 찾을 수 있다. 우리가 보지 않는다면 입자는 모호한 상태를 유지하고 있는지도 모른다.

게다가 양자론에서는 기계적으로 기록하는 장치로는 입자의 위치를 알아낼 수 없다고 한다. 그런 장치는 그저 입자에서 장비로 모호성을 옮길 뿐이기 때문이다. 아무리 성능이 좋다고 해도 측정 장치는 혼란에 빠져 입자의 위치를 감지하지 못한다. 1930년대 초반에 물리학자들이 깨달았듯, 입자에게서 모호한 위치성을 지우고 정확한 위치를 갖게 하는 요인은 단 하나, 관찰자의 마음뿐이다.[11] 이는 이상하고도 불안한 설명이다. 양자론은 파수꾼인 관찰자가 신과 같은 권력을 보유한 이유를 설명하지 못했을 뿐 아니라 사실 관찰자에 대한 정의도 정확히 내리지 못하고 있다. 어떤 물리학자가 빈정거린 것처럼 아메바도 관찰자라고 생각해야 하는 걸까? 사람은 관찰자인가? 모든 사람이? 아니면 박사 학위를 받은 사람만 관찰자인가?[12]

적절히 설명하려고 노력하는 물리학자들은 대부분 '~인 것처럼 보인다'는 말에 집착한다. 분명 관찰자는 아주 특별한 역할을 하는 것처럼 보이지만 사실은 그렇지 않다. 어느 정도 우리는 양자론을 오해하고 있다. 어쩌면 양자론의 모호성은 자연의 사실을 이해하는 데 한계가 있는 우리가 만들어낸 가공물일 수도 있다. 비록 양자론이 포착하지 못한다고 해도 입자에는 처음부터 끝까지 정해진 위치가 있는지도 모른다. 그도 아니라면 관찰자는 그저 분명하게 규정되는 무언가의 대리자일 뿐일 수도 있다. 반드시 의식을 지닌 존재가 아니라고 해도 입자는 자신보다 상당히 큰 무언가와 상호 작용할 필요가 있는지도 모른다. 4장에서 다시 살펴보겠지만, 이런 내용을 포함한 양자론의 논쟁들은 한 세기의 상당 기간 정체되어 있었다. 물리학자에게는 새로운 생각들이 필요하다.

안과 밖 문제

관찰자를 두고 벌이는 토론을 많이 들을 수 있는 또 다른 장소는 우주론 학회장이다. 과학에서 마음과 가장 관계가 없어 보이는 분야를 고르라고 한다면 아마도 많은 사람이 우주론을 꼽을 것 같다. 우주의 형태는 마음과는 상관없는 기본 힘들이 결정했고, 모든 은하의 규모와 비교하면 사람의 뇌는 한 줌 먼지라고도 할 수 없을 만큼 작다. 그런데 바로 그 우주의 방대한 규모 때문에 오늘날 우주학자들은 뇌를 고민한다.

우주는 우리 눈이 가 닿는 곳보다 훨씬 멀리까지 펼쳐져 있는지도 모른다. 어쩌면 무한대일 수도 있다. 우주학자들은 먼 바깥쪽 우주의 대부분은 138억 년 동안 우리에게 빛을 보낸 가까운 우주와는 전혀 다르게 보일 것이라고 생각한다. 눈으로 보이는 우주는 복사선과 소행성을 비롯해 셀 수 없는 위험으로 가득 찬 격렬한 공간일 수도 있지만, 보이는 우주 너머에 있는 공간과 비교하면 상당히 평온한 공간일지도 모른다. 우주론적 팽창 또는 우주적 팽창이라고 부르는 인플레이션 과정 때문에 저 우주 밖은 엄청나게 파괴력이 강한 에너지로 가득 차 있어, 항성도 행성도 생성되지 않는다.[13] 우리가 거주하는 우주의 외곽은 절망적일 정도로 전체를 대표할 수 없기 때문에 우리 주변 상황만 보고 우주의 일반적인 모습을 기술하려는 시도는 정말 신중해야 한다.

우리는 우주에서 아주 드물게 존재하는 생명체 서식 가능 지역에서 살고 있는데, 그 이유는 단순하다. 우리가 살 수 있는 다른 장소가 없기 때문이다. 우리가 보는 것은 우리라는 존재 때문에 왜곡된다. 통계학자들은 그 같은 현상을 '관찰자 선택 효과' 또는 '생존자 편향'•이라고 부른다. 생존자 편향은 일상에서도 흔히 볼 수 있다.

•　　선택받거나 생존에 성공한 사람의 의견에 특별한 무언가가 있다고 믿는 경향

역사적인 건물은 아주 튼튼해 보여서 흔히 "지금은 옛날처럼 건물을 튼튼하게 짓지 않아"라는 말을 쉽게 하게 된다. 하지만 사실은 사라지지 않고 오래 버틴 건물을 보고 있는 것뿐이다. 이런 편향을 바로잡으려면 우주학자들은 분명하게 설명해야 한다. 우주를 지각할 수 있는 마음을 우주에 담으려면 우주에 무엇이 필요한지부터 말이다. 여기서 생명의 특수성은 필수조건과는 관계가 없다. 이미 알고 있는 것처럼 다른 곳에 존재하는 지성체는 우리와 같은 몸을 갖고 있지 않을 수도 있고, 설사 같다고 해도 그 몸이 반드시 탄소를 기반으로 할 필요는 없기 때문이다.

우리의 마음이 우주적인 차원에서 직접적이고도 실질적인 역할을 하고 있다고(혹은 하고 있는 것처럼 보인다고) 주장하는 과학자는 극히 적다. 프리먼 다이슨이 옳다면 언젠가 우리 후손은 항성들의 위치를 다시 배열하고 블랙홀로 들어가 에너지를 캐낼 수도 있다. 하지만 지금 당장은 그저 인류는 작은 먼지일 뿐이다. 이 같은 관점에서 보면 우주론의 수수께끼와 양자 역학의 수수께끼는 아주 다르다. 하지만 어떻게 보면 두 학문의 수수께끼는 아주 비슷하기도 하다. 두 수수께끼 모두, 물리학이 바깥에 있다고 말하는 것과 우리가 보는 것이 단절되어 있기 때문에 생긴다. 양자 영역에서 물리학은 입자에게 위치가 없을 때가 있다고 말하지만, 우리가 보는 입자에는 언제나 위치가 있다. 우주론 영역에서 물리학은 우주 대부분의 지역이 치명적인 에너지로 가득 차 있다고 하지만, 우리가 보는 우주는 거의 대부분 심할 정도로 텅 비어 있다.

앞으로 나올 여러 장에서 다루겠지만 이런 차이는 기초 물리학의 다른 분야에도 존재한다. 물리학에서는 시간에 방향성이 없다고 하지만, 우리는 앞으로 가는 시간을 경험한다. 물리학은 인과 관계를 허구라고 하지만, 스위치를 켜면 전구에 빛이 들어오듯 우리는 원인과 결과를 분명히 경험한다. 물리학은 모든 것이 원자와 진공으로 구성되어 있다고 하지만, 우리 눈에 보이는 세상은 물리학이 말하는 빈약한 뼈대가 아니라 훨씬 다채롭고 화려한 구조로 이루어져 있다.

어쩌면 우리 이론이 틀렸을지도 모르겠다. 하지만 다른 측면에서 물리학은 누군가가 시한폭탄 같다고 생각하는 문제를 너무도 잘 버텨주고 있다. 물리학 이론은 3인칭으로 쓰여진다. 물리학 이론의 목표는 관찰자의 시선으로 외부에 서서 세상을 있는 그대로 묘사하는 것이다. 하지만 우리의 관찰은 어쩔 수 없이 우리 자신, 1인칭 시점일 수밖에 없다. 우리는 자신의 생각, 사고 습관, 신체적 한계를 통해서만 관찰할 수 있다. 그리고 우리가 연구하는 계• 안에 포함된 존재라는 단순한 사실 때문에 결국 우리는 세상 바깥에 설 수 없다. 이 두 시점이 일치하지 않을 때가 너무 많기 때문에 앞에서 본 것처럼 우리가 보는 것과 이론이 충돌하는 상황이 생긴다. 인류에게 지대한 영향을 미친 독일의 계몽주의 철학자 임마누엘 칸트는 "우리는 실재에 직접 다가갈 수 없다"는 유명한 주장을 했다. 그는 우리가 특정한

• 系, system, 물리학에서 연구 대상으로 삼는 물체의 일정량의 일정 종류 물체 군을 뜻한다. 변화를 관찰하고 측정할 목적으로 연구 대상이 되는 부분이자, 크고 복잡한 문제를 작고 단순하게 연구할 수 있는 부분으로 나누는 방식에 이용된다.

물질과 마음이라는 어려운 문제

방식으로 세상을 인지하는지도 모른다고 했다. 왜냐하면 그것이 우리가 세상을 인지할 수 있는 유일한 방법이기 때문이다.

이런 식으로 1인칭 시점과 3인칭 시점이 맺고 있는 관계를, 그러니까 두 시점이 일치하지 않고 어긋나는 상황을 묘사할 수 있는 일반적인 용어는 없다. 철학자들이 이름 짓기를 좋아한다는 사실을 생각해보면 이상한 일이다. 나는 이 관계를 '안과 밖 문제(inside/outside problem)'라고 부를 것이다. 이것은 인식론이라고 알려진 학문의 한 측면이다. 20세기의 저명한 많은 물리학자가 인식론은 철학만큼이나 물리학과도 관계가 깊다고 했다. 알베르트 아인슈타인은 세계 안에 존재하는 관찰자들이 그 세계를 어떻게 측정하는지 생각하다가 상대성 이론을 발전시켰다. 비유를 들어보자. 콘서트장에서 당신은 음악에 맞춰 박수를 치고 있다고 생각한다. 하지만 드러머는 당신이 박자를 맞추지 못한다고 생각할 수도 있다. 두 사람 모두 틀리지 않았다. 소리가 이동할 때는 시간이 걸리기 때문이다. 절대적인 '동시성'이라는 개념은 도달할 수 없는 신의 관점이라고 여겨진다. 앞으로 나가려면 그런 개념은 떠나 보내야 한다.

양자론은 인식론을 더욱 깊게 다시 생각해보게 한다. 1948년, 에르빈 슈뢰딩거(Erwin Schrödinger)는 "과학자는 무의식적으로, 거의 무심코, 그려나갈 그림에서 무언가를 무시하거나 제거함으로써 자연을 이해하는 문제를 축소해버린다…. 그 때문에 간극이, 거대한 빈틈이 생겨 결국 역설로 이어진다"[14]라고 했다. 그로부터 몇 년 뒤에 베르너 하이젠베르크(Werner Heisenberg)는 이렇게 썼다. "세상을 주체와 객체, 내부 세계와 외부 세계, 육신과 영혼으로 나누는 친숙한 분류법은 어쨌든 이제 더는 제대로 적용할 수 없다."[15] 선구적인 중력 이론가이자 우주학자인 존 휠러(John Wheeler)는 1970년대에 "관찰자가 우주의 창조에 중요한 만큼이나 우주는 관찰자의 창조에 필수적이다"[16]라고 했다. 하지만 이런 감상적인 말은 그저 감상에 지나지 않는다. 이런 말은 물리학이 관찰자 그리고 어쩌면 관찰자의 의식 경험을 위한 자리를 마련해야 한다는 뜻이다. 그건 알겠다. 하지만 어떻게 하겠다는 말인가?

물리학자들은 관찰자 문제, 다시 말해 안과 밖 문제를 대할 때 철학이나 신경과학 전문가의 도움을 구하지 않고 그저 마음에 관한 자신들만의 느낌을 기반으로 견해를 형성하는 경향이 있었다. 하지만 이런 편향성은 이제 깨지고 있다. 물리학자와 신경과학자 사이를 가로막고 있던 미지의 영역을 탐험하면 무슨 일이 벌어질지는 아무도 장담할 수 없다.

의식에 관한 어려운 문제

물리학자와 의식에 관한 대화를 나눌 때면 그들이 뉴욕 대학교에 재직 중인 데이비드 차머스(David Chalmers)를 거론하는 건 시간 문제다. 널리 인용되는 1994년 강연에서 차머스는 과학계에 새로운 용어를 소개했다. 형용사 'hard'를 붙인 '어려운 문제(hard problem)'다.[17]

차머스에게 'hard'는 불가능하다는 뜻이다. 그는 지금 우리의 과학은 의식을 설명할 수 없기 때문에 안과 밖 문제의 측면에서 어떠한 관심도 불러일으킬 수 없다고 주장했다. 또 이 같은 상황은 특정한 신경과학 이론의 실패가 아니라 일반적인 이론화에 실패한 것이라고 지적했다. 과학은 환원주의로 설명한다. 환원주의는 물질 사물(material objects)을 마치 이케아 가구처럼 취급한다. 부품을 쫙 펼쳐놓고 볼트로 이어 붙여 조립해가면서 중요한 부품이 빠져 있지 않기를 바라는 것이다. 이때 과학은 우리에게 조립 설명서를 준다. 어떤 부품을 어떤 부품과 연결해야 하는지, 부품보다 더 큰 존재를 만들려면 각 부품이 어떤 식으로 상호 작용해야 하는지를 말해준다. 흔히 우리가 과학이라고 생각하는 것을 벗어난 곳에서도 사람은 보통 무언가를 이해하려면 그 존재를 부분으로 나누고 각 부분들이 맺고 있는 관계를 살펴본다.

차머스는 그런 식의 환원주의 설명이 마음을 설명하는 데는 소용이 없다고 한다. 뇌도 뉴런과 관련 세포들이라는 부분으로 이루어져 있고, 이론적으로는 신경 세포를 따라 움직이는 모든 신호를 추적할 수 있다(조지 엘리엇의 표현을 빌려보자면 머릿속에서 번쩍이는 수십억 개 소형 번개들의 소리를 듣는다면, 엄청난 굉음을 견디지 못하고 죽게 될 테지만 말이다). 하지만 어떻게 해야 이 수량화할 수 있는 활동을 우리 내부의 경험과 관련지을 수 있을까? 장미의 매혹적인 향기와 칠판을 긁는 끔찍한 손톱 소리 같은 우리의 경험은 작은 조각으로 분해할 수 없다. 이런 경험은 다른 것을 참조해 이해할 수도 없다. 진홍색을 본 적이 없는 사람에게 진홍색을 설명해야 한다고 생각해보자. 어떤 말로 시작할 수 있을까? 오렌지 냄새로 심홍색을 설명하고, 자몽 냄새로 진홍색을 설명하면 될까?[18] 우리는 원하는 만큼 비유를 사용할 수 있겠지만, 궁극적으로 사람들에게 필요한 것은 직접 눈으로 보는 경험이다.[19] 감각질*이라고 알려진 경험의 특질은 머리만으로는 파악할 수 없다. 반드시 직접 겪어봐야 한다.

정신의 영역을 제대로 설명하지 못하게 된 시기는 마음과 물질이 갈라졌을 때로 거슬러 올라갈 수 있다. 일반적으로 물리학과 과학은 정신과는 상관없다고 정의할 때로 말이다. "지각과 지각에 의존하는 것들은 기계적으로 설명하지 못한다. 다시 말해 형태와 운동으로는 설명할 수 없다." 1714년에 독일 철학자 고트프리트 라이프니츠가 한 말이다. "생각도 하고 감정도 느끼고 지각할 수도 있는 구조로 기계를 만든다고 생각해보자. 그 기계는 능력만큼 계속해서 크기를 키워야 할 테니 결국 우리는 공장에 들어갈 수 있듯 기계 안에도 들어갈 수 있게 될 것이다. 그 안에서 돌아다닌다면 서로 밀어내고 있는 부품들만 보게 될 테고, 지각을 설명할 수 있는 것은 그 어떤 것도 발견하지 못할 것이다."[20] 라이프니츠와 동시대에 살았던 사람들 대부분은 이런 관점을 아무 문제없이 받아들였다. 마음을 전혀 다른 범주로 분류했기 때문이다. 그들은 물리학이 주관적인 경험을 포함해야 한다는 생각을 전혀 하지 않았다.

●   어떤 것을 지각하면서 느끼지만, 말로 표현하기 어려운 기분

그러나 1800년대 중반이 되면 성공한 과학이 다른 관점을 부추긴다. 마음은 잊어라. 존재하는 것은 물질뿐이다.[21] 특히 찰스 다윈이 부상한 뒤로 마음은 필요 없는 것, 심지어 초자연적인 부가물처럼 보이기 시작했다. 어쨌거나 마음은 물질의 작용에서 비롯되어야 했다. 1870년대에 신경과학자들은 간질이라고 불렀던 고약한 뇌전증을 앓는 동물과 사람을 연구하면서 뇌의 어느 부분이 의식을 담당하고 있는지 살펴보기 시작했다. 일련의 생각이라고 할 수 있는 의식은 지그문트 프로이트로 하여금 사람의 깊은 내면을 탐구하게 이끌었지만,[22] 많은 사람이 신경과학의 방법으로는 이런 심오한 질문들에 관한 답을 얻을 수 없고 얻지도 못할 것이라고 느꼈다.

그러다 차머스는 현대에 이르러 의식에 관한 연구가 어느 때보다 풍성해진 좋은 시절에 이 같은 우려를 학자들에게 새롭게 제기했다. 게다가 물리학자들은 불가능하다는 말을 들으면 반드시 호기심을 갖는다. 그 말이 틀렸음을 입증하고 싶을 뿐 아니라 진실로 불가능함을 입증하는 일 자체야말로 자연에 대한 깊은 통찰을 제공해주기 때문이다. 물리학의 모든 분야는, 영구기관(永久機關) 같은 기계를 만들지 못하는 이유, 빛보다 빠르게 움직이지 못하는 이유를 이해하는 데 기반을 두고 있다. 어떨 때는 분명히 불가능하지 않은 것을 불가능하다고 말하는 이론도 있는데, 이런 이론들은 미묘한 결점을 무심코 드러낸다. 거의 1세기 동안 기초 물리학은 통합 이론(unified theory)을 만드는 문제에 골몰해왔다. 물리학을 지탱하는 두 기반 이론——중력을 기술하는 아인슈타인의 일반 상대성 이론과 양자 역학——은 절대로 통합되지 못할 것처럼 보인다. 두 이론은 너무 다르다. 8장에서 살펴보겠지만 두 이론은 시간을 보는 방식도 다르다. 하지만 두 이론은 합쳐질 수 있어야 한다. 왜냐하면 자연은 합쳐진 형태로 관찰되기 때문이다. 두 이론이 벌이는 투쟁은 현실 세계에서는 나타나지 않는다. 절대로 통합될 수 없어 보인다는 것은 거대한 발견이 우리를 기다리고 있다는 뜻이다. 대부분의 물리학자는 언젠가는 그렇게 되리라고 믿는다.

의식도 마찬가지다. 우리는 물질로 이루어져 있으며, 우리는 의식한다. 따라서 이 두 가지 사실은 반드시 조화를 이루어야 한다. 불가능해 보일지도 모르지만 단순히 우리가 놓치는 것이 있음을 의미할 뿐이다. 그리고 신경과학만으로는 우리가 놓친 것을 찾아낼 수 없다. 물리학자들은 물질과 에너지, 전자와 자기처럼 완전히 다른 것처럼 보이는 것들이 사실은 본질적으로 같음을 보여주는 데 능숙하다. 그러니 물질과 마음도 그럴 수 있지 않을까? 의식이라는 어려운 문제는 원래 신경과학과 철학의 영역이었지만 물리학에서도 똑같이 중요하다. 왜냐하면 적어도 한 가지 현상은 여전히 현재 구축되어 있는 과학의 틀 밖에 놓여 있다는 뜻이기 때문이다. 이는 새로운 과학 혁명이 우리를 기다리고 있음을 거의 장담할 수 있게 해준다. 그리고 그 혁명이 시작되면 물리학자들은 의식과 관련된 또 다른 안과 밖 문제들에 관한 해답을 찾아낼지도 모른다. "의식에 관한 가설이 없다면 모든 것에 관한 가설도 있을 수 없습니다." 차머스는 물리학자들을 대상으로 강연할 때마다 이렇게 말한다.[23] 현재의 이론들로는 설명할 수 없는 일을 밝히려고 양성자를 열어보고 하늘을 샅샅이 탐색할 때마다 물리학자들은 무엇보다도 큰 예외가 우리 두 개골 안에 놓여 있음을 알고 겸허해진다.

물론 차머스의 강연을 듣는 사람은 물리학자들이다. 이론 물리 학자들은 미친 생각 하는 걸 좋아하며, 세상 사람들이 자신들을 미 쳤다고 생각한다는 사실을 덤덤하게 받아들인다. (내가 대학원에 다 닐 때 한 친구는 술집에서 만난 여자에게 자신이 천체 물리학자라고 소개했다. 그 말을 듣자마자 그 여자는 자리에서 일어나 떠나버렸다.) 그래서 차머스는 늘 물리학자들에게 신경과학자에게는 미친 생각이 필요하니, 계속 해서 그들에게 미친 생각을 전해주라고 말한다. 그걸 싫어할 이유가 있을까?

물리학자들이 자신들의 연구 상자에 의식을 집어넣는다면 그들 은 기쁠 것이다. 우리 내면의 경험을 설명하려면 새로운 물리학이 필요할 테니 말이다. 어쩌면 마음은 자연의 기본 구성 성분일 수도 있다. 따라서 질량이나 전하를 갖는 입자처럼 마음에도 정신적인 특 성이 있을 수 있다. 물체의 움직임을 결정하는 법칙뿐 아니라 내면 의 경험을 결정하는 새로운 기본 법칙들이 더 있을지도 모른다. 앞 으로 여러 장에서 다루겠지만 그 길에는 범신론(汎神論)이, 다시 말 해서 모든 만물이 감정을 지니고 있다는 고대 사상이 놓여 있다. 물 리학에서 영감을 받은 의식 이론이 범신론적 경향을 띠는 것은 그 때문이다. 많은 신경과학자가 범신론을 달가워하지 않는다. 그들에 게 범신론은 의식을 설명할 수 있는 방법이 아니다. 범신론으로는 의식을 설명할 수 있다고 생각하지 않기 때문이 아니라 설사 설명할 수 있다고 해도 우리가 의식을 경험할 때 관찰할 수 있는 의식이 특별한 구조를 갖는 이유는 알아낼 수 없다고 생각하기 때문이다.[24]

내가 대화를 나눈 신경과학자들은 대부분 의식은 사람을 비롯한 몇몇 동물 종에서만 특별하게 분화된 기능으로, 사람도 의식이 없었다면 지금과는 사뭇 다른 진화 과정을 겪었을 것이라고 믿었다.[25] 그 믿음이 옳다면 의식에 대한 답은 뇌의 생물학에 놓여 있을 테고, 자연에 대한 우리의 이해를 더 넓게 수정하는 일은 가능하지 않을 것이다. 물리학자들이 반드시 의식 연구에 참여해 엄청난 자료를 분석해주는 것이 좋겠다. 하지만 그러지 않겠다면 물리학자들은 자신들의 미친 생각을 그저 자기들끼리만 간직하고 있어야 할 것이다.

내가 대화를 나눈 물리학자들은 대부분 이 논쟁의 양쪽 측면을 모두 보고 있었다. 그들은 의식이 물리학의 기초 이론에 정신적인 특성을 간단히 추가해줄 수는 없을 것이라고 생각하며, 신경과학자들이야말로 진짜 전문가들이라는 사실을 인정한다. 하지만 마음이 본질적인 의문을 담고 있음을 알고 있다. 마음이 환원주의를 뛰어넘는 새로운 방식의 설명을 요구한다면, 물리학자들은 마음을 연구할 의향이 분명히 있다.

또 다른 어려운 문제

차머스는 1996년에 출간한 책 『의식하는 마음 — 기본 이론을 찾아서(The Conscious Mind: In Search of a Fundamental Theory)』의 한 장에서 두 번째 어려운 문제를 언급했다. 이 문제는 아직 널리 알려지지는 않았지만 서서히 주목받고 있는데, 마음에 관한 어려운 문제로는 충분하지 않다는 듯 나타난 '물질'에 관한 어려운 문제이다.[26]

마음에 관한 어려운 문제는 신경과학과 심리 철학에서 유래하지만 물질에 관한 어려운 문제는 물리학 내부에 존재한다. 물리학은 물질이 결합하는 방법을 기술한다. 부분들 사이의 관계를 설명한다. 앞에서 언급한 것처럼 물리학이 마음과 어울리지 못하는 것은 그 때문이다. 의식 경험은 부분으로 나눌 수 없고, 다른 것과의 관계도 기술할 수 없다. 물리학이 물질에 관해서조차 완전한 그림을 제시하지 못하는 것도 그 때문이다. 물리학 법칙들은 우리에게 물질이 무슨 일을 하는지는 말해주지만 물질이 무엇인지는 말해주지 않는다. 질량이나 전하 같은 양은 물체가 어떤 식으로 속력을 높이거나 방향을 바꿀 것인지를 말해주지만, 그 물체의 본질에 관해서는 알려주는 것이 없다.[27]

물질에 관한 어려운 문제는 새로운 것도 아니다. 이 문제는 다시 라이프니츠에게로 돌아간다.[28] 물리학자들은 대부분 이 역사를 모른다. 하지만 양자 역학과 양자 역학에 기반을 두면서 그보다 더 발전한 이론인 양자장(quantum field) 이론을 이해하려고 애쓰는 동안 이러한 문제가 있음을 깨닫게 된다. 양자 입자들은 별 차이가 없기 때문에 두 입자를 서로 바꾸어도 바뀌는 것은 거의 없다. 심지어 양자 입자를 입자라고 부를 때는 전혀 이해할 수 없는 모습이 머릿속에 그려질 것이다. 두 개 이상의 양자 입자가 결합하면 원래 있던 입자의 특성은 사라지고 오직 서로와 맺는 관계로만 존재한다. 이 분야에 종사하는 사람들은 누구나 양자론이 다루는 본질적인 대상이 실제로 무엇인지, 심지어 그런 대상이 정말로 있는지에 대한 자신만의 의견이 있으며, 실험은 그런 선택지 가운데 하나를 고르는 데 도움이 되지 않는다고 생각한다. 따라서 우리는 우리가 말하는 것을 알지 못한다는 이상한 상황에 놓여 있다.

현재 마음을 기술할 수 있는 능력을 물리학이 갖지 못한 것과 마찬가지로 이런 어려움은 가는 길에 놓인 작은 장애물이 아니라 물리학자들이 만든 근본적인 상충 관계의 결과다. 이런 어려움을 만드는 것은 첫째, 물리학자들이 수학에 갖는 의존도다. 숫자 2는 사과 두 개, 눈물 두 방울, 은하 두 개 같은 식으로 기술할 수 있는데, 이런 식의 추상적인 기술은 물체의 본질을 말해주지 않는다. 추상화는 물리학에 엄청난 힘을 주지만 거기에는 대가가 따른다.

통합 이론을 연구하는 물리학자들도 이런 어려움을 만드는 데 기여한다. 통합 이론의 여명기에 이들 물리학자들은 아주 다르게 보이는 사물도 몇 가지 동일한 구성 요소를 다르게 배열한 것에 불과하다는 사실을 발견했다. 사물의 독특함은 사물에 내재한 본질이라기보다는 구성 요소의 행동이 만들어내는 결과다. 탁자는 단단하게 느껴지지만 사실은 거의 텅 빈 공간으로 이루어져 있다. 사과는 빨간색이지만 양성자와 전자는 색이 없다. 단단함과 빨간색은 구성 요소들이 서로를 밀어내는 방법과, 빛과 상호 작용하는 방식이 결정한다. 구성 요소 자체에는 어떠한 속성도 없다. 구성 요소가 무엇인지가 아니라 구성 요소가 무슨 일을 하는지가 우리가 보는 사물의 특성을 설명해준다. 물리학자가 구성 요소라는 아주 작은 알갱이를 가까이 들여다볼 때마다 구성 요소는 몇 가지 특성을 잃어버린다. 물리학자들은 구성 요소의 특성이 거의 하나도 남지 않은 지점에 도달했다. 통합 이론의 후보자 가운데 하나인 끈 이론은 우주의 기본 성분에는 고정된 특성이 전혀 없다고 말한다.[29]

그 같은 주장에는 아무 문제가 없을 수도 있다. 물리학자와 철학자 중에는 사실 '사물'이라는 분류 체계는 잘못된 것으로, 오직 관계만이 존재한다고 결론 내린 사람들도 있다. 사물은 본질적인 존재 없이 높은 단계에서 갑자기 생겨나는, 다시 말해 창발하는(emerge) 것일 수도 있다. 하지만 모든 것을 관계로 환원하는 설명은 사물(stuff)에게서 사물성(stuffness)을 제거하는 것처럼 보인다. 관계를 맺을 사물이 없는데 어떻게 관계가 존재할까? 그건 사랑하는 두 연인이 없는 밀회 같은 것 아닐까?[30]

물질에 관한 어려운 문제 — 물리학이 궁극적으로 조사하고 있는 수수께끼 — 는 흥미롭게도 마음의 어려운 문제와 비슷하다. 순전히 물질의 관계로만 기술하는 방식은 무(無)로 이루어진 우주를 남긴다. 마찬가지로 마음을 순전히 관계만으로 기술하는 방식은 경험에서 경험의 질적인 부분을, 다시 말해 우리의 정신생활을 단지 정보로 축소할 수 없으며 여분의 활력이 있다는 우리의 감각을 누락해버린다. 차머스 같은 사람들은 이 두 가지 어려운 문제가 서로 연결되어 있고, 물질의 본질과 마음의 본질은 관계가 있다고 추론한다. 지금으로서는 세부 사항이 흐릿하지만, 핵심은 물리학이 가장 본질적인 질문에 답하고 싶다면 자신의 영역에서 벗어나 밖으로 나와야 한다는 것이다.

이런 모든 이유 때문에 물리학자들은 신경과학과 AI를 배우기 시작했다. 그러니까 그들에게는 선택의 여지가 없었던 것이다. 의식에 관한 탄탄한 이론이 어떤 모습일지 과학자들은 아직 모른다. 그러나 '마음' 그리고 '마음과 우주의 관계'를 밝혀줄 단단한 모형을 만들고 시험해보고 있다. 그들의 열정이 내 안으로 스며 들어왔기에 나는 지난 수년 동안 여러 영역이 교차하는 이 미지의 새로운 영역에 관해 더 많은 것을 배우려고 물리학자, 신경과학자, AI 연구자, 철학자들을 만나 이야기를 나누었다. 앞으로 펼쳐질 장들에서 나는 이런 수수께끼들을 깊이 파고들 것이다. 시작은 물리학자들이 마음에 관해 무슨 말을 해줄 수 있을지를 살펴보고, 이어서 마음에 관한 이론이 물리학에 대해 말할 수 있는 것까지 퍼즐을 파헤쳐 보기로 하자.

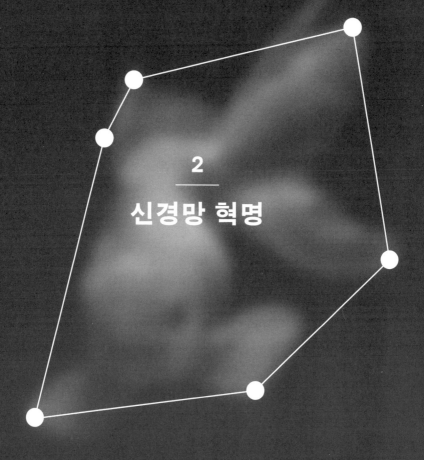

2

신경망 혁명

존 홉필드(John Hopfield)는 위로 올라가던 실리콘의 연기를 기억
했다. 1985년 초, 새로운 형태의 인공 신경망을 제안해 점점 더 유명
해지고 있던 캘리포니아 공과대학교 교수 홉필드는 함께 할 수 있는
일을 알아보려고 공저자이자 동료 물리학자인 데이비드 탱크(David
Tank)를 만나러 벨 연구소에 갔다. 두 사람은 새로운 신경망을 이용
하면 일반 컴퓨터로는 풀 수 없는 문제들을 해결할 수 있음을 깨닫
고, 자신들의 생각을 구현해봐야겠다는 열정에 사로잡혔다.

홉필드와 탱크는 저녁 8시에 벨 연구소로 갔다. 전자 부품을 설
치할 수 있는 종이 패드만 한 크기의 빈 회로판을 준비하고 서랍을
샅샅이 뒤져 필요한 재료를 찾았다. 두 사람이 만들 인공 뇌의 뉴런
으로 연산증폭기를 사용하기로 했다. 수학으로 신경망 연결 방법을
직접 계산해낼 수 있었기에 굳이 회로도를 그리거나 다른 부품으로

잘못 연결했을 때를 대비해 전류를 제한한다는 조치도 취하지 않았다. "보호용 저항기를 설치한다는 생각은 건방진 우리 마음에는 떠오르지도 않았지." 홉필드의 말이다. 결국 두 사람은 연산증폭기를 몇 개 태워먹었다. "데이비드는 우리가 증폭기를 몇 개나 버린 거냐고 계속 물었어. 뜨거운 실리콘이 타는 냄새에 점점 익숙해졌지." 사실 두 사람은 준비한 재료를 모두 소진해버려 다른 연구실에서 재료를 '빌려'와야 했다. "저녁에 맥주를 두 잔 마시는 바람에 내 분석 능력이 조금 떨어진 거야." 새벽 2시에 홉필드는 자러 갔지만 탱크는 연구실에 남았다. 아침에 홉필드는 신경망이 제대로 작동하고 있다는 도표상의 증거를 확인할 수 있었다.

신경망은 21세기를 규정하는 핵심 기술이 되었지만, 신경망 연구 분야 밖에서는 신경망을 발명하고 다듬고 이해하는 데 물리학자가 중요한 역할을 하고 있음을 아는 사람은 거의 없다. '신경'이라는 단어가 어떤 의미를 내포하고 있든 신경망은 생물학만큼이나 물리학에서 영감을 얻고 있다. 게다가 AI 영역에서는 분명히 이방인 취급을 받고 있기 때문에 물리학자들은 AI 학계의 정치에는 면역이 있다. 신경망 개념은 1870년대에 처음 등장했고, 1950년대에 처음 작업 체계를 구축했다.[1] 그러나 그때 신경망 연구자들은 합의점에 이르지 못했는데, 논리 싸움 때문만이 아니라 사적 갈등 때문이기도 했다. 그래서 1960~70년대에는 AI 연구자와 연구비 지원 재단들이 신경망 연구자들에게 관심을 끊어버린다.[2] (이제는 메타에서 근무하는) 페이스북의 저명한 신경망 연구자 얀 르쿤(Yann LeCun)은 "신경망은 금기어였죠. 신경망을 언급하는 논문을 더는 발표할 수 없었습니다"라고 했다. 홉필드와 탱크 같은 물리학자와 대부분의 생물학자들은 행복하게도 이런 파란만장한 역사를 의식할 이유가 없다. "물리학자와 생물학자에게는 어떠한 오명도 없습니다. 홉필드가 신경망을 꽤 괜찮은 연구 분야로 만들었어요." 르쿤의 말이다.

신경망은 기본 계산 단위, 즉 자연적이거나 인공적인 뉴런이 전기를 통해 서로 연결되어 있는 그물망이다. 역과 역을 연결하는 기차 노선도나 공항끼리 연결하는 비행기 항로를 떠올리면 어떤 모습인지 이해가 될 것이다. 생물의 뉴런은 당연히 복잡한 작은 컴퓨터지만, 인공 신경망을 이루는 뉴런은 켜짐과 꺼짐으로 이루어진 간단한 스위치다. 각 뉴런은 수많은 다른 뉴런의 출력 결과를 살피고, 충분한 수의 뉴런이 스위치를 켜고 있으면 마치 투표를 하듯 자신도 스위치를 켠다. 뉴런의 출력은 입력과 반드시 일치하지는 않는다. 엄청난 입력값이 들어간다고 해도 전혀 반응이 없을 수 있으며, 작은 변화만으로도 갑자기 출력값을 방출할 수 있다.

수학자들이 비직선성(nonlinearity)이라고 부르는 이런 식의 반응과 무반응의 균형 덕분에 뉴런은 계산을 수행할 수 있는 보편 구성요소, 즉 블록재(building block)가 될 수 있다. 뉴런을 충분히 많이 연결하면 원하는 수학 작업을 시행할 수 있다. 중요한 것은 뉴런을 연결하는 전선이 고정되어 있지 않다는 점이다. 그래서 전선을 조정해 원하는 작업을 수행할 수 있도록 신경망을 바꿀 수 있다. 예를 들어 그래프 위에 곡선을 그려 작업을 표시한다고 가정해보자. 가로축은

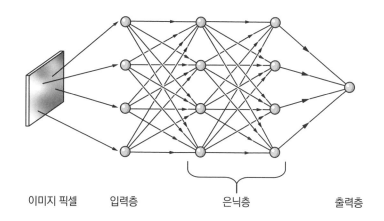

| 이미지 픽셀 | 입력층 | 은닉층 | 출력층 |

순방향 신경망. 전선(선)으로 연결된 단순한 계산 단위(원)로 이루어진 기본적인 신경망. 기술자는 입력값에 맞는 출력값이 나올 수 있도록 전선을 조정하는 방식으로 이 신경망을 교육한다. 예를 들어 왼쪽에 이미지 픽셀 데이터를 입력하면 신경망은 그 이미지가 고양이일 확률을 출력한다. 이런 평가를 하려고 중간층, 즉 은닉층에서는 보통 정교한 기하학무늬가 완성될 때까지 원본 데이터를 모은다.

입력값을, 세로축은 출력값을 나타낸다. 그래프 위에 그려진 곡선의 형태와 상관없이 신경망은 아주 비슷한 형태로 곡선을 그려낼 수 있다. 다양한 크기의 레고 블록을 조합해 계단이나 아치길을 만들 수 있듯, 곡선 일부분을 재현하는 개별 뉴런 수가 아주 많아지면 개별 뉴런을 조정하고 합쳐 완전한 곡선을 만들 수 있다. 그와 마찬가지 방식으로 신경망은 두 수를 더하는 간단한 작업도, 이미지 픽셀 데이터를 '고양이'나 '강아지'처럼 사람이 읽을 수 있는 글로 전환하는 복잡한 작업도 할 수 있다.

인공 신경망을 만드는 방법에는 몇 가지가 있다. 홉필드와 탱크는 진짜 전선을 이용해 인공 뉴런을 연결했다. 언젠가 나도 아동용 모션 전자 탐구 키트를 가지고 인공 신경망을 만들어본 적이 있다.[3] 홉필드는 서로 연결됐음을 나타내는 수의 행렬을 이용해 평범한 컴퓨터로 인공 신경망을 구현하는 코드를 짜기도 했다. 과학자들은 또한 아주 매혹적이고도 새로운 방법으로 페트리 접시 위에서 생체 뉴런을 배양해, 이 뉴런들이 살아 있는 뇌에서 그렇듯 서로 연결될 수 있게 하는 연구를 하고 있다.[4] 이제는 신경망들을 대부분 구현하고 있으며, 이 책에서 내가 언급할 신경망들도 대부분 실현될 것이다. 신경망 구축 기술자들은 자동으로 시행착오 과정을 거치는, 다시 말해 신경망을 '교육'하는 방법으로 뉴런들의 상호 연결 방식을 조정한다. '고양이'나 '강아지'라고 적힌 이미지를 신경망에 입력하는 것도 그런 방법이다. 각 사진마다 임시 라벨을 부여한 뒤, 그 라벨이 옳은지를 검토해 옳지 않으면 신경망 연결 형태를 수정한다. 신경망의 초기 추론 형태는 무작위적인 모습을 띠지만, 그 추론은 점점 더 나아진다. 1만 개 정도의 사진을 분석하면 입력한 데이터가 동물임을 알 수도 있다. 그런데 고양이와 강아지 예시는 괜히 제시한 것이 아니다. 연구자들은 정기적으로 동물 사진을 이용해 신경망을 시험한다. 인터넷에는 고양이 사진이 부족하지 않다.

신경망은 아주 강력하지만 아주 단순하기도 해서 작업하는 재미가 있다. 큰돈이 드는 신경망 연구는 많은 물리학자의 관심을 끌고 있다. 신경망은 생각을 떠올리는 것과 실제 작동하게 하는 것의 간극을 줄인다. 홉필드와 탱크는 자신들의 하드웨어 버전을 하룻밤

새는 것으로 완성했다. 언젠가 나는 도쿄에 있는 어둡고 좁은 식당에서 학회 참석자들과 식사를 한 적이 있는데, 그곳에서 한 사람이 열정적으로 자신의 연구에 관해 설명하더니 노트북을 꺼내 코드를 십여 줄 입력하고는 자료를 보여주었다. 사케 두 잔 마실 시간에 그 모든 걸 해낸 것이다.

지금은 일본에서 소규모 AI 연구소인 크로스 연구소에서 일하는 그 과학자, 니콜라스 구텐베르크(Nicholas Guttenberg)는 우리 모두 그런 시도를 해봐야 한다고 말했다. 이제는 코드를 입력하지 않아도 아주 단순한 신경망을 사용해볼 수 있게 해주는 앱이 아주 많다. 구텐베르크는 "누구나 신경망을 교육하는 경험을 해봐야 해요. 이제 곧 AI처럼 생각하게 될 테니까요" 하고 말했다. "AI는 독특해요. 그들에게는 심리학 같은 것도 있죠." AI의 기이함과 작동 원리를 안다면 잔혹한 힘에 조종당하는 AI가 지구를 멸망시킬 것이라는 걱정도 덜 수 있다. "내가 AI를 두려워하지 않고, 신경망이 들고 일어나 우리를 죽일 거라는 걱정을 하지 않는 데는 내가 그 분야를 연구하고 있다는 이유도 있어요." 구텐베르크가 보기에 진짜 위험은 이런 도구들을 아무 생각 없이 사용하고, 정말로 옳은지 검토해보지도 않고, 중요한 결정을 내릴 때 맹목적으로 활용한다는 데 있다.

골격만 있는 것 같지만 사실 신경망은 놀라울 정도로 복잡해질 수 있다. 한 번에 하나씩 프로그램을 순차적으로 실행하는 다른 대부분의 컴퓨터와 달리 신경망은 고도의 병렬 방식으로 한 번에 수백만 개의 논리 경로를 생성할 수 있다. 각 뉴런은 독자적으로 행동하며, 자신의 차례를 기다리지 않는다. 자신이 받은 입력값에만 반응한다. 신경망에서 움직이는 데이터는 폭포에서 떨어지는 물처럼 흘러 다닌다. 비어 있는 모든 공간을 채우고, 어떤 곳에서는 소용돌이치고, 어떤 곳에서는 다른 데이터들 사이로 곤두박질친다. 어떤 장대한 설계를 따르는 것이 아니라 자신이 갈 수 있는 곳이라면 어디든 가는 물방울처럼 행동한다. 신경망에는 생체 뇌에 있다고 여겨지는 유기체적 복잡함이 있다. 신경망도 우리 뇌가 잘하는 일, 즉 인식하기, 연결하기, 분류하기 같은 과제를 잘 처리한다. 우리 뇌가 어려워하는 논리적으로 추론하기, 수학적으로 계산하기, 정밀하게 판단하기 같은 과제는 어려워한다. 신경망도 우리처럼 프로그램되지 않는다. 우리처럼 배워야 한다.

신경망은 또한 물리학이 연구하는 물질계와 놀라울 정도로 닮았다. 물질계도 입자, 이온, 분자라는 단순한 기본 단위로 구성되어 있다. 이 기본 단위들이 상호 작용해 결정이나 기체 같은 복잡한 구조를 이룬다. 보통 우리는 눈송이나 유리창이 계산하고 있다는 생각은 하지 못하지만, 앞으로 보게 되듯 분자들의 상호 작용은 전적으로 신경의 상호 작용과 동등하다.

따라서 이런 기계를 이해하는 데 물리학을 활용하면 우리는 우리 자신에 대해서도 더 잘 알게 될 것이다. 그저 우리가 입자로 이루어져 있다는 피상적인 감각이 아니라 더 깊은 곳에 있는 의미를 알수 있게 될 것이다. 무생물인 물질이 자신을 조직하는 방법과 사람의 지각, 지능 그리고 아마도 의식이 발생하는 방식에는 놀라울 정도로 유사한 점이 있다. 우리의 뇌와 우리의 기계 사촌이 갖는 인공신경망은 물리적 실재가 갖는 구조를 반영하고 있다. 마음과 마음 없음은 말처럼 그렇게 뚜렷이 구별되는 분류 기준이 아니다.

유령 안에 있는 기계

신경망을 뒷받침하는 개념은, 갈릴레오와 데카르트가 마음과 물질을 분리한 뒤 얼마 지나지 않아 다시 합치려던 초기 노력들에 뿌리를 두고 있다. 토머스 홉스(Thomas Hobbes)를 시작으로 17~18세기의 자연철학자들은 갈릴레오와 데카르트가 물질 영역에서 한 일을 정신 영역에서 하기 시작했다. 간단한 통합 원리를 알아내기 위해서였다.[5] 이 사상가들은 아리스토텔레스에서 기원하는 '생각의 연상' 원리를 집중적으로 살폈다.[6]

아리스토텔레스는 기본적인 정신 활동이란 연상의 생성 과정이라고 했다. 두 개 이상의 생각이 연결되어 하나를 생각하면 다른 것이 생각난다는 것이다. 우리 뇌는 방대한 연상 망을 짜기 때문에 사람은 풍성하게 사고할 수 있다. 감각이 쏟아져 들어와 초기 연상이 몇 개 형성되면 다른 연상들을 유도하고, 결국 우리는 행동을 하거나 말을 하게 된다. 마들렌을 차에 적시면 기억이 마음으로 홍수처럼 흘러드는 것이다. 아리스토텔레스의 이 같은 생각에 기반해 홉스 같은 자연철학자들은 자신을 알고 우주를 설명한다는 더욱 광대한 프로젝트를 위해 기계론적 사고론을 정립하기를 바랐다. 마음을 설명하는 이론이 없다면 바깥에서 실제로 일어나는 일을 우리가 이해할 수 있다고 어떻게 확신하겠는가? 이 자연철학자들은 연상의 형태와 생성 시기를 관장하는 법칙을 제안했다. 무엇보다도 우리 뇌는 경험을 통해 연상하는 법을 배우기 때문에 태어날 때부터 연상하는 법을 알고 있을 이유가 없다고 주장했다. 간단히 말해 그들은 오늘날 신경망이 갖추어야 하는 두 가지 기본 특성—연상하는 정보는 실뜨기처럼 망을 이루고, 미리 프로그램된 것이 아니라 학습을 통해 정보를 습득한다—을 제시한 것이다.

1749년에 영국 의사이자 철학자인 데이비드 하틀리(David Hartley)는 생각의 연상에 관한 심리학 이론을 데카르트와 뉴턴이 했던 초기 생리학 추론과 결합했다.[7] 그는 신경 조직도 호수의 물결이나 방 안에 퍼지는 음파처럼 진동하며 떨린다고 생각했다. 두 진동이 만나면 합쳐져 강화되면서 물리적인 연상을 형성하고, 그 연상이 심리적 연상을 유도한다고 했다. 하틀리는 개인의 목소리가 합창단 속에서 한데 섞이듯 단순한 생각이 한데 섞여 복잡한 생각을 생성하는 것이라고 했다. 다른 사람들과 달리 하틀리는 기억은 분리된 뇌 구역 안에 기록으로 담겨 있는 것이 아니라 뇌 전역으로 퍼지는 진동하는 메아리라고 생각했다.[8] 실제로 현대 신경망은 정보를 그렇게 퍼뜨리는 방식으로 저장한다.

혁신적인 이론을 제시한 하틀리는 신경 진동이라는 생각은 추론의 산물임을 솔직하게 인정했다. 1700년대 말을 향해 가면서 과학자들은 신경 신호가 사실은 전기 신호임을 알게 된다. 따라서 신경 신호를 연구하려면 물리학과 생물학을 아우르는 기술이 필요했다. 독일 과학자들도 홉스와 하틀리처럼 뇌도 물리계의 다른 부분들이 사용하는 동일한 기본 용어를 사용해 이해할 수 있어야 한다는 확신에 이끌렸다. 그들은 스스로를 '유기체 물리학자(organic physicist)'라고 불렀고, 1800년대 중반에 엄청나게 도약했다.[9] 그들의 진전은 1800년대 말에 스코틀랜드의 알렉산더 베인(Alexander Bain)과 미국의 윌리엄 제임스 (William James) 같은 마음 철학자에게 영감을 주었다.[10] 베인과 제임스는 신경 조직이 서로 연결된 망을 형성하는 모습의 현미경 사진을 보고 깜짝 놀랐다. 마치 철학 관념들이 한데 합쳐져 물리적 실체를 이루고 있는 것처럼 보였기 때문이다. 두 사람은 함께 쓴 책에 지금 우리가 신경망이라고 인지할 수 있는 도표들을 실었다.[11]

이런 망들은 생각의 연상이라는 개념이 단단하게 자리잡을 수 있는 기반을 제공한다. 베인의 모형에서는 신경망으로 들어온 신호가 뉴런에 폭포처럼 엄청난 활동을 불러일으킨다. 만약 두 신호가 동시에 신경망 안으로 들어오면 두 개의 폭포 반응이 일어나고, 뇌가 폭포 반응에 영향을 받는 두 신경 집단의 연결을 강화하면 한 쌍의 신경 집단이 기억을 형성하게 된다.[12] 이런 간단한 학습 기작 (learning mechanism)은 훗날 간결하고 함축적인 구호——"함께 발화하는 뉴런은 연결된다(Neurons that fire together, wire together)!"——를 낳았는데, 우리 뇌에서는 정말로 그런 일이 일어나는 것 같다. 한 뉴런의 출력부와 다른 뉴런의 입력부가 만나는 시냅스에서의 화학 활동은 스스로 강화된다.[13] 신경망으로 밀려드는 에너지를 묘사하려고

'의식의 흐름(stream of consciousness)'이라는 용어를 만든 베인에게 의식 경험은 신경망 안에서 일어나는 전이(transition)다. 세상의 변화에 반응해 일어나는 조정이다.[14] 이 가설은 3장에서 살펴볼 의식에 관한 현대 이론들을 예측했다.

이런 문제들을 함께 고민하던 물리학자와 심리학자들은 다시 갈라졌다.[15] 그로부터 수십 년이 흐른 1940년대에 심리학자들은 인공두뇌학(cybernetics)이라는 이름으로 제시된 탐구의 장에서 인공 신경망을 발전시키기 위해 수학자와 공학자, 생리학자들과 협력하게 된다. 인공두뇌학은 현재 '인공 지능학'이라고 부르는 학문의 전신이다.[16] 인공두뇌학에 영감을 받은 과학자들은 1950년대에 처음으로 하드웨어 신경망을 만들었다.[17] 인공두뇌학의 아이디어들은 물리학에서 왔지만, 물리학자들은 이 연구에 그다지 많이 참여하지 않았다.[18] 이 분야에 과감하게 투자한 학문은 분자 생물학이었는데, 1920~30년대에 걸쳐 진행된 양자 물리학의 발달에 힘입어 분자 생물학자들이 바이러스와 DNA 같은 작은 유기체의 구조를 이해할 수 있게 되었음을 생각해보면 당연한 일이다. 이 새로운 분야에서 노벨상을 수상한 프랜시스 크릭(Francis Crick), 모리스 윌킨스(Maurice Wilkins), 막스 델브뤼크(Max Delbrück) 같은 많은 학자가 전직 물리학자였다.[19] 분자 생물학자로 전향한 이들 물리학자 중에는 뇌를 직접 연구한 사람도 있지만, 신경망 연구에 그다음으로 크게 공헌한 물리학자는 기체나 결정 같은 집합체라는 전혀 뜻밖의 분야를 연구한 사람들이었다.

홉필드 망

수년 전 프린스턴 고등연구소에 초대되어 갔을 때 나는 존 홉필드와 함께 구내식당에서 자주 점심을 먹었다. 여든다섯 살이었던 홉필드는 다리에 힘은 없었지만 생각만은 또렷했다. 그는 여전히 활발하게 활동하는 연구자였다. 그는 자신이 물리학을 택한 이유는 다른 과학 분야와 달리 학생들에게 화학 원소니 반응 기작이니 해부 용어니 하는 긴 암기 목록을 제시하지 않았기 때문이라고 했다. "그게 내 장점이었지. 암기하지 못한다는 것. 그래서 세미나에 참석할 때면 난 세부 사항을 제대로 기억하려는 노력은 하지 않아. 그저 보려고 노력하지. 어떻게 들어맞는지를 고민하는 거야."

대학원에서 홉필드는 빛이 단단한 물질과 상호 작용하는 방식을 연구했고, 1958년에는 뉴저지주 머리힐에 있는 벨 연구소에 들어갔다. 그때는 벨 연구소의 전성기여서 홉필드는 그곳에서 트랜지스터, 레이저, 통신 위성, UNIX 컴퓨터 운영 체계 등을 만든 발명가들과 교류할 수 있었다. 훗날 노벨 물리학상을 수상하는 필립 앤더슨(Philip Anderson)은 홉필드에게 바둑을 가르쳐주었다. 벨 연구소에서 홉필드의 연구 분야는 반도체였지만, 그는 새로운 분야를 마음껏 탐색해도 된다는 격려를 받았고, 어느 날은 한 동료에게서 생화학을 연구해보라는 제안도 받았다. 생화학에 관해 아는 것이 많지 않았던 홉필드는, 새로운 분야를 제대로 알고 싶었던 그 시대의 많은 과학자들이 활용한 방법을 택했다. 대학에서 생화학을 가르치는 일을 부업으로 선택한 것이다. 가르치는 것보다 더 잘 배울 수 있는 방법은 없다.

1974년에 출간한 홉필드의 첫 번째 생물학 논문은 매사추세츠 공과대학교의 프랜시스 슈미트(Francis Schmitt)의 관심을 끌었다. 생물학과 심리학을 결합해 '신경과학'이라는 용어를 만든 슈미트는 소규모 학회를 계속 열어 신경과학이 실체를 갖게 하는 마술을 부린 사람이다.[20] 신경과학이라는 혼합 과학에 물리학을 더하고 싶었던 슈미트는 홉필드를 초청했다. 학회에 참석한 사람들이 홉필드의 발언을 기대했기 때문에 그는 강연을 준비해가야겠다고 생각했다. "그래서 서로 연결할 수 있는 게 무엇인지 고민하게 됐지."

생물학자는 개별 뉴런을 연구하고 심리학자는 미로에 갇힌 쥐를 연구하지만 그 중간── 외부로 행동을 드러내는 기본 생리학──을 연구하는 사람은 한 명도 없음을 홉필드는 깨달았다. "그 사람들은 진짜로는 연결되어 있지 않았던 거야." 2세기 전의 하틀리처럼 홉필드도 그 간극을 물리학이 메울 수 있다고 믿었다. 그는 앞 장에서 언급한 연구 경향을 처음 이끈 사람이다. 통계물리학, 그것도 집단 효과를 드러내는 방대한 입자 수를 중점적으로 연구하는 통계물리학의 사용 방식을 도입한 것이다. 수십억 개에 달하는 분자들이 조합되고 재조합되는 동안 온도나 압력 같은, 우리를 둘러싼 세상의 기본 속성들이 갑자기 나타난다. 분자들이 뒤섞이는 동안 개별 분자의 행동은 의미를 잃는다. 오직 전체 분자들의 평균 행동만이 중요해진다. 분자들이 이런 방식으로 행동할 수 있다면 뉴런도 마찬가지 아닐까? 뇌의 핵심 기능도 이런 집단 효과의 결과일지도 모른다. "의식이란 무엇인가라는 질문을 고민하면서 이런 기분이 들었어. 의식도 혹시 갑자기 창발하는 특성을 갖고 있는 건 아닌가 하고 말이야." 홉필드의 말이다.

슈미트의 동료 중에는 홉필드의 생각을 미심쩍어하는 사람도 있었다. 홉필드는 이렇게 말했다. "평생 칼슘 통로를 연구한 사람이라면 내 말과 연구를 살펴보면서 이런 생각을 하는 거지. '당신 모형에는 칼슘 통로가 없어. 그게 정말 중요한데 말이야!' 그 사람들에게는 세부 사항을 알아내는 게 중요해. 하지만 나는 세부 사항을 좇다 보면 어디에도 도달할 수 없다고 생각하는 거야. 작동 원리를 결코 알 수 없는 거지. 애초에 다른 곳을 보고 있는 거야."

홉필드가 내게 들려준 그의 영감의 원천에는 분명 한 가지가 빠져 있었다. 1950년대에 등장한 신경망 말이다. 그는 자신이 신경망에 관해서는 많은 생각을 하지 않았다고 했다. 이때의 신경망은 연산 조립 라인처럼 한 방향, 즉 순방향(feedforward) 체계였다. 데이터가 한 방향으로 움직이면서 다양한 처리 과정을 거치면 신경망이 결과를 내놓는다. 이미지를 입력하면 신경망은 이미지를 분해해 강아지로 보이는지 고양이로 보이는지를 점진적으로 판단해 나간다. 그런 신경망은 사람이 무언가를 주기 전까지는 그저 가만히 기다린다. 자신의 생각을 발전시켜가던 1970년대에 홉필드는 뇌가 그렇게 단순하다는 추론이 믿기지 않았다. 생물학자들은 뇌가 되먹임(feedback) 체계임을 보여주었다. 신경 회로에서는 정보가 한 방향으로 흐르지 않고 어느 방향으로든 갈 수 있었다. 정보는 되돌아가기도 하고 상황에 맞게 바뀌기도 한다. 이런 회로에서는 외부 입력값이 없어도 활동을 시작할 수 있다. 사람이 아무 일 하지 않아도 되먹임 체계에서는 스스로 활동을 개시한다.

아주 단순화한 모형에서 이런 역동적인 모습을 구현하려고 홉필드는 인공두뇌학과 물리학에서 자성의 이징 모형(Ising model) 같은 다양한 개념을 가져와 한데 섞었다. 자성의 이징 모형이란 철가루 같은 입자들이 자석의 영향을 받거나 그저 자신들끼리 영향을 미쳐 서로 부딪치거나 멀어지는 방법을 간단하게 보여주는 모형이다. 이징 모형으로 만들어진 신경망은 훗날 홉필드 망이라고 불리는데, 1950년대에 등장한 신경망과는 전혀 다르다.[21] 홉필드 망을 이루는 인공 뉴런들은 서로 신호를 교환하며 다른 뉴런들의 행동에 반응해 스위치를 켜거나 끈다. 한 뉴런이 다른 뉴런의 스위치를 켜는 원인일 수도 있고, 다른 뉴런들의 스위치를 켜거나 끔으로써 폭포 효과를 만들어낼 수도 있다. 그러는 동안 원래 뉴런의 위상이 바뀔 수도 있다. 이 망에는 전체 계를 통제하는 조절자는 없다. 뉴런들은 스스로 집합체로서의 패턴을 형성한다.

그런 신경망 가운데 가장 단순한 모형은 단 두 개의 뉴런으로 이루어져 있다. 한 뉴런은 스위치를 켜고 다른 뉴런은 꺼둘 수 있는데, 두 뉴런의 스위치 상태는 바꿀 수 있다. 처음에 한 뉴런의 스위치를 켠 상태에서 일어날 수 있는 일을 상상해보자. 이 경우에 다른 뉴런의 스위치가 켜진 상태였다면 스위치를 끌 것이다. 다른 뉴런의 스위치가 꺼졌으니 처음 뉴런은 스위치를 켜고 싶어 할 텐데, 처음 뉴런의 스위치는 이미 켜져 있다. 따라서 한 뉴런의 스위치는 켜져 있고 다른 뉴런은 꺼져 있는 이 상태는 자동적으로 지속되는 안정 상태라고 할 수 있다. 이 신경망에 뉴런을 좀 더 추가하면 이 계는 다중 안정 상태, 즉 끌개(attractor) 상태가 된다. 뉴런은 스위치를 켜라는 신호와 끄라는 신호를 동시에 받을 수도 있기 때문에 전체 신경망은 합의가 되어 있어야 한다. 그것이 어떤 합의인지는 명확하게 밝혀지지 않았는데, 물리학자들이 홉필드 망 같은 체계에 매혹을 느끼는 것은 그 때문이다.

중요한 두 가지 측면에서 홉필드 망은 하틀리와 베인이 제안한

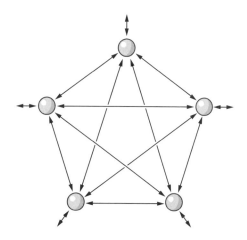

홉필드 신경망. 홉필드 망은 다시 돌아갈 수 있는 되먹임 신경망이다. 기본 연산 단위(원)는 층상 구조를 이루지 않고 서로 완벽하게 연결되어 있다. 이런 연결성 때문에 자체 역학을 갖는 이 신경망은 밖에서 들어올 수도 있는 입력값에 자유롭다. 다른 신경망처럼 홉필드 망도 전선(선)을 조정하는 방법으로 교육할 수 있다.

신경망 혁명

초기 망 개념의 정당성을 입증했다. 첫째, 뇌를 구성하는 뉴런처럼 이 인공 뉴런도 '함께 발화하면 연결된다'는 원리를 이용해 가르칠 수 있다. 둘째, 인공 신경망도 분산 처리 방식으로 정보를 저장한다. 홉필드는 고등한 형태의 컴퓨터 메모리처럼 작동하도록 신경망을 훈련하는 방법으로 이 두 측면을 시연해 보였다.

　노트북과 전화기의 메모리는, 모든 서류가 한치의 오류도 없이 각각의 서류철에 깔끔하게 정리된 책상과 같다. 컴퓨터에 전화번호를 입력하면 컴퓨터는 전화번호를 폴더에 집어넣는 것처럼 주소를 부과할 것이다. 그 전화번호를 검색하려면 컴퓨터는 주소를 구체적으로 명시해야 한다. 컴퓨터 코딩은 대부분 정보를 한 곳에서 다른 곳으로 옮기고, 무엇이 어디에 있는지를 끊임없이 추적하는 작업이다. 그에 반해 홉필드 신경망은 무너져 내릴 듯 쌓인 종이와 서류철로 덮인 책상에 가깝다. 그렇게 어질러져 있는데도 주인은 어떤 데이터가 어디에 있는지를 잘 아는 책상 말이다. 왜냐하면 종이와 서류철의 배열은 정보만이 아니라 전체 사고 과정까지 포함된 유기적 특성을 지니고 있기 때문이다.

　홉필드는 먼저 수동으로 뉴런의 스위치를 켜거나 끄는 방법으로 데이터를 조금 입력했다. 그리고 뉴런을 연결하고 있는 전선들을 조정했다. 예를 들어 첫 번째와 세 번째 뉴런의 스위치가 켜져 있다면 두 뉴런 사이로 더 많은 전류를 흘려 보내 연결을 강화했다. 두 뉴런이 서로의 연결을 강화하는 방식 그리고 두 뉴런이 짝을 짓는 상황이 이 신경망을 끌개 상태로 만든다. 이때 다른 데이터를 추가로 입력하면 또 다른 끝개 상태를 만들 수 있다. 이때 초기 입력값도 사라지지 않고 그대로 존재한다. 이 정보를 검색하고자 할 때도 정보에 배정된 주소를 정확하게 입력할 필요가 없다. 그저 데이터의 일부만 신경망에 입력해도 신경망은 어떤 끝개 상태가 그 데이터와 연결되어 있는지를 알아내고, 데이터를 검색해 찾아올 수 있다. 예를 들어 전화번호를 찾고자 한다면 일부 숫자만 입력해도 신경망이 알아서 나머지 숫자를 채울 것이다. 사람의 기억도 마찬가지 방식으로 작동한다. 우리는 단편적인 단서만 있어도 정보를 회상해낼 수 있으며, 전혀 기대하지 않은 연상도 해낼 수 있는데, 이 능력은 거의 창조에 가깝다고 정의할 수 있을 것이다. 연상 기억은 2017년 이후 구글 번역기와 챗GPT 같은 챗봇 등이 언어 번역에 혁명을 일으키고 있는 신경망의 핵심 기술이다.[22]

물리학의 다른 계들처럼 홉필드 망도 에너지가 통제한다. 이 에너지는, 시간이 흐르면 전기를 소비하는 실제 와트 수가 아니라 뉴런 활동을 나타내는 조금은 추상적인 양을 말한다. 홉필드 망이 몇 가지 단순한 조건을 충족하면 — 예를 들어 뉴런 연결은 반드시 상호적이어서 한 뉴런이 다른 뉴런에 영향을 미치면 다른 뉴런도 그 뉴런에 영향을 미치는 것 — 언덕을 굴러 내려와 바다에 모이는 물처럼 끝개 상황에 맞는 가장 낮은 값에 도달할 때까지 점차 에너지를 잃는다. 홉필드는 "기본적으로 무작위인 초기 상태로 시작한 뒤에 신경망이 자신의 에너지를 낮추는 거야"라고 했다. 에너지라는 관점에서 신경망을 생각하는 방식은 물리학자에게는 분명히 익숙하다. 하지만 심리학자, 생물학자, 컴퓨터 과학자에게는 아닐 수도 있다. "내가 이 주제를 연구하기 시작했을 때, '끌개'라는 용어를 사용하는 신경 생물학자는 한 명도 없었어. 하지만 이제는 신경 생물학자 대부분이 끌개 역학이라는 용어를 이용해 설명하고 있지."

홉필드는 뇌 모형을 만들 의도로 자신의 망을 만들었지만, 홉필드 망은 컴퓨터 설계에도 새로운 토대를 제공했다. 컴퓨터 코드는 보통 단계적으로 논리를 풀어가지만 홉필드 망에서는 이 단계들을 모두 밟을 필요가 없다. 홉필드 망은 자연스럽게 일어나는, 즉 에너지를 줄이는 일을 이용해 기억을 끌어내거나 다른 기능을 수행한다. 효과적인 여행 경로를 짜거나 결혼식장에서 손님들 좌석을 정하는 일에 이르기까지 여러 제약을 만족해야 하는 문제를 풀 때도 이 같은 방식은 효과가 있다. 홉필드와 탱크가 연구실에서 하룻밤을 새우며 구현하려 했던 것이 바로 이런 능력이다. 홉필드 신경망은 제약이 서로 맞물려 있기 때문에 한 번에 모든 문제를 풀어야 하는 어려운 문제에 이상적인 시스템이다.[23] 제약은 망의 에너지를 이용해 암호로 바꿀 수 있다. 스도쿠는 정해진 규칙대로 빈칸에 수를 적어 넣어야 한다. 언제나 수수께끼를 사랑했던 홉필드는 2005년에 스도쿠를 배웠고, 자신의 신경망을 이용해 스도쿠를 풀었다. 그는 세로 칸이나 가로 칸에 같은 수 두 개가 나란히 오면 에너지가 증가하도록 설정했다. 제로 에너지(energy of zero)와 관련된 해결법을 활용한 것이다.[24]

1982년에 자신이 얻은 결과를 처음으로 정리해 기록하던 홉필드는 이런 망을 처음 개발한 사람이 자신이 아니라는 사실을 깨달았다. 스탠퍼드 대학교의 물리학자 빌 리틀(Bill Little)과 도쿄 대학교의 수학자 아마리 순이치(Shun-Ichi Amari)가 몇 년 앞서 개발했다.[25] 인지 과학자로 전향한 인디애나 대학교의 물리학자 더글러스 호프스태터(Douglas Hofstadter)도 사고(thought)는 뉴런의 집합적 속성이라고 주장했다.[26] 홉필드는 자신이 선행 기술을 제대로 꼼꼼하게 검토하지 못했음을 인정했다. 그렇다고 해도 그의 1982년 논문은 이전의 노력에서는 볼 수 없던 열광적인 반응을 연구자들에게서 이끌어냈다. 아마도 새로운 관중, 즉 신경망을 무시하는 습관이 형성되지 않은 통계 물리학자의 마음을 움직였기 때문일 것이다.[27] 모든 답을 제공하지 않는 것도 연구를 성공으로 이끄는 비결이다. 과학은 참여가 중요한 분야다. 과학자들은 자신이 문제 해결에 도움이 될 거라는 생각이 들어야만 문제를 풀어볼 마음이 생기는 사람들이다. 바로 그런 이유로 홉필드는 동료들을 낚을 열린 수수께끼를 많이 남겨놓았다. "내가 기여한 건 경로를 만들었다는 거지. 물리학자라면 자신이 할 줄 아는 일이 실제로 유용하다는 걸 알 수 있을 거야."

볼츠만 기계

"(홉필드의) 82년 논문은 내게 큰 영향을 끼쳤습니다." 캘리포니아주 라호야에 있는 솔크 연구소 소장 테리 세즈노브스키(Terry Sejnowski)의 말이다. 1970년대 말에 프린스턴 대학교 대학원생이었던 세즈노브스키는 저명한 이론 물리학자 존 휠러 밑에서 블랙홀을 연구했다. 원래는 중력파로 학위 논문을 쓰려 했지만 어느 날 문득 그만두어야겠다고 생각했다. 그가 연구하는 데 필요한 중력파 감지기의 발전 속도를 근거로 실제로 중력파가 있다는 증거를 발견하려면 몇 년을 기다려야 하는지 계산해보았기 때문이다. 그의 계산대로라면 30년이 걸렸다. (그의 계산은 그다지 틀리지 않았다. 실제로 중력파는 2015년이 되어서야 검출되었다.)[28] "거의 반평생에 달하는 시간입니다. 그 오랜 시간을 발목 잡혀 있을 수는 없었죠." 세즈노브스키의 말이다.

그래서 신경과학으로 분야를 바꾼 세즈노브스키는 1978년에 매사추세츠주 우즈홀에 있는 해양생물학 연구소에서 실시하는 여름 인텐시브 과정에 참여해 연구를 시작했다. 그는 전기로 신경 세포를 측정하는 일이 적성에 맞는다는 사실을 깨달았고, 뛰어난 실험가라는 명성을 얻었다. 이론 물리학자이면서도 실험실에 들어오자마자 비커를 엎는 일도 없던 그는 드문 인재였다. 그에 관한 소문이 퍼지자 한 하버드 대학교 교수가 그에게 신경과학 실험실의 박사 후 연구원 자리를 제안했다. 하버드 대학교에서 그는 자신이 배워야 할 내용이 아주 많다는 사실을 깨닫고 겸손해졌다. "이론 물리학자로 훈련받는 동안 실제로 일어나는 일 한 가지는 오만해진다는 것입니다. 자신이 우주를 아는 대가가 되었다고 생각하니까요." 세즈노브스키의 말이다.

세즈노브스키가 하버드 대학교에서 가장 먼저 사귄 친구 가운데 한 명이 지금은 토론토 대학교에서 근무하는 제프리 힌턴(Geoffrey Hinton)이다. 힌턴은 AI의 혹한기에도 신경망 연구를 포기하지 않은 소수의 AI 연구자 가운데 한 명이었다. 시지각(視知覺)이라는 공통 관심사가 두 남자를 묶었다.[29] 동료들은 대부분 전통적인 지능 표지 — 체스 두기, 공리 증명하기, 지식 쌓기 같은 — 를 중점적으로 연구했지만 두 사람에게는 '둘러보기'라는 소박한 행동이 좀 더 인상적이었다. 세즈노브스키는 "눈을 뜨면 사물을 보게 되죠. AI 분야 연구자들은 시각의 복잡함을 너무 과소평가했어요"라고 말했다.

뇌로 쏟아져 들어가는 정보는 눈을 통해 들어오지만 그것만으로는 결코 충분하지 않다. 무엇보다도 세상은 너무 복잡하고, 망막 — 눈의 탐지기 — 은 뇌에 다량의 신경 신호만을 전할 뿐이다. 그 때문에 뇌의 시각 피질은 이 세상 모든 직소퍼즐의 어머니 같은 수수께끼를 만나야 한다. 빛과 어둠의 패턴만으로 외곽과 질감을 결정해야 하고, 점차 3D 공간에 존재하는 사물들의 실제 형태를 결정해야 한다. 한 장면은 수많은 방식으로 해석할 수 있기 때문에 시각 피질은 광학 원리, 기하학, 물체의 본질에 기대어 모호함을 제거해야 한다. "두서없는 국소적이고도 단편적인 증거들을 가지고 일관된 해석을 내려야 합니다." 세즈노브스키의 말이다. 다시 말해 지각은 여러 제약을 만족시켜야 하는 방대한 문제다. 그러니 홉필드의 논문이 그와 힌턴의 취향을 저격한 건 당연한 일이었다.

그러나 이런 문제를 풀 때는 강력한 능력을 가진 홉필드 망에도 치명적인 약점이 있었다. 연구자들이 '국소 최솟값(local minimum)'이라고 부르는, 좋은 해결법이지만 최상의 해결법은 아닌 상태에 갇히는 것이다. 홉필드는 그 같은 상황을 자신의 스도쿠 프로그램에서 발견했다. 그의 신경망은 아주 어려운 스도쿠는 절대로 끝내지 못했다. 거의 모든 칸에 숫자를 적어 넣었다고 해도 한 번 막히면 뒤로 돌아가 다시 시도하는 법을 알지 못했다. (공정하게 말하자면 그건 사람도 하기 힘든 일이다.) 세즈노브스키는 아주 간단한 방법으로 그 문제를 해결할 수 있음을 깨달았다. "나는 제프에게 말했습니다. 홉필드 망을 데우자고요."

물론 컴퓨터실에 난방을 하자는 뜻은 아니었다. 세즈노브스키가 생각한 열은 깊은 감각에 있는 것이었다. 무작위적인 분자 운동처럼 말이다. 기체 같은 따뜻한 물질을 이루는 분자들은 여기저기 마구 돌아다니는데, 개별 분자의 움직임은 거의 예측할 수 없다. 따라서 망을 데운다는 것은 신경망의 기능에 무작위성을 조금 첨가한다는 뜻이다. 1983년에 세즈노브스키와 힌턴은 예상치 못한 순간에 스위치가 켜지거나 꺼지는 뉴런을 홉필드 망에 도입했다.[30] 그건 마치 뒤로 돌아갈 수 있다는 말처럼 들린다. 뉴런이 그렇게 괴짜처럼 행동하는데 어떻게 기억을 간직하고 문제를 풀 수 있다는 것일까? 핵심은 약간의 무작위적인 소음이 신경망을 틀에 박힌 규칙에서 벗어날 수 있게 해준다는 것이다. 스도쿠를 하다가 손으로 스도쿠 판을 잘못 쓸어서 적어놓은 숫자가 번졌다고 생각해보자. 그 때문에 짜증은 나겠지만 덕분에 새로운 묘수가 떠오르기도 하는 법이다.

이런 생각이 옳음을 입증하려고 세즈노브스키와 힌턴은 다시 물리학의 도구 상자를, 특히 열에 관한 상자를 뒤졌다. 분자의 무작위성이 보여주는 경이로운 사실 하나는 분자들이 집합체로서의 질서를 이룬다는 것이다. 한 분자의 속력이 증가하면 다른 분자의 속력이 감소해 전체 속도는 일정하게 유지된다. 다시 말해 분포 상태는 바뀌지 않는 것이다. 세즈노브스키와 힌턴의 망을 이루는 뉴런에서도 같은 일이 일어난다. 뉴런들은 계속 꺼지고 켜지지만 전체 망은 일정한 상태를 유지한다. 이런 평형을 유지하기 위해 망은 언제나 약간의 변화만 있을 뿐, 가능한 가장 낮은 에너지 상태를 유지하려고 한다. 19세기의 오스트리아 물리학자 루트비히 볼츠만(Ludwig Boltzmann)은 이 현상을 수학적으로 가장 먼저 기술했다.[31] 1940년대에 수학자이자 인공두뇌학자 존 폰 노이만(John von Neumann)은 볼츠만의 모형이 컴퓨터 기능 향상에 도움이 될 것이라고 했다.[32] 그런 사실에 경의를 표하려고 세즈노브스키와 힌턴은 자신들이 만든 망을 '볼츠만 기계'라고 불렀다.[33]

무작위 잡음을 더한다는 이 간단한 변화는 놀라운 결과를 만들었고, 그 때문에 세즈노브스키와 힌턴은 뇌의 기본 특성에 큰 관심을 갖게 되었다. 볼츠만 기계는 엄청나게 활발히 활동하기 때문에 사진을 찍을 때마다 그 모습이 조금씩 바뀐다. 볼츠만 기계로 연산 작업을 하면 난수발생기*처럼 가동할 때마다 다른 결과가 나온다. 이것은 많은 문제가 그렇듯 한 가지 특정한 대답을 내놓는 것보다

●   random-number generator, 무작위성 기회보다 이론적으로 예측을 더 할 수 없도록 일련의 숫자나 심볼을 생성하는 장치

훨씬 바람직하다. 기계에게 다양성을 포착할 수 있는 능력이 생기기 때문이다. 볼츠만 기계는 다양한 대답을 생성하는데, 뉴런 연결을 수정하면 작업 중인 데이터에 맞는 출력값을 얻을 수 있다. 예를 들어 볼츠만 기계에게 성인의 신장을 예측하는 훈련을 시키면, 기계는 60에서 244센티미터까지 다양한 값을 내지만, 대부분의 값은 152에서 168센티미터 사이에 몰릴 것이다.

이 세상이 무작위인 것처럼, 무작위로 만든 신경망은 세상의 복제품이 된다. 이것이 AI 연구자들이 생성 모형(generative model)이라고 부르는 것이다. 최근에 인터넷은 딥페이크(deepfake)로 넘쳐난다. 존재하지 않지만 실제처럼 보이는 사람들의 모습을 딥페이크라고 한다. 볼츠만 기계와는 다른 유형이지만, 딥페이크도 프로필 사진으로 훈련한 생성 모형이다. 사람 얼굴에서 통계적 특성을 뽑아 추출하는 딥페이크 망은 무작위적이지만 그럴 듯한 새로운 표본을 생성할 수 있다.[34] 우리 뇌가 하는 일도 그렇다. 우리 뇌는 그저 세상에 반응만 하는 것이 아니다. 세상을 반영한다. 우리는 이미지를 보고 그것이 고양이인지 아닌지를 알 수 있을 뿐 아니라 고양이를 떠올려 보라고 하면 머릿속으로 고양이를 생각해낼 수도 있고, 사람마다 수준은 다르겠지만 어쨌든 종이에 그려볼 수도 있다.

1985년에 세즈노브스키와 힌턴은 볼츠만 기계를 주어진 과제에 맞게 변형하기 위해 멕시코 대학교의 데이브 애클리(Dave Ackley)와 함께 특별한 알고리즘 — 여러 단계로 이루어진 주기 — 을 개발했다. 제일 먼저 할 일은 뉴런이 몇 개 켜지거나 꺼지도록 수동으로 데이터를 입력하는 것이다. 이 뉴런들이 다른 뉴런을 발화하면 발화한 뉴런이 더 많은 뉴런을 발화시키는데, 이 작업은 신경망이 평형 상태에 이를 때까지 계속된다. 두 번째로 할 일은 처음에 입력한 정보를 제거해 뉴런이 스스로 스위치를 켜거나 끄게 하는 것이다. 이 상황은 신경망이 새로운 평형에 이를 때까지 활발하게 활동하도록 유도한다. 세 번째로 할 일은 처음 평형 상태와 두 번째 평형 상태를 비교하는 것이다. 두 평형 상태의 차이는, 데이터를 보존하려면 망의 내부 연결 상태를 어떻게 조정해야 하는지를 알려준다. 네 번째로 할 일은 새로운 데이터를 입력한 뒤에 평형 상태에 이를 때까지 기다렸다가 다시 새로운 데이터를 입력하는 것이다. 이 같은 방법으로 신경망은 번갈아 가며 외부 세계에 열린 상태(입력 데이터를 받아들임으로써)와 닫힌 상태(새로운 내부 균형을 획득함으로써)가 된다. 다시 말해 이런 신경망은 우리 뇌처럼 깨어 있는 주기와 잠든 주기를 경험하는데, 그 이유도 비슷하다. 기억을 강화하기 위해서다. "우리는 뇌가 기능하는 방법을 알아낸 것이라고 완전히 확신했습니다." 세즈노브스키의 말이다.

돌이켜보면 훈련된 알고리즘은 볼츠만 기계 자체보다도 훨씬 중요했다. "볼츠만 기계에서 정말 획기적인 부분은 내 생각과 달랐습니다. '제약-만족' 문제를 해결하는 일이 핵심이라고 생각했는데, 아니었어요. 그보다는 학습하는 알고리즘을 발견했다는 것이 진짜 핵심이었습니다." 세즈노브스키의 말이다. 학습하는 알고리즘, 즉 층이 있는 '깊은' 네트워크를 훈련한다는 것은 많은 AI 연구자들이 불가능하다고 생각한 기술이었다. 힌턴을 비롯해 이 같은 결과에 자극받은 과학자들은 이제 역전파(backpropagation)라고 부르는 순방향 신경망을 가르칠 표준 학습 절차를 개발했다.[35] 역전파는 가장 마지막 층에서 시작해 거꾸로 거슬러 올라가면서 각 층이 출력값에 오류를 생성하는 정도를 기반으로 각 층의 상호 연결 형태를 수정한다. 훗날 메타의 얀 르쿤은 이 절차도 물리학에서 빌려왔음을 보여주었다.[36]

문제는 대부분 단계적으로 해결해야 하기 때문에 망의 층상 구조는 중요하다. 첫 번째 뉴런 층은 입력을 받아들여 초기 처리 과정을 몇 가지 진행한 뒤에 그 결과를 힌턴이 '은닉층'이라고 부르는 두 번째 층으로 보낸다.[37] 입력에서 한 단계 떨어져 있는 은닉층은 좀 더 추상적인 수준에서 작업을 수행한다. 앞에서 언급한 것처럼 단일 뉴런은 기본적으로 여론을 따른다. 스위치를 켜라는 입력값이 충분히 많아지면 뉴런은 스위치를 켠다. 풀어야 하는 문제가 여러 차례 투표를 해야 한다면 은닉층이 하나 필요하다. 여기 고전적인 예가 하나 있다. 입력하는 두 값이 둘 다 짝수거나 홀수인지, 아니면 짝수와 홀수가 각각 하나씩인지를 결정해야 한다고 가정해보자. 이때는 뚜렷한 두 단계가 필요하다. 첫 번째 단계는 두 가지 질문을 하는 것이다. 두 수 가운데 하나는 홀수인가? 두 수 모두 홀수인가? 두 번째 단계는 두 대답을 비교하는 것이다. 두 질문의 답이 다르다면 입력값은 홀수와 짝수 각각 하나씩이다. 이런 방법은 사람이 무언가를 흘긋 보았을 때 정보를 처리하는 방법과 비슷한데, 그것이 바로 핵심이다. 수십 년 동안 신경망은 이런 기본적인 과제를 해결하지 못했다. 세즈노브스키와 동료들은 엄청난 일을 해낸 것이다. 세즈노브스키는 "지금도 나는 그것이 내가 해낸 가장 멋진 일이라고 생각합니다"라고 했다.

"볼츠만 기계에 관한 논문은 인상적이었습니다." 르쿤은 인정했다. "그 논문에 완전히 매혹되었죠." 르쿤은 세즈노브스키와 힌턴이 여전히 신경망에 반대하는 끈질긴 편견을 극복해야 했으며, '망'이라는 용어를 사용했지만 논란을 불러일으키는 단어는 피했다고 말했다. "볼츠만 기계 논문은 암호로 적혀 있어요. '신경'이니 '뉴런'이니 하는 단어는 쓰지 않았죠. 그랬다가는 즉시 논문이 거부당할 것임을 알았으니까요."

"장은 반드시 필요하다!"

예루살렘 히브리 대학교의 물리학자 하임 솜폴린스키(Haim Sompolinsky)는 홉필드 망에 관해 처음 들었을 때는 그다지 많은 생각이 들지 않았다고 했다. 2019년에 로스앤젤레스 캘리포니아 대학교(UCLA)의 한 학회에서 만난 우리는 휴게실에서 이야기를 나누었다. "그 생각이 즉시 인기를 끌지는 않았어요. 그러기에는 너무 멀리 갔으니까요. 우린 내용조차 이해할 수 없었어요." 1984년에 그는 두 동료가 신이 나서 홉필드 망에 관해 이야기하는 모습을 보고 자신도 관심을 가져야 하는 게 아닌가 하는 생각이 들었다고 했다.

솜폴린스키는 두 동료와 함께 홉필드 망이 할 수 있는 일을 탐구하기 시작했다. "처음에는 물리학자들이 활발하게 참여했어요. 재미로요." 신경과학자들은 홉필드 망이 진짜 뇌하고는 아무런 관계도 없다고 생각했기 때문에 관심이 없었다. 하지만 솜폴린스키는 신경망에 관한 관심을 불러일으킬 방법을 모색했다. 그와 물리학계 동료들은 예루살렘에 거주하는 생물학자와 심리학자들에게 연락해 매주 열리는 세미나를 기획했다. "처음부터 난항이었어요." 생물학자들은 물리학자들이 뇌 고랑의 시냅스조차 모른다는 사실에 경악했다. 게다가 물리학자를 완전히 기이한 존재로 여겼다.

예를 들어 솜폴린스키와 물리학자들은 뉴런이 비활성 상태면 −1, 활성 상태면 +1처럼 수학적으로 기술했다. 그러나 생물학자에게 음수는 도저히 참을 수 없는 표현 방식이었다. "생물학자에게는 0과 1만으로도 이미 너무 단순화한 것이었어요. 하지만 그건 괜찮았습니다. 뉴런이 조용하면 0으로, 활동하면 1로 표현하면 되니까요. 그런 방식은 이해할 수 있었습니다. 하지만 −1과 +1이라니, 그건 너무 과했죠. 생물학자들은 +1과 −1의 대칭성을 매우 낯설어했습니다." 복잡한 신경 활동을 단순한 수로 바꿔버린 물리학자들을 생물학자들이 용서하지 못했다는 사실도 상황을 더욱 악화시켰다. "'이건 그저 물리학자들의 꿈의 나라인 거잖아.' 생물학자들은 그렇게 말했죠. 양쪽의 인식이 바뀌는 데는 3년이 필요했습니다."

많은 물리학자가 세미나를 포기했지만 몇 명은 끝까지 남았다. 솜폴린스키는 "우리는 새로운 과학을 확립하는 데 정말 집중했습니다"라고 말했다. 1990년대 초반이 되면서 학제 간 협력이 충분히 무르익었고, 신경망 연구는 강의를 개설하고 연구비를 지원받을 정도로 위상을 갖추어갔다. 그래서 과학자들은 신경 컴퓨터를 위한 학제간 센터(Interdisciplinary Center for Neural Computation)를 설립했다. 이제 막 태동하는 학문을 과학자들은 컴퓨터 신경과학이라고 불렀고, 하틀리부터 홉필드에 이르는 학자들이 그토록 찾고자 했던 고리의 잃어버린 부분——낮은 단계의 세포 활동이 높은 단계의 심리 상태를 생성하는 방법, 뉴런 안에서 다량의 이온이 움직일 때 뇌가 그 활동을 아이스크림을 먹고 싶다는 열망으로 해석하는 이유 같은——을 메우는 데 헌신했다. 물리학자들은 엄청나게 다른 규모의 간극을 연결하는 일에 특히 능숙하다.

현재 솜폴린스키는 자신의 신생 학문이 재시동을 해도 좋을 만큼 무르익었다고 생각한다. 뇌에 관한 새로운 사실이 엄청나게 발견되고 있으며, 낡은 모형들은 이미 한계에 도달했고, 실천가에게는 새로운 접근법이 필요하다. "지금 우리는 컴퓨터 신경과학에 새로운 발전이 되어줄—— 것으로 내가 희망하는——역치에 도달해 있습니다. 이 분야에는 새로운 접근법이 절실하게 필요합니다."

많은 사람이 AI도 마찬가지라고 말한다. 솜폴린스키가 컴퓨터 신경과학 구축하는 일을 돕던 그 몇 년 동안 AI는 독특한 형태로 몇 차례의 호황과 불황 주기를 넘기고 있었다. 홉필드와 세즈노브스키 그리고 그들의 동료들이 불러일으켰던 흥분은 가라앉았고, 신경망은 1990년대 중반이 되면서 과학자들의 관심에서 완전히 멀어지게된다. 심지어 르쿤 같은 헌신적인 투사들도 몇 년 동안은 완전히 연구를 그만두었다. 그는 이런 정체기가 온 데는 많은 이유가 있다고 했다. 컴퓨터는 여전히 충분히 빠르지 않았고 소프트웨어는 조악했다. 이론으로 눈을 돌린 과학자들은, 신경망보다는 단순하고 능력도 떨어지지만 명확하게 기술하기 쉬운 연산 방법에 집중했다. 많은 물리학자가 솜폴린스키의 뒤를 따라 신경과학을 연구하거나 자신의 분야로 돌아갔다.

매사추세츠 공과대학교의 양자 컴퓨터 선구자 세스 로이드(Seth Lloyd)는 신경망 연구의 정체기였던 1980년대에 캘리포니아 공과대학교에서 박사 후 연구원으로 근무하면서 홉필드의 연구실에서 자주 시간을 보냈다고 했다. "그분의 말을 기억해요. '이 신경망들이 지금 제대로 작동하지 않는 건 당연해. 하지만 컴퓨터 성능이 100만 배 강해지고, 지금보다 10억 배 많은 데이터를 확보하게 되면 분명히 제대로 작동할 거야. 맹세해도 좋아.'" 로이드는 이 말을 농담으로 받아들였지만 사실은 홉필드의 선견지명이었다. 컴퓨터 성능과 인터넷 데이터 처리량이 2년마다 두 배씩 증가하는 상황에서는 100만 배도 10억 배도 이루기 힘든 목표가 아니다. 2010년대 중반이 되면서 신경망은 좁은 영역의 특정 과제들을 사람처럼 수행하는 능력을 갖게 된다. 로이드는 정말 시기적절한 일이었다고 말했다.

힌턴과 르쿤을 비롯한 사람들이 마침내 신경망이 작동하리라는 확신을 세상에 심어주는 동안 AI의 시대는 마침내 겨울이 끝나고 봄이 되었다. "다시 한 번 신경망 폭풍에 갇혀버렸죠." 로스앤젤레스 캘리포니아 대학교에서 열린 학회에서 함께 아침을 먹을 때 마크 메자르(Marc Mézard)가 말했다. 파리 고등사범학교 교수인 그는 1980년대에 신경망을 옆으로 치웠다가 2010년대에 다시 매력을 느낀 물리학자 가운데 한 명이다. 자신의 신경망 지식이 속절없이 뒤처져 있을 거라고 생각한 그는 최신 자료를 찾아 읽기 시작했고, 자신이 생각보다 많이 뒤처지지 않았음을 깨달았다. 신경망 이론은 거의 호박 속에 갇혀버린 것만 같았다. "새로운 개념이 하나도 없다는 사실은 정말 놀라웠습니다. 전혀 없었어요. 모든 게 1980년대와 같았죠. 정말로 새로웠던 건 실험이 성공했다는 것뿐이었어요."

공학자들은 신경망을 수선해 알파고 같은 시스템을 구축했지만, 원리를 제대로 이해하지 못한다는 사실에 압박을 느끼고 있었다. 많은 논쟁을 불러일으킨 2017년 강연에서 알리 라히미(Ali Rahimi)는 자신의 연구를 가리켜, 유용한 도구와 방법을 많이 만들어냈지만 개념적으로는 조악하고 낡은 기술인 연금술에 빗대었다.[38] 라히미는 아마존사에서 근무하는 뛰어난 AI 실무자다. 사실 연금술이 화학의 초기 형태임을 생각해보면 그런 표현은 연금술에는 조금 부당할 수도 있지만 말이다.[39] 어쨌거나 라히미가 하고 싶었던 말은 공학자에게는 자신들의 발명품을 이해할 수 있게 해줄 이론 과학자가 필요하다는 것이다. 메자르도 그의 말에 동의한다. "이 분야는 곧 정체기에 들어갈 겁니다. 참신한 생각이 첨가되지 않는다면 새로운 장비를 생성할 수 있는 능력은 포화 상태에 이르고 말 테니까요. 바로 지금, 내가 아주 놀랍다고 생각하는 건, 우리가 특정 과제를 성공적으로 수행하는 망을 가지고 있으면서도 그 망의 작동 방식에 관해서는 극단적으로 아는 것이 없다는 겁니다.”

뇌에 관해서도 같은 말을 할 수 있지만, 인공 신경망에 관해 아는 것이 없다는 사실은 훨씬 더 당혹스럽다. 뇌는 우리 머릿속에 깊숙이 숨어 있기에 실험으로 이해하기가 어렵지만 인공 신경망은 그저 사용자가 마음대로 조사할 수 있는 컴퓨터 메모리 안의 빅데이터 구조일 뿐이다. “우리는 거의 모든 것을 압니다. 하지만 인공 신경망이 어떻게 작동하고 무슨 일을 하는지 알지 못합니다. 그건 (처리할 수 있도록) 훈련받은 것과는 다른 종류의 값을 입력할 때 이 인공 신경망이 반응하는 방법을 우리가 통제하지 못한다는 뜻입니다.” 메자르의 말이다.

그래서 다시 인공 신경망 분야로 돌아온 메자르와 물리학자들은 그전과는 다른 역할을 맡아야 했다. 현재 인공 신경망을 연구하는 물리학자들은 발명가라기보다는 설명가의 역할을 맡고 있다. 라히미의 말처럼 좀 더 깊이 이해하고 파악할 수 있도록 원리를 밝히는 연구를 하고 있다. 메자르의 대학원 학생이었던—그리고 홉필드가 유명한 논문을 발표했을 때 갓난아기였던—렌카 즈데보로바는 상황이 이렇게 바뀐 이유를 설명해주었다. “40년 전에 물리학자들은 해맑았어요. ‘아, 여기 한 계가 있네. 이 계한테는 뭘 물어볼 수 있지?’라고 생각했어요. 하지만 그들에게는 안내자가 하나도 없었어요. ‘이런, 우리가 설명해야 할 성공적인 실험 결과만 잔뜩 있잖아?’ 이런 상황이 된 거예요. 그래서 훨씬 탐구적이 되었죠. 이제 동기가 훨씬 분명해진 셈입니다.”

역사적으로 이런 패턴은 물리학에서 흔히 나타난다. 땜장이들이 만들고 과학자들이 설명한다는 패턴 말이다. 즈데보로바는 다리를 예로 들어 그 같은 현상을 설명했다. 공학자들은 보통 직감으로 다리를 세운다. "메소포타미아 시대부터 우리는 다리 만드는 법을 알고 있었어요. 경험을 바탕으로 만들었고 대부분 잘 버텼죠. 하지만 무너질 때도 있었어요." 구조 공학에 관한 이론은 훨씬 나중에 등장했다. "이제는 다리를 만들 때 그 뒤에 거대한 정역학 컴퓨터 시뮬레이션이 있다는 생각을 하죠." 신경망에서도 기술이 이론을 앞서 달렸다. 이런 인공 신경망 그리고 인공 신경망을 실행하는 데 필요한 컴퓨터는 현재 존재한다. 하지만 그 작동 원리를 설명할 수 있는 능력이 우리에게 있을까?

일반화의 역설

훌륭한 선생님이라면 누구나 자신이 가르친 내용을 학생들이 완벽하게 흡수하기를 무엇보다 바랄 것이다. 가르친 내용을 제대로 흡수한 학생은 그저 배운 내용을 반복하는 것이 아니라 머리로 흡수하고, 처리하고, 자신만의 독특한 이해력을 발휘한다. 그런 학생들은 심지어 선생님이 미처 알지 못한 내용도 한두 가지 알려준다. 놀랍게도 인공 신경망이 그와 같은 방식으로 배우는데, 그 이유는 아무도 알지 못한다.

라벨이 붙은 1만 개의 이미지로 '고양이'나 '강아지' 같은 동물의 이미지를 분류하도록 순방향 망을 훈련시킨다고 생각해보자. 놀랍게도 이 신경망은 1만 개의 이미지를 제대로 분류할 뿐 아니라 새로운 이미지를 주어도 정확히 분류할 수 있다. 심지어 신경망은 라벨이 붙은 표본이 없어도 스스로 비슷한 이미지를 한데 묶는 방법으로 고양이와 강아지를 분류할 수도 있다. 신경망이 데이터를 일반화하는 방법에 대해 분석한 연구자들은 신경망이 맹목적으로 데이터를 기억하는 것이 아님을 알았다. 그보다는 이미지를 대표하는 일반 체계를 구축해 나가는 방법을 이용했다. 픽셀값의 다양한 산술 조합을 구하고, 그 조합을 또 조합해 전체 이미지를 생성할 수 있는 정보를 알아낸다. 전형적인 기하학 연산을 여러 번 수행하는 것이다. 첫 번째 뉴런 층은 명암 변화를 확인하고, 두 번째 뉴런 층은 가장자리를 파악한다. 계속해서 그와 같은 방법으로 모양을 구별하고 사물의 종류를 판별한다. 특히 동물이 과제일 때는 귀와 수염도 파악한다.[40]

신경망에 이미지가 아닌 글을 입력하면 신경망은 이 글을 단어로, 구로, 문장으로 쪼개어 문어를 파악할 수 있는 문자 언어 체계를 조직할 것이다.[41] 신경망은 자신이 학습한 이미지와 글뿐만 아니라 기본 틀——모든 이미지와 글을 이해할 수 있는—— 을 제공하는 계층 구조를 형성해 나간다. 따라서 신경망은 그저 배우기만 하는 것이 아니라 어떻게 배워야 하는지도 배운다. 신경망의 가소성(plasticity)은 인상적이다. 언젠가 얀 르쿤은 공간이 3차원이 아니라 4차원이라고 해도 신경망은 문제없이 처리할 것이라고 했다.

실제로는 망이 이 구조를 언제나 성공적으로 알아내는 것은 아니며, 훈련용 데이터의 범위를 필요로 할 수도 있기 때문에 공학자들은 기본적인 기하학이나 문법 속성을 망에 구축하는 방법으로 학습이 원활해지도록 도울 수 있다. 르쿤은, 처음부터 계층 구조를 이루어 기하학의 법칙들을 모두 재발견해야 하는 난감한 과정을 밟지 않고도 이미지를 처리할 수 있게 준비된 망 구조를 공동 발명하면서 명성을 얻었다.[42] 챗GPT 같은 언어 처리 시스템이 강력한 성능을 발휘하는 이유는 전후 맥락에 대한 단서를 포착할 수 있는 특별한 층상 구조 덕분이다.[43]

표본 1만 개가 많아 보이지만 신경망 전체 규모와 비교하면 전혀 그렇지 않다. 제대로 만든 신경망에는 개별적으로 조정할 수 있는 수백만에서 수십억 개, 이제는 수조 개에 이르는 상호 연결이 있다. 이런 신경망에는 기하학적인 세부 사항은 건너뛰고 그저 데이터를 암기*하는 능력이 있다. 하지만 이것이 전부라면 한 번도 접한 적 없는 데이터를 만나면 제대로 작동하지 않을 수 있다. 신경망이 데이터를 '과적합(overfitting)'하는 것이다. 이미지의 모든 픽셀을 받아들이지만 일반 원리를 파악하는 데는 실패할 것이다. 이런 신경망은 고양이와 강아지를 구별하지 못하며, 나무는 보지만 숲은 보지 못한다.

'과적합'은 신경망의 과제가 데이터에 '추세선(trend line)을 맞추는 것'이라고 생각한 결과 등장한 용어다. 실외 기온을 나타내는 그래프를 만든다고 생각해보자. 먼저 한 시간에 한 번씩 기온계를 보

● rote-memorize, 주어진 문제를 파악하지 않고 명기했다가 재생하는 과정

고 와서 그래프용지에 점을 찍어 표시한다. 일반적으로 기온은 아침부터 올라가기 시작해 이른 오후에 정점을 찍고 그 뒤로는 내려간다. 따라서 제대로 표시했다면 그래프용지 위에는 위로 볼록한 '역 U자 곡선'이 그려질 것이다. 이 곡선이 일종의 알고리즘으로, 입력값(시간)을 넣으면 출력값(기온)이 나온다. 이 곡선을 이용하면 측정하지 않은 시간의 기온뿐 아니라 미래의 기온도 알 수 있다. 입력값이 시간을 나타내는 단일 수가 아니라 이미지 픽셀을 나타내는 여러 수로 이루어진다는 점은 다르지만, 본질적으로 이미지를 분류하는 신경망이 하는 일도 이와 거의 유사하다. 이미지 분류 신경망의 출력값은 고양이인지 강아지인지를 결정하는 확률이 될 수 있다.

하지만 현실 세계는 복잡하다. 기온 그래프가 완벽하게 위로 볼록한 '역 U자 곡선'을 그리는 경우는 거의 없다. 해가 구름 뒤로 숨을 때도 많고 북쪽에서 강풍이 불어올 수도 있는 등, 예측하지 못한 기후 변화가 계속 발생한다. 과적합이란, 측정점을 모두 잇는 곡선을 그리면 역 U자 곡선이 아니라 뱀처럼 구불구불한 그래프가 그려진다는 뜻이다. 뱀과 같은 그래프는 더는 일관된 기상 정보를 담고있지 않기 때문에 그것으로는 측정점과 측정점 사이의 정보도, 미래의 정보도 얻을 수 없다. 그런 알고리즘은 일반화해서 사용할 수 없다. 그와 마찬가지로 신경망도 이미지에 있는 특성을 세세한 부분까지 모두 다루면 과적합된다. 본질적으로 너무 많이 알면 유용성이 떨어진다. 데이터를 맞추는 일은 옷을 맞추는 일과 크게 다르지 않다. 옷을 맞출 때도 튀어나오고 들어간 모든 곡선에 주목하기보다는

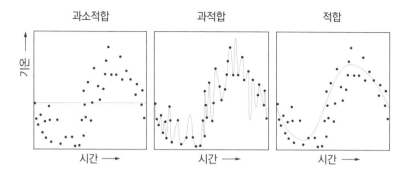

곡선 맞춤. 인공물과 사람 모두에서 지능이 풀어야 할 가장 중요한 도전은 의미 없는 세부 사항에 막힘 없이 본질적인 패턴을 찾아내는 것이다. 예를 들어 앞 베란다에 설치해놓은 온도계는 구름과 바람 같은 여러 기후 조건의 무작위 변화 때문에 대략적인 주행성 주기를 따라 사인파 모양을 나타내는 변동 형태를 나타낼 것이다. 이때 평균 기온만을 택해 살펴보면 당연히 무언가를 알 수 있겠지만 그다지 많은 것을 알아낼 수는 없다(과소적합 상태). 그와는 극단적으로 다른 상황은 관계가 없는 무작위적인 세부 사항도 모두 고려해 모든 변수의 변이를 재생함으로써 예측을 할 때 커다란 오류를 산출하는 것이다(과적합 상태). 이상적인 기계 시스템은 조화롭게 균형을 잡고 숨어 있는 경향을 찾아낸다(적합 상태). 이미지 구별과 문서 작업을 비롯한 고전적인 기계 학습 과제에는 이 같은 원리를 적용할 수 있다.

몸의 전체 윤곽에 초점을 맞춰야 한다.

이런 위험을 깨달은 과학자들은 1980년대에 너무 꼼꼼하게 데이터를 맞추지 않고 적당히 헐겁게 맞출 수 있도록 규제자(regularizer)라고 부르는 오물을 신경망에 도입했다.[44] 그러나 이 방법에는 희생해야 하는 부분도 있었다. 신경망이 일반적인 경향에 나타나는 작은 편차를 무시하면 실제로는 의미 있는 작은 움직임을 놓칠 수 있다는 점이다. 정확성과 일반성에 균형을 맞추는 것도 신경망을 설계할 때 유념해야 하는 기술이다. 우리 뇌도 같은 상충관계를 경험한다. 뇌가 구사하는 지각과 지능에서도 정확성과 일반성에 균형을 맞추는 것은 아주 중요한 과제다. 무작위성과 잘못된 방향성(misdirection)이라는 껍질 밑에 본질적인 패턴이 숨어 있는 시끄럽고 복잡한 세상에서는 중요한 정보와 무시해도 좋은 정보를 파악하기가 쉽지 않다. 나무는 숲을 태우는 맹렬한 화재에서도 살아남아 다시 번성한다. 불에서도 살아남도록 진화한 나무처럼 우리 뇌도 혼돈을 다룰 수 있게 진화했다.

신경망은 실수할 수 있는데, 실수는 좋은 것이다. 명확하게 구분되지 않는 경계에서는 실수를 해야 한다. 신경망이 포메라니안을 고양이로 분류한다면, 이 신경망은 자신이 받은 표본을 무조건 암기하는 것이 아니라 고양이와 강아지를 구별하는 일반 규칙(예를 들어 솜털)을 찾아본 것이다. 오류(error)는 학습 실패가 아니라 성공 신호다. 규제자는 신경망에게 틀릴 수 있는 기회를 준다.

1980년대에는 많은 연구자가 신경망에 규제자를 심는다는 생각 자체에 회의를 품었다. 세즈노브스키는 동료와 함께 만들었던 넷토크(NETtalk)에 관해 말해주었다. 넷토크는 영어 문장을 음성으로 변환해주는 신경망이다. 300개의 뉴런과 1만 9,000개의 상호 연결로 이루어진 넷토크는 오늘날의 기준으로는 아주 작은 신경망이지만 그래도 여전히 커 보였다.[45] "수학자들은 우리를 비웃었습니다. 우리가 지나치게 매개변수화 한다고 했죠. 전혀 희망이 없었습니다. 그냥 모든 걸 외우게 하려고 했으니까요." 하지만 신경망은 그냥 외우는 것으로 끝내지 않았다. 넷토크는 구어 영어의 특이한 점을 흡수해 아주 낯선 문장을 발화했다. "무엇이든 일반화하는 능력이 있었던 거죠." 세즈노브스키의 말이다.

시간이 흐르면서 신경망의 규모는 커졌다. 그렇다면 당연히 과적합되는 경향이 증가해야 하는데 상황은 그렇게 흘러가지 않았다. 2010년대가 되면서 연구자들은 신경망에 규제자를 심을 필요가 없음을 깨닫는다. 신경망은 본질적으로 숙련된 학습자였다.[46] 어떻게 해서든 정확성과 일반성 사이의 상충관계를 피해갔다. 새로운 예시를 다루는 능력을 잃지 않고도 처음에 입력한 데이터에 완벽하게 맞췄다. 이는 모든 데이터를 보유할 수 있는 생명체에게서는 쉽게 나타나지 않는 특성이다.

이런 거대한 신경망 위에는 통계론이 자리하고 있다. 통계학자들은 보통 수많은 관찰 결과를 평균이나 표준편차 같은 핵심적인 숫자 몇 개로 요약한다. 그러나 신경망—과 일반적인 빅데이터 시스템—은 상당히 적은 관찰 결과를 가지고 수많은 수를 추출해야 한다. 예를 들어 1만 개의 이미지로 100만 개의 신경 연결을 구축해야 하는 것이다. 수학적으로 표현하면 1만 개의 방정식을 가지고 알려지지 않은 매개변수 100만 개를 풀어야 하는 것과 거의 비슷한 의미다. 이런 작업을 시도하는 학생이 있다면 고등학교 대수 선생님은, 방정식 개수는 미지수 개수만큼 필요하므로 분명히 틀린 방법이라고 했을 것이다. 엄청난 수의 매개변수를 풀 수 있는 방정식이 조금밖에 없다는 것은 정보가 아주 부족하다는 뜻일 수 있다. 그런 상황에서 어떻게 제대로 일을 처리할 수 있을까?

상태 변화하는 망들

이것은 물리학자들이 150여 년 동안 고민해온 문제일 뿐이다. 물리학자들은 아침밥으로 많은 숫자를 먹는 사람들이다. 기온이나 압력 같은 몇 가지 중요한 수량을 가지고 방을 가득 메우고 있는 10^{26}개가량의 분자들에 관해 결론을 이끌어낸다. 그들은 개별 분자에 대해서는 할 말이 많지 않다. 하지만 개별 분자 이야기를 할 필요가 있을까? 중요한 것은 전체로서 계가 하는 행동이다.

물리학자의 중심에 있는 사고는 분자들이 결합해 고체, 액체, 기체라는 여러 상태를 만들고 이 상태들이 갑자기 서로 바뀔 수 있다는 것이다. 이런 상태 변화 현상은 분자의 성질과는 상관이 없다. 물이나 자석 같은 다양한 계가 기본적으로는 모두 같은 방식으로 상태 변화한다. 물리학자들은 심지어 새가 모이는 방식이나 교통체증은 물론이고 지금은 신경망에까지도 같은 원리를 적용한다.

신경망은 분자가 이용하는 여러 방식을 사용해 집합적으로 자신을 조직화하는데, 이는 신경망에도 다른 상태가 존재하며 그 상태가 변한다는 뜻이다. 얼음이 녹거나 물이 끓으면 분자들의 연결은 느슨해진다. 그와 마찬가지로 적절한 조건이 갖춰지면 뉴런 사이의 연결도 느슨해진다. 신경망은 실제로 연결이 끊어진다. 액체처럼 흐르지는 않지만 기능은 유사한 방식으로 바뀐다. "273K일 때 얼음이 물로 바뀌는 것과 같은 거죠." 마크 메자르의 말이다.

예를 들어 신경망의 크기가 바뀌면 물질의 상태가 변하는 것 같은 일이 일어날 수 있다. 구체적으로 이 상황은 모래시계에 들어 있는 모래나 자판기 용기에 들어 있는 건조 시리얼 같은 과립 물질과 비교할 수 있을 것이다. "모래알이 수백만 개 있다고 생각해보죠. 그건 기본적으로 신경망 안에 매개변수가 그만큼 있는 것과 같은 상황입니다." 지금은 위스콘신-메디슨 대학교에 재직 중이지만, 나와 대화했을 때는 뉴욕 대학교 교수였고, 입자 물리학자이자 기계 학습 연구자인 카일 크랜머(Kyle Cranmer)의 말이다. 시리얼이 느슨하게 담겨 있으면 자유롭게 밖으로 나오지만 용기를 가득 채운 상태라면 막혀서 밖으로 나오지 못한다. 이런 시리얼을 밖으로 나오게 하려면 용기 옆을 세게 쳐야 한다. 시리얼이 자유롭게 움직이는 상황은 입력한 데이터를 모두 간직할 수 있을 만큼 큰 신경망과 수학적으로 동치(同値)다. 시리얼이 막힌 상황은 모든 데이터가 막혀버린 과소적합 망과 같다.[47]

과적합 망은 대수 선생님이라면 분명 투덜거릴 상황에서 시리얼이 자유롭게 움직이는 상황과 같다. 미지수의 수에 비해 방정식이 너무 적은 것이다. 과적합 망에서 방정식은 훈련 데이터다. 방정식을 풀면 매개 변숫값을 알 수 있다. 방정식 수가 너무 적으면 독특한 해법은 없다. 하지만 그건 좋은 일이다. 이제 더 이상 '해법은 무엇인가'가 질문이 아니다. 해법은 넘쳐난다. 질문은 이것이다. 어떤 해법을 택해야 하는가? 표준 통계 이론을 배우고 자란 우리가 이런 식으로 질문을 전환하려면 정신을 조정해야 한다. 망에 최적화된 단 하나의 구성을, 즉 해답을 찾아야 한다는 걱정은 그만두고 수많은 답이 있음을 받아들여야 한다. 당혹스러울 정도로 해법이 많을 때 해결해야 할 어려운 문제는 어떻게 하면 슬기롭게 선택할 수 있는가이다. 모든 해법은 입력된 데이터를 묘사하지만, 이전에는 절대 보지 못했던 사례를 일반화할 수 있는 해법은 선택된 몇 개뿐이다. 세즈노브스키는 이렇게 말했다. "많은 해법이 문제의 본질을 건초 더미에서 바늘 찾기가 아니라 바늘 더미에서 바늘 찾기로 바꿨습니다."[48]

1986년에 힌턴 등이 개발한 역전파 훈련 알고리즘도 선택에 능숙하다. 아직은 완전히 알아내지 못한 어떤 이유로 이 알고리즘은 자연적으로 데이터에서 가장 두드러진 과정만을 추출하는 해법들만을 선택했다. "1980년대에 그런 적절한 알고리즘을 개발할 수 있었던 건 그저 운이 좋았기 때문입니다." 세즈노브스키의 말이다.

그 바탕에 깔린 원리는 이것이다. 지나치게 많은 뉴런은 수학적으로는 쓸모가 없어 보일 수도 있지만 신경망이 과제를 학습할 수 있도록 돕는다는 것이다. 같은 원리가 뇌에도 적용된다.[49] AI와 뇌 연구자로 전향한 스탠퍼드 대학교의 전직 물리학자 수리아 간굴리(Surya Ganguli)는, 뇌는 자신의 이익을 위해서라고 하기에도 너무 많은 뉴런을 가지고 있다고 내게 말했다. 100만 개의 뉴런으로 이루어진 신경 회로가 고작 1,000개 정도의 과제만 수행할 수도 있다. 이런 과함은 반드시 필요하다. 간굴리는 "학습을 마무리한 뒤에 실제로 과제를 수행하는 때보다 수행하는 것을 배울 때 뉴런이 더 많이 필요할 수도 있습니다. 그건 기계 학습에서도 마찬가지입니다. 과제를 수행할 수 있는 작은 망이 있다고 해도 규모가 작은 망보다는 큰 망이 더 잘 배웁니다"라고 말했다.

무한이 너무 많을 때

아주 큰 계를 만났을 때 물리학자들이 흔히 사용하는 전술은 그 계가 무한히 크다고 대담하게 생각하는 것이다. 무한함은 뇌를 어리둥절하게 하겠지만 수학적으로는 단순해질 수 있다. 1980년대에 솜폴린스키와 다른 과학자들은 아주 커다란 수를 무한으로 생각하는 접근법이 기체 같은 물질에 관한 이론을 세울 때 유용했듯 신경망을 이해할 때에도 유용할 수 있을지 모른다고 했다.[50] 실제로 신경망의 뉴런 수가 무한하다면 처음 보이는 것과 달리 이해할 수 있다는 가능성이 생긴다. 이 초기 연구는 무시되고 말았지만, 그로부터 30년 뒤에 20대와 30대였던 새로운 세대의 물리학자와 수학자 들이 이 연구를 이어받았다. "무한 폭의 극한을 구하면 이 문제는 아주 간단하게 기술할 수 있음이 밝혀졌습니다." 2017년에 이론 응축 물질 물리학으로 박사 학위를 받은 야사만 바리(Yasaman Bahri)는 유명한 구글플렉스에 입사하면서 실리콘 밸리로 갔고 그곳에서 나를 만나주었다.

젊은 과학자에게 신경망 이론은 이상적인 연구 주제다. 아직 새로운 수수께끼가 많고 낮게 매달린 열매는 풍성하며 연구 방법은 유례없는 속도로 발전하고 있다. 이론 입자 물리학으로 박사 학위를 받았고, 화려함은 덜하지만 아주 인상적인 구글 뉴욕 지부에서 일하는 바리의 공저자 제프리 페닝턴(Jeffrey Pennington)은 "근사한 생각을 할 수는 있지만 누군가가 300년 전에 그 생각을 떠올렸을 수 있고, 그 생각을 떠올리기까지 15년이 걸리는 물리학과 달리, 이 분야는 기본 수학과 통계학을 알고 양적인 직관력을 갖췄다면 그 누구의 것도 아닌(다른 사람이 탐구하지 않은) 생각을 쉽게 떠올릴 수 있고 시도해볼 수 있습니다"라고 말했다.

바리와 페닝턴을 포함한 공저자들은 입력 데이터가 무한 수의 뉴런으로 퍼져나가는 계를 상상했다.[51] 이 신호들은 두 번째 무한 뉴런 층으로 퍼져나가고, 세 번째 층으로 퍼져나가고, 같은 과정을 계속 반복해 결국 출력값을 산출해낸다. 무작위적인 단일 수를 생성하는 것이 아니라 무작위적인 곡선을 생성한다는 점이 다르지만 처음에 연구자들은 신경망을 난수발생기처럼 작동시키려고 신경망의 연결 형태를 무작위로 설정했다.[52] 앞에서 살펴본 것처럼 무한 신경망에 기온 표본을 입력하면 그래프용지 위에 무작위적 곡선이 그려질 것이다. 신경망의 연결 형태를 바꾸면 그려지는 곡선의 형태는 달라진다.

바로 여기가 무한이라는 특별한 수학이 등장하는 지점이다. "무한 폭이 하는 일은 무작위적 행동이 단순한 형태를 띠게 해준다는 것입니다." 또 다른 공저자이자 구글플렉스 직원인 생물 물리학 박사 야샤 솔 딕스타인(Jasha Sohl-Dickstein)의 말이다. 신경망이 이런 곡선을 다량 생성하면 몇 가지 패턴을 확인할 수 있다. 왜냐하면 특정 입력값에 대한 출력값은 종형 곡선(bell curve)이 기술하는 확률에서 벗어나 평균 부근에 모이는 경향이 있기 때문이다. 더구나 신경망은 데이터를 통해 괴상하고 들쭉날쭉한 곡선이 아닌 완만하게 호를 그리는 곡선을 선호할 것이다. 만약 신경망에 강아지와 고양이 이미지를 입력한다면, 신경망은 비슷한 이미지를 같은 목록으로 분류하라는 상당히 간단한 분류 규칙을 선택할 것이다.

이런 신경망을 훈련하려면 출력된 곡선이 유효한 측정점을 지날 때까지 특정 방향으로 연결을 이끌어 가야 한다. 측정점들 사이에 나타나는 곡선은 무작위 경로를 택하지만, 무한 덕분에 간단한 형태로 생성되기 때문에 통제를 벗어나지 않아 신경망은 과적합 상태가 되지 않고 적합 상태를 유지할 수 있다. 결국 신경망은 하루 동안 변화한 기온 표본을 가지고 위로 볼록한 U자형 곡선에서 크게 벗어나지 않는 곡선을 합리적인 방식으로 다시 그릴 수 있다. 이런 훈련 과정은 수학으로 쉽게 기술할 수 있으며, 신경망이 하게 될 일을 정확히 예측할 수 있다. 바리는 "우리는 결과를 나타내는 식을 쓸 수 있습니다"라고 말했다. 이와 같은 이론의 이상화(idealization)에도 불구하고 이 망은 실용적으로도 잘 작동해 구글 같은 기술 회사들이 개발하고 있는 신경망의 많은 측면을 정확히 예측할 수 있다.

소망이 있다면 이런 무한-망 이론이 신경망 설계에 실제로 활용 가능한 묘책을 주었으면 하는 것이다. 공학자에게는 능숙하게 작동하는 다층 망을 만드는 일이 특히 어렵다. 규모와 구조에 그다지 중요하지 않아 보이는 변화가 일어나는 것만으로도 신경망은 학습 능력을 갖지 못할 수도 있다. 2016년, 간굴리와 솔 딕스타인을 포함한 여러 연구자들은 한 가지 현상, 즉 입력한 신호가 출력 결과를 낼 때까지 순방향 망에서 퍼져나가는 방식에 주목했다.[53] 각 층이 신호를 아주 조금이라도 증폭시키면 신호는 꾸준히 증강되어 결국 시스템에 산사태 같은 혼란을 일으킬 것이다. 구체적으로 말하면 망에서 생기는 작은 차이가 엄청나게 다른 결과를 낼 수 있다는 것이다. 고양이 이미지를 두 개 보여주면 두 개체의 두드러진 특징에 너무 집중해 결국에는 두 개체가 같은 종임을 알아볼 수 있는 방법을 배우지 못하는 것이다. 반대로 신호가 한 층을 통과할 때마다 아주 약하게라도 신호가 상쇄된다면, 망은 또 다른 극단적인 결과를 낼 것이다. 차이가 깨지면서 망이 고양이와 강아지의 차이를 감지하지 못하게 된다.

계가 가능한 한 잘 학습하도록 하려면 공학자들은 혼돈과 혼수상태 사이에서 작두를 타야 한다. 신호 증감이든 감소든 아주 작은 변화만으로도 열성적인 학습자는 아무것도 하지 못하는 무능력자가 될 수 있다. "혼돈의 가장자리에서 초깃값을 설정하면 더 나은 신경망을 찾는 데 도움이 됩니다." 간굴리의 말이다. 물리학자들은 이런 균형을 임계점(critical point)이라고 부르는데, 임계점은 특정 유형의 상태 변화에서 관찰된다. 자연에는 아마도 우리 뇌를 포함해 자발적으로 임계점에 도달한 뒤에 그 상태를 유지하는 계가 많다.[54] 우리 뇌의 뉴런은 모든 규모에서 그룹으로 또는 '산사태가 일어난 것처럼' 발화한다. 선호하는 규모가 없다는 것이 임계점의 특징이지만 이 덕분에 계는 모든 단계에서 발화해 무엇이든 할 준비를 갖추게 된다.

무한-망 이론은 아주 강력하지만 한계도 있다. 각 층을 이루는 무한한 뉴런 수에 비하면 층의 수는 너무 적다. 상대적으로 비교하면 이런 신경망에는 층이 전혀 없다고 해도 과언이 아니다. 추상적인 것을 생성할 때는 계층화(layering)가 필요하다는 점에서 좋은 일이 아니다. MIT의 이론 물리학자이자 소프트웨어 회사 세일스포스(Salesforce)에서 근무하는 대니얼 로버츠(Daniel Roberts)는 "그런 망은 절대로 심층 신경망(deep network)이 아닙니다. 심층 학습(deep learning)도 아닙니다. 어떤 면에서는 이런 무한 폭을 가진 망들은 은닉층이 전혀 없는 것처럼 행동합니다"라고 했다. 더 세부적인 단계에서는 무한 폭을 가진 망의 모든 층에서 일어나는 무작위화(randomization)가 한 이미지 속에 있는 계층 구조에 관한 정보를 제거해버린다. 그런 망은 꼬리와 수염을 구분하는 것은 고사하고 기하학 형태라는 개념조차 만들어내지 못한다. 이런 신경망에게 고양이 두 마리를 보여주었을 때, 망이 두 개체를 같은 동물로 분류할 수 있는 방법을 배울 수는 있지만, 두 이미지의 픽셀을 모두 비교하는 방법을 사용해야만 분류할 수 있을 것이다. 로버츠는 "우리가 신경망이 할 것이라고 기대하는 것 그리고 확실히 사람이 하고 있는 것은 복잡한 표상을 구축하는 일입니다. 표상을 배우는 것은 중요합니다. 무한 폭에서는 할 수 없는 일입니다"라고 말했다.

무한 폭 이론을 수정하려고 로버츠는 메타의 이론 물리학자 쇼 야이다(Sho Yaida)와 프린스턴 대학교의 수학자 보리스 하닌(Boris Hanin)과 함께 물리학의 도구 상자로 돌아가 섭동 이론(perturbation theory)이라고 부르는 도구를 꺼냈다. 섭동 이론은 증분주의(incre-mentalism) 전략을 택한다. 즉 처음에는 해결 방법을 아는 간단한 사례로 시작해 점차 하나씩 복잡함을 더해가는 전략을 쓰는 것이다. 예를 들어 지구의 공전궤도를 결정하는 요소는 대부분 태양의 중력이지만 목성 같은 다른 행성들의 중력도 지구의 공전궤도에 영향을 미친다. 따라서 물리학자들은 일단 태양을 중심으로 한 공전궤도를 구한 뒤에 목성의 영향력을 설명할 수 있는 방향으로 조금씩 이동해 간다. 목성의 영향은 빙하기를 촉진하는 것을 포함해 장기간의 기후 변동을 일으킨다. 이처럼 섭동 이론은 양자 효과나 입자 간의 힘이 복잡성을 생성하는 입자 물리학에서도 널리 사용되고 있다.

이런 기본 틀은 신경망에 직접 적용할 수 있다. 로버츠는 "그 때문에 저는 기뻤습니다. 그냥 유사한 게 아니었으니까요. 말 그대로 같은 형식입니다"라고 했다. 그와 공저자들은 무한 폭 신경망으로 시작해서 크지만 무한은 아닌 신경망에 그 해법을 적용했다.[55] 각 층이 아주 크지만 엄밀히 말해서 무한은 아닐 때 층의 수는 다시 중요해지기 시작한다. 각 층은 더는 무작위적인 빈 서판이 아니다. 한 층에 있는 뉴런 한 개가 다음 층에 있는 여러 뉴런으로 신호를 보내기 때문에 이런 뉴런들은 서로가 서로를 추적할 수 있게 된다. 신호들이 여러 층을 통과해 나가는 동안 더 많은 뉴런이 서로 연결되고, 신경망은 여러 정보를 통합한다. 이런 신경망은 입력한 데이터가 기하학 형태든 문법이든 상관없이 데이터를 기억할 뿐만 아니라 데이터 구조를 반영하는 능력도 갖추게 된다. 이 새로운 이론은 입력한 깊이 값에 가장 적합한 너비를 구하는 등의 문제에 대한 실용적이고 추가적인 조언을 공학자들에게 제공했으며, 신경망을 논리적으로 이해할 수 있다는 확신을 갖게 했다. "이제 더는 블랙박스가 아닙니다." 로버츠의 말이다.

양자 신경망

홉필드가 신경망을 만들고 있던 무렵인 1980년대 초반에 노벨 물리학 수상자인 리처드 파인먼(Richard Feynman)을 비롯한 과학자들은 세상을 변화시킬 또 다른 기술에 관해 생각하기 시작했다. 양자 컴퓨터라는 생각을 말이다.[56] 그들의 초기 목표는 양자 입자들의 운동과 역학을 계산할 수 있는 컴퓨터를 만드는 것이었다. 특히 '얽힘(entanglement)' 같은 철저히 양자적인 효과를 연구할 때 사용할 수 있는 컴퓨터를 말이다(이 내용은 4장에서 자세히 다룰 것이다). 사람은 말할 것도 없고 일반적인 컴퓨터는 이런 계산을 제대로 해내지 못한다. 이런 계산이 가능하려면 양자 물리학 자체에 기반을 둔 컴퓨터가 필요하다. 그로부터 40년이 흐른 지금도 여전히 물리학 박사들은 팀을 이루어 양자 컴퓨터를 힘들게 실험하고 있지만, 특정 유형의 문제에서는 가장 빠른 고전 컴퓨터조차도 주판처럼 보이게 만든다.

전통적인 컴퓨터와는 다르며 강력한 힘을 발휘할 수 있다는 것 외에 또 다른 양자 컴퓨터의 특징은 얼핏 보았을 때는 신경망과 아무 관계가 없는 것처럼 보인다는 것이다. 홉필드는 자신의 신경망을 자기장에서 입자가 상호 작용하는 것과 같은 방식으로 입자들이 상호 작용하는 격자 형태로 구현했고, 입자가 양자적인 물질인데도 둘 사이의 연관 가능성을 무시했다. "처음에 연구를 시작했을 때는 누구도, 심지어 파인먼조차도 양자를 이용해 계산한다는 개념을 이해하지 못했지. 나는 언제나 고전적인 방식으로만 생각했고." 홉필드의 말이다.

위치타 주립대학교의 엘리자베스 베어만(Elizabeth Behrman)은 내게 두 기술을 연결해야 한다는 생각은 불현듯 떠올랐다고 했다. 1980년대 초반에 대학원에서 화학 물리학을 공부하던 베어만은 우연히 홉필드의 연구를 알게 되었다. "어쩌다가 전혀 주제가 다른 홉필드의 논문을 몇 편 읽게 되었어요. 그래서 나머지 논문도 다 읽어 보기 시작했죠." 그로부터 몇 년이 흐른 1990년에 베어만은 새로 부임한 교수들 환영회에서 제임스 스텍(James Steck)을 만났다. 그가 신경망을 연구하고 있다는 말을 들은 베어만은 홉필드의 논문을 떠올렸고, 물리학에는 이름만 다를 뿐 기본적으로는 신경망이라고 할 수 있는 계가 아주 많다는 사실을 깨달았다. 그 순간을 베어만은 이렇게 회상했다. "상호 연결력이라는 생각에 매혹됐어요. 물론 고체 상태의 계는 자동적으로 상호 연결성을 갖는다는 말을 해야겠군요. 고체 상태에서는 모든 것이 다른 모든 것과 상호 작용하고 있으니까요." 그리고 물리적인 우주에서는 그 연결성이야말로 궁극의 자연 양자다.

홉필드 망에서 뉴런은 켜져 있거나 꺼져 있어야 한다. 그러나 베어만은 한 번에 여러 물리 형태를 택할 수 있는 양자 뉴런으로 뉴런을 업그레이드했다. 베어만과 스텍은 분자들이 각각 '켜짐'과 '꺼짐'을 나타내는 두 안정된 상태를 갖게 하는 데 초점을 맞추었다. 그런 뉴런은 슈뢰딩거의 고양이*처럼 행동한다. 켜져 있는 동시에 꺼져 있을 수 있는 것이다. 실제로 양자 뉴런은 반은 켜지고 반은 꺼진 상태, 대부분 켜진 상태, 대부분 꺼진 상태 등, 켜짐과 꺼짐 사이에 존재하는 모든 형태를 취할 수 있다. 중첩(superposition)이라고 하는 끝없이 조합 가능한 상태를 취할 수 있는 것이다. 존재하면서 존재하지 않는다니, 논리적으로 모순처럼 들린다. 하지만 이런 기술이 의미하는 바는 그저 양자 뉴런의 상태는 흑백이라는 용어로 색을 묘사하려고 애쓰는 것처럼 '켜짐'이나 '꺼짐'이라는 목록으로 깔끔하게 나눌 수 없다는 것이다. 양자 뉴런에는 평소 우리가 보지 못하는 진주광(iridescence)이 있다. 양자 뉴런으로 이루어진 망은 다양한 중첩 상태에 놓여 있어서 모든 뉴런이 켜져 있는 동시에 꺼져 있으며, 어떤 뉴런은 켜져 있고 어떤 뉴런은 꺼져 있는 상태가 동시에 존재한다. 1990년대 말에 베어만과 스텍 그리고 공저자들은 양자 뉴런이 정보 처리에 엄청나게 새로운 가능성을 열어주었음을 보여주었다.[57]

동료들은 베어만의 연구를 알지 못했다. "논문을 출간할 때까지 아주 오랜 시간이 걸렸어요. 신경망 학회지에서는 '도대체 이 양

---

* 에르빈 슈뢰딩거가 고안한 사고 실험으로, 밀폐된 상자 속에 독극물과 함께 있는 고양이의 생존 여부를 이용해 양자역학의 원리를 설명했다.

자 역학이라는 게 뭐요?'라는 반응이었고 물리학 학회지에서는 '이 신경망이라는 쓰레기는 뭡니까?'라는 반응이었으니까요." 또 다른 양자-망 선구자인 도쿄 공과대학교의 니시모리 히데토시(西森秀稔)도 동료들이 자신의 연구에 심드렁한 반응을 보였다고 내게 말했다. "양자 물리학에 관심 있는 사람들은 흥미를 보였지만 그 이상은 아니었어요."

통계 역학을 연구하는 니시모리와 그의 동료 노노무라 요시히코는 1990년대 중반, 양자 뉴런이 앞에서 내가 언급한 '신경망이 갇힐 수 있다는 곤란함'을 피할 수 있게 해준다는 사실을 보여주었다. 당연히 두 사람은 저에너지 상태로 환경을 설정했지만, 가장 낮은 에너지 상태로 설정할 필요는 없었다. 망을 흔들어 느슨하게 하려면 무작위 잡음이 조금 필요할 수도 있었다. 이것이 볼츠만 기계를 뒷받침하는 논리 근거였다. 하지만 양자계에는 잡음을 넣어줄 필요가 없다. 양자계는 본질적으로 빠르게 안정을 찾기보다는 모든 가능성을 열어놓고 탐색하는 경향이 있다. 양자 망에 특별한 상태를 설정하면 양자 망은 곧바로 다른 상태를 포함하는 중첩 상태가 되고, 이 중첩 상태는 재빨리 성장해 더 많은 가능성을 품는다. 만약 양자 망이 낮은 에너지 상태를 만나면 망은 그 상태를 뚫고 들어가 자리를 잡는다.[58]

1998년에 진행한 후속 연구에서 니시모리와 그의 동료 카도와키 타다시는 양자 홉필드 망을 이용해 스도쿠 같은 문제를 풀 수 있는 절차를 선보였다.[59] 외부 자기장을 이용하면 양자의 탐색 행동을 조절할 수 있다. 일단 신경망을 이루는 뉴런들이 모두 동일한 '켜짐'과 '꺼짐'의 중첩 상태에 있을 수 있도록 자기장 세기를 최대로 올린다. 빈 서판을 만드는 것이다. 그러고는 뉴런이 자신들에게만 작용하는 자기력으로 상호 작용할 수 있도록 허용한다. 어떤 뉴런은 이웃 뉴런들이 '켜짐' 상태일 때 자신도 켜질 테고, 어떤 뉴런은 꺼질 것이다. 단순히 두 뉴런만 상호 작용하게 하는 것이 아니라 풀어야 하는 문제에 따라 여러 쌍을, 그보다 더 큰 단위의 뉴런 무리를 선택할 수 있다. 예를 들어 신경망을 이용해 스도쿠를 푼다면 뉴런을 가로와 세로 그리고 칸으로 연결할 수 있다. 가로줄에 있는 한 뉴런에 1을 부여하면 같은 줄에 있는 다른 뉴런들의 수는 바뀐다. 그렇게 함으로써 신경망은 다른 스도쿠 칸에 있는 뉴런을 자극해 값을 바꿀 수 있다.

외부 자기장은 뉴런이 스위치를 수월하게 켜고 끄게 해준다. 처음에는 좋을 수 있지만 결국에는 걸림돌이 되는데, 왜냐하면 망이 옳은 대답 위에 다른 답을 겹쳐 쓸 수도 있기 때문이다. 그렇게 되면 자기장 세기를 천천히 줄이다가 결국에는 완전히 꺼버려야 한다. 니시모리는 "양자 요동(quantum fluctuation)을 더하고, 그 요동의 강도를 서서히 0까지 떨어뜨리면 단순한 상태에서 그 망의 상태를 유도해낼 수 있습니다"라고 했다. 그러면 망은 정답에 도달한 뒤에 그곳에 갇혀버린다. 이런 절차를 '어닐링(annealing)'이라고 부르는데, 금속의 내부 압력을 줄이려고 열을 가한 뒤에 천천히 식히는 금속 세공술에서 용어를 빌려왔다.

더 넓은 세상은 고사하고 자신의 동료들에게서조차 열정을 보지 못한 니시모리는 다른 주제로 관심을 돌렸다. 그로부터 10년이 흐른 뒤에야 그는 자신의 생각을 기반으로 실험 과학자들이 실제로 하드웨어를 만들기 시작했음을 알게 되었다. 2011년, 캐나다의 D-웨이브 시스템스사는 실제로 판매할 수 있는 양자 정보 프로세서를 만들었다.[60] 이런 프로세서들은—완전한 일반 문제 풀이를 포함하는 용어인—진짜 컴퓨터가 아니고 다른 한계도 있지만 그럼에도 불구하고 강력하다. 미국 우주항공, 방위, 안보 관련 업체인 록히드마틴사는 자사 전투기의 컴퓨터 코드를 테스트하기 위해 이 프로세서를 한 대 구입했다.[61] 록히드마틴사의 간부인 번 브라우넬과 마크 존슨은 내게 신형 모형이 슈퍼마켓 관리, 교통체증 해소, 암 치료제 심사 작업의 효율을 높여주는 방식에 관해 설명해주었다. 니시모리는 "나는 아주 순진했던 거예요. 우리는 상아탑 밖을 내다볼 줄 몰랐던 거죠"라고 내게 말했다. 그의 이야기는 다큐멘터리 영화 〈서칭 포 슈가맨(Searching for Sugar Man)〉을 떠오르게 한다. 디트로이트에서 음반을 냈지만 자신의 공동체에서는 완전히 무시당하고 주목받지 못했던 음반이, 수십 년 간 남아프리카공화국에서 엄청난 인기를 끌고 있었음을 뒤늦게 알게 되는 록가수 이야기를 다룬 영화다.

양자 지능

양자 프로세서와 더불어 우리는 새로운 타입의 AI가 출현하는 모습을 목격하고 있다. 이 기계들은 당연히 스도쿠 같은 문제를 능숙하게 해결할 뿐만 아니라 표본을 통해 배우는 AI의 핵심 기술까지 보유하고 있다.[62] 일찍이 2009년에 진행한 시연에서 구글 연구팀은 프로토 타입 D-웨이브 정보 처리기가 이미지 속 자동차를 구별하도록 훈련시켰다.[63] 훗날 한 물리학 연구팀은 동일한 알고리즘을 고쳐 입자 충돌기 자료에서 힉스 보손 입자를 찾는 데 활용했다.[64]

하지만 단순히 양자의 특성을 갖춘다고 해서 자동적으로 훨씬 뛰어난 성능을 보이는 것은 아니다. 양자 어닐러(annealer)와 전통적인 신경망에 잡음을 더하는 오래된 기술은 고속도로를 달리느냐 국도를 달리느냐의 차이다. 어느 길이 더 빠를지는 도로 상황에 달려 있다. 스도쿠를 생각해보자. 정답이 멀지 않았는데도 더는 나가지 못하고 막힐 때가 있다. 스도쿠 칸을 모두 채우려면 틀리게 적었다고 생각되는 수를 몇 개 고치는 것 외에는 방법이 없을 수도 있다. 그와 달리 바꿔야 하는 수가 명백하게 보이지만 너무 많은 수를 바꿔야 할 때도 있다. 양자 어닐러는 첫 번째 상황에서 잘 작동하고, 잡음을 추가하는 것은 두 번째 상황일 때 잘 해낸다.

양자 컴퓨팅 애호가들은 실용적인 문제는 첫 번째 유형의 문제라고 주장한다.[65] 그러나 이 주장의 진위는 아직 완벽하게 검증되지는 않았고, 심지어 그 주장이 옳다고 입증된다 해도 이유를 알 수 없을지도 모른다. "그것이 바로 우리가 계속 묻고 있는 질문입니다. 아직 그 대답을 알지 못합니다." 니시모리의 말이다. 그 대답은 이 세상에 대한 심오한 진리를 품고 있는지도 모른다. 우리의 지능이 지금의 형태로 진화한 이유 말이다.

양자 기계 학습을 대체하는 접근법을 찾고 있는 물리학자들에게 양자계의 장점은 더는 명확하지 않다. 그런 물리학자들은 D-웨이브 기계가 그랬듯 구체적 형태를 갖춘 양자 신경망을 구축하는 대신에 일반 목적 양자 컴퓨터에서 실행할 소프트웨어 형태로 그런 망을 구현하고자 한다. 일반 목적 양자 컴퓨터는 망 작업을 '큐비트(qubit)'라고 부르는 양자비트 단위로 실행되는 일련의 조작 과정으로 바꾼다. 큐비트는 분자, 이온, 아원자 입자, 전기 루프 같은 다양한 재료로 구성될 수 있지만 재료는 중요하지 않다. 기본적으로 큐비트는 모두 같은 방법으로 프로그램할 수 있다. 소프트웨어를 기반으로 하는 망은 좀 더 추상적이지만 장점이 있다. 이런 망은 개별 뉴런을 특정 입자나 하드웨어 단위를 기반으로 구별하지 않고 전체 계의 특별한 상태로 식별한다. 그 결과 능력은 크게 증가한다. 큐비트가 두 개인 컴퓨터의 상태는 네 가지다. 큐비트가 둘 다 꺼진 상태, 둘 다 켜진 상태, 한 개는 켜지고 한 개는 꺼진 상태, 켜지고 꺼진 상태가 서로 바뀐 상태. 평범한 컴퓨터라면 네 상태 가운데 하나만을 취하지만, 양자 컴퓨터는 동시에 모든 상태를 취하는 중첩 상태에 있을 수 있다. 네 상태가 동시에 존재하기 때문에 한 상태는 개별 뉴런으로 작동할 수 있다. 따라서 두 개의 큐비트만으로 네 개의 뉴런을 가질 수 있다.

입자를 한 개 더할 때마다 뉴런 수는 두 배로 늘어난다. 큐비트 서른 개면 사람 뇌에 있는 것만큼 많은 뉴런을 갖게 된다. 이것은 물리학에서 집단행동이 갖는 힘을 극적으로 보여주는 동시에, 부분들의 합보다 훨씬 큰 전체가 나올 수 있음을 알 수 있게 한다. 이 큐비트 계를 실행할 때마다 모든 뉴런이 한꺼번에 발화한다. 따라서 사람들이 양자 컴퓨터에 열광하는 건 당연하다. 하지만 단점도 있다. 입력 자료를 양자 중첩 상태로 전환해야 하며, 모든 연산 과정이 끝나면 중첩 상태를 사람이 읽을 수 있는 출력값으로 바꿔야 한다. 이런 번역 과정은 기계에 내재된 힘을 상쇄하거나 심지어 무력화시킬 수 있다. 양자 기계 학습이 고전적인 기계 학습보다 빠르다고 해도 그 빠름은 일정하지 않을 것이다. 학습의 빠르기는 시행되는 알고리즘과 그 알고리즘에 적용하는 자료에 따라 달라질 것이다. 남아프리카공화국 콰줄루나탈 대학교의 마리아 슐트(Maria Schuld)는 "실제로 양자 컴퓨팅이 더 나은 지점은 아주, 아주 미묘해요"라고 했다.

2017년에 슐트는 세계 최초로 양자 기계 학습으로 박사 학위를 받았다. 내가 처음 만났을 때 슐트는 박사 후 연구원이었고 토론토에 본사를 둔 스타트업 기업에서 일하면서 마이크로소프트사에 자문을 하고 책을 쓰고 정치 양극화를 추적하는 앱을 만들면서도 어떻게 해서든 서핑을 하러 갈 시간을 내고 있었다. 양자 중첩 상태에 있는 것도 아닌데 그 많은 일을 해낼 수 있는 비결을 나로서는 알 수가 없었다.

슐트는 양자 컴퓨터를 만드는 사람들은 자신들의 시스템이 실제로 표준 기술보다 빠른 속도를 낼 것인가에는 큰 관심이 없다며 분통을 터트렸다. 양자 컴퓨터 제작자들은 기계 학습을 그저 양자 망치에 쓸 못처럼 여겼다. 기묘한 장치를 만들면 그 장치를 가지고 할 수 있는 다른 무언가를 찾아다녔다. "우리는 그런 장치들을 보유하는 걸 정당화시켜줄 킬러 앱—그게 우리 공동체에서 부르는 이름이에요—을 찾아야 합니다. 내가 보기에 사람들은 그걸 찾으려고 정말로 필사적인 것 같습니다." 기계 학습 연구자들은 그저 그들의 장난감을 물리학자들에게 넘겨주면 되는 것이다. "양자 (기계 학습) 공동체에서 정말로 자기 분야에 흥미를 느끼는 사람은 아주 적어요. 그곳에서 연구하는 사람들은 거의 모두가 좀 더 나은 직장을 얻으려고 이력서에 기계 학습을 적어 넣으려는 양자 컴퓨팅 과학자들이에요." 슐트의 말이다.

양자 기계 학습을 그저 장난감이 아니라 실용적인 도구로 만들려면 물리학자들은 자신들이 만든 양자계가 기존 기술을 어떻게 보완해줄 수 있는지를 설명할 수 있어야 한다. 기존 컴퓨터와 우리의 뇌가 지능의 가능성을 모두 고갈시켜버린 것이 아님을 보여주면서 완전히 새로운 알고리즘을 만들어낼 수 있다면 양자 컴퓨터는 정말로 세상을 깜짝 놀라게 할 것이다. 슐트가 하고자 하는 일이 바로 그것이다. "나는 정반대로 생각해보기 시작했어요. 우리가 이미 양자 컴퓨터—이렇게 작은 거요—를 가지고 있다면, 실제로 일반적으로 구현할 수 있는 기계 학습 모형은 무엇일까? 하고요. 아마도 그건 아직은 발명되지 않은 모형일 거예요." 슐트와 동료들은 고전적인 기계 학습과 직접 대응하는 부분이 없는 양자 연산을 이용해 자료 분류하는 방법을 찾고 있다.[66]

파인만이 처음 구상한 양자 데이터 처리 과정은 분명히 양자 컴퓨터를 유용하게 사용할 수 있는 작업이다. 양자 데이터는 이미지나 텍스트가 아닌 물리학이나 화학 실험에서 얻은 자료다. 이런 자료는 이미 기계의 모어(母語)로 작성되어 있기 때문에 번역할 필요도 없다. 연구자들은 양자 상태를 식별하고, 물질의 상을 분류하고, 핵심 양자량을 추출하는 알고리즘을 제시한다.[67]

지능의 주요 기능 하나는 복잡함에서 단순함을 찾아내는 것이다. 세상의 모습을 있는 그대로 받아들이는 것이 아니라 표면 아래 숨어 있는 뜻을 탐사하는 것이다. 공학자들이 과적합을 피하려고 그렇게까지 애쓰는 이유도 그 때문이다. 그러나 지능이라고 부르는 것은 단일한 무언가가 아니다. 사람처럼 기계의 지능도 영역(domain)에 따라 다르다. 강한 양자적 실재와 마주친 평범한 컴퓨터는 그 안에 존재하는 단순함을 보려고 애쓴다. 하지만 실제로는 양자 세계가 신비롭고 변덕스럽다는 사실을 발견한다. 그와 달리 양자 컴퓨터는 양자 세계에 적합한 지능을 갖추고 있다.

"양자계는 우리 마음이 제대로 따라가기 힘든 기이함과 반직관적 패턴을 생성하는 것으로 유명합니다. 심화 학습에 적용하는 것도 마찬가지입니다. 그러니까 양자 컴퓨터가 고전적인 컴퓨터로는 불가능하다고 생각하는 패턴을 생성할 수 있다면, 또 우리 마음이 따라잡을 수 없는 반직관적 패턴을 생성할 수 있다면, 그런 패턴을 인식할 수도 있을 것입니다." MIT의 세스 로이드의 말이다. 대체로 양자 AI 계는 초지능(super intelligence)과는 상당히 다르다고 생각해야 한다. 양자 AI 계는 이미지 인식이나 언어 처리 같은 전통적인 AI

과제를 도울 수도 있고 돕지 않을 수도 있지만, 언젠가는 자신들의 수수께끼 가득한 영토로 우리를 안내해줄 것이다.

블랙홀 컴퓨터와 그 너머

물리학자들은 신경망 구축에 새로운 방법을 제시해줄 이론 찾기를 멈추지 않았다. 그런 이론 가운데 특히 놀라운 이론을 우주의 암흑 에너지와 고차원 시공간을 연구하는 이론 물리학자 지아 드발리(Gia Dvali)가 제시했다. 나는 드발리가 근무하는 여러 기관 가운데 한 곳인 뉴욕 대학교에서 그를 만났다. 홉필드는 자력을 이용해 신경망을 구축했지만 드발리는 중력을 기반으로 하는 신경망을 제안한다.[68] 중력은 아주 약해서 뇌나 컴퓨터에서 작동하기가 쉽지 않지만, 드발리는 중력이 아주 강할 때 일어날 수 있는 일을 시연해보고 있다. "가능한 한 중력에 가까운 형태로 신경망을 설계해보려고 합니다." 드발리의 말이다.

중력을 기반으로 하는 신경망도 홉필드의 망처럼 에너지가 좌우한다. 스위치를 켜려면 뉴런에 에너지를 넣어주어야 한다. 그런데 밀어내고 끌어당기는 자력과 달리 중력은 오직 끌어당기기만 한다. 이는 중력에 자기 강화라는 특성이 있다는 뜻으로, 중력을 기반으로 하는 신경망에서는 한 뉴런의 스위치를 켜면 다른 뉴런을 켜는 데 에너지가 덜 든다는 뜻이다. 충분히 많은 뉴런이 발화하면 더 이상 에너지를 공급하지 않아도 더 많은 뉴런이 발화한다. 그렇게 되면 망은 새로운 작업 단계로 들어가 그전보다 훨씬 많은 자료를 저장할 수 있게 된다. 어떻게 보면 블랙홀처럼 행동하는 것이다. 이 망은 그 무엇도 빠져나오지 못하는 우주의 싱크홀인 진짜 블랙홀은 아니지만 거의 상상할 수 없을 정도로 내부가 복잡하다는 점을 비롯해, 진짜 블랙홀과 몇 가지 중요한 특징이 같다. "블랙홀은 존재할 수 있는 계 가운데 가장 복잡한 계입니다." 드발리의 말이다.

그런데 그보다 더 중요한 점은 물리학자들이 수 세기 동안 발견한 다양한 현상이 모두 AI와 뇌 연구에 영감을 주었을 가능성이 있다는 것이다. 드발리는 "우리는 자유도가 아주 큰 수치를 기록하는 계들을 잘 다룹니다. 생물계도 자유도가 아주 큰 계죠. 우리가 전문성을 발휘할 수 있는 부분이 분명히 있습니다"라고 했다.

이 계통의 연구를 하고 있는 드발리 같은 물리학자들은 지능에 존재하는 비둘기 구멍•을 거의 참아내지 못한다. 그들은 물리계와 인공 지능에 생각지도 않았던 연결이 있음을 발견했고, 더 많은 연결을 찾지 않을 이유가 없음을 알았다. 궁극적으로 그들은 사람의 지능을 다시 깊이 생각해보기를 바랐다. 물리학은 신경망을 설명하는 데 도움을 주는데, 신경망은 우리의 뇌와 같기 때문에 물리학은 우리를 설명하는 데에도 도움을 준다. 1972년에 물리학자이자 철학자인 카를 폰 바이츠제커(Carl von Weizsäcker)는 물었다. "물질계에게 우리는 낯선 존재인가? 우리는 물질계에 속한 존재인가?"[69] 오늘

• 고정 관념을 기반으로 부적절하게 구분하려는 행위

날 과학자들은 그에게 대답한다. 아니, 우리는 낯선 존재가 아니다. 우리는 물질계에 속해 있다. 우리의 지능을 좌우하는 원리들은 원자들을 뭉쳐 결정을 만들거나 물질을 모아 블랙홀을 만드는 원리와 크게 다르지 않다. 우리 뇌도 물질에 내재해 있는 자기 조직화 능력을 상당히 많이 필요로 한다. 무생물과 생물 사이에는 연속성이 존재한다. 그래서 MIT의 대니얼 로버츠는 말한다. "나는 지능이나 나 자신에 대한 사고방식과 우주의 나머지 부분에 대한 사고방식을 어떤 식으로 통합해야 하는지를 알고 있습니다." 3장에서는 무생물과 생물 사이의 이런 교차(crossover)의 결과로 나타나는 사람의 마음에 관한 이론들을 살펴볼 것이다.

3

마음의 물리학

온화했던 2018년 9월 아침에 나는 테살로니키에서 기차를 탔고, 내 옆에 앉은 칼 프리스턴(Karl Friston)을 발견했다. 물리학과 신경과학 학회에 참석한 뒤 또 다른 학회에 참석하기 위해 그리스를 관통하는 기차에서 우리는 다섯 시간 동안 함께 앉아 있어야 했다.

유니버시티칼리지 런던의 교수인 프리스턴은, 신경과학자들이 아직 도달하지 못한 웅장한 '마음 통합 이론'에 가장 가까이 다가간 것이 분명한 예측 부호화(predictive coding) 이론의 일인자다. 예측 부호화 이론은 예측 처리(predictive processing) 이론이라고도 한다.[1] 프리스턴의 평판은 무시무시하다. "그가 학회에 참석하면 3일은 걸려야 모두 해결할 수 있는 방정식이 보드를 가득 메웠어요." 수학에 아주 능통한 임페리얼 칼리지 런던의 AI 선구자 이고르 알렉산더(Igor

Aleksander)가 해준 말이다. 프리스턴은 일상에서도 양복을 입고 넥타이를 매는 오늘날 몇 남지 않은 학자로, 국민을 돌볼 시간이 없는 정부 각료처럼 생겼다. 하지만 나는 그가 정말 사교적이고 친근한 사람임을 안다. 그에게서 나는 예측 부호화 이론 말고도 그 자신의 지적 여정을 듣는 기회를 얻었다.

프리스턴은 정신의학을 전공했지만 자신은 물리학자라고도 생각한다고 했다. 학생이었을 때 물리학을 신경과학과 접목하고 싶었지만 아직 컴퓨터 신경과학이라는 학문이 발명되기 전이었기 때문에 학계 선배들은 그에게 정신과 의사가 되라고 조언해주었다. 그는 물리학도 함께 공부할 수 있는 대학 과정을 택했다. "그래서 두 분야의 접근법을 모두 활용할 수 있습니다. 뇌를 이해하고 싶었는데, 그러려면 그 기저에 깔린 물리학을 알아야 했어요. 물리학 지식은 내가 의학계에서 경력을 쌓아가는 동안 언제나 든든한 배경이 되어주었습니다." 프리스턴은 물리학이 물리학의 수수께끼를 해결하려면 뇌 과학 전문가를 받아들여야 한다는 생각에 완전히 동의했다. "물리학의 의인화된 틀은 신경과학에 책임이 있습니다." 프리스턴의 말이다.

프리스턴은 두뇌가 작동하는 방식을 인식하는 정신과 의사의 방법을 활용해 일상을 산다. 잠들기 전에는 풀어야 할 문제를 적은 공책을 살펴보며 자는 동안 무의식이 해답을 찾아주기를 기대한다. 아침이면 종이도 전화기도 없이 그저 파이프 담배를 들고 두세 시간 정도 생각에 몰두한다. 작업 기억만을 사용해 문제를 고민함으로써 문제의 본질에만 초점을 맞추려는 것이다. 해결 방법을 생각해냈을 때에야 비로소 연필을 잡는다. "해결할 수 있을 때까지 정말로 깊이 파고들어야 합니다." 프리스턴은 열네 살 때부터 거의 명상과도 같은 이런 사고 훈련을 했다고 한다. "이건 조용한 섹스가 아니라 갑판을 치울 때 나는 소란함의 문제입니다. 방해받지 않고 문제를 푸는 게 중요합니다." 그는 부모가 되어서도 사고 훈련을 멈추지 않았다. 단 5분이라도 혼자 있는 시간을 갖기 위해 애쓰는 부모라면, 프리스턴이 홀로 깊게 생각하는 시간을 확보할 수 있었던 것이야말로 그가 신경과학에서 이룬 것보다 훨씬 대단한 업적이라고 할지도 모르겠다.

프리스턴과 내가 참석하려는 학회의 목적은 예측 부호화 이론을 마음에 관한 또 다른 이론인 통합 정보 이론과 한데 묶어보려는 것이었다. 예측 부호화 이론과 통합 정보 이론은 경쟁 관계이지만 공통점도 아주 많다. 두 이론 모두 수학적으로 알차며, 간단한 원리를 토대로 하고 있고, 방대한 영역, 다시 말해서 물리학의 영역이라고 할 수 있는 범위를 다룬다. 두 이론 모두 뇌를 특별한 유형의 신경망이라고 생각하며, 일반적인 신경망 이론들처럼 생물학뿐 아니라 물리학에도 상당히 많은 기반을 두고 있다. 두 이론 모두 에너지와 인과 관계 같은 물리학 개념을 차용했다. 두 이론 모두 사람 생물학이라는 특수한 영역을 넘어 다른 동물, 기계, 집합체, 무생물 등 모든 존재에서 의식이 갖는 특성을 탐구한다. 두 이론 모두 철학적으로 논쟁의 여지가 있는 추론을 하지만 의식은 집단적이거나 창발적인 속성이 있다는 대부분의 물리학자가 느끼는 직감과 궤를 같이한다.

두 이론 모두 우리 자신에 대한 일반적인 이해를 뒤집는다. 우리는 더 넓은 세상에 여과 없이 직접 접근하는 것처럼 보이지만, 사실 우리는 자신이 만든 세상에서 각자 살아가고 있다. 우리가 보고 느끼는 것은 뇌가 활발하게 생성하고 있는 환상이다. 우리는 고삐가 풀렸을 때에만, 그러니까 우리 뇌가 우리 감각의 증거에 맞도록 우리의 사적인 세상을 재조정하지 못할 때에만 그것이 환상임을 깨닫는다.

또한 두 이론을 회의적으로 바라보는 사람이 아주 많다. 사실 완전히 틀렸을지도 모른다. 의식에 관한 유일한 이론들도 아니다. 다양성에서 통일을 찾는다는 두 사람의 명성은 많은 사람에게 결점으로 작용한다.[2] 뇌는 진화의 복기지•와 같아서 내용을 이해하려고 첫 번째 원리로 돌아가는 것은 헛수고일 수 있다. 두 이론의 옹호자들은 어디를 보든 자신들의 이론이 맡을 역할을 찾아내는 확증편향에 사로잡혀 있을 수도 있다. 실험 과학자들은 의욕이 넘치지만 압도적인 증거를 얻기는 힘들다. 그 누구도 자신이 아닌 다른 존재가 경험하는 의식에 직접 접근할 수 없으며, 심지어 우리의 자기 이해조차도 단편적이며 순전한 기만일 때가 많다. 따라서 우리의 모든 추론은 궁극적으로는 '나는 내가 의식이 있음을 안다. 너는 나와 같다. 그러니 나는 너도 의식이 있다고 추정한다'라는 은유일 뿐이다. 분명히, 컴퓨터는 고사하고 다른 동물들에 대해서는 개략적으로만 추론할 뿐이다.[3] 이

•　썼던 글자를 다시 지우고 그 위에 다시 글을 쓸 수 있게 만든 양피지

런 문제를 의식의 어려운 문제라고 부르는 데는 충분히 이유가 있다.

하지만 이런 유의점을 명심하고 있는 한 우리는 열린 마음으로 마음껏 두 이론을 탐구할 수 있다. 프리스턴과 그의 동료들이 그들의 고귀한 야망을 실현해낼 수 있는가 없는가에 상관없이 그들은 자신들의 생각이 유익하다는 사실을 이미 입증해 보였다. 이들의 개념은 기계 학습을 실용적으로 활용할 수 있는 알고리즘 개발에 영감을 주었고, 조현병과 감금증후군으로 고통받는 사람들을 도울 새로운 방법을 제시했다. 앞으로 나올 장들에서 살펴볼 것처럼 이 두 이론은 전적으로 마음의 본질에 달려 있는 물리학의 수수께끼들을 탐구하는 데 기본 토대를 제공한다.

우리의 실재는 우리가 만든다

잠시 시간을 내어 개구리를 생각해보자. 뇌에 관한 현대인의 지식은 실험실 양서류에게 큰 빚을 지고 있다. 2장에서 언급한 적 있는, 18세기 중반에 활동한 독일 '유기체 물리학자' 가운데 한 명이었던 헤르만 폰 헬름홀츠는 양서류를 "과학을 위한 순교자들"이라고 했다.[4] 헬름홀츠가 지금도 살아 있다면 물리학, 생물학, 생리학 학과에서 그를 고용하겠다고 다툴 것이다. 그만큼 세 분야에서 그가 이룬 업적은 중요하다.

헬름홀츠는 이완된 상태일 때 개구리 종아리 근육의 온도가 올라가는 것으로 보아 에너지는 사라지거나 파괴되지 않고 그저 변할 뿐이라고 생각하게 되었다. 그 생각은 그에게 물리학의 가장 중요한 원리 가운데 하나인 에너지 보존의 법칙을 떠오르게 했다.[5] 헬름홀츠는 또한 신경계의 작용에도 관심이 있었다. 그가 개구리 근육에 있는 신경 섬유 말단을 전기로 자극하자 1밀리초에서 2밀리초 뒤에 근육이 수축했다. (그토록 짧은 시간에 신경 섬유의 변화를 측정하려고 헬름홀츠는 몇 가지 기발한 장비를 고안했다. 그중에는 전기 충격을 가하면 전류가 회로를 돌아 자석이 회전하기 시작하는 장비도 있었다. 근육이 이완되면 전원을 차단하는 스위치가 켜진다. 자석이 회전하는 정도를 보면 전류가 흐른 시간을 알 수 있다.) 1밀리초는 빠르게 지나가 버릴 것 같지만 과학자들의 추론보다는 긴 시간이다. 따라서 또 다른 의문이 생긴다. 우리의 감각은 어떤 방법으로 이 세상과 보조를 맞추는 것일까? 어째서 언제나 한 박자 뒤처지지 않는 것일까?[6]

뇌가 카메라 피드처럼 감각 신호를 받아들이고 처리해서 우리 의식에 보이는 것과 들리는 것으로 펼쳐 보이는 순수한 반응계일 뿐이라면 우리는 언제나 주변 세상을 따라잡으려고 노력해야 할 것이다. 이런 처리를 하는 데 필요한 시간은 다양하지만 대략 80밀리초일 것으로 추정된다.[7] 세상을 인지하는 데 그 정도 시차가 존재한다면 우리는 기타를 칠 수도 없을 테고 야구공을 잡을 수도 없을 것이다. 헬름홀츠는 우리의 감각 정보가 언제나 늦을 뿐 아니라 모호하기까지 하다는 사실을 알았다. 뇌는 동일한 감각 자료를 다양한 방식으로 해석할 수 있지만, 무슨 이유인지 한 가지 해석만 선택한다.

헬름홀츠는 뇌가 상황을 앞서 판단하는 것이 분명하다는 결론을 내렸다.[8] 우리가 눈을 뜨거나 시선을 돌릴 때마다 새로 정보를 처리하기 시작하는 것이 아니라 과거의 경험을 꺼내 미리 처리해 나간다는 것이다. "우리 기억의 어두운 배경에서 일어나는 생각의 무의식적인 연상 과정"이 일어나는 것이다.[9] 뇌는 다가올 일에 대비하려고 노력한다. 그런 시도가 언제나 성공하는 것은 아니다. 가끔은 실재가 우리의 기대를 어긋나게 만들기도 한다. 그런 일이 벌어지면 뇌는 예측을 수정한다. 다음에는 제대로 해석할 수 있도록 예측값을 재조정하는 것이다.

예측 부호화 이론은 이 같은 통찰에서 나왔고, 한발 더 나아가 우리의 예측은 그저 우리의 실재를 구축하는 데 도움이 되는 것이 아니라 우리의 실재 그 자체라고 주장한다. 우리는 세상을 있는 그대로가 아닌 우리가 기대한 대로 인지한다. 경험은 내면에서 온다. 프리스턴은 "모든 뇌는 문자 그대로 환상 기관입니다. 감각 중추를 가능한 한 알뜰한 방법으로 설명하는 데 사용할 환상을 품고 있죠"라고 했다.

이 같은 틀에서 생각해보면 인식의 많은 괴상한 측면도 이해가 된다. 예를 들어 시각적 환상은 예측을 저버릴 때가 많다. 우리는 선이나 점이 없는 곳에서도 그것을 볼 수 있는데, 비슷한 상황에서 선이나 점이 있기 때문이다. 다른 사람이 지적할 때까지 이미지 속에 숨어 있는 동물을 보지 못할 수도 있는데, 일단 알게 되면 보지 않으려야 보지 않을 수가 없다. 헬름홀츠와 후발 심리학자들은, 새 관찰자들의 경쟁을 가리키는 용어처럼 들리지만 사실은 두 눈의 투쟁을 일컫는 용어인 시야 투쟁(binocular rivalry) 현상에 특히 주목했다.[10] 한 눈에는 얼굴을 보여주고 다른 눈에는 집을 보여주면 집과 얼굴이 혼합된 기이한 상은 보이지 않는다. 우리는 얼굴을 보고, 그다음으로 집을 보고, 다시 얼굴을 보고, 다시 집을 본다. 이 과정이 반복된다. 이런 결과가 나타나는 이유는 우리 뇌가 집과 얼굴이 혼합된 존재는 이 세상에 없음을 잘 알기 때문이다. 그래서 양쪽 눈을 번갈아 가며 상을 비춘다. 하지만 그 어느 것도 눈이 보내오는 자료를 완벽하게 만족하는 해석은 아니기 때문에 뇌가 흔들리는 것이다.[11]

"시각 환상은 그 자체로 예측 부호화를 담당하는 작업 체계가 있다는 증거"라고 프리스턴은 말했다. 하지만 가끔은 뇌가 바깥세상과 우리의 내면생활을 일치시키지 못할 때도 있다. 전공의 때 프리스턴은 조현병 환자를 치료하면서 조현병은 뇌가 감각을 거부할 정도로 예측에 강하게 매달릴 때 발병한다는 생각을 했다.[12] 그는 사람들이 소리를 들을 때 환각을 듣는 것이 문제가 아니라고 했다. 어차피 사람들은 감각에 속을 때가 종종 있기 때문이다. 문제는 교정하는 데 실패하는 것이다.

분명히 조현병은 복잡하며, 단 한 가지 심리 과정을 발병 원인으로 꼽을 수 없는 질병이다. 하지만 정신질환과 신경 전형성(neurotypicality)은 정도의 문제이지 유형의 문제가 아닐 수도 있다고 생각하는 것은 놀랍다. 이론 물리학에서 곤란을 겪는 관찰자 문제——안과 밖 문제——들이, 우리의 정신 모형이 실재와 완전히 맞물리지 않아 생기는 것은 아닌지 궁금해하는 사람도 있을 것이다. 이런 의문은 5장에서 다시 살펴볼 것이다.

헬름홀츠 기계

헬름홀츠는 지그문트 프로이트에게 큰 영향을 미쳤지만 대체적으로 심리학자들은 지각(perception)이 구조물이라는 헬름홀츠의 생각에 회의적이었다.[13] 그 때문에 헬름홀츠의 생각은 점점 더 힘을 잃었다. 그러나 그로부터 반세기가 훌쩍 지난 1950년대에 인공두뇌학자 도널드 맥케이(Donald Mackay)가 AI 시스템 설계에 비슷한 의견을 제시했다.[14]

그때까지 초기 AI 연구자들은 이미지 인식과 다른 감각 처리 과정을 입력에서 출력까지 한 방향으로 진행되는 순방향 처리 과정으로 설계했다. 하지만 맥케이는 되먹임 고리(feedback loop)라는 특별한 유형을 제안했다. 모방 혹은 생성 모듈이라고 할 수 있는 이 유형은 '피드백'을 주기 전에 '비교기(comparator)'가 실제 감각 자료를 검토한다. 이런 자기 비평 과정을 통해 이 되먹임 고리계는 사람 사용자의 지도를 받지 않고도 스스로 패턴을 인식하는 법을 배울 수 있다. 그저 자극에 반응하는 것이 아니라 내면 상태가 존재하는 계는 의식적이라고 할 수 있다고 맥케이는 말했다.[15] 하지만 맥케이는 그런 유형의 AI에 관한 대략적인 의견을 제시했을 뿐이다. 그의 논문 어디에도 헬름홀츠는 거론되지 않는다. 실제로 그와 직접 교류한 사람들 외에는 그 어떤 이름도 적혀 있지 않다. 따라서 맥케이는 독자적으로 헬름홀츠가 제시한 원리를 재발견했을 수도 있다.

비슷한 시기에 (역시 헬름홀츠를 언급하지 않은) 통신 기술 분야의 공학자들은 '예측 부호화'라는 용어를 만들어냈다. 1980년대 초반이라면 분명히 자신들의 선임자를 인용하는 데 좀 더 부지런했던 신경과학자들이 채택했을 만한 용어였다.[16] 처음에 예측 부호화는 뇌와는 아무런 상관이 없었다. 사람의 예측 능력이 주는 장점을 채택해 정보를 효과적으로 전달하는 방법을 알아낸다는, 통신에서 발생하는 아주 실용적인 문제를 해결하려는 시도였을 뿐이다. 예를 들어 언어와 음악은 문법과 리듬, 조화의 규칙에 맞춰 서로를 따르는 상당히 적은 어조와 음조로 이루어져 있다. 따라서 음성 신호를 완전한 형태로 보내지 않아도 된다. 일단 규칙을 파악하면 예외만 전송하면 된다. 수신기가 다른 지시를 받지 않는 한 신호는 당연히 규칙을 따른다고 여긴다. 애플의 무손실(Lossless) 음악 파일과 PNG 이미지 파일은 파일 크기를 줄이려고 이런 유형의 예측을 활용하기 때문에 빠른 속도로 내려받을 수 있다.[17]

심리학, 물리학, 공학에서 유래한 이런 생각들은 점차 합쳐졌다. 1980년대 초반에 테리 세즈노브스키와 제프리 힌턴은 맥케이 버전에서 구현한 중요한 부분을 우리가 2장에서 살펴본 그들의 볼츠만 기계에 적용했다. 첫 번째 생성 신경망으로서 볼츠만 기계는 예측을 하고 새로운 증거에 기반해 정보를 수정할 수 있었다. 하지만 안타깝게도 학습 시간이 오래 걸렸다. 새로운 자료를 입력할 때마다 내부 평형에 이를 때까지 기다려야 했다.

10년 뒤, 힌턴과 또 다른 연구팀의 공저자들은 좀 더 빠른 기계를 만들었다.[18] 그들은 예측 부호화가 통신 속도를 높일 수 있다면 신경망 속도도 높일 수 있을 것이라고 생각했다. 순방향 신경망이 고양이와 강아지 사진을 구별하는 법을 배우듯, 힌턴의 기계도 여러 단계의 작업을 처리할 수 있는 여러 층으로 구성되어 있어, 먼저 픽셀과 픽셀을 비교해 다른 점을 찾은 뒤에 좀 더 커다란 기하학 패턴을 인식한다. 그러나 순방향 신경망과 달리 신호를 두 방향으로 보낸다. 입력 신호는 바닥층으로 들어가 위로 퍼져나가고 예측은 밑으로 천천히 흘러내려 간다. 그 때문에 같은 신경망이 인식과 생성을 동시에 할 수 있다. 두 기능은 번갈아 수행된다. 연구자들이 '깨어 있는(각성)' 상태라고 부를 때는 신호가 위로 올라가 고양이나 강아지 같은 이미지를 분석해 기하학 구조를 알아낸다. '잠들어 있는(수면)' 상태일 때는 신호가 밑으로 내려가 마음이 품고 있는 그 동물의 전형적인 모습을 생성한다. 다시 말해서 꿈을 꾸는 것이다. 이런 야간 버전은 인식 시스템에 다음 단계를 준비하게 한다.

연구자들은 자신들이 만든 기계에 헬름홀츠 기계라는 이름을 붙였는데, 이 이름에는 이중 의미가 담겨 있다. 왜냐하면 이들의 신경망은 헬름홀츠가 예언한 것처럼 예측을 생성할 뿐 아니라 헬름홀츠의 작업과는 관계가 없어 보이는 물리학 개념인 자유에너지를 이용해 훈련하기 때문이다. 앞 장에서 언급한 것처럼 에너지를 이용해 신경망을 기술한다는 생각은 물리학자들이 신경망 연구에 기여한 가장 중요한 공헌 가운데 하나다. 물리 세계의 모든 것이 그렇듯이

우리를 방정식에 넣는다면

116

신경망도 가능한 한 낮은 에너지 상태를 찾아다닌다. 헬름홀츠 기계와 관련이 있는 에너지는 한 계의 전체 에너지 가운데 지속적인 변화를 만드는 데 필요한 에너지를 뜻하는 자유에너지다. 자유에너지를 모두 소비한 계는 평형 상태에 이른다.

물리학에서 기계나 기체, 그밖에 여러 물질계의 자유에너지는 온도 같은 측정 가능한 물리량으로 계산할 수 있다. 신경망에서 자유에너지는 정보 처리라는 조금 더 추상적인 의미를 갖는다. 이때 자유에너지는 정밀성과 일반성이 이루는 균형으로 결정된다. 정확하지만 복잡한 신경망은 자유에너지가 높은데, 이는 데이터 기저에 깔린 규칙성을 파악하기가 힘들다는 뜻이다. 간단하지만 오류가 많은 신경망도 자유에너지가 높은데 이것은 그저 나쁘다는 뜻이다. 이 두 상황 사이의 어딘가에서 신경망은 가장 낮은 상태의 자유에너지를 갖게 되며, 그때는 복잡함과 신빙성 사이에서 균형을 이룬다. 이런 신경망은 예측을 잘 해낼 테지만, 꼭 필요한 만큼만 예측할 수 있을 것이다.

신경망의 깨어 있는 상태와 잠들어 있는 상태를 비교하면 신경망이 평형에 이를 때까지 기다리지 않고도 자유에너지를 낮출 수 있는 방법을 알아낼 수 있다. 그 때문에 헬름홀츠 기계는 볼츠만 기계보다 훨씬 빠르게 작업을 수행한다. 헬름홀츠 기계의 우아함은 프리스턴에게 예측의 중요함을 일깨워 주었다. 프리스턴은 "힌턴은 아마도 최근에 내가 지적으로 빚지고 있는 스승 중에서도 가장 명석한 인물일 것입니다"라고 했다.

사고자 대 딱정벌레

맥케이의 자기 비평을 하는 AI와 헬름홀츠 기계 같은 초기 노력에서는 신호가 계층적인 처리 경로를 따라 위와 아래, 양방향으로 움직인다는 원리를 도입했다. 원본인 지각 입력은 밑에서부터 올라가고 지난 경험을 근거로 한 예측은 위에서 아래로 내려온다. 그때까지 이런 모형들은 신경 생물학에 그저 느슨하게만 연결되었을 뿐이었다. 1999년, 솔크 연구소의 컴퓨터 과학자 라제시 라오(Rajesh Rao)와 로체스터 대학교의 다나 볼라드(Dana Ballard)는 뇌가 이룩한 가장 인상적인 업적 가운데 하나인 시각을 모방하는 다층 예측 신경망을 이용해 또 한 발 내디뎠다.[19] 두 사람은 이 방법을 통해 각각 위 방향과 아래 방향으로 움직이는 신호들이 깔끔하게 맞물리는 방식을 명확히 밝혔다.

많은 사람들 속에서 친구의 얼굴을 찾아야 한다고 생각해보자. 친구의 얼굴을 보게 될 거라는 기대가 생기면 시각계의 최상부층은 그 아래층에서 양쪽으로 대칭을 이루며 놓인 타원(다른 상황에서는 눈이라고 알려진)처럼, 얼굴을 구성하는 모양을 감지하게 되리라고 예측한다. 아래층은 또다시 다음 아래층이 선과 곡선, 선과 곡선의 각도 등을 찾아낼 것이라고 예측한다. 라오와 볼라드의 모형에는 층이 두 개지만 더 많은 층이 있다면 아래층으로 내려갈수록 더 섬세한 기하학 형태를 발견할 것이다.

만약에 한 층이 예측한 기하학 형태를 보지 못한다면 그 예측은

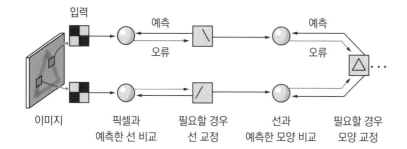

입력

예측

오류

이미지　픽셀과　　　필요할 경우　　선과　　　필요할 경우
　　　예측한 선 비교　선 교정　　예측한 모양 비교　모양 교정

예측 부호화. 뇌의 지각계를 왼쪽에서 자료를 받아 다양한 분석 과정을 거친 뒤에 오른쪽에서 해석한 결과를 내는 처리 경로(processing pipeline)라고 생각해보자. 이 예에서 뇌의 지각계는 이미지를 선으로 나눈 다음 다시 삼각형으로 합친다. 예측 부호화의 새로운 점은 정보가 거꾸로도 흐른다는 것이다. 뇌는 오른쪽에서 높은 수준의 예측을 형성해 왼쪽으로 흘려 보내는데, 이 기대가 실재와 일치하지 않는다면 예측은 수정된다. 뇌는 삼각형을 보게 될 것이라 기대하는데, 그 때문에 삼각형을 다양한 방향의 선으로 바꾸고, 빛과 어둠으로 이루어진 패턴으로 바꾼다. 열심히 노력했지만 선을 찾지 못한다면 뇌는 다른 기하학 형태를 찾으려고 이미지 데이터를 다시 살필 수 있도록 재조정한다. 두 방향으로 흐르는 신호 덕분에 처리 과정은 빨라지고 모호한 해석은 해결된다.

오류로 표시되고 다시 위층으로 올라가는데, 그 같은 정보의 역류는 최상부층이 얼굴이 아닌 다른 것을 예측하도록 촉구할 것이다. 결국 신경망은 자료와 일치하는 예측을 하게 된다. 두 방향으로 흐르는 정보는 원본 자료를 맥락 단서와 결합한다. 그것은 마치 크고 작은 규모로 작업해 (답을 보지 않고) 직소퍼즐을 맞추는 것과 같다. 직소퍼즐 위에 얼굴이 있어야 한다고 생각하기 때문에 눈과 코를 찾지만 아무리 애써도 눈과 코는 보이지 않는다. 그때 하늘색 조각이 아주 많다는 사실을 깨닫는다. 그때부터는 하늘이 있음이 분명하다고 생각하고 하늘색 조각이 서로 잘 들어맞는지를 확인한다. 앞뒤로 왔다갔다하면서 확인한다. 큰 그림으로 보면 조각들이 모두 제자리에 맞춰졌음을 분명히 볼 수 있고, 조각이 모두 맞춰졌다면 자신이 모든 것을 지어낸 것이 아님을 확신할 수 있다.

통신 공학자들의 선례를 따르면, 위로 흐르는 신호는 완벽한 원본 자료가 아니라 그저 예측할 수 없는 오류일 뿐이다. 예측한 자료로 뇌를 가득 채우는 것은 의미가 없다. 뇌는 놀라기 위해 에너지를 비축해둘 필요가 있다. 라오와 볼라드가 만든 신경망에서 오류는 두 가지 역할을 한다. 이미지 인식이라는 즉각적인 과제를 해결할 때 오류는 신경망이 기하학 형태를 다른 식으로 조합할 수 있게 해준다. 장기적으로 보았을 때, 남은 오류로 인해 신경망은 정확도를 높이기 위해 스스로 재설계한다. 프리스턴은 "라오와 볼라드의 논문이 제안하고 있는 또 한 가지는 추론을 이끌어낸 동일한 예측 오류도 학습에 책임이 있다는 것입니다"라고 했다.

이 신경망은 시간이 흐르면 변하는 비디오 피드 같은 자료가 아니라 정적인 이미지인 정지 화상으로 작업한다. 따라서 이 신경망의 '예측'은 오직 특별한 순간에만 적용할 수 있다. 미래에 일어날 일은 전혀 예측하지 못한다. 비슷한 시기에 오키나와 과학기술 대학교 전자공학과 교수 타니 준(Jun Tani)은 시간 차원을 고민하기 시작했다. 그는 이 문제를 해결하려고 로봇 공학(robotics)이라는, 전혀 다른 접근법을 택했다.

이 무렵 로봇 공학 연구는 두 갈래로 나뉘어 있었다. 한 갈래의 사람들은 자신들의 기계 창조물을 주위를 둘러보고 계획을 세우고 실행하는 사고자로 만들려고 했다. 또 다른 갈래의 사람들은 여기저기 돌아다니고 길을 따라가고 빛을 향해 돌진하는 딱정벌레를 만들었다. 1960년대에 만들어진 선구적인 로봇 셰이키(Shakey)는 사고자였다. 셰이키의 중앙 처리 장치는 비디오 이미지를 분석하고, 문자로 입력한 명령에 따르고, 지도를 제작하고, 계획을 세울 수 있었다. 하지만 처리 시간이 고통스러울 정도로 느리고 서툴렀다. 제작자들이 이 로봇을 '셰이키'라고 부른 데는 그런 이유도 있었다.[20] 처음에 나온 룸바 로봇 진공청소기는 딱정벌레였다. 이 딱정벌레는 특별한 계획 없이 주변 환경에 반응하기 때문에 민첩하지만 서툴러서 문지방 앞에서, 카펫 위에서 끊임없이 구출해주어야 했다.

　타니는 로봇 공학이 양자택일 상태일 필요는 없다고 주장했다.[21] 그는 제어 신경망이 사고자 층과 딱정벌레 층을 합칠 수 있음을 보여주었다. 사고자가 계획을 세우면 딱정벌레가 실행하고 사고자가 다시 생각을 하는 것이다. 이 신경망도 예측 부호화처럼 동시에 두 방향으로 신호를 보내지만, 타니는 다음 10년 동안 두 개념을 연결하지 못했다. 2003년에 타니는 뇌의 중요한 기능 하나를 자신의 망에 도입했다. 다양한 규모로 예측하는 기능 말이다.[22] 초기 설계에서는 위에 있는 층들이 큰 범위의 패턴을 파악했고, 아래 있는 층들은 세부 특징을 파악했다. 그러나 지금은 공간 패턴뿐 아니라 시간 패턴도 함께 파악한다. 위에 있는 층은 더 먼 곳을 보며, 잠시 뒤에 도착하는 감각 정보에 비추어 '예측'을 평가한다. "위에 있는 층은 오직 천천히만 작동할 수 있습니다. 낮은 층은 훨씬 빨리 작동하고요."
2017년에 방문한 나에게 타니가 해준 말이다. 타니의 망은 변하는 환경을 이해할 뿐 아니라 자신의 움직임을 일련의 운동 명령으로 나눌 수 있다. 위층은 기본 계획을 짠다. 예를 들어 위층이 공을 던진다는 계획을 세우면 아래층은 팔을 얼마나 뒤로 굽힌 뒤에 앞으로 뻗을지, 언제 공을 놓을지 등을 결정한다. 타니의 망은 마침내 헬름홀츠의 논점을 입증했다. 현실 세계에서 작동하려면 우리가 언제나 행동보다 약간 앞서야 한다는 것 말이다.

언제나 학습하기

프리스턴과 나는 예측 부호화 이론의 역사에 관한 이야기에 푹 빠져 있었기 때문에 우리가 타고 있는 기차 안에서 이상한 일이 벌어지고 있음을 깨닫는 데 시간이 조금 걸렸다. 기차에 올라탄 사람은 예약석에 앉았지만, 곧 다른 사람과 논쟁을 벌이다가 결국에는 짐을 끌고 다른 곳으로 옮겨갔다. 기차가 설 때마다 그런 일은 반복되었다. 그리스어를 몰랐기 때문에 처음에는 무슨 일이 벌어지는지 알 수 없었다. 그러다가 이유를 알게 되었다. 좌석 번호를 배치한 방법이 정말 이상했다. 기차의 좌석이 널뛰듯 떨어져 있어서 바로 옆자리라고 생각하고 예약했지만 사실은 다른 줄이었던 것이다. 가끔 우리 뇌는 주변 세상을 제대로 이해하지 못하고 그저 무지와 함께 살아가는 법을 찾아내는 것이 분명하다.

예측 부호화로 가능해진 많은 통찰 가운데 하나는 '산다는 것은 배운다는 것'이라는 점이다. 뇌는 역사 시험을 보려고 벼락치기를 하는 순간만이 아니라 깨어 있는 모든 시간에 배운다. 우리가 예상하지 못한 것을 보고, 듣고, 느낄 때마다 뇌는 이 새로움을 지식으로 받아들여 저장한다. 하지만 어떻게 해야 옳은 교훈을 기억할 수 있을까? 바로 그것이 요령이다. 사건은 이유가 있어서 발생하는 경우도 있지만 그저 일어나는 경우도 있다. 뇌는 이 두 가지를 구별하려고 애써야 하는데, 그러지 않는다면 아무 의미가 없는 곳에서 의미를 발견하게 될 것이다. "뇌는 가짜 뉴스를 줄이고 싶어 합니다." 프리스턴의 말이다.

프리스턴과 여러 사람이 지난 20년 넘게 발전시켜온 예측 부호화 이론에 따르면 뇌에게는 안개를 뚫고 갈 수 있는 방법이 여럿 있다. 첫째, 새로운 정보를 받아들일 때면 뇌는 신중해진다. 이미 알고 있는 지식을 완전히 포기하지 않고 그저 살짝 밀어내기만 한다. 조금씩 스스로 교정해 나가는 방법으로 뇌는 지식을 거의 최신 상태로 유지하는 데 가장 적합한 수학 방식인 베이즈 추론(Bayesian inference)을 구사하게 된다. 베이즈 추론은 18세기 영국 수학자 토머스 베이즈(Thomas Bayes)의 이름을 붙인 용어다. (의식적으로 베이즈 추론을 이용하려면 지식에 대한 확신을 확률적으로 표현해야 하며, 간단한 방정식을 이용해 믿음에 영향을 미치는 새로운 정보를 접할 때마다 확률을 수정해야 한다. 이런 방법은 지각뿐 아니라 출처가 여러 개인 정보를 한데 모아야 하는 복잡한 상황에서도 효력을 발휘한다. 절대적인 확신이 아니라 확률적으로 생각하는 태도는 지적으로 건강하다. 베이즈 추론법은 또한 이전 믿음을 분명하게 표현할 수 있게 해준다. 그 누구도 전적으로 편향이 없는 상태에서 새로운 상황에 이를 수는 없다.)

둘째, 뇌는 모든 예측에 신뢰도(정확도)를 부여한다. 신뢰도가 높다는 것은 입력값에 아주 민감하다는 뜻이다. 만약 뇌가 부정확한 예측을 했는데 그 예측이 틀렸다면 어떻게 될까? 뇌는 옳은 값을 얻을 것이라고는 예측하지 않았다. 하지만 틀렸음을 정확히 예측하는 것은 또 다른 이야기다. 그런 뇌는 '미안, 내 실수야'라고 말하면서 모형을 수정하는 것과 같다. 프리스턴은 뇌가 도파민 같은 신경 전달 물질의 농도를 정확하게 암호화해 놓은 것이 그런 예라고 했다.

셋째, 뇌는 학습 곡선(learning curve)을 따라 이동하는 동안 예측의 정확도를 조정한다.[23] 무언가를 처음 배우기 시작했을 때는 새로운 모형이 재빨리 모양을 갖출 수 있도록 정확도를 높이 끌어올린다. 그러나 어느 순간이 되면 끊임없는 개선이 수확 체감(diminishing returns)을 불러와 뇌는 정확도를 줄이고 남은 차이를 임의 분산(random scatter)으로 받아들인다. 다시 말해 데이터가 과적합되는 상태를 피하는 것이다. 프리스턴은 이 과정이 2장에서 살펴보았던 어닐링 양자 신경망의 절차와 아주 유사하다는 사실을 깨달았다. 어닐링 양자 신경망은 처음에는 아주 유연해서 새로운 데이터를 잘 받아들이지만 점차 경직된다. 우리 뇌에서 이런 조정은 자동으로 일어나는데, 우리는 그런 조정을 본능으로 경험한다. 새로움에는 전율을 느끼고, 익숙해지면 만족하며, 결국 조금도 쉬지 않고 다시 새로운 도전을 향해 간다. 이런 방법으로 우리 뇌는 좌절과 권태 사이에 놓

인 변환점에서 계속 머물 수 있다.[24]

이런 틀 안에는 여러 학습 유형이 존재한다. 프리스턴 같은 과학자들은 자폐증이 일종의 지각 완벽주의(perceptual perfectionism)라고 할 수 있는 고도의 정확함을 성취하려는 노력일 수도 있다고 했다.[25] 자폐증을 가진 사람은 세부 내용과 변화를 빠르게 감지할 수 있는데, 그런 능력을 강화하느라 좀 더 넓은 패턴을 보는 데는 어려움을 겪으며, 배경 소음은 무시해버릴 때가 많다. 판에 박힌 일상을 정확히 따르는 등의 또 다른 자폐증의 특징은 부차적인 면일 수도 있다. 자폐증인 사람들이 새로움에 대한 민감성을 높이려고 적응한 방식일 수도 있는 것이다.

행하는 것이 보는 것이다

예측 부호화가 지각을 위한 메커니즘에 불과했다면 그 정도로 충분했을 것이다. 그러나 다른 모든 물리학자들처럼 통합을 추구하는 프리스턴은 2003년에 동일한 메커니즘이 운동도 촉진할 수 있음을 깨달았다.[26] 자신이 만든 모형과 세상이 일치하지 않음을 알게 되면 뇌는 보통 모형을 수정하지만, 세상을 수정한다는 또 다른 선택지도 있다. 근육을 움직여 모형이 사실이 되게 하는 것이다.

커피잔을 들어올리고 싶다고 생각해보자. 뇌는 먼저 그 잔을 들어올릴 거라는 예측부터 할 것이다. 이런 기대는 신경망을 타고 낮은 단계로 내려가 몸이 느껴야 하는 특별한 감각으로 나누어져 들어간다. 이 예측은 척수에 들어 있는 반사궁●에 도달해 근육을 직접 통제한다. 팔을 들어올려 앞으로 내밀고 관절이 움직이고 그 감각이 다시 신경계로 거슬러 올라가면 뇌는 '그래, 바로 이게 내가 하려던 거지'라고 생각하게 된다. "행동이 예측을 사실로 만든 것입니다." 프리스턴의 말이다.

운동 조절을 위해 지각계를 고친다는 생각은 19세기에 나왔다.[27] 뇌가 몸의 모든 움직임에 맞는 제어 방식을 저마다 다르게 설정할 필요가 없다는 것은 엄청난 장점이다. 그 덕분에 생명체의 몸은 로봇이라면 누구나 부러워할 융통성을 갖고 있는데, 생리학자들은 중앙에서 근육의 움직임을 통제하는 일은 매머드급으로 어려운 연산이 필요할 수 있음을 깨달았다.[28] 따라서 뇌는 몸이 자연적으로 갖는 운동 감각에서 이점을 취했다. 조금만 자극을 주면 기계적으로 연결된 몸은 스스로 운동할 수 있다. 그래서 무용수나 색소폰 연주자가 익힌 움직임도 의사의 망치에 반응하는 무릎반사와 전혀 다르지 않다.

프리스턴이 생각하기에, 그는 이를 능동추론(active inference)이라고 부르는데, 뇌는 몸을 조종하는 조타수나 인형을 부리는 자가 아니라 꿈꾸는 자다. 뇌와 몸은 세상을 성공적으로 예측해야 한다는 공동 프로젝트에 푹 빠져 있다. 그 프로젝트는 가끔은 뇌가 맡고 가끔은 몸이 맡는다. "우리가 몸을 움직이는 방식 — 움직이려는 의도, 우리가 즐기는 의지를 가진 행동 — 은 사실상 내가 이것을 할 것임

● 반사 작용을 일으킬 때 흥분 신호가 전달되는 경로

을 미리 보여주는 환상입니다. 몸—반사 작용과 근육— 은 이런 환상을 실현합니다." 프리스턴의 말이다.

그렇다면 뇌와 몸은 자신들의 일을 어떻게 나눌까? 이 질문을 풀 열쇠는 예측한 정확성이라는 개념이다. 몸을 움직이려면 뇌는 먼저 몸이 이미 움직이고 있다는 믿음을 가져야 한다. 그 믿음은 거짓이다. 일부러 만들어낸 환상이다. 하지만 뇌는 이 믿음이 억제되지 않고 오래 지속되도록 이 믿음에 낮은 정확도를 부여한다. 자신의 거짓 믿음을 정정하는 것을 멈춤으로써 뇌는 몸에게 책임을 전가할 수 있다. 예측한 감각과 실제 감각이 일치하지 않음을 감지하면 반사궁은 갑자기 행동하기 시작한다. 프리스턴은 뇌가 "예측 오류를 바로잡으려고 몸이 하는 일을 내버려 둡니다"라고 했다. 예측은 자기 충족적으로 실현되는데, 그 이유는 그저 뇌가 잠시 기능을 멈추기 때문이다.

이런 식으로 우리의 모든 행동은 불신이라는 유예를 필요로 한다. 잘하기 위해서는 잘해야 한다는 걱정을 하지 말아야 한다. 선수들이 숨을 쉬지 못할 때 그 이유는 병리적이라고 할 수 있을 정도의 솔직한 지각력, 과도한 자기 인식 때문일 때가 많다. 프리스턴은 파킨슨 환자의 근육이 강직되고 움직임이 느려지는 이유는 도파민 수치를 제대로 조정하지 못하기 때문이라고 했다.[29] 파킨슨 환자는 어떤 일을 할 때 자신에게 해야 하는 작은 거짓말을 하지 못한다. 그들의 뇌는 자신이 움직일 거라고 예측하지만, 진실을 무시하고 행동하는 것이 아니라 예측하는 즉시 자신이 잘못 예측했음을 깨닫는다.

예측 부호화를 주장하는 학자들은 우리의 감정과 자아라는 감각은 이런 뇌와 몸의 역학에 뿌리를 두고 있다고 생각한다. "자아로 존재한다는 나의 지각은 생리 작용을 인지하고, 상호작용하는 나의 뇌와 밀접하게 관련되어 있습니다." 뇌가 몸의 내부 상태를 예측하는 방법을 연구하고 있는 서섹스 대학교의 신경과학자 애닐 세스(Anil Seth)의 말이다. "의식하는 자아를 이해하려면 무엇보다도 먼저 몸을 제어하는 예측 모형을 이해해야 합니다."

그렇다면 어째서 지각과 운동 조절은 함께 일하는 것일까? 수년 동안 프리스턴은 예측 부호화 이론 영역을 꾸준히 넓혀왔으며, 뇌의 거의 모든 측면뿐만 아니라 사실상 삶의 전반적인 측면 모두 예측과 개선에서 유래를 찾을 수 있다고 믿는다. 여기서 지능과 인공 지능에 관한 수수께끼는 잠시 잊고 좀 더 근원적인 질문을 해보자. 존재는 어떻게 해야 지속될 수 있을까? 인정사정 봐주지 않는 자연은 부주의한 존재들을 살육한다. 이 세상은 품고 있는 모든 것을 결국에는 모두 파괴될 때까지 쉬지 않고 휘젓는다. 모든 지속 가능한 구조는 외부 손상에서 자신을 지킬 수 있을 만큼 견고해야 한다. 살아 있는 존재는 그럴 능력이 있다. 허리케인처럼 비록 전통적인 의미에서 살아 있다고 생각하지 않는 존재도 자신을 지속할 능력이 있지만, 살아 있는 존재를 규정하는 본질적인 특성은 바로 견고함이다. 이런 지속력이 놀라운 이유는 살아 있는 존재들이 열린 계이기 때문이다. 우리 몸은 외부 세계를 차단하는 벽에 둘러싸여 있지 않다. 우리를 파괴할 수 있는 세상은 우리를 지속시켜준다. 우리는 먹고 배설하고 공기를 들이마시고 내뱉으면서 오래전에 흡수한 분자를 정기적으로 새로운 분자와 교환한다. 그러면서 지속된다.

생명체가 이런 약탈에서 살아남으려면 반드시 그에 대한 대비가 되어 있어야 한다. 그래야 적응할 수 있다. 무생물은 대부분 그러지 못하는데, 조만간 분해되기 때문에 남은 것은 무엇이든 '내부 상태는 외부 상태를 반영하고 예측한다'는 원리를 따른다. 내가 참석한 학회에서 프리스턴은 청중에게 "내부 상태에 의해 암호화되는 세상을 내포하는 모형이 있습니다"라고 했다.[30] 이 모형의 처리 과정을 설명하려고 프리스턴은 힌턴과 공저자들이 신경망을 훈련할 때 도입한 자유에너지 개념을 수정해 적용했다. 내부 상태가 암호화되는 모형에서 자유에너지는 모든 생명체가 직면하는 비용과 이득 간의 맞거래 양을 결정한다. 먹이를 사냥하는 일에는 위험이 따르지만 성공하면 이득을 얻고, 유기체의 내부 모형은 더하기와 빼기의 무게를 평가하는 행동 과정에 정착한다. 이 모형은 그 자체로 맞거래를 수반한다. 정교한 모형은 이 세상을 좀 더 잘 다루지만 만들고 유지하는 데 에너지가 든다. 두 모형 모두 유기체는 자유에너지가 최소일 때 최상의 균형을 유지한다.

유기체나 스스로 지속 가능한 비유기체 계가 세상의 모형을 구축할 때는 일종의 '마음'과 같은 것을 갖게 될 것이다. 미숙해서 우리가 마음이라고 인지할 수 없다고 해도 분명히 내면의 정신적인 삶이라고 부를 수 있는 무언가가 있을 것이다. 주변 환경과 자기 자신을 인지하지 못하는 존재는 생존을 보장하는 행동을 하지 못한다. 따라서 프리스턴과 공저자들은 지각이 있는 존재를 일반적인 생명체와 무생물 물질로 이루어진 연속체 위에 배치했다.[31] 암석이나 눈송이에게는 자신을 견고하게 유지하는 생명체와 같은 메커니즘이 없겠지만, 비생물계 중에도 그런 메커니즘을 가진 존재는 있다. 2020년에 프리스턴과 공저자 몇 사람은 지질 연대를 거치면서 다양한 되먹임 고리로 안정된 상태에 도달한 지구의 기후를 그 예로 제시했다. 예를 들어 태양은 점점 더 밝아졌지만 지구는 생명체가 살기에 적합한 쾌적한 환경을 유지했다. 그 이유는 부분적으로는 온도에 민감한 식물과 플랑크톤이 자신들의 생명 활동을 통해 좀 더 강렬한 태양 복사를 막을 수 있도록 지구의 대기 조성을 바꾸었기 때문이다. (이 설명은 현재 전혀 다른 이유로 훨씬 빠르게 일어나고 있는 기후 변화와는 상관이 없다.)[32] 이 논문의 저자들은 식물과 플랑크톤이 태양 복사의 동향을 모델링한 것으로 생각할 수 있다고 했다.[33] 다른 물리학자들도 비슷하게 광범위한 생각을 하고 있었다.[34] 산타페 연구소의 데이비드 울퍼트(David Wolpert)가 내게 해준 말처럼 물리학자들은 "그저 유기 화학이 아닌 물리학을 기반으로 하는 더욱 깊은 생물계에 관한 개념"을 찾고자 했다.

오류가 우리를 인식하게 하는 방법

'대체 왜 우리는 주관적인 경험을 하는가'와 같은 의식에 관한 더욱 깊은 수수께끼들을 생각해보면 그림은 더욱 흐릿해진다. 내가 대화를 나눈 예측 부호화 이론가 가운데 기발한 생각을 제시한 사람은 준 타니였다.

많은 학자들과 달리 타니에게 어린 시절은 우주의 신비를 고민하고 수학 올림피아드에 나가 우승하는 등의 조숙한 시기가 아니었다. 일본에서 보내야 했던 어린 시절은 타니에게는 힘든 시간이었다. "말을 늦게 시작했어요. 아마 세 살 때 처음 말했을 거예요. 초등학교 때는 반에서 가장 공부를 못 하는 아이였고요. 학창 시절 내내 너무도 더딘 아이였어요. 지금은 그때 내가 왜 그랬는지를 생각해보고 있죠."

타니는 산업 설비 기술자가 되어 관이 막히지 않게 하는 일을 했다. 더 나은 배관을 만들기 위해 가끔은 토끼 굴을 무너뜨려야 했다. 그는 관을 따라 액체가 흘러가는 패턴을 생각하는 동안 문득 의식도 패턴을 찾는 일임을 깨달았다. 그 같은 깨달음은 자신이 제대로 학습하지 못하는 이유를 알고 싶다는 바람과 맞물려 결국 인지 과학을 공부하게 했다. 1980년대 중반에 미시간 대학교에 입학해 기계 전기 공학으로 석사 학위를 받은 타니는 신경과학을 위한 모형으로 로봇을 활용하는 과학자들의 지도자가 되어 일본으로 돌아왔다. 로봇도 뇌처럼 제한적인 연산력으로 변덕스러운 환경에 실시간으로 반응해야 한다는 제어 문제를 겪는다. 결국 우리 뇌는 십자말풀이를 하거나 철학을 고민하는 것이 아니라 생존하고 생식하려면 풀어야 하는 실용적인 문제를 해결하도록 진화했다.

1998년에 타니는 주관적인 경험을 이끄는 원동력은 형상화(embodiment)라고 주장했다.[35] 우리 뇌가 예측을 하고 예측이 옳았음을 입증할 때 감각 입력은 의식적인 인식의 단계까지는 오르지 못한다. 우리는 자동 조종 장치에 타고 있는 것이다. 하지만 예측이 틀렸고 쉽게 고쳐지지 않는다면, 그 불일치는 뇌가 자신이 가지고 있는 모든 것 — 감각, 지식, 추론력 — 을 끌어와 새로운 상황에 집중할 수 있도록 우리의 주의력을 소환한다. "그것이 바로 우리가 현상학적으로 의식을 느끼는 이유입니다"라고 타니는 말한다. 다시 말해서 우리는 어긋난 예측만을 알아차릴 수 있다. 세상에는 수많은 어긋남이 있다. 실제 세상에서 이상적인 것은 아무것도 없으며, 계획대로 진행되는 것도 없다. 그래서 뇌는 언제나 잘못 측정하고, 기존에 측정한 것을 고친다. 언제나 벌어지는 이런 불완전함이 없다면 우리는 의식할 필요도 없을 것이다.

물질세계가 어떻게 정신적인 경험을 창조하는지에 대한 예로 타니는 즉석 연주를 들었다. 타니는 대학교 때부터 재즈 앙상블에서 콘트라베이스를 연주했다. 여러 음악 장르 중에서도 재즈는 한계를 실험하는 데서 생기는 실수를 신화로 만들어버리는 장르다.[36] 타니는 기본 곡조는 아무 문제없이 자동으로 연주할 수 있지만 자신의 솔로 파트가 되면 새로운 시도를 해봐야 한다는 압박을 느낀다. 그래서 새로운 시도를 해보지만 의도와는 다른 결과가 나오고, 타니는 원래 그럴 의도였던 것처럼 꾸며야 한다. 그럴 때면 그는 전적으로 현재를 느낀다. "지금 고음을 내고 싶어 하지만 그건 불가능합니다.

그러니 애를 쓰죠. 그런 애씀은 엄청나게 의식하고 있는 노력입니다. 그렇게 애를 쓰다 보면 정말로 새로운 패턴이, 곡조가 또는 음조가 나오는 겁니다…. 형상화가 없다면 갇혀버리지 않습니다. 무슨 소리든 자유롭게 생성할 수 있다면 무언가를 창조할 수 있는 방법은 없습니다.”

새로운 지각은 끊임없이 우리의 감각계를 휘저으며 의식적인 인식을 자극한다. 겉으로 보기에는 정적인 장면도 놀라움을 불러일으킬 수 있는 능력이 있다. 타니는 붉은 포도주를 떠올려 보라고 했다. “사람들에게 포도주는 어느 정도로 붉어야 한다는 기대치가 있습니다. 그리고 현실도 있지요. 실제로 잔에 담긴, 특정한 키안티 포도주는 너무 진해서 기댓값과 일치하지 않습니다.” 색과 빛이 지닌 새로운 속성이 눈을 사로잡는다. 우리의 지각은 결코 안정화되지 않는다. “아주 작을지라도 언제나 오류가 남게 마련입니다. 그것이 진짜 세상이니까요. 진짜 세상은 우리 생각과는 조금 다릅니다. 그것이 내가 느끼는 감각질입니다. 우리는 실재를 결코 완벽하게 느낄 수 없습니다.”

통합 정보 이론

아테네에 도착한 프리스턴과 나는 다른 과학자, 철학자들과 함께 여객선을 타고 호텔로 향했다. 그 뒤로 이틀 동안 프리스턴은 당시 많은 물리학자의 마음을 사로잡고 있던 또 다른 이론인 통합 정보 이론(IIT)의 주창자들과 의견을 교환했다. 통합 정보 이론은 예측 부호화 이론과 달리 뇌 기능을 설명하는 웅장한 통합 이론을 찾는 것이 아니라 의식에 집중한다. 예측 부호화 이론이 세상과 보조를 맞추는 우리의 능력을 시작점으로 삼는다면 통합 정보 이론은 마음의 또 다른 중심 특성인 통합이 시작점이다.

우리의 시각 한가운데에는 들쑥날쑥하게 갈라진 틈이 없다. 오른쪽과 분리된 왼쪽만을 보는 경우는 없고, 모양 없이 물체의 색만을 보지도 않는다. 모든 것은 한데 뭉쳐 있다. 우리의 감각은 단일한 경험장을 형성한다. 위스콘신-메디슨 대학교의 신경과학자이자 통합 정보 이론의 아버지인 줄리오 토노니(Giulio Tononi)는 "경험이 둘이라는 것은 이제 당신이 두 사람이라는 의미일 수 있습니다"라고 했다. "그건 상상도 할 수 없는 일입니다. 이건 나의 경험입니다. 그런데 이제 나의 경험이 둘로 나누어졌다니, 그건 말이 되지 않습니다. 두 경험이라니, 내 경험과 또 누구의 경험이라는 말입니까?"

데카르트는 지각의 통합을, 나아가 전반적인 마음의 통합을 아주 중요하게 여겼다. 1641년에 적은 글에서 그는 "나는 내 안의 어떤 부분도 구별할 수 없으며, 나 자신을 전체로서 하나이자 완전한 존재로서 이해한다…. 나는 하나이며, 결의하고 감각을 느끼고 이해하는 것은 같은 마음이다."[37] 데카르트는 마음을 부분으로 분해할 수 없다면 전혀 설명할 수 없음을, 적어도 물질계를 설명할 때 사용하는 용어로는 설명할 수 없음을 알았다. 그러니까 현대 신경과학자와 철학자들을 괴롭히는 마음의 어려운 문제를 데카르트 방식으로 표현한 것이다.

토노니는 경험의 통합이 뇌 활동의 통합을 반영한다고 했다. 뇌의 여러 부분이 조화롭게 함께 일할 때 우리에게는 경험이 생긴다. 꿈을 꾸지 않는 깊은 잠에 빠졌을 때처럼 뇌 지역(brain region)의 연결이 서로 끊어지면 사실상 우리는 자동 기계라고 할 수 있다. 의식에는 분화된 모듈도 위계적인 처리 체계도 필요하지 않다고 토노니는 생각한다. 그저 뉴런이 연결되면서 부분의 합보다 더 커진 신경계 때문에 자연스럽게 생겨나는 결과라고 믿는다. 그 같은 직관 위에서 토노니와 동료들은 복잡하고 때로는 소수만이 이해하는 수학 이론을 구축해 나갔다. 이제 곧 자세히 설명하겠지만, 통합 정보 이론은 통합이 이루어진 정도를 양으로 보여주고, 뇌에서 통합에 참여하는 부분이 어디인지를 알려주며, 활동 패턴을 주관적인 경험과 연관시킨다. 특히 통합 정보 이론은 신경의 본질을 뛰어넘는다. 이 이론은 우리 뇌와 같은 방식의 통합을 보여주는 계가 모두 같은 방식으로 의식하리라고 여긴다. 문어, 식물, 로봇, 개미 군집은 내부 처리 방식에 따라 약간의 의식을 가질 수 있다.

이런 일반성(보편성)은 아주 커다란 장점이다. 서섹스 대학교의 인지 과학자이자 AI 스타트업 기업인 테닉스(Tenyx)의 설립자 론 크리슬리(Ron Chrisley)는 "내가 통합 정보 이론에 감탄하는 이유는 이 이론이 의식을 전적으로 생물 현상이라고 상정하지 않기 때문입니다"라고 했다. "그 덕분에 우리는 다른 생물 종을, 생물이 아닌 인공적인 존재를, 그 자체로는 생물이라고 할 수 없는 집단을 살펴볼 여지가 생기니까요. 통합 정보 이론은 의식이 있으려면 생물이어야 한다는 조건에서 시작하지 않기 때문에 편견이 없다는 점이 좋습니다."

나는 토노니를 2014년에 푸에르토리코에 있는 근본질문연구소(Foundational Questions Institute)에서 열린 학회에서 처음 만났다. 그곳에서 그는 대부분이 물리학자와 우주학자였던 청중 앞에서 자신의 이론을 발표해 큰 주목을 받았다. 많은 사람이 그의 도전을 받아들였다. 누군가는 그 이론을 개선하겠다는 목표를 세웠고, 누군가는 비판해야겠다는 마음을 먹었다. 토노니의 이론은 물리학자에게는 저항할 수 없는 도전이었다. 그의 이론에는 채우지 못한 간극과 흐릿함이 있었는데 그것은 좋은 것이었다. 어떤 문제를 발견하고 그 문제를 고쳐야겠다는 충동만큼 과학자에게 연구 욕구를 불러일으키는 것은 없다.

통합에 관한 토노니의 기본 논점은 그럴듯하지만, 여전히 답은 몰라도 일단 믿고 앞으로 나가자는 식의 믿음의 도약이다. 회의론자들은 의식 경험이 정말로 통합되어 있는지 그리고 뇌를 필요로 하는지에 대해 의문을 제기한다.[38] 경험의 구조가 실제 뇌의 구조를 반영해야 하는 이유에 진정한 정당성을 부여하려면 의식에 관한 어려운 문제를 풀어야 하는데, 통합 정보 이론의 한 가지 장점은 그 질문을 옆으로 치워둔다는 것이다. 철학적 함의를 풀려고 제자리를 도는 대신 의식을 정량화하고 기술하는 실제적인 일에 집중한다. 그러니까 통합 정보 이론은 우리 자신의 경험으로 다른 계의 경험을 유추하는 통제된 방식이라고 할 수 있다. 우리가 의식하고 있다는 사실에서 시작해, 관련성 있는 특성으로서의 통합을 제안하고, 다른 곳에서 같은 속성을 찾는다. 어쨌거나 모든 이론은 어딘가에서는 시작해야 한다.

"뇌 두드리기"

토노니는 뇌를 신경망이라고 생각한다. 다른 모든 신경망처럼 뇌도 선으로 연결된 작은 스위치라는 기본 단위로 구성되어 있고, 다른 장비들에 반응해 스위치를 켜거나 끈다. 의식을 연구하는 토노니는 입력값과 출력값이 아니라 신경망의 내부 활동에 관심이 있다. 이 신경망도 당연히 아주 복잡해서 통합이 이루어지는 방법을 들여다볼 수 없다. 들여다본다고 해도 뇌의 내부는 연결이 끊어진 더 작은 신경망들의 집합일 수도 있다. 그래서 토노니는 뇌의 통합을 확인할 수 있는 사고 실험을 해보았다. 신경망을 둘로 나누어 한쪽 스위치를 무작위로 켜고 끄면서 다른 쪽 반응을 살펴보는 사고 실험이다. 효과가 클수록 양쪽이 더 강하게 통합되어야 한다. 신경망 위에 선을 그어 둘로 나눌 수 있는 방법은 아주 많은데, 그 방법을 모두 다 적용한다. 한 사슬은 가장 약한 고리만큼만 강하다는 원칙에 따라 가장 약한 효과(가장 약한 통합)를 나타내는 분할선이 신경망의 전체 통합을 결정한다.

토노니 연구팀은 사용자가 구체적으로 명시한 신경망을 이용해 사고 실험을 하고 그 결과를 볼 수 있는 온라인 앱을 운영하고 있다.

사고 실험의 결과는 토노니가 그리스어 알파벳 대문자인 파이(Φ)로 표시한 값의 형태로 나오는데, 결과가 파이로 표시되는 이유는 정보의 양이 개별 원소에 저장되지 않고 신경망에 집합적으로 저장되기 때문이다. 여기에는 골디락스 효과*가 있다. 즉 신경망은 너무 성기게 연결되어서도 너무 촘촘하게 연결되어서도 안 된다. 연결되지 않은 신경망들 속에서 정보는 원자처럼 떨어져 있기 때문에 파이값은 작다. 하지만 모든 단위가 서로 완전히 연결된 신경망은 단일 원소처럼 행동한다. 그런 신경망은 정보 저장 능력이 아주 낮기 때문에 역시 파이값이 작다. 집합적으로 정보를 가장 많이 저장하고 파이값이 최고가 되는 지점은 두 극단 사이에 있다.

파이값은 정의하는 것도 힘들지만 계산도 쉽지 않다. 신경망을 둘로 나누는 모든 방법을 검토해 파이값을 계산해야 하는데, 계산해야 할 경우의 수가 너무 많다. 토노니의 온라인 앱은 단위가 8개 이상인 신경망은 계산을 포기했다.

하지만 토노니의 이론은 물리학자들에게 깊이 빠져들어도 좋을 무언가를 제시했다. 그 이론은 원래 담고 있던 내용을 뛰어넘는 훨씬 유용한 개념을 제시한다. 의식이든 아니든 한 계의 복잡성을 수량으로 측정하는 방법을 제시한 것이다.[39] 신경망의 파이값이 최대일 때는 임계점에 도달한다. 임계점은 2장에서 신경망을 최적화하는 방법에 관해 말할 때 나온, 혼돈의 끝에 머무는 값이다.[40] 임계점

• 너무 뜨겁지도 너무 차갑지도 않은 적당한 상태를 일컫는 말

에서 신경망은 가장 복잡하게 행동한다. 임계 상태(criticality) 또는 위험한 상태라고 불리는 이런 행동은 상태가 바뀌고 있는 물질을 묘사할 때도 나타난다[내가 아주 좋아하는 물질의 상태 변화는 액체가 기체가

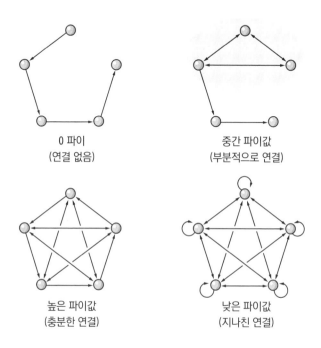

0 파이
(연결 없음)

중간 파이값
(부분적으로 연결)

높은 파이값
(충분한 연결)

낮은 파이값
(지나친 연결)

통합 정보 이론. 통합 정보 이론에서는 구성 단위가 흥미로운 집단 역학을 생성할 정도로 촘촘하게 연결되어 있으면 신경망에 의식이 생긴다고 표현한다. 이 이론은 파이(Φ)로 표시하는 통합의 정도를 수량으로 나타낼 수 있는 절차를 설계한다. 닫힌 고리가 없는, 즉 연결이 없는 순방향 신경망의 파이값은 0이다. 촘촘하게 연결된 단위와 순방향 단위가 섞여 있는 망에서는 촘촘하게 연결된 부분에서만 의식이 생긴다. 연결이 충분할 때 파이값은 최고가 된다. 그 지점을 지나면 더 많은 연결은 사실상 파이값을 낮출 뿐이다. 왜냐하면 그때부터는 내부 복잡성을 갖춘 진짜 신경망이 아니라 단일 블록처럼 행동하기 때문이다.

될 때 존재의 경계 상태(liminal state)에서 나타나는 자욱한 안개 같은 임계 단백광(critical opalescence)이다]. 그 같은 유사함을 기반으로 물리학자들은 답을 계산할 수 있는, 적어도 근삿값은 알 수 있는 좀 더 다루기 쉬운 방법을 제안하는 것으로 토노니를 도왔다.[41]

토노니는 신경망의 의식 정도를 파이값과 동일시하는데, 이는 동물의 뇌나 AI 시스템을 비롯한 사실상 모든 신경망에 동일하게 적용할 수 있다. 이런 규정은 우리의 직관에 의식은 그저 존재하거나 존재하지 않는 것이 아닌 연속적인 스펙트럼 위에 머문다고 호소한다. 우리는 혼수상태에서부터 완전히 깨어 있는 상태까지 어떤 상태에든 처할 수 있는데, 깨어 있을 때조차도 멍한 상태에서 선명한 상태까지 다양한 형태로 존재할 수 있다. 명상을 통해 고양된 의식 상태에 들어가 있을 수도 있다. 우리는 포유류를 비롯한 다른 생명체도 의식이 있을 수 있다고는 인정하지만, 편협할 수도 있다고 생각한다. 다시 말해 그들의 의식은 사람의 의식보다 하등하다고 생각한다. 통합 정보 이론은 사람과 다른 동물의 의식 차이는 뇌가 통합을 이루는 정도가 결정한다고 추정한다. 모든 의식 상태를 동일한 스펙트럼 위에 올려놓는다는 생각은 문제를 너무 단순화한 것일 수도 있지만,[42] 토노니와 동료들은 실험으로 그 생각의 정당성을 입증해 보였다. 그들은 실제 뇌를 측정하는 분할-무작위 사고 실험을 수행해 정확히 파이는 아니더라도 그에 가까운 값이 나옴을 확인했다. 간단히 말해서 의식을 측정할 수 있는 방법을 찾은 것이다.

토노니는 "우리는 뇌를 교란할 수 있는 도구를 원했습니다. 뇌를 두드리고 어떻게 반응하는지를 보는 것입니다"라고 했다. 그들의 장비는 신경학 연구에서 흔히 사용하는 두 장비를 합친 것이다. 하나는 우울증 같은 질환을 치료할 때 작은 자기 코일로 뇌를 건드려 자극하는 경두개 자기 자극법(transcranial magnetic stimulation) 장비이고,[43] 다른 하나는 전극을 설치한 두개골 모자를 써서 뇌의 전기 신호를 엿들을 수 있는 뇌파(electroencephalogram) 측정 장비다. 전자기 코일은 종소리를 내는 종의 추처럼 자기 파동(magnetic pulse)을 운반하고, 뇌파도(EEG) 장비는 그로 인해 생기는 뇌파를 기록한다. 깨어 있는 사람의 뇌는 전체가 진동해 신경망이 촘촘하게 연결되어 있음을 알 수 있다. 그에 반해 깊이 잠들어 있거나 마취된 사람, 오랫동안 식물인간 상태에 있는 사람의 뇌는 부분적으로 진동하고 진동 세기도 약하다.[44] 이런 반응은 심지어 반응이 없을 때에도 의식하고 있음을 알려준다. (이것은 여전히 실험 절차이며, 뇌파를 측정하는 사람들 또는 이들의 법정 대리인은 서면으로 작성한 안내서를 받아야 한다.) 토노니 연구진은 쥐와 초파리를 대상으로도 실험했다.[45]

의식을 살펴보려고 뇌를 자극하다니, 왠지 근사할 것 같다. 하지만 그걸 직접 해본 나로서는 별다른 느낌이 없다고 말해줄 수 있다. 의사가 내 머리에 자기 코일을 댔을 때, 위치가 조금 어긋나 내 뇌의 운동 영역을 자극하는 바람에 내 손가락이 갑자기 휙 움직였다. 그 순간 나는 꼭 꼭두각시가 된 것 같았다. 하지만 정확한 위치에 코일을 올렸을 때는 나의 뇌 기능에 전혀 영향을 미치지 않았다. 토노니 연구소의 박사 후 연구원인 비에른 에릭 주엘(Bjørn Erik Juel)은 "의식 상태를 바꾸지 않고 검증해야 합니다…. 환상 같은 것도 불러일으키면 안 되고요"라고 말했다. 실험이 끝난 뒤에 나는 전기가 지나간 곳을 확인했고, 나의 뇌 전역에서 활성화된 파동을 확인했다. 뇌파 기록은 내가 무엇을 생각하고 있었는지에 관해서는 아무것도 알려주지 않았지만 뇌의 여러 부분이 서로 신호를 주고받고 있음을 분명히 보여주고 있었다. 통합 정보 이론의 주장을 받아들인다면, 나는 의식하고 있었던 것이다.

파이를 계산하는 것은 그저 시작일 뿐이다. 파이를 계산하면 신경망이 의식을 하는지를 알 수 있을 뿐 아니라 무엇을 의식하고 있는지도 추론해볼 수 있다. 생각과 감정, 기억은 신경망의 배열이 결정한다. 신경망의 배선 지도를 상세히 그리고 뉴런들이 스위치를 켜고 끄는 모습을 오랫동안 지켜보고 파악할 수 있다면 그 마음도 읽을 수 있을 것이다. 내가 경험한 뇌 자극 방법은 너무 조악해서 내 생각을 들여다볼 수 없었지만 토노니와 동료들은 아주 단순한 인공 신경망을 가지고 마음을 들여다보았다. 각각의 가능한 활동 패턴은 한 가지 경험과 관계가 있으며, 어떤 경우에는 그 경험의 구조를 파악할 수도 있다. 8장에서 살펴보겠지만 그 경험이 색이나 공간 같은 특성과 관계가 있는지를 알 수 있는 것이다.[46] 그러나 그 경험이 정말로 빨간색이나 넓이 — 혹은 그밖에 우리가 확인할 수 있는 무언가 — 와 관계가 있는지는 수학 분석으로는 알 수 없다. 오직 신경망만이 알고 있다. 핵심은 과학자들이 경험의 상관관계를 기술할 때 사용할 수 있는 수학적이고도 실험적인 방법을 찾았다는 것이다.

뇌를 찔린 남자

몸의 어느 부분이 당신, 그러니까 의식하는 자아로서의 당신일 까? 뇌는 수많은 부분과 층으로 이루어진 기관으로, 각 부분마다 그 곳이 바로 의식이 생성되는 곳이라고 생각하는 과학자가 있다. 누군 가는 대뇌 피질이 그곳이고, 또 누군가는 뇌줄기가 그곳이라고 한 다. 의식은 전적으로 뇌만 관련된 것이 아니라 몸과 환경, 문화와도 관련이 있다고 믿는 사람도 있다. 그와는 정반대로 아주 작은 규모 로 내려가 세포 수준에서 의식이 생성된다고 주장하는 사람도 있다. 뉴런의 내부에서 말이다.

통합 정보 이론은 이 문제에 대해 답할 수 있는 깔끔한 경로를 제공한다. 다양한 후보지의 파이값을 계산해 그중에서 가장 값이 높 은 부분을 택하는 것이다. 실제로 계산하기는 힘들지만 토노니는 경 험에 근거해 논리적으로 추측해 나갔다. 사람의 대뇌 피질, 특히 후 측 겉질은 구조가 복잡하고 뉴런이 잘 연결되어 있기 때문에 의식이 그곳에서 생성된다고 예측했다. 그는 "(대뇌 피질의) 뒤쪽처럼 격자인 지역, 특히 그 격자가 피라미드처럼 생긴 지역은 파이를 구할 수 있 는 환상적으로 좋은 기질(substrate)입니다"라고 했다.

토노니와 동료들은 이 가설을 뒷받침하려고 신경과학 자료를 인용한다. 위스콘신 대학교의 신경과학자인 멜라니 볼리(Mélanie Boly)는 한 강연에서 스페인 내전 때 창문으로 도망쳐 나오다 미끄러 져 철봉이 머리를 관통한 대학생에 관해 이야기했다.[47] 그보다 심한 부상을 상상하기 어려울 정도로 크게 다친 대학생은 뇌 앞쪽이 완전히 짓이겨졌다. 하지만 살아남았고, 회복했다. 결혼도 하고 두 아이를 낳았으며, 누가 봐도 정상적인 삶을 살았다. 그에게서 이상한 점은 건망증이 심하다는 것뿐이었다. 그는 하나의 과제에 집중하지 못했고, 같은 농담을 하고 또 했다. 물론 철봉이 두개골을 관통하지 않았어도 그렇게 행동하는 사람을 나는 아주 많이 알고 있다. 하지만 볼리는 뇌의 뒤쪽에 부상을 입은 사람은 그 정도가 훨씬 심하다고 했다. 색과 같은 경험 범주를 완전히 잃을 수도 있고 절대로 빠져나오지 못하는 식물인간 상태에 빠질 수도 있다.

"고도로 진화한 커다란 뇌 부위인 전전두피질은 그렇게까지 중요해 보이지는 않습니다. 하지만 보기와 달리 뇌의 뒤쪽에 있는 부분들 중에는, 그러니까 피질 뒤쪽에 있는 부분들 중에는 손상되면 의식 같은 기능에 문제가 생기는 곳이 있습니다." 토노니의 말이다. 의식이 뇌의 뒤쪽에 자리잡고 있다는 많은 증거가 나오는 동안 도쿄 대학교의 키타조노 준(Jun Kitazono) 연구팀은 짧은꼬리원숭이 두 마리의 뇌에 전극을 삽입해 뇌의 활동을 분석했다. 원숭이들이 깨어 있을 때는 뇌 뒤쪽에서 통합적인 활동이 일어났고, 마취 상태였을 때는 단편적인 활동이 일어났다.[48] 당연히 회의론자들은 반박했고, 의식의 위치는 아직도 열린 의문으로 남아 있다.[49]

이 의문의 한 측면은 그토록 다양한 구조를 어떻게 규정할 수 있는가이다. 자연에는 완벽하게 선명한 경계가 없다. 다른 신경계와 구분되는 뇌는 어디서부터인가? 몸의 한계는 무엇인가? "물리학은 사실 우리에게 이 세상에서 대상이 무엇이고 실체가 무엇인지를 말해주지 않습니다. 물리학은 아주 거대한 사물의 장입니다. 아주 복잡하죠. 하지만 기본 감각에는 실제로 존재하는 경계가 없습니다. 사정이 이런데 우리가 어떻게 사물의 시작과 끝을 알아낼 수 있을까요?" 토노니의 말이다.

결국 모든 망을 분석한다는 의미에서 통합 정보 이론은 본질을 고민하는 원칙적인 방법을 제공했다고 할 수 있다. 보통 신경망은 뇌나 뇌의 일부지만 뇌, 몸, 바깥 환경, 세포 내부의 작은 단백질 망으로 구성된 더 넓은 범위의 망을 고려해볼 수도 있다. 각 망의 내부에서 통합 정보 이론은 망의 어떤 구역이 내부적으로 가장 일관성이 있는지를 확인할 수 있고, 여러 규모의 파이값을 비교해 어떤 규모가 가장 적절한지를 정확히 밝혀낼 수 있다. 따라서 모든 것은 다른 모든 것과 연결되어 있으며 경계가 희미하더라도 뇌나 다른 망에서 지각을 담당한 부분이 어디인지에 대해 설명해줄 수 있다.

예측 부호화 이론과 통합 정보 이론에서는 마음이 어디에나 있다고 한다. 두 이론은, 혼란한 환경 속에서 스스로를 유지하고 있거나 높은 수준의 통합을 이루고 있는 구조를 발견할 때면 언제나 내적 경험이 있을 가능성을 염두에 두고 살펴본다. 따라서 두 이론은 범신론적 견해를 바탕에 깔고 있다.[50] 물론 전통적인 범신론과는 아주 다르다. 왜냐하면 의식을 자연과학 너머가 아니라 자연과학 안에 단단히 고정하고 있으며, 의식이 자연의 새로운 기본 속성이라는 주

장도 하지 않기 때문이다.[51]

두 이론 모두 절대적으로 모든 것에 의식이 있다고 주장하지도 않는다.[52] 한계가 없는 범신론은 통제 불능 상태가 될 수 있다. 신경계를 이루는 다양한 단계의 조직을 생각해보자. 각 단계는 그 자체로 어느 정도 내부 통합을 이루고 있다. 그것은 어쩌면 우리의 후두피질(posterior cortex), 두 개의 뇌 반구, 뇌 반구 안에 있는 뇌 영역들, 뇌를 이루는 뉴런 회로, 수십억 개나 되는 우리의 뉴런 모두에——그러니까 파이값이 전적으로 0이 아닌 우리의 모든 부분에—— 독자적인 의식이 있다는 의미는 아닐까? 대뇌 전체가 어떤 특정한 파이값을 갖는다면, 대뇌에서 뉴런 한 개를 뺀 파이값은 전체 파이값과 다를 테고, 두 개 뉴런을 뺀 파이값은 한 개 뉴런을 뺀 파이값과 다를 것이다. 이런 식으로 엄청나게 많은 다른 파이값을 구할 수 있을 텐데, 다시 말해 하나의 머리에 경악스러울 정도로 많은 파이값이 존재한다는 뜻이다.

우리 머리가 부분적으로 겹쳐진 마음들로 가득 차 있다는 생각은 불안정할 뿐 아니라 통합 정보 이론을 반증 불가능한 이론으로 만들 위험이 있다. 이런 수많은 마음은 제각기 다른 경험을 할 테니, 통합 정보 이론은 한 사람이 그 사람만의 경험을 하게 되는 이유를 절대로 설명할 수 없게 될 것이다. 뇌는 색을 볼 수 있게 허용하지만 하부 단위인 뉴런에게는 색이라는 개념이 없을 수도 있다. 그렇게 되면 어떤 하부 단위에서 의식이 생성되느냐는 전적으로 운의 문제가 될 수 있다. 토노니는 "그것은 경험이 무엇이든 될 수 있다는 뜻일 수 있습니다"라고 했다.

이런 모호함을 제거하려고 토노니는 물리계는 오직 하나, 뇌뿐이기 때문에 뇌가 무한한 마음의 탑을 지탱할 수는 없다고 했다. 만약 의식을 확인할 수 있고 파이값을 계산할 수 있는 뇌 구조를 모두 살펴본다면 그중에 가장 파이값이 높은 부분을 발견할 수 있는데, 그곳이 바로 의식이 있는 곳이다. 두 마음이 동시에 같은 뉴런들을 공유할 수는 없다. 긴밀하게 통합된 마음은 다른 마음이 절대로 존재할 수 없게 한다. 토노니는 "한 가지 실재만이 존재할 수 있습니다. 무슨 일이 있어도 겹치지 않습니다"라고 했다.

그렇기는 해도 서로 겹치지만 않는다면 뇌에서는 여러 의식이 한꺼번에 생길 수도 있다.[53] 토노니는 예를 들어 장거리 운전을 하면서 마음이 이리저리 표류할 때, 표류하는 마음은 그저 '주된 마음'일 수도 있다고 추론한다. 일시적인 '작은 마음'은 신경 회로의 어디에서나 생성될 수 있을지도 모른다. 문자 그대로 도로를 의식하면서 자동차를 계속 통제하는 자동 조정 장치인 것이다.[54] 다른 연구자들도 뇌에는 많은 '의식의 섬'이 존재할 수 있다고 생각하는데, 그런 의식의 섬 중에는 모든 감각 입력과는 어떤 연결도 없어 완전히 고립된 채로 존재하는 생각의 섬이 있을 수도 있다.[55]

서로 겹치지 않는다는 규칙은 마음이 끝없이 증식하는 것을 막을 뿐 아니라 한데 섞이는 방법까지 제공해주기 때문에 범신론에서 조합 문제(combination problem)라고 알려진 오래되고 난처한 문제도 해결할 수 있다.[56] 각각 다른 파이값을 갖는 독자적인 두 마음이 한

데 합쳐져 더 높은 파이값을 갖는 단일 마음이 된다면 독자적으로 존재하던 두 마음은 사라지고 하나의 마음으로 동화된다. 실제로 이런 일은 매일 아침, 잠에서 깨었을 때 일어난다. 각자 조금의 의식을 담고 있는 개별적인 뇌 지역들이 한데 합쳐져 뇌는 점차 전체 지역으로서의 의식을 갖게 된다. 당연히 개미 군집에서도 비슷한 일이 일어난다.[57] 하지만 사람 집단에서는 그런 일이 일어날 가능성이 거의 없다. 아무리 끈끈하게 뭉쳐진 집단이라 해도 단일 뇌보다는 통합의 정도가 낮기 때문에 사람의 의식은 개별 단위로 존재한다. 미국 연방 대법원이 뭐라고 하든 기업은 실제 사람들과 같은 권리를 가져야 하는 의식 있는 존재가 아니다.[58]

행동하는 것이 존재하는 것이다

20세기 중반 이후로 마음에 관한 이론은, 마음이란 마음이 하는 대로 존재한다는 기능주의(functionalism)가 우세했다.[59] 이 특별한 견해는 마음이란 뇌의 소프트웨어로, 마음의 주요 기능은 정보를 처리하는 것이기 때문에 하드웨어의 세부 내용은 사실상 중요하지 않다고 했다. 기능주의 이론에서는 같은 기능을 수행하는 두 뉴런의 배열이 같은 의식을 생성한다. 그에 반해 통합 정보 이론은 두 경험의 통합과 그에 상응하는 뇌 활동에 중점을 두기 때문에 기능보다는 그 계의 구조가 의식을 결정한다고 주장한다. 토노니는 "마음은 마음이 하는 것이 아닙니다. 마음의 형태가 마음입니다"라고 했다.

여기 두 신경망이 있다. 이 두 망은 정확히 같은 일을 한다. 같은 입력값을 받아 같은 출력값을 산출한다. 따라서 외부에서 보면 두 망을 구별할 수 없다. 그런데 뚜껑을 열어 내부를 보면 아주 다르게 생겼다. 한 망은 가지런히 배열된 순방향 망이어서 입력이 출력을 생성하면 거기서 멈춘다. 다른 망은 되먹임 망이어서 신호가 빙글빙글 돌 수 있다. (두 망은 각각 139쪽 그림의 위 왼쪽과 아래 왼쪽 망과 같다.) 순방향 망은 통합되어 있지 않다. 연산 처리 과정에서 각 단계는 앞 단계에 종속되지만, 앞 단계는 뒤 단계에 영향을 받지 않기 때문에 집단행동을 할 수 있는 능력이 없다. 정보 통합 이론은 이런 망에는 의식이 없다고 생각한다. 철학자들이 좀비 — 몸은 있지만 마음은 없는 — 라고 부르는 상태다.[60] 되먹임 망은 충분히 연결되어 있다. 모든 구성 부분이 다른 구성 부분과 연결되어 있다. 이런 망은 설계자조차도 놀랄 정도로 새롭고 예기치 못한 행동을 할 수 있는 능력이 있다. 정보 통합 이론은 이런 상태를 '지각 있는' 상태라고 여긴다.

되먹임은 정보 통합 이론에서 의식이 존재한다고 정의한 통합을 생성한다. AI, 신경과학, 물리학에서 계속 거론되는 중요한 개념이다. 헤르만 폰 헬름홀츠, 존 홉필드 같은 여러 선구자들은 되먹임이 마음의 탄생에 반드시 필요한 요소라고 생각했다. 예측 부호화 이론은 물론이고 많은 의식에 관한 이론들 역시 되먹임을 중요하게 여긴다. 되먹임 구조는 순방향 구조보다 흥미로울 뿐 아니라 실질적으로도 장점이 많다. 보통 더 유연하기 때문에 더 쉽게 적응한다. 토노니는 "(순방향 계가) 되먹임 계와 기능적으로 동일한 능력을 발휘하려면 구성단위와의 연결이 더 많아야 합니다"라고 했다. 자원이 희박한 세상에서 생존 경쟁을 벌여야 하는 유기체에게 이런 효율성은 상당히 중요한데, 아마도 지구 생명체의 역사에서 의식의 기원을 설명하는 데 도움이 될 것이다.[61] 토노니는 "의식이 통합 정보라면 의식이 진화한 이유를 말해줍니다"라고 했다.

한 망의 기능과 구조에 차이가 난다는 것은 컴퓨터로 당신의 뇌를 구현한다면 어떤 일이 벌어질 것인가 하는 의문도 품게 한다. 컴퓨터로 구현한 뇌로 챗봇을 만든다고 생각해보자. 이 기계는 당신이 하는 대로 농담을 할 테고, 당신이 듣는 음악을 권할 테고, 당신의 연인에게 당신이 늘 보내는 짜릿한 문자들을 보낼 테니, 누구나 이 뇌를 진짜 당신이라고 생각할 것이다. 그렇다면 이런 유창성 뒤에는 감정이 존재할까? 아니면 전적으로 기계적인 정보만을 전달하는 것일까? 기계에도 의식이 있을 수 있을까? 기술이 발달하는 속도로 보아 어쩌면 머지않은 미래에는 그저 이야기가 아닐 수도 있는 세계를 그린 〈블랙 미러(Black Mirror)〉와 〈웨스트월드(Westworld)〉 같은 SF 드라마는 기계도 의식을 지닐 수 있다고 가정하지만, 인지 과학자와 철학자들은 둘로 나뉜다. 토노니는 '성급해지지는 맙시다'라고 말하는 쪽이다.[62]

토노니는 동료들과 함께 프로그램으로 작동할 수 있는 아주 작은 컴퓨터를 만든 적이 있다고 내게 말했다. 전기 부품 66개로 만든 이 컴퓨터는 구성 부품 수가 수십억 개가 넘는 오늘날의 마이크로프로세서와 달리 아주 기본적인 논리 함수만을 처리할 수 있었다. 쉽게 분석할 수 있을 만큼 충분히 작았지만 빈약한 신경망을 구현할 수 있을 정도로는 충분히 컸다. 이 컴퓨터를 가지고 토노니 연구팀은 통합 정보 이론에서 모의 신경망과 원본 신경망의 차이에 관해 주장하는 내용을 비교해볼 수 있었다.

분명히 컴퓨터는 신경망과는 아주 다른 방식으로 작동한다. 컴퓨터는 정보가 한꺼번에 모든 방향으로 흐를 수 있는 고도로 병렬화된 시스템이 아니다. 컴퓨터는 한 번에 한 가지 일만 처리한다. 한 뉴런을 살펴보고 다른 뉴런을 살펴본 뒤에 두 뉴런이 상호 작용하면 어떤 일을 할 수 있는지를 계산한다. 하지만 컴퓨터에서는 사실상 어떠한 상호 작용도 일어나지 않는다. 컴퓨터는 대부분 순방향으로 작동하는데, 이는 의식이 전혀 생겨날 수 없다는 뜻이다. 컴퓨터가 하는 약간의 경험은 원본 신경망이 하는 경험과는 전혀 다르며, 경험을 결정하는 것도 모의실험 코드가 아니라 하드웨어다. 토노니는 "구현하는 대상과는 아무 관련이 없습니다. 산사태를 구현할 수도 있고, 허리케인이나 뇌를 구현할 수도 있죠. 그건 중요하지 않습니다"라고 했다.

노트북에서 슈퍼컴퓨터에 이르기까지 오늘날 존재하는 거의 모든 컴퓨터의 사정은 그와 같다. 멀티 프로세싱 코어처럼 컴퓨터와 뇌의 유사성은 기기마다 다르지만 신경망과 비교할 수 있는 컴퓨터는 없다. 당신의 뇌를 모두 구현한다면 컴퓨터는 당신처럼 행동하겠지만, 기억이라면 컴퓨터로서의 기억을 갖게 될 것이다. 컴퓨터에게는 구현하는 대상이 당신인지 개구리인지 상관이 없다. 무엇을 구현하든 컴퓨터가 내부적으로 느끼는 것은 같을 것이다. 그러니 컴퓨터 안에다 복제한 뇌를 보관해 영원한 디지털 생명을 갖고자 하는 사람은 한 번 더 생각해보는 것이 좋겠다. 거꾸로 말해서 당신에게 사람으로서의 경험이 있다면 당신은 사람일 것이다. 어떤 과학소설에서처럼 뇌를 업로딩하는 시나리오에는 갇히지 않는 것이다. 독일 마인츠 대학교의 철학자 반야 비제(Wanja Wiese)와 함께 연구한 칼 프리스턴은 예측 부호화 이론 관점에서 이 문제를 탐구했고 비슷한 결론에 도달했다.[63]

토노니는 컴퓨터가 점점 더 생명체를 닮아가면서 우리가 유인상술(bait-and-switch) 상황에 직면했음을 걱정했다. "요즘 사람들은 여전히 '아, 아니야, 아니야. 그건 그냥 기계야'라고 말할 겁니다. 하지만 문제는 기계에 대한 개념이 잘못됐다는 거죠. 기계라면 탁자 위에 가만히 놓여 있는 차가운 물체나 투박한 일을 하는 물체라는 생각이 여전히 지배적입니다." 그러나 챗GPT나 멀리*처럼 발달한 AI는 시나 그림처럼 깊이 있는 경험을 통해서만 해낼 수 있을 듯한 작업들을 이미 해내고 있다.[64] 어떠한 주제로도 말이 되게 글을 쓰고, 체스나 수학 같은 여러 영역의 문제를 푸는 이런 시스템들은 사람 같은 일반지능(generalized intelligence)을 구현하기 시작했다. 이런 시스템에 의식이 있다는 판단을 내린다면 사람이 누리는 권리를 부여해야 할지도 모른다. "그런 일이 일어난다면 그리고 기계가 우리를 울게 하고 시를 인용하는 등의 방식으로 감정을 보여준다면 거대한 전환이 일어날 거라고 생각합니다. 모든 사람이 이렇게 말할 것입니다. '세상에, 어떻게 해야 저걸 끌 수 있지?'"

하지만 토노니는 덧붙였다. "통합 정보 이론이 옳다면 그것은 비극적으로 틀린 것입니다." 기계에 의식이 있는 것처럼 보인다는 것이 기계에 의식이 있다는 뜻은 아니다. "그런 기계는 정말로 사기꾼일 수도 있습니다. 거기에는 아무도 없습니다⋯. 정확한 답을 찾으려면 의식이 무엇인지를 알려주는 이론이 필요합니다." 2022년 말에 데이비드 차머스는 통합 정보 이론 같은 여러 이론들이 챗GPT에 대해 말하는 것을 검토한 후, 챗GPT가 의식을 갖추지 않았을 것이라는 결론을 내렸다.[65] 플로리다 애틀랜틱 대학교의 철학자 수전 슈나이더(Susan Schneider)는 우리가 신중해야 한다는 의견에 동의한다. "일반 인공 지능은 의식이 없을 수도 있는데, 이는 지각이 없는 사피엔스를 보게 될 거라는 의미일 것입니다." 슈나이더는 사람 수준의 복잡한 의식은 일시적인 현상일 수 있다고 추론했다. 진화 계통의 어느 시점에서 발생한 AI가 우리 종을 대체한다면 의식은 자취를 감출 수도 있다. "의식은 우주가 마음이 없는 상태로 돌아가기 전에 잠시 피어난 경험, 일시적인 일탈일 수도 있습니다."[66]

●　　　DALL-E, 오픈AI에서 개발한 생성형 이미지

4

뇌와 양자론

1990년 가을, 나는 코넬 대학교에서 행성 과학으로 박사 학위 과정을 시작했다. 나의 물리학 교수들은 과학을 최대한 재미없게 만들려고 각오라도 한 것 같았다. 그들의 수업은 기본적으로 미국 대학교의 과학과 공학 프로그램에 너무도 흔한 제초기 같은 것이었다. 교수들이 학생들을 뼛속까지 힘들게 만드는 일종의 학계 신참자 길들이기 같은 것 말이다. 1학기가 반쯤 지났을 때 저명한 중력 이론가이자 장차 노벨상을 수상할 로저 펜로즈(Roger Penrose)가 새로 출간한 책 『황제의 새 마음(The Emperor's New Mind)』을 다룬 세 차례 연작 강연을 하려고 코넬 대학교에 왔다.[1] 나는 과제를 못 하게 될 위험을 감수하고 그의 강연을 들으러 갔다.

펜로즈는 장차 의식의 어려운 문제라고 알려질 문제에 대한 자신의 비전을 제시했다. 그는 기계론적 과정은 의식 차원의 이해에 도달할 수 없다고 했다. 정확하게 절차에 따라 일을 해낼 수 있지만 자신이 무엇을 하고 있는지는 전혀 모른다는 것이다(일상생활에서 매우 흔히 나타나는 증상이다). 따라서 뇌가 물리학의 일반적 역학 법칙에 지배를 받는다면——그 물리학이 고전 물리학이냐, 양자 물리학이냐는 중요하지 않다—— 통찰이나 자기 인식 없이 암기만을 이용해 기능을 수행하게 될 것이다. 아인슈타인의 일반 상대성 이론과 양자 역학을 결합한 새로운 물리학은 기계론적이지 않을 수 있다고 했다. 이 새로운 물리학이 뇌에서 작동한다면 우리 마음도 비기계적인 특성을 가질 수도 있다고 했다.[2] 저명한 과학자가 양자 물리학과 의식이라는, 현대 과학이 풀어야 할 엄청난 수수께끼 둘을 한데 묶는 모습을 목격하는 것은 정말 흥분되는 경험이었다. 위대한 질문을 하는 사람들 사이에 있는다는 것은 정말 엄청난 일이었다. 내가 대학원에 입학한 것도 그 때문이었다. 연구자가 된 뒤에도 좌절을 느끼고 낙심할 때면 언제나 펜로즈의 강연을 떠올렸다.

그에게 이런 영감을 받은 사람은 나뿐만이 아니었다. 애리조나주 투산의 마취과 의사 스튜어트 하메로프(Stuart Hameroff)도 펜로즈의 책을 읽고 전율했다. 마취과 의사는 생명체의 의식을 끄고 켜는 역할을 하기 때문에 의식의 의미에 관해 결코 가볍지 않은 관심을 갖는다. 하메로프는 "펜로즈가 말한 것은 너무도 기이해 보였지만 정확하기도 했습니다."라고 했다. 하메로프와 펜로즈——달변인 마취과 의사와 부드럽고 설득력 있는 말투의 수리 물리학자라는, 상상하기 힘든 기묘한 조합을 이룬 두 사람 — 은 뇌에서 양자 효과가 의식을 생성하는 방법을 설명하는 이론을 구축했다. 두 사람의 연구 결과는 1994년에 펜로즈가 출간한 『마음의 그림자(Shadows of the Mind)』에 실렸다.[3] 두 사람은 전적으로 새로운 이 학문이 자력으로 커 나갈 수 있도록 의식을 논의하는 연례 학회를 처음으로 개최했다.

보통 물리학자들은 펜로즈를 존경했지만, 의식에 관한 그의 연구에는 거의 호응을 보이지 않았다. 내가 자주 들은 빈정거림은 펜로즈가 수수께끼를 최소화하려는 오류를 범하고 있다는 것이었다. 양자 역학도 수수께끼고 의식도 수수께끼니, 두 수수께끼를 합쳐 하나로 만들려고 한다고 말이다. 펜로즈에게 몰려든 많은 사람이 완벽한 괴짜처럼 보였다는 것도 실망스러웠다. 그래서 나도 초기에 품었던 관심이 사그라들었고, 그로부터 25년 뒤인 지금 이 책을 쓰기 전까지는 펜로즈를 거론할 계획이 전혀 없었다. 하지만 내가 물리학과 의식에 관한 책을 쓰고 있다는 말을 할 때마다 사람들은 계속 "아, 펜로즈 이야기를 쓰는 거야?"라고 물었다. 그 때문에 나는 그의 이론에 관해 무언가 써야 한다는 사실을 깨달았다. 나는 그와 하메로프가 기획한 연례 학회에도 몇 번 갔고, 두 사람의 집을 각각 방문하기도 했다. 두 사람의 작업을 깊이 들여다보는 동안 내게서 회의는 사라져갔고, 내가 너무 성급하게 두 사람의 이론을 기각했음을 깨달았다.

두 사람의 이론을 받아들일 수는 없다고 해도 그들은 분명 과학자들 대부분이 양탄자 밑에 쓸어 넣고 모른 척하는 질문들을 꺼냄으로써 과학에 기여했다. 1장에서 살펴본 것처럼 양자 물리학과 의식 사이에는 정말로 어떤 연결이 있는 것 같다. 물질세계의 깊은 이론에는 의식적인 마음이 자리하는 공간이 있는데, 원칙적으로는 그럴 수 없다. 그런 연결은 환상일 가능성이 크다. 하지만 환상이라고 해도 설명은 해야 한다.

어떻게 측정할 것인가

과학이 제시하는 모든 위대한 생각이 그렇듯 양자 역학의 주요 원리들도 사실 아주 단순하다. 수학은 양자 역학의 원리들이 한데 어울리고 실제 세상에서 작동하는 방식을 우아한 방법으로 보여주지만, 수학을 모른다고 해서 양자 역학의 원리를 이해하지 못하는 것은 아니다. 양자론은 물질세계의 사물들이 명백하게 모순되는 두 가지 방식으로 행동한다는 관찰 결과에서 유래했다.

한편으로 물질과 에너지는 개개의 미립자로 이루어져 있다. 물질과 에너지는 덩어리 단위로 존재한다. 분리된 별개의 단위다. '양자(quantum)'라는 명칭은 그래서 붙은 것이다. 빛에서 단위 덩어리는 빛의 입자인 광자다. 빛이 충분히 어두우면 광자는 우리 눈으로 충분히 볼 수 있을 만큼 민감한 개별 섬광으로 나타난다.[4] 또 다른 한편으로 물질과 에너지는 파동과 같다. 물질과 에너지는 넓게 퍼진다. 갈라진 틈으로 굽이쳐 들어가고, 장애물 앞에서 갈라지고, 모퉁이를 돌아간다. 더하거나 나누어져 새로운 파동이 생긴다.

입자나 파동으로서의 행동은 그 자체로는 이상하지 않다. 물리학자들의 머리를 터지게 만드는 것은 입자와 파동이 공존한다는 것이다. 적어도 에르빈 슈뢰딩거가 기술한 양자 역학의 표준 모형에서는 파동으로서의 행동이 좀 더 근원적인 행동처럼 보인다. 대부분의 시간에, 물질과 에너지는 파동과 같다. 그러나 우리가 관찰할 때면 입자성을 갖는다. 예를 들어 물체는 파동과 같은 상태로 존재해 넓은 지역으로 퍼져나가지만, 물체의 위치를 측정하는 순간 우리는 특정한 한 장소에서만 그 물체를 확인할 수 있다. 물리학자들이 '파동함수'라는 수학 도구로 표현하는 근본적인 파동으로서의 행동은 우리가 직접 관찰할 수 없다. 이 파동이라는 특성은 수많은 관찰 결과를 근거로 추정할 수밖에 없는데, 물체의 종류와 크기에 따라 파악하기가 아주 힘들 수도 있다. 양자적 물체는 운동장에서 뛰어노는 아이들과 같다. 이 물체들은 온갖 말썽을 다 피우지만 부모나 선생님이 지켜볼 때는 세상 얌전한 아이가 되는 것이다.

1932년에 존 폰 노이만이 처음 기술한 교과서적인 양자론은 측정하는 순간에 적용할 수 있는 특별한 한 법칙과, 그외 나머지 시간에 물체의 행동을 규정하는 파동 방정식이라는 두 가지 법칙을 이용해 이 양면적인 행동을 설명한다.[5] 측정하지 않을 때 물체를 묘사하는 파동 방정식은 평범한 파동과 완전히 같지는 않지만 많은 측면에서 다른 파동들과 같은 행동을 하는 파동을 기술한다. 이 파동은 지속적으로 움직이면서 넓게 퍼져나간다. 그에 반해 물체의 위치를 측정할 때의 파동 방정식은 즉시 붕괴해 단일 위치를 기술한다.

파동함수는 위치 외에도 운동량과 스핀 같은 여러 속성을 기술한다. 측정하기 전까지 물체의 이런 속성들은 온갖 상태를 모두 취하지만—앞선 장들에서 '중첩'이라는 용어로 설명했다—일단 측정을 하면 메뉴판에서 음식을 고르듯 단 한 가지 상태로 붕괴된다. 선택은 무작위로 일어난다. 각 위치에서 나타날 수 있는 결과는 그 위치에서 파동함수가 나타내는 높이로 결정되는 확률과 관계가 있다. 부드럽게 퍼지는 확산과 갑작스러운 붕괴가 결합하고 있는 양자 역학은 정반대 요소들의 결합이다. 펜로즈의 농담을 인용하자면 결혼과 같다. 완벽한 결혼 말이다.

파동함수 붕괴는 기이하고 거의 역설적이기까지 하다. 이론적으로도 절대 되돌릴 수 없다고 알려진 유일한 물리 과정인 비가역 반응이다. 파동함수 붕괴는 예측도 할 수 없다. 붕괴하기 전까지 양자 물리학은 완벽하게 결정론적이다. 어떤 시간에 일어난 사건의 상태는 다른 모든 상태를 고정하고, 우연이 일어날 여지를 남기지 않는다. 그에 반해 붕괴는 회전판을 돌린다. 이런 상황을 묘사할 수 있는 단어는 마법밖에 없다. 무언가를 보려는 행위는 그 물체의 파동함수를 붕괴시킨다. 하지만 그 현상의 기저에 깔린 원인 메커니즘은 없다. 그저 일어날 뿐이다.

이런 마법은 그 자체로는 물리학자들을 괴롭히지 않는다. 물리학자들은 이런 마법을 그저 자신들의 이론에 도입하고, 그 마법을 물리학이라고 부르면 된다. 초자연적인 현상이라고 생각했던 중력과 자기장도 그런 과정을 거쳐 물리학에 들어왔다.[6] 진짜 문제는 붕괴 규칙이 엄청나게 모호하다는 것이다. 이 규칙을 적용하려면 측정이 무엇인지를 알아야 하는데, 처음에는 명확해 보일 수도 있지만 곧 빠른 속도로 흐릿해진다. 과연 두 계는 상호 작용할 수 있을까? 한 사람이 측정하고 그 결과를 당신에게 가르쳐주지 않았다면, 그 측정이 당신에게도 해당할까? 측정자가 자신을 측정하는 것과 같은 순환 논리는 어떻게 해야 피할 수 있을까?

예를 들어 경찰서 취조실에 있는 단방향 거울처럼 반만 은도금한 거울에 전등을 비춘다고 생각해보자. 전등에서 나간 빛의 절반은 거울을 통과해 계속 앞으로 나갈 테지만 절반은 반사되어 되돌아올 것이다. 이런 갈라짐은 고전적인 파동의 행동으로 물의 파동, 음파, 지진파 같은 파동에서도 볼 수 있는 현상이다. 빛의 갈라짐을 입자 단계에서 확인하고 싶다면 전등 빛의 세기를 아주 작게 줄여 매우 적은 광자만 튀어나오게 하면 된다. 입자와 달리 파동은 이런 조건에서 갈라지지 않는다. 아주 민감한 감지기를 거울 앞뒤에 설치하고 전기 출력값을 측정하면 광자가 절반은 반사되고 절반은 거울을 통과한다는 사실을 알게 될 것이다. 각 광자는 무작위로 경로를 선택한다.

그렇다면 광자는 언제 선택을 내리는 것일까? 거울에 부딪히는 순간은 아니다. 양자 세계에서 모든 광자는 동시에 거울을 통과하고 반사된다. 감지기가 광자를 감지할 때도 아니다. 두 검출기 모두 광자를 감지하는 동시에 감지하지 않는다. 감지기의 전기 신호를 컴퓨터가 기록할 때도 아니다. 컴퓨터는 저장소에 0과 1을 동시에 저장한다. 컴퓨터가 출력값을 보여줄 때도, 컴퓨터 화면의 빛이 당신 눈으로 들어올 때도, 신경 신호가 망막에서 시각 피질로 이동할 때도 아니다. 사건으로 쭉 이어진 긴 사슬 어디에서도 붕괴는 일어나지 않는다. 모든 연결고리는 다양한 가능성을 품고 있는 중첩 상태인 채로 유지된다. 이 모든 사건을 파동 방정식으로 기술할 수 있으며, 붕괴 규칙을 적용해야 할 이유는 전혀 없다.

영화 〈슬라이딩 도어즈(Sliding Doors)〉에서 기네스 펠트로가 연기한 주인공은 전철을 탈 것인지 말 것인지를 결정해야 한다. 주인공의 선택에 따라 남자친구와 헤어지거나 계속 함께 할 수도 있고, 직장에서 승승장구할 수도 있고 고생할 수도 있고, 흰색 밴에 치일 수도 있고 아닐 수도 있다. 처음에 제대로 내리지 못한 결정은 그 뒤에 일어날 모든 일에 영향을 미친다. 양자 측정도 이와 마찬가지다. 입자의 모호함(과 중첩)은 감지기, 컴퓨터, 눈, 뇌로 확장되어 물리학자들이 양자 얽힘(quantum entanglement)이라고 부르는 집단적인 우유부단함으로 한데 뭉친다. 1956년에 물리학자 휴 에버렛(Hugh Everett)은 "이런 측정으로는 아무것도 해결하지 못할 것 같다"고 했다.[7]

물리학자들이 측정이 명확한 결과를 낸다고 알고 있는 단 한 가지 경우가 바로 관찰자의 주관적 경험이다. 본질적으로 우리의 경험은 통합되어 있다. 우리는 상호 모순되는 사건을 보지 못한다. 우리 눈은 거울을 통과하는 동시에 반사되는 광자를 볼 수 없다. 우리는 두 사건 가운데 하나만을 본다. 물리학자이자 훗날 노벨상을 수상하는 유진 위그너(Eugene Wigner)는 1962년에 쓴 글에서 "의식이 있는

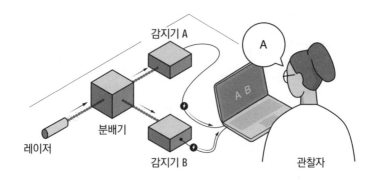

폰 노이만의 측정 사슬. 1932년, 수학자 존 폰 노이만은 양자 측정을 연속된 일련의 작업이라고 생각했다. 이를 설명하는 가장 간단한 예 가운데 하나가 반은도금한 거울 같은 광선 분배기에 광자를 하나 쏘는 것이다. 광자는 거울을 곧바로 통과하거나 옆으로 튕겨 나갈 것이다. 감지기는 광자가 택한 경로를 기록해 그 정보를 컴퓨터에 전달하고, 컴퓨터는 그 결과를 출력해 알려준다. 컴퓨터가 내보일 두 결과의 확률은 50 대 50이다. 여기서 재미있는 일이 벌어진다. 양자론은 광자가 두 경로를 모두 택하고, 두 감지기가 모두 반응하고, 컴퓨터가 두 가지 결과를 내놓을 것이라고 말한다. 중첩이라고 알려진 모호한 상태가 되는 것이다. 하지만 실제로는 한 가지 결과만을 확인하게 된다. 왜 그럴까? 주관적 경험은 과학에서 유일하게 중첩되지 않는 것이기 때문이다.

존재는 양자 역학에서 무생물인 측정 장비와는 다른 역할을 맡고 있는 것이 분명하다"고 말했다.[8] 따라서 주관적 경험은 양자적 질서에서 벗어난, 중첩이 일어나지 않는 유일한 자연 현상으로 알려져 있다. 양자의 대양을 가로질러 온 파동은 의식을 갖는 자아라는 해변에 부딪혀 부서진다.

양자 물리학 교과서에서 마음에 필수 역할을 부여하는 이유는 이 때문이다. 이런 상황을 행복해하는 물리학자는 거의 없다. 본질적이라고 자부하는 이론이 지각 있는 관찰자를 필요로 한다는 것이 가당키나 할까? 그런 이론은 우리라는 존재를 전제로 하는 것이 아니라 설명이 가능해야 한다. 하지만 우리는 의식이 무엇인지조차 모르고 있다. 물리학의 법칙에 의식을 적어 넣는다는 것은 흐르는 모래 위에 집을 짓는 것과 같다.

물리학자들은 대부분의 실용적인 상황에 양자론을 적용할 수 있다는 사실로 자신들을 위로한다. 그들은 어딘가에서 붕괴가 일어난다고 말할 수 있다. 실험에서 연구 중인 현상에 영향을 주지 않는 한 붕괴가 일어나는 위치는 사실상 중요하지 않다. 예를 들어 반은 도금한 거울 실험의 경우, 물리학자들은 감지기 때문에 광자가 붕괴했다고 추론할 수도 있다. 기술적으로 그런 추론은 사실이 아니다. 실제로 감지기도 중첩될 수 있다. 그러나 양자 광학 연구자들은 보통 감지기는 연구하지 않는다. 과학자들이 중요하게 여기는 대상은 광자다. 그래서 과학자들은 물체(광자)와 주체(장비와 사람 관찰자)를 잇는, 하이젠베르크 절단선(Heisenberg cut)이라는 임의의 선을 그릴 수 있다. 하지만 이 전략이 언제나 효과가 있는 것은 아니다. 예를 들어 우주론에서 연구 대상은 전체 우주다. 사람은 우주의 일부이기 때문에 우주와 사람을 잇는 선은 그릴 수 없다. 두 관찰자가 서로를 관찰할 때도 선을 그리기가 힘들어진다. 두 관찰자가 상대방을 선의 잘못된 쪽에 놓기 때문에 모순이 생긴다.

만약 물리학자와 철학자에게 이 문제를 물어보면 아마도 "문제

없으니까 바보같이 굴지 마세요. 대답은…" 같은 말을 하면서 전적으로 그럴듯해 보이는 해결책을 내놓을 것이다. 완전히 다른 해결책을 제시하지만, 앞사람과 마찬가지로 자기 확신으로 가득 차 있는 다른 과학자와 대화를 나누기 전까지만 그럴듯해 보이는 해결책을 말이다. 거의 100년이 흘렀는데도 논쟁이 마무리되지 않았다는 것은 대답하기가 쉽지 않다는 뜻이다. 양자 역학에서 명심해야 할 한 가지 교훈은 지나치게 확신하는 사람을 경계해야 한다는 것이다. 이제 측정 문제에서 과학자들이 내놓은 몇 가지 반응과 왜 그 대답들이 정답이 될 수 없는지를 살펴보자.

양자는 작음을 의미하지 않는다

먼저 살펴볼 대답은, 붕괴가 크기의 문제인지에 대해서다. 충분히 크다면 물체는 명확하게 행동하지 않을까? 많은 물리학자에게 이것은 강력한 직관이다. 하지만 슬프게도 양자론은 그렇게 말하지 않는다. 아인슈타인, 슈뢰딩거, 닐스 보어 그리고 그들과 같은 시대에 살았던 과학자들이 원자가 폭발하지 않는 이유 같은 미시 세계의 수수께끼를 풀어줄 이론을 개발했기 때문에 양자론은 작은 것들을 설명하는 과학이라는 수식어가 붙고 말았다. 심지어 지금도 그런 식으로 양자론을 묘사하는 물리학자와 과학 작가들이 있다. 하지만 양자론의 선구자들은 자신들의 이론에 크기의 한계는 없음을 재빨리 깨달았다. 양자 효과는 실험에서 통제하기 쉬운 개별 입자를 개념화하기 쉽다. 그러나 입자들의 덩어리에도 똑같이 적용할 수 있다. 양자론 안에서 중첩되지 못하는 것은 없다. 크기와 복잡함은 문제가 되지 않는다. 사람을 비롯한 지각 있는 존재도 마찬가지다. 물론 우리는 사람이 중첩되는 기이한 상태는 본 적이 없다. 어째서 그런 모습을 보지 못하는지는 우리가 풀려고 노력하고 있는 의문이다.

크기가 결정적인 요소가 되려면 양자론 자체는 어느 정도 실패해야 한다. 그리고 펜로즈는 그럴 것이라고 생각한다.[9] 그의 관점은 나중에 자세히 살펴볼 것이다. 하지만 아직까지는 양자 역학이 실패했다는 증거는 없다. 실험 과학자들은 예외와 크기 임곗값을 점검했다.[10] 반은도금한 거울 실험을 다양하게 변형해 커다란 분자,[11] 살짝 변형한 포크,[12] 광합성 세균,[13] 휴면 중인 완보동물[14]을 중첩되게 했다. 이런 대상들은 거울을 통과하거나 거울에 반사되는 방식으로 중첩되는 것이 아니라 완보동물의 작은 몸에 분포하는 전하의 상태 같은 다른 속성으로 중첩되었다. 더 나아가 실험 과학자들은 초전도체처럼 손으로 들 수 있을 만큼 충분히 크고 독특한 양자 형태의 물질을 만들어냈다. 실험 과학자들에게 양자 역학은 크기의 한계가 없다.

중첩은 머릿속에서만 일어나는 일인가?

두 번째 대답은, 중첩이 무지가 만든 인공물이라는 것이다. 반은도금한 거울에서 광자는 거울을 통과하거나 반사해야만 두 상황이 모두 일어난다고 추론하지 않을 것이다. 여기서 반전은 두 상황 중

어떤 상황이 생길지 모른다는 것이다. 따라서 실제로 관찰하기 전까지는 두 상황을 모두 고려할 수밖에 없다. 선물 포장을 뜯어 드론을 확인하기 전까지는 드론과 플레이스테이션을 모두 생각하게 되는 것처럼 실제로 붕괴가 일어나기 전까지는 두 상황이 모두 머릿속에 떠오른다는 것이다.

이 같은 설명은 위험하다. 선물 포장을 뜯는 일은 입자를 측정하는 일과 다르다. 선물 비유가 작동하려면 선물을 준 사람도 상자 안에 든 선물이 무엇인지 몰라야 한다. 또 선물을 하는 두 사람이 같은 선물을 주지 않기 위해 내용물도 모르면서 두 선물이 어떤 식으로든 연결되어 있다고 상상해야 한다. 양자 입자들은 이런 식으로 몇 가지 속임수를 발휘할 수 있는 능력이 있다. 이 입자들은 최종 결과가 나오기 전까지는 완벽하게 열린 결말을 필요로 하는 것 같다. 우리는 이 사실을 알고 있는데, 물리학자 존 벨(John Bell)이 1960년대에 입자들의 속성이 미리 고정되어 있다면 설명할 수 없는 패턴을 입자들이 나타낼 수 있음을 미리 보여주었기 때문이다.[15] 이제 물리학자들은 그 같은 현상을 십여 가지 알고 있다. 입자들의 전형적인 패턴은 통계적이기 때문에 물리학자들은 동전 던지기처럼 운에 맡기는 게임과 비교하기를 좋아한다. 이런 시나리오들이 인위적으로 보일 때도 있지만 모든 시나리오가 확고한 수학 증거를 갖추고 있다.

노벨상 수상자 안톤 차일링거(Anton Zeilinger)가 말해준 실험은 특히나 우아했다. 그와 동료들은 장애물이 설치된 공간에서 입자들을 달리게 했다. 특별한 상태의 광자가 다양한 편광 필터를 향해 달려가 통과하는지를 보았다.[16] 실험을 여러 번 거듭했고, 한 번 달리게 할 때마다 준비한 필터 가운데 두 개를 택해 광자의 통과 여부를 기록했다. 과학자들은 필터를 두 개씩 선택해 계속 같은 실험을 했다. 이 실험은 수학적으로는 일종의 셸 게임(Shell game)이라고 할 수 있다. 컵 다섯 개를 원형으로 배치하고 그중 몇 개 밑에 동전을 숨긴 뒤 친구에게 나란히 놓인 컵 두 개를 고르게 한다. 첫째, 셋째, 다섯째 컵 밑에 동전이 있다고 생각해보자. 친구가 첫째와 둘째 컵을 고르면 동전을 하나 보게 된다. 둘째, 셋째 컵을 골라도 마찬가지다. 셋째, 넷째 컵을 골라도, 넷째, 다섯째 컵을 골라도 마찬가지일 것이다. 그러나 원 위에서 나란히 있는 다섯째 컵과 첫째 컵을 고르면 다른 결과가 나온다. 동전을 두 개 본다. 기존 패턴이 깨진 것이다. 컵의 개수가 홀수이기 때문에 나타난 결과다. 흔히 이런 결과는 확률로 표현한다. 친구가 두 컵을 골랐을 때 동전을 한 개 볼 확률은 80퍼센트다. 이는 친구가 컵을 들기 전에 이미 동전이 놓여 있었다는 사실을 직접 반영한다.

하지만 차일링거 연구팀이 진행한 양자 셸 게임에서는 동전을 한 개 확인할 확률이 90퍼센트였다. 결과가 미리 결정되어 있었다면 절대로 불가능한 일이다. 따라서 입자가 필터를 통과하는 것은 미리 결정된 결과가 아니라 그때그때의 선택이라고 할 수 있다. 측정하기 전까지는 중첩 상태를 유지하는 것이다.

자기 자신에 대해 지나치게 확신하지 말라는 교훈을 새기며 내가 이 같은 결론을 모두 받아들이는 것은 아님을 인정해야겠다. 세상에는 중첩을 환상이라고 생각할 수 있는 방식들이 존재한다. 하지만 그 방식들 모두 저마다 기이함이 있으며, 분명 쉬운 해결책은 아니다. 그런 방법 가운데 하나이자 걸출한 방법은 데이비드 봄(David Bohm)이 개발한 것으로, 먼 거리에서의 즉각적인 행동을 포함한다.[17] 어쩌면 그 방법이 옳을 수도 있다. 내가 하고 싶은 말은 그저 중첩을 실제로 일어나고 있는 사건에 대한 '단순한' 우리의 무지라고 말할 수는 없다는 것이다.

측정 문제에 보이는 세 번째 대답은, 파동의 진화가 자연적으로 일종의 붕괴를 일으킬 수 있다는 것으로, 첫 번째 대답을 내포하고 있는 두 번째 양자 법칙이다. 이런 식의 붕괴는 물리학자들이 결잃음 또는 결어긋남(decoherence)이라고 부르는 현상에 속한다. 결잃음의 근간을 이루는 생각은 양자 파동이 환경과 동떨어져 존재할 수 없다는 것이다. 퍼져나가면서 다른 물질과 만나고 뒤섞이는 동안 파동은 더는 조직적인 파동 운동이라고는 인지하기 힘든 상태가 된다. 그 때문에 입자는 마치 붕괴된 것처럼 중첩 같은 파동으로서의 특성을 잃어버리는 것처럼 보인다.

국소적이었던 모호함은 결잃음을 통해 눈덩이처럼 불어나 전체로 퍼진다. 입자의 중첩은 측정 장비와 우리의 뇌뿐만이 아니라 우리의 전체 몸, 방 안의 공기, 건물, 궁극적으로는 전체 우주로 퍼져나간다. 이 멈추지 않는 양자 중첩은 볼 수만 있다면 붕괴되는 것처럼 보일 것이다. 예를 들어 이 확산은 되돌릴 수 없는 것이다. 이 확산이 전반적인 규모에 이르렀을 때에는 바꿀 수 있는 방법이 없다.

결잃음은 또한 메뉴 문제(menu problem)라고 부를 수 있는, 중요하지만 흔히 인정받지 못하는 양자 측정의 한 측면을 다룬다. 입자는 붕괴될 때 자신의 최종 상태를 무한한 선택지 중에서 택하지 않는다. 입자의 선택지는 고도로 구조화되어 있다. 하지만 양자 역학 자체는 선택지 메뉴를 제시하지 않는다. 나는 반은도금한 거울 실험에서 입자가 거울에 반사되어 나오거나 거울을 통과하는 두 가지 선택지가 있다고 가정했고, 실험이 끝날 무렵 광자는 거울의 양쪽 면 가운데 한 곳에 있다. 그러나 그 같은 결과는 정해진 것이 아니다. 양자론은 한 광자가 '일부 반사 + 일부 통과'나 '일부 반사 – 일부 통과' 같은 두 선택지 사이의 다양한 위치에 걸쳐 있는 경우처럼 조금은 직관에 어긋나는 선택지에서도 마찬가지로 잘 작동한다. 왜냐하면 양자론은 선택지 메뉴를 명시하지 않기 때문에 그 과제는 반드시 다른 물리학의 절차를 따라야 하는데, 결잃음은 그 기능을 수행할 수 있기 때문이다. 결잃음에는 직접 접촉하는 입자들이 포함되어 있어 우리의 전통적인 직관과 일치하는 뚜렷한 공간 위치를 규정한다.

그런데 결잃음은 중심 수수께끼를 다루지 않았으며 이 개념의 창시자들도 자신들이 그런 일을 했다는 주장은 결코 하지 않았다.[18] 측정 결과는 여전히 단일하고도 특별한 한 가지 대답이 아니라 다양한 대답을 내놓기 때문에 물리학자들은 우리가 한 가지 결과만 보는 이유를 설명하지 못해 당혹스러워하고 있다. 더구나 결잃음은 '물체'와 '관찰자', '환경'을 구별할 것을 요구함으로써 다시 관찰자를 그림에 포함시킨다.[19] 도르트문트 공과대학교의 이론 물리학자 하인리히

퇴스(Heinrich Päs)는 결잃음은 세상에 투영된 자아라는 개념에 의존한다고 했다.

자신들의 기본 이론에서 마음을 제거하고 싶은 물리학자들이 아무리 많다고 해도, 그것이 가능한지는 불분명하다. 싱가포르 난양 공과대학교의 이론 물리학자 마일 구(Mile Gu)는 "핵심은 우리가 의식적인 경험을 정말로는 이해하지 못한다는 것입니다. 우리는 무언가를 경험한다는 것이 어떤 의미를 갖는지를 정말로는 이해하지 못하고 있습니다. 그런 이해가 없다면 의식적인 측정을 포함하는 물리 이론에 관해서는 확고하게 기술하기가 너무도 어려워집니다"라고 했다. 관찰자가 물리적으로 직접적인 역할을 하는지의 여부와 상관없이, 양자론을 해석하려면 최소한 우리의 마음이 어떤 식으로 세상을 인지하고 논리적으로 추론하는지를 알아야 한다. 마일 구는 "의식에는 이런 많은 해석이 상당히 뿌리깊게 박혀 있습니다"라고 했다.

마음이 붕괴의 원인인가

흔히 주변부 개념이라고 여기고 있지만, 가장 분명한 결론은 마음이 정말로 붕괴의 원인이라는 것이다. 그러나 심지어 1960년대에 그런 생각을 거리낌 없이 옹호했던 위그너조차도 나중에는 뒤로 물러났다.[20] 하지만 마음이 붕괴의 원인이라는 생각이 언제나 괴짜 취급을 받은 것은 아니다. 1939년에 파리 근교 연구소에서 근무하던 이론 물리학자 프리츠 런던(Fritz London)과 에드먼드 바우어

(Edmond Bauer)는 의식이 하는 역할을 개략적으로 정리했다.[21] 두 사람은 자신들이 위태로운 일을 한다고 여기지 않았다. 그저 자신들이 이론에 관한 전통적인 해석을 제시하는 것이라고 생각했다.[22] 런던은 초전도에 관한 첫 번째 양자론으로 거시 규모에서 일어나는 양자 효과를 입증해 보임으로써 유명해졌다. 그에게 사람은 양자 세계의 완벽한 일원이므로 모든 실험에 포함된다는 것이 이치에 맞았다. 전쟁으로 두 사람의 연구는 중단되었다. 논문을 끝낸 직후에 런던은 뇌물을 주고 배에 올라 뉴욕으로 떠났고, 바우어는 프랑스에 남았다. 바우어의 네 자녀는 모두 레지스탕스가 되어 나치에 맞섰다.[23]

총애를 잃은 물리학의 많은 생각들이 그렇듯 이번에도 문제는 그럴듯하지 않다는 것이 아니라 모호하다는 것이었다. 의식이 무엇인지도 모르면서 어떻게 그 위에 물리학 이론을 세울 수 있겠는가? 의식에 관한 새로운 이론들이 그런 의문에 도움을 줄 수 있을 것이다. 새로운 이론들은 물질 덩어리가 언제 의식하는지를 정확하게 예측한다.

2013년, 오스트레일리아 국립대학교의 데이비드 차머스와 그의 동료 철학자인 켈빈 맥퀸(Kelvin Mc-Queen)은 3장에서 살펴본 통합 정보 이론을 활용해 붕괴 규칙을 명확히 세우려는 노력을 시작했다. 두 사람은 물리학자나 신경과학자들과 수년 동안 대화하면서 생각을 정립해 나갔고, 나도 그런 대화를 통해 그들의 생각을 접할 수 있었다. 마침내 2022년에 그들은 논문을 발표했다.[24] 그 사이에 여러 물리학자와 철학자들도 그 생각을 채택해 자신들의 분석 결과를 발표했다.[25]

여러 학자들이 내린 연구 결과는, 의식계가 양자 물리학 밖에 존재한다는 것이다. 의식계를 중첩 상태로 만들려고 하면 의식계는 반박할 것이다. 지금은 캘리포니아주 오렌지시에 있는 채프먼 대학교의 교수 맥퀸은 "의식계는 중첩에 저항할 것입니다"라고 했다. 측정 문제를 해결하려는 여러 시도 중에서 이 방법은 양자론이 어느 정도 실패했다고 추정하는 범주에 속한다. 우리 뇌처럼 고도로 상호 연결된 계는 중첩을 방해한다고 생각하는 것이다.

차머스와 맥퀸을 비롯한 여러 과학자들은 수년 동안 물리학자들이 양자 역학을 위한 크기 임곗값을 정하려고 제안한 방정식들을 수정해가면서 자신들의 이론을 정립해갔다. 그들은 크기 임곗값을, 통합 정보 이론에서 의식을 나타내는 기준 척도인 파이값과 특정 의식 경험에 대한 기준으로 대체했다. 파이값이 0이거나 아주 낮은 단순한 신경망은 정확히 양자 역학을 따르고 복잡한 신경망은 양자 역학을 따르지 않도록 방정식도 수정했다. 맥퀸은 "충분히 통합적인 정보를 가진 계는 중첩에 의한 얽힘이 아니라 얽힌 계의 붕괴에 반응합니다"라고 했다.

작동 방식을 보면, 측정하는 동안 실험 장비를 입자나 뇌 같은 물체에 연결한다. 흔히 측정은 입자에서 뇌로 정보를 전달하는 것이라고 생각하지만, 이 이론들에서 정보는 양방향으로 움직인다. 측정계가 구축한 연결을 통해 마음은 손을 뻗어 여러 가능성 사이에 놓인 입자를 붙잡고 선택하라고 말한다.

차머스와 맥퀸이 논문을 발표하기까지 오랜 시간이 걸린 것은 입자가 붕괴될 때 가능한 선택지 목록을 파악해야 했기 때문이기도 했다. 두 사람은 그 붕괴가 가짜 붕괴가 아니라 실제 붕괴라고 가정했기 때문에 그 목록에 결잃음 과정을 포함시킬 수는 없었다. 그 목록에 들어가야 할 선택지들은 우리 뇌가 할 수 있는 의식 경험이 결정해야 했다. 입자는 특정한 신경 연결 패턴과 일치하는 상태로 정착된다. 맥퀸과 차머스는 그런 식의 상태 귀결이 왜 이곳이나 저곳에서 광자를 보는 것으로 해석되는지, 다시 말해 우리의 경험이 왜 국소화된 물체로 귀결되는지를 설명하지 못했다. 어쩌면 여기에는 실용적인 이유가 있을지도 모른다. 우리의 의식 경험은 진화와 교육을 통해 우리의 생존을 돕는 방식으로 세상을 표현할 수 있게 형성되는데, 여기에는 공간적으로 배치된 세상을 보는 것도 포함된다. 우주학자 맥스 테그마크도 통합 정보 이론은 그 자체로 메뉴 문제에 관한 해답을 제시할 수 있다고 말한다. 통합 정보 이론에 따르면 우리 자신의 마음이 그런 식으로 만들어졌기 때문에 실제로 이 세상은 분리되어 있지만 우리에게는 상호 작용하는 부분들로 만들어진 것처럼 보일 수 있다.[26]

이것은 지각이 있는 다른 존재들은 저마다 다른 식으로 생각하고 있을지도 모른다는 아주 놀라운 가능성을 시사한다. 푀스는 이를 '양자 외계인들(quantum aliens)'이라고 부른다.[27] 마음이 어떤 식으로 구성되어 있는지에 따라 공간의 기본 단위가 점이 아니라 선이어서 한꺼번에 여러 장소에 존재하는 것이 전혀 이상한 일이 아닌 존재도 있을 수 있다. 그런 존재들은 그저 한 점으로 국한된다는 것이 이해하기 어려울 수도 있다. SF 작가 테드 창(Ted Chiang)은 『당신 인생의 이야기(Story of Your Life)』에서 앞에 펼쳐진 모든 시간을 볼 수 있는 외계인 방문자에 대해 이야기한다. 통합 정보 이론에 기반한 이론대로라면 이 외계인들이 입자를 관찰할 때는 우리와 다른 식으로 입자에 영향을 미칠 것이다.

맥퀸과 차머스가 언급한 또 다른 매혹적인 문제는 붕괴에는 시간이 걸리기 때문에 뇌가 두 가지 의식 경험을 하는 동안 중첩이 되는 짧은 시간이 존재한다는 것이다. 무슨 뜻일까? 두 사람은 몇 가지 선택지를 살펴보았다. 어쩌면 분리 뇌 증후군처럼 두 개의 독자적인 마음이 같은 뇌를 차지하고 있는지도 몰랐다. 이 선택지는 과거에 물리학자들이 고려했던 것으로 5장에서 다시 살펴볼 것이다. 하지만 그들은 두 개의 독자적인 마음이란 공감각이나 LSD에 의한 환각처럼 좀 더 익숙한 특성을 합친 새로운 종류의 기이한 경험이라고 생각하는 경향이 있다.

통합 정보 이론에 기반을 둔 이론들을 검토하기 위해 맥퀸과 다른 연구자들은 기존 양자 임곗값 실험을 수정해 실험자들이 통합 정도가 다양한 물체들을 비교할 수 있게 해보자고 제안했다. 아주 작은 양자 컴퓨터로도 그런 실험을 할 수 있다. 아무리 작아도 양자 컴퓨터의 파이값은 접촉한 입자를 재빨리 붕괴시킬 수 있을 만큼 충분히 높을 것이다. 맥퀸은 "양자 컴퓨터를 이용할 때 좋은 점은 커다란 양자계를 사용하지 않고도 이 이론을 검토해볼 수 있다는 것입니다"라고 했다. 2021년에 로마 국립 핵물리학 연구소에서 양자를 연구하는 카탈리나 쿠르체아누(Cătălina Curceanu)는 내게 "우리는 이 방향으로 연구도 해나갈 계획입니다"라고 했다.

여기까지 읽었어도, 어쩌면 당신은 마음이 붕괴 효과를 내는 이유와 그 방법에 관한 궁금증이 여전히 풀리지 않았을 것이다. 맥퀸은 자신과 차머스의 이론을 그저 디딤돌로 보고 있다고 했다. 붕괴되는 상황을 명확히 규정하고 그 뒤에 기저에 깔린 메커니즘을 걱정하는 것이다. 어쩌면 붕괴는 의식이나 정보 통합 자체로는 촉발되지 않고, 훨씬 더 민감하게 계를 통합하는 더 깊은 물리학이 촉발하는지도 모른다. 맥퀸은 "지금 가장 시급한 목표는 일관적인 기술입니다. 그러나 그 목표에 도달하는 과정이 기대하지 않았던 새로운 유형의 설명을 이끌어낼 수도 있습니다"라고 했다.

뉴런이라는 복잡한 컴퓨터

펜로즈는 정반대 방향에서 양자 측정 문제에 접근했다. 의식이 붕괴를 일으킨다고 보지 않고 붕괴가 의식을 생성한다고 생각했다. 그래서 붕괴를 일으키는 전적으로 객관적인 메커니즘을 확인하는 것으로 접근을 시작했다. 그는 "붕괴는 물리학에서 일어나는 것으로, 누군가가 와서 보기 때문에 일어나는 것이 아니다"라고 했다. 그래서 그는 그런 메커니즘이 우리의 정신 경험에 어떤 의미가 있는지를 숙고했다.

그가 제안한 메커니즘은 중력과 관계가 있다. 현재 우리가 아는 대로라면 중력은 전기장이나 중력장과 유사한 장에 의해 생성된다. 중력장은 모든 공간에 퍼져 있는 구조다(그리고 실제로 공간의 한 측면이다). 지구가 사과에 힘을 가한다는 말은 한 행성이 중력장에 영향을 미친다는 의미이며, 중력장이 사과에 어떠한 작용을 한다는 뜻이다. 물리학자들은 자연의 모든 것이 그렇듯 중력장도 양자적이라고 생각한다. 이 가정은 물리학에서 통일장 이론을 찾으려는 시도로 이어졌다. 펜로즈는 물리학자들이 양자 물리학을 더 근본 개념으로 생각하고 중력은 그 틀에 끼워 넣어야 하는 부가 개념이라고 여겼기 때문에 통일장 이론 연구를 중단했다고 생각한다. 하지만 그는 중력이 양자 틀을 바꾸어야 한다고 생각한다.[28]

물리학자 리처드 파인만과 프리지에스 카로이하지(Frigyes Károly-házy)가 1960년대에 구축한 이론을 기반으로 1980년대에 펜로즈는 중력장이 양자 물리학의 밖에 있으며, 중첩 상태는 아주 오랫동안 지속될 수 없거나 전혀 일어나지 않는다고 주장했다.[29] 고립되어 있을 경우, 평범한 입자는 영원히 중첩 상태에 머물 수 있지만 중력장은 재빨리 붕괴한다. 붕괴된 중력장은 행성과 사과를 비롯해 중력장에 닿는 모든 것에 영향을 미친다.

펜로즈의 이론은 측정을 설명하는 교과서에 새로운 요소를 첨가했다. 측정하는 동안 입자의 중첩 상태는 측정 장비로, 눈으로, 뇌로 퍼져나간다. 측정 장비에 계기판이 있다면 계기판 바늘은 한 번에 여러 지점을 가리킬 것이다. 눈과 뇌의 내부에 있는 이온과 단백질들은 동시에 세포의 오른쪽과 왼쪽으로 움직일 것이다. 따라서 퍼져나가는 중첩은 실험실에 있는 물질의 배열에도 영향을 미칠 것이다. 중력장은 질량의 작용이기 때문에 이 중첩은 중력장을 중첩되게 할 위험이 있다. 펜로즈의 설명에 따르면 바로 그곳이 중첩이 멈춰야 하는 지점이다. 중첩에 영향을 받지 않는 중력장은 특정한 상태에 멈추게 되고, 일단 중력장이 하나의 상태에 정착하면 다른 모든 것의 모호함은 사라진다. 뇌와 눈, 장비와 입자도 안정된다. 쿠르체아누는 "중력은 중첩을 좋아하지 않아요. 중력은 고전적이에요! 그래서 다시 파동함수에 반응하는 거예요"라고 설명했다.

지금까지 이런 접근법은 차머스와 맥퀸의 방법과 아주 유사하다. 두 접근법 모두 관찰 과정 때문에 입자가 붕괴된다고 하는데, 그 이유는 마음이 가진 신비로운 힘 때문이 아니라 입자를 더 큰 계에 연결하면 정보 통합이나 중력 효과 등 새로운 유형의 물리학에 노출되기 때문이다. 두 접근법이 갈라지는 지점은 신경과학을 만났을 때다. 차머스와 맥퀸은 통합 정보 이론을 택했지만 펜로즈는 의식에 관한 전적으로 새로운 이론을 개발했다. 양자 붕괴를 설명할 새로운 중력 물리학을 제안하면서 그는 이 새로운 물리학이 마음과 관련될 수 있다고 추론했다. 그가 제시한 논리는 단순했다. 기존 물리 법칙으로 우리의 마음을 설명할 수 없다면, 우리에게는 분명히 새로운 법칙이 필요하다는 것이다. 그리고 "이봐, 여기 그 물리 법칙이 있어!"라고 말했다. 그러나 물리학자로서 펜로즈는 새로운 법칙에 신경과학 요소를 그다지 많이 첨가할 수 없었다. 스튜어트 하메로프(Stuart Hameroff)의 등장이 바로 이 지점이다.

1970년대 초에 의과대 학생이었던 하메로프는 암의 생물학을 연구하며 실험실에서 여름을 보냈다. 암 환자의 세포에서 일어날 수 있는 엉뚱한 일 가운데 하나가 체세포 분열 과정인 유사분열에서 일어난다. 보통 유사분열을 할 때면 세포는 염색체를 복제하고 양쪽으로 염색체 사본을 한 개씩 잡아당겨 둘로 나눈다. 하메로프는 염색체를 잡아당기는 것에 매혹되었다. 그렇게 그는 미세소관(microtubule)에 사로잡혔다.

미세소관이라는 이 작은 관은 1950년대에 발견되었다.[30] 미세소관은 세포의 작은 골격을 이루는 뼈대로, 튜불린(tubulin)이라는 적절한 이름으로 불리는 단백질로 구성되어 있다. 미세소관이 세포 분열을 지휘하는 모습을 보며 하메로프는 이 작은 관들이 엄청나게 똑똑해 보인다고 생각했다. 실제로 그 무렵 생물학자들은 미세소관이 놀라울 정도로 다양하고 정교한 일들을 해낸다는 사실을 알아냈다. 세포에 나 있는 작은 돌기인 섬모와 편모도 미세소관으로 이루어져 있다. 미세소관은 세포가 원시적인 촉각과 후각 기능을 수행할 수 있게 하며, 자극을 구별하고, 다양한 곳에서 온 정보를 한데 융합할 수 있게 해준다.[31] 튜불린 분자는 모양을 바꿀 수 있고, 분자 안에서 이리저리 움직이는 전하 덕분에 정보를 저장할 수 있다.

하메로프는 미세소관이 작은 컴퓨터로 작동할 수 있는 구성 요소를 모두 갖추고 있음을 밝힘으로써 1980년대에 미세소관 연구에 기여했다.[32] 그는 대부분의 신경과학자들이 우리의 생각과 감정을 연구할 때 전혀 엉뚱한 단계에서 고민하고 있다는 결론을 내렸다.[33]

"신경과학에서는 뉴런이 아둔하다, 신경망의 접속점이다, 의식은 망에서 생긴다고 말합니다." 하메로프는 신경망의 기본 단위는 뉴런이 아니라 미세소관이라고, 뉴런 내부의 미세소관의 배열이 뉴런 사이의 연결보다 더 중요할지도 모른다고 생각한다. 이것은 논란의 여지가 있는 주장이다. 분명히 펜로즈의 양자 효과에 관한 생각보다 더 많은 논란을 일으킬 생각이다. 최근에 신경과학자들은 뉴런이 그 자체로 작은 신경망이라고 할 수 있는 것들을 포함하고 있는 복잡한 컴퓨터라는 생각에 동의하게 되었다.[34] 그러나 그 컴퓨터에 미세소관이 포함되는지는 여전히 논쟁거리로 남아 있다.

　미세소관이 컴퓨터 같은 기능을 수행하려면 모든 디지털 컴퓨터가 그렇듯 미세소관에도 신호를 동기화할 수 있는 시계가 있어야 한다. 하메로프는 1960년대에 헤르베르트 프뢸리히(Herbert Fröhlich)가 제안한 메커니즘에 주목했다. 프뢸리히는 극초단파나 기계적 진동을 이용하면 세포 내부에서 우세하기 마련인 혼란한 움직임을 극복하고 단백질 분자를 동시에 진동시킬 수 있다고 주장했다(훗날 실험 과학자들이 옳음을 입증했다).[35] 하메로프는 그런 진동이라면 컴퓨터의 시계로 활용할 수 있을 것이라고 생각했는데, 실제로도 그런 진동은 석영 시계와 비슷하다. 그는 전신 마취를 할 때 의식을 잃는 이유는 그런 시계를 멈추기 때문이라고 생각했다. 그것은 분자 진동이 우리를 의식하게 하는 데 도움이 될 수 있다는 뜻이었다.[36] 분자의 진동을 보스-아인슈타인 응축(Bose-Einstein condensation)이라고 알려진 양자 과정과 비교한 프뢸리히의 연구로 하메로프는 양자 효과가

의식에 중요할 수도 있음을 처음으로 깨달았다.[37]

펜로즈의 책을 읽은 1992년에 하메로프는 자신이 사라진 퍼즐 조각을 들고 있다는 결론을 내렸다. 펜로즈가 제안한 것들을 포함해 양자 효과는 작은 규모에서 가장 두드러지게 나타난다. 그리고 어쩌다 보니 미세소관의 크기는 양자 효과에 잘 어울렸다. 하메로프가 펜로즈에게 연락해 만났고, 둘은 작은 유행의 일부가 되었다. 그 무렵 다른 과학자들도 양자 효과가 우리의 의식 경험을 생성할 가능성이 있다는 주장을 하기 시작한 것이다.[38] 그런 사람들 중 가장 유명한 사람이 시냅스를 가로질러 신경 신호가 전달되는 방법을 연구해 노벨상을 수상한 존 에클스(John Eccles)다.

양자 범심론

펜로즈와 하메로프가 제안한 것은, 우리의 의식 경험 하나하나가 모두 양자 붕괴라는 것이다. 우리의 마음이 붕괴의 원인이 아니라 그 붕괴가 우리 마음을 구성한다고 했다. 우리가 빨간색을 보거나 단조 음을 들을 때 양자 파동함수가 붕괴해 단순한 정보 너머에 있는 특징을 경험하게 된다는 것이다. 두 사람은 그렇게 되어야 하는 이유를 설명할 수 있다고는 주장하지 않았다. 그보다는 그것이 우주의 원시적인 특징이라고 여겼다. 하메로프는 "의식은 어떤 식으로든 내내 그곳에 존재했습니다"라고 했다. 간단히 말해서 자연계 모든 곳에 마음이 존재한다는 오래된 주장인 일종의 범심론(汎心論)

을 제안한 것이다.[39]

하지만 두 사람의 주장을 그저 일종의 범심론이라고만 할 수는 없다. 두 사람의 주장은 수십 년 동안 사람들이 범심론에 제기한 반박 내용의 일부를 피해 가는 원본 버전이다. 예를 들어 반대자들은 우주의 원시적인 특징은 모두 기초 물리학이 찾아냈기 때문에 의식적인 요소가 들어갈 자리가 없다고 주장한다. 다시 말해 물리학은 '인과적으로 닫혔기' 때문에 설명 불가능한 것은 아무것도 없다는 뜻이다. 이런 비판에는 약간 문제가 있다. 물리학은 인과적으로 닫혀 있지 않다. 적어도 한 가지는 우리의 이론이 닿지 않는 곳에 있다. 양자 붕괴 말이다. 그리고 이 한 가지는 의식과 특이하게 연결되어 있다. 따라서 펜로즈와 하메로프는 현대 물리학에서 명확히 들어맞는 곳에 범심론을 집어넣은 것이다.[40]

양자 효과를 불러냄으로써 두 사람은 범심론의 주요 결점도 깔끔하게 해결할 수 있었다. 3장에서 통합 정보 이론을 소개할 때 언급했던 조합 문제 말이다. 원시적인 의식 경험이 어떻게 단일한 사람의 마음으로 혼합될 수 있을까? 어째서 우리는 같은 몸을 차지한 수조 개의 마음이 아닐까? 양자 역학은 마음을 만드는 여러 방법 가운데 몇 가지를 제시한다. 그중에서 두 사람이 주목한 것은 양자 얽힘이었다. 양자 얽힘을 설명할 때 흔히 드는 예는 한 쌍의 광자다. 실험실에서 광자 한 쌍은 보통 원자가 에너지를 얻었다가 방출할 때 생성되거나 레이저 빔이 전자기장에서 무작위 요동(random fluctuations)을 증폭시킬 때 생성된다. 두 광자는 기원이 같기 때문에 서로 고정된 관계를 맺고 있다. 같은 색, 같은 편광 혹은 반대 편광을 가질 수 있다. 설정에 따라 다르지만 모든 경우에 한 광자의 특성을 알면 다른 광자의 특성도 알게 된다.

양자 물리학에 내재한 불확실성을 이용해 실험 과학자들은 광자 생성 과정에 고의로 약간의 모호함을 집어넣으며, 광자는 그 모호함을 물려받는다. 예를 들어 광자들은 잘 정의된 색이나 편광 같은 특성을 보이기보다는 두 개 이상의 가능성이 중첩된 상태로 나타난다. 두 광자 가운데 한 개를 측정하면 이런 가능성 가운데 하나가 무작위로 안정화되는 모습을 보게 된다. 광자는 개별적으로는 모호하지만, 광자 한 쌍은 집합적으로 모호하지 않다. 각 광자는 무작위로 색이나 편광이 결정되지만, 두 광자에게 일어나는 것은 동일한 무작위다. 두 광자는 특정 메커니즘을 공유하지 않았고, 서로 소통하지 않아도 저절로 동기화된다.

두 광자가 어떻게 이 같은 일을 하는가는 과학이 풀어야 할 가장 어려운 수수께끼 가운데 하나지만 일단 지금은 옆으로 미뤄두고, 얽힘이 의식에 어떤 의미가 있는지에 초점을 맞추자. 실제로 얽힘은 두 개 이상의 입자를 가지고 더 큰 단일 구조를 만든다. 중요한 것은 이 구조가 전체를 이루는 부분들의 특징만으로는 설명할 수 없는 특징을 갖는다는 점이다. 전체 구조는 그저 부분들의 합이 아니라 전적으로 다른 어떤 것이다. 정확히 말하면 그 구조에 '부분'은 더는 존재하지 않는다. 그리고 만약 의식 경험으로 그렇게 할 수 있다면 분명히 단일한 마음이라는 결과를 얻을 테고, 조합 문제는 해결될 것이다.

펜로즈와 하메로프 판 범심론의 세 번째 두드러진 특징은 두 사람이 나무나 암석, 전자에 의식이 있다고 생각하지 않았다는 점이다. 두 사람은 철학자들이 범원심리주의(panprotopsychism)라고 부르는 관점을 채택했다.[41] 그들의 관점에서 양자 붕괴는 의식이라는 요소를 제공하는데, 다른 물리학에서는 누락되었지만 모든 것이 의식이라는 요소를 이용하지는 않는다. 암석과 전자 그리고 아마 나무도 신경학적으로 적절한 내부 작용은 일어나지 않을 것이다.

특히 펜로즈와 하메로프는 실험을 실험자와 구별했다. 상태 축소(state reduction)라고도 알려진 양자 붕괴는 짧으면서도 명확하지 않은 경험이기 때문에 반드시 누군가나 무언가가 느껴야 할 이유는 없다. 하메로프는 "객관적인 축소가 불러일으키는—환경 속에서 마구잡이로 아무 때나, 아무 장소에서 마구 발생하는—이런 원의식(protoconscious)적인 사건들은 무작위적이며 고립되어 있을 것입니다"라고 했다. "이 사건들은 다른 것들과 얽히지도 연결되지도 않을 것이므로 '원의식'이라고 부릅니다. 이런 사건들은 모든 시간에 도처에서 일어납니다. 원의식은 오고 또 갑니다. 펜로즈는 원의식이 어느 정도는 경험의 질, 즉 감각질을 가지고 있을 것이라고 했습니다. 각각의 원의식이 어느 정도 경험의 감각질을 갖지만, 그 정도는 무작위일 것입니다. 좋은 느낌이나 나쁜 느낌 또는 어떤 종류의 경험이 되겠지요."

이런 관점은 의식을 마치 어두운 강당에서 터지는 카메라 플래시처럼 개별적이고도 자발적인 사건들의 집합으로 본다. 의식을 만드는 것은 강당이 아니다. 강당은 그저 의식이 발생하는 장소일 뿐이다. 두 사람은 뇌를 비롯한 그 어떤 것도 의식 경험을 생성하지 않는다고 생각했다. 단지 그런 의식이 발생하는 장소라고 여겼다. 여기에는 정원의 비유가 적절할 수 있을 것이다. 정원사는 베고니아 씨를 뿌리고 뿌리 덮개를 깔고 잡초를 뽑는다. 하지만 그외에 나머지는 베고니아의 몫이다. 사람의 뇌는 정원사다. 뇌는 적절한 조건을 조성하고, 뇌가 없었다면 연결되지 않은 섬광으로 남았을 경험을 조율하여 의식의 흐름과 이야기하는 자아가 생성되게 한다. 두 사람은 뇌가 세 단계에 걸쳐 이런 조건들을 생성한다고 했다.[42]

첫 번째는 준비 단계다. 뉴런 내부에 존재하는 미세소관 구조는 컴퓨터처럼 작동해 모든 감각과 기억에서 정보를 모은다. 모든 튜불린 분자는 서로 얽힌다. 그와 같은 방식으로, 튜불린 분자들이 붕괴할 때는 하나로서 붕괴한다. 크기와 질량 덕분에 이 분자 집단은 개별 분자였을 때보다 더 빠르게 붕괴한다. 하메로프는 "나는 그것이 누군가 측정을 했기 때문이 아니라 자기 붕괴에 의한 양자 연산의 멈춤 혹은 종결이라고 생각합니다"라고 했다. 펜로즈와 하메로프는 중력 때문에 붕괴가 일어난다고 생각하지만, 의식에 관한 두 사람의 이론은 사실 특정한 방아쇠를 필요로 하지 않는다. 물리학자들은 여러 다른 방아쇠를 제안했고, 그 방아쇠들도 잘 작동했다.[43]

두 번째는 붕괴가 일어나고 그와 함께 주관적인 경험이 생기는 단계다. 두 사람의 추정대로라면 이 단계는 1초에 1,000만 번이나 될 정도로 자주 일어난다. 붕괴는 준비 단계에서 작성한 메뉴 가운데 하나를 무작위로 선택한다. 그 메뉴는 색이나 고통 같은 것이 어떤 경험인지를 결정한다. 하메로프는 "메뉴의 내용은 연산과 조정 과정에서 생겨나는 패턴이 결정합니다"라고 했다. 그는 이 과정을 "팔레트에 짜놓은 물감"에 비유했다. "화가는, 이 경우 미세소관의 조정 능력인데, 팔레트에서 이 물감을 조금, 저 물감을 조금 선택하는 겁니다."

세 번째는 붕괴의 결과로 뉴런이 발화하거나 하지 않는 단계, 시냅스가 좀 더 유연해지거나 경직될 수 있는 단계다. 이 같은 방식으로 의식 경험은 뇌 기능의 일부가 된다. 그렇다고는 해도 뇌에 반드시 의식이 필요한 것은 아니다. 실제로 뇌 활동은 대부분 무의식적이다. 하메로프는 우리 뇌가 의식을 발생시키고 의식의 순간을 한데 묶는 식으로 진화한 이유는 정보를 처리하는 과정을 돕기 위해서가 아니라 우리에게 자부심을 느끼게 해주기 위해서라고 했다.[44] "유기체는 생존하기를 원하니까요."

이론 흔들기

내가 물리학자들에게 펜로즈와 하메로프의 이론을 말했을 때 대부분이 보인 반응은 뉴런이 양자 효과가 발휘되기 힘든 환경이라는 것이었다. 물리학을 기반으로 하는 의식 이론에 호의적인 우주학자 맥스 테그마크는 2000년에 널리 인용되는 반박 글을 발표했다.[45] 그는 살아 있는 세포에서 일어나는 결잃음 과정 때문에 준비 단계가 제대로 진행되지 않을 수 있다고 했다. 물 분자와 이온이 튜불린 분자에 거세게 부딪히거나 전기 자극을 가하기 때문에 세심하게 구축된 얽힌 중첩 상태는 기껏해야 수조 분의 1초 이상 지속되지 못할 것이다. 설사 중력이 양자 붕괴를 일으킨다고 해도 이 붕괴는 의식 경험으로 이루어져 있기 때문에 뇌는 절대로 그런 경험을 통제하지 못해 우리에게는 일관적인 의식의 흐름이 생기지 않을 것이다.

테그마크의 논문은 마른하늘에 날벼락이었다. 논문이 발표되었을 때 하메로프와 펜로즈는 수도 워싱턴에 가 있었다고 했다. 하메로프는 이렇게 말했다. "테그마크가 논문을 발표했을 때 (한 동료가 보내준) 이메일을 받았어요. 그 이메일에는 '음, 그게 해결이 됐는데 말이야…'라고 적혀 있었죠. 내가 아는 사람들이나 대학 동료들은 그 논문이 우리에게 치명적일 거라고 말했습니다. 맥스 테그마크가 반대하잖아. 물리학의 총아가 말이야 하고 말이죠." 펜로즈는 그날 밤 테그마크의 논문을 인쇄해 읽었고, 두 사람은 다음 날 아침을 먹으며 의견을 나눴다.

두 사람은 테그마크의 비판에는 새로운 것이 없음을 깨달았다. 펜로즈 자신도 1989년과 1994년에 출간한 책에서 혼란의 가능성을 언급한 바 있다.[46] 테크마크의 비판에 대응해 두 사람과 공저자들은 그런 방해를 견딜 수 있는 몇 가지 중첩 유형을 생각해냈다.[47] 그중 하나가 수용성 용매에서 세포의 지질 부분이 분리되어 분자 폭격을 어느 정도는 막아준다는 것이다.[48] 게다가 원자핵 안으로 들어갈 수 있다면 양자 정보는 더 잘 보호받을 것이다.[49] 테그마크의 분석이 나오고 몇 년 안 되어 양자 컴퓨터를 만드는 실험 과학자들은 중첩을 보호하는 모든 방법을 생각해냈다. 진화도 그런 방법을 우연히 발견한 것인지도 모른다. 예를 들어 물리학자와 생물학자들은 (만약 절대로 밀폐되지 않는다면) 광합성 분자 안에서 양자 중첩이 지속되어 태양빛에서 사용 가능한 에너지를 추출하는 데 도움을 준다는 아주 좋은 사례를 찾아냈다.[50] 그런 발견으로 테그마크의 비판은 어느 정도 위세가 꺾였다.

하메로프는 "모두 양자 생물학은 불가능하다고 생각했습니다"라고 했다. "뇌는 너무 따뜻하고 축축하고 시끄럽습니다···. 1994년부터 2006년까지는 양자 생물학을 미친 생각이라고 여겼죠. 하지만 보세요, 2006년에 과학자들은 발견했습니다. 상온에서의 광합성이 양자 결맞음(quantum coherence)을 활용한다는 걸. 그런 활용이 우리에게 주는 효율성이 아니라면 우리는 여기 있지도 못했을 겁니다. 충분한 식량이 없었을 테니까요. 광합성이 활용하는 양자 결맞음은 생명체에게 반드시 필요합니다. 감자나 겨자가 양자 생물학을 사용하는 방법을 알아냈다면, 우리 뇌도 그랬을 가능성이 있습니다."

아직까지는 뇌가 양자 생물학을 사용한다는 증거는 거의 없다. 펜로즈와 하메로프의 이론은 중력에 의한 양자 붕괴, 뉴런 내부에서의 데이터 처리 과정, 비전통적인 범심론, 분자 폭격 방어 같은 새로운 개념이 너무도 많기 때문에 의식의 설명에서는 다크호스 후보자로 여겨야 한다. 하지만 결코 풀리지 않을 철학 논쟁은 아니다. 뇌 양자 생물학은 확증하거나 반박할 수 있는 실험을 충분히 구축할 수 있는 문제다. 과학자들은 미세소관이 뇌의 기능과 관계가 있는지, 펜로즈와 하메로프의 추정처럼 어떤 상황에서는 양자 물리학이 실패하는지를 확인해볼 수 있다.

예측 부호화 이론과 통합 정보 이론처럼 두 사람의 이론도 전체를 담을 필요가 없다. 양자 효과가 의식과 아무 상관이 없다고 해도, 양자 효과는 신경계에서 어떤 기능을 담당하고 있을 수도 있다. 혼란한 세포 내부에서는 실제로 몇 가지 양자 현상이 활발하게 일어나고 있을지도 모른다.[51] 마일 구는 양자 불일치(quantum discord)라고 알려진 일련의 현상을 연구하고 있다. 구는 "우리에게 완전한 얽힘이 없다고 해도 뇌가 양자 효과를 유용하게 사용할 수 있는 잠재 수단은 있습니다. 하지만 뇌가 양자 효과를 실제로 사용하는지는 전적으로 열린 문제입니다"라고 했다.

많은 상황에서 환경이 양자 효과를 방해하는 것은 긍정적 이득을 준다. 아주 정밀한 감각기를 생성할 수 있는 기반을 마련해주는 것이다. 예를 들어 새가 가진 생체 나침판을 설명해줄 수도 있다.[52] 새가 망막으로 빛을 흡수하면 화학 결합이 깨지고 전자 한 쌍이 갈라진다. 앞에서 살펴본 광자 실험처럼 이 전자들도 기원이 같기 때문에 서로 얽혀 있다. 두 전자는 결국 다시 만나지만 그전에 자기장의 영향을 받는다. 전자에 미치는 이런 자기장의 영향은 두 전자가 다시 만났을 때 일어날 화학 반응에 영향을 미치는데, 반응의 결과는 지구 자극의 방향에 따라 다양하게 나타난다. 아마도 비슷한 자기 반응이 사람의 몸에서도 일어날 것이다. 그런 반응은 우리에게

남쪽이나 북쪽이 어디인지를 알게 하는 능력을 갖게 하지는 못해도 세포의 반응을 내부 자기장에 민감하게 만들어 우리 몸에서 작용하는 뇌의 방식을 바꿀 수도 있다.[53] 그와는 다른 방식이지만 사람의 후각도 양자적일 수 있다.[54]

공학자들도 AI계에 이런 양자 효과를 이용할 수 있을지도 모른다. 2006년, 2장에서 만났던 양자 신경망의 선구자들인 엘리자베스 베어만과 제임스 스텍은 동료들과 함께 미세소관을 가지고 양자 홉필드 망을 구축할 수 있음을 보여주었다.[55] 이 망은 거의 절대온도 0에 가까운 온도를 유지해야 하는데, 기계 시스템은 당연히 견딜 수 있는 온도다. 베어만은 내게 "미세소관 망 같은 시스템을 만들려면 결국 우리가 생물공학을 해야 할지도 모르겠어요"라고 했다.

공동체 구축하기

다른 건 몰라도 펜로즈와 하메로프는 최소한 과학이 의식을 연구해도 좋을 근거를 제공했다. 두 사람이 개최한 학회는 이제 막 시작하는 학문에 적합해 보이는 관용 정신을 담고 있었다. 학회는 아주 재미있기도 하다. 특히 천문학자들 학회에서 뒤풀이 때 보여주는 춤꾼들의 재능이 과소평가되는 경향이 있다. 하지만 펜로즈와 하메로프의 학회는 일반적인 학회와는 차원이 달랐다. 전시관에서는 뇌파도(EEG) 검사 모자나 고등 가상현실 헤드셋을 써볼 수 있고, 신발을 벗고 부유 탱크에 들어가 볼 수 있으며, 자외선 전등을 켠 채요가를 하고, 안드로이드의 안내를 받으며 명상을 배울 수 있다. 주 강연은 물리학, 뇌과학, 의학, AI, 철학이 한데 섞여 있다. 이렇게 방대한 학문을 동시에 다루는 과학 학회는 거의 없다. 이제는 청각을 많이 상실했고, 강연 슬라이드를 읽으려면 오페라 안경을 써야 하는 펜로즈도 여전히 학회에 참석한다. 언제나 거의 같은 이야기를 하지만, 그와 동시에 젊은 사람들 사이를 돌아다니며 그들의 이야기에 귀기울이고 그들의 탐구를 격려해준다. 노벨상 수상자가 전혀 가식 없이 대중과 섞여 어울리는 모습을 보는 것은 흔치 않은 기회다. 몇 시간 뒤에는 의식에 관한 비공식적 실험들도 진행한다고 한다.

언젠가 그 학회에서 나는 마니 바우믹(Mani Bhaumik)이라는 물리학자와 긴 시간 동안 함께 저녁을 먹었다. 인도계 미국인인 바우믹은 그 자신이 자연의 힘인 사람이다. 벵골의 하급 카스트 집안에서 태어난 그는 눈 교정 수술에 사용하는 엑시머 레이저(excimer laser)의 발명을 도왔고, 할리우드로 옮겨와 요란한 파티를 열면서 한동안 영화배우 에바 가보와 데이트했다. 하지만 결국에는 다시 물리학으로 돌아와 UCLA에서 연구소를 열었다. 바우믹은 지적 개방성을 직접 보여준 펜로즈에게 고마워한다. "의식에 관한 두 권의 중요한 책을 통해 그는 물리학자들이 의식이라는 신비한 요소에 주목할 수 있게 해주었습니다." 바우믹의 말이다.

컴퓨터 신경과학을 전공했고 지금은 퀘벡의 라발 대학교에서 박사 후 연구원으로 근무하는 수학자 마리나 베게 요렌테(Marina Vegué Llorente)는 "이곳에 오면 적어도 우리에게 문제가 있음을 모든 사람이 인정하게 되는데, 그런 인정 덕분에 기분이 좋아져요"라고 했다. "그러니까 이곳에서는 내가 유일하게 미친 사람이 아닌 거잖아요. 다른 곳이었다면, 조금 더 전형적인 신경과학회였다면 많은 경우 그냥 입을 다물고 있어야 했을 거예요. 그러지 않으면 사람들이 내게 당신은 그다지 과학적이지 못하다고 말했을 테니까요."

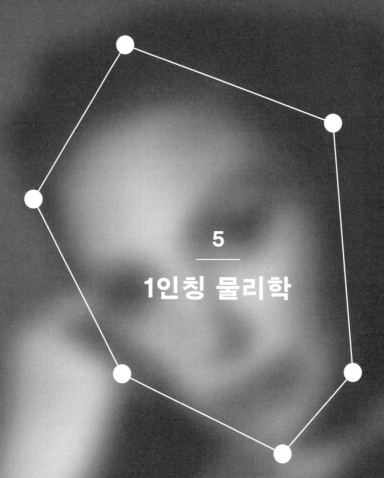

5
—
1인칭 물리학

4장에서 나는 양자 붕괴라는 수수께끼에 대해, 그리고 우리의 의식적인 마음이 실재를 생성할 때의 독특한 역할에 대해 탐구하는 것으로 시작했다. 로저 펜로즈 같은 사람들은 그 수수께끼의 해답을 찾으려면 양자론을 수정해야 한다고 생각하지만, 실험 과학자들 입장에서는 양자 역학도 예외가 아니다. 따라서 양자 물리학을 바꾸려고 하기보다는 있는 그대로의 양자 물리학을 택하는 것이 좀 더 신중한 선택처럼 보인다. 하지만 그 선택이 이끄는 길을 따라가면 펜로즈가 제안한 것만큼이나 급진적인 모습을 보게 된다. 특히 지식의 객관성에 관한 심란한 질문들을 만나게 될 것이다.

가장 심각하게 곤란을 겪는 문제는 관찰자가 다른 관찰자를 관찰하는 특별한 유형의 메타 실험이다. 실험을 제대로 설계한다면 양자론은 결과에 대해 상충하는 예측을 내놓을 것이다. 이 분야 연구의 선구자라고 할 수 있는 빈 대학교의 양자 물리학자 차슬라프 브루크너(Časlav Brukner)는 행위자 자신을 측정할 때는 역설적인 상황이 벌어진다고 했다.

이런 실험의 관찰자들은 동일한 이론을 근거로 하고 있으며, 모든 것을 완벽하게 해내면서도 여전히 타격을 받고 있다. 많은 물리학자와 철학자에게 양자 역학은 원래 관찰자에 의존하며 양자 역학의 방정식은 기껏해야 1인칭 관점을 제공한다는 것을 의미한다. 하지만 양자론에는 3인칭 관점이 묻혀 있어 파헤치기만 하면 된다고 생각하는 사람도 있다. 전혀 다른 새로운 이론이 필요하다고 생각하는 사람도 있다. 3인칭 관점은 전혀 가능하지 않으니, 더는 고민할 필요가 없다고 하는 사람도 있다. 물리학은 절대 진리가 머무는 마지막 보루 가운데 하나처럼 보이지만 양자 역학 때문에 그런 위상을 빼앗길 위기에 처했다.

이 메타 실험은 슈뢰딩거의 고양이와 비슷하다. 다른 점이라면 그 고양이가 되면 어떨 것인지에 집중한다는 것이다. 수년 동안 그에 관해 이야기한 뒤에 유진 위그너는 이 메타 실험을 자신의 1962년 논문에 실었고, 그 무렵에 대학원생으로 위그너의 수업을 들었던 휴 에버렛은 이미 학위 논문으로 그 문제를 다루었다.[1] 공식적으로는 '위그너의 친구 사고 실험'이라고 알려진 이 구상은 양자 물리학의 많은 실험이 그렇듯 단순하지만 심오했다.

반은도금한 거울에 플래시 불빛을 비추던 실험을 다시 생각해보자. 플래시 광선은 셀 수도 없이 많은 광자로 이루어져 있지만, 우리는 단 한 개의 광자에만 집중하자. 이 광자가 거울에 부딪히면 중첩 상태가 되어 거울에서 반사되는 동시에 거울을 통과한다. 빛 감지기를 사용해 반사하거나 통과할 확률을 측정하면 광자는 50 대 50의 확률로 거울에서 반사되거나 거울을 통과한다는 사실을 알게 된다. 표준 양자론의 붕괴 규칙에 따라 관찰 행동이 입자에게 두 길 가운데 하나를 택하도록 강요하는 것이다.

위그너는 관찰자가 이 실험을 진행하는 동안 실험실 바깥에 두 번째 인물인 '슈퍼 관찰자'가 서 있다는 상상을 했다. 이 슈퍼 관찰자는 실험실에서 일어나는 일을 보지 못한다. 슈퍼 관찰자는 관찰자에게 실험을 진행할 시간을 준 뒤에 실험실로 들어가 관찰자에게 무엇을 보았는지 묻는다. 관찰자는 자신이 측정했을 때 광자가 붕괴했다고 생각했다. 그러나 슈퍼 관찰자의 관점에서는 입자가 오직 자신이 '측정했을' 때에만 붕괴했다. 다시 말해서 자신이 관찰자에게 질문했을 때에만 붕괴한 것이다. 따라서 일정 시간 동안 두 사람의 관점은 나뉘어졌다. 그 시간 동안에 관찰자는 광자가 거울에 반사되거나 거울을 통과하는 것 가운데 하나인 분명한 결과를 관찰했다. 하지만 그 시간 동안에 슈퍼 관찰자는 두 선택지가 나뉘지 않고 중첩되어 있었다고 가정해야 한다. 더 나아가 슈퍼 관찰자는 관찰자도 두 가지 선택지를 모두 보는 중첩 상태 — 슈뢰딩거의 고양이가 처해 있는 것과 같은 중간 상태 — 에 있었다고 가정해야 한다. 슈퍼 관찰자에게 관찰자는 실험계의 일부일 뿐이니 당연히 광자에게 작용하는 법칙이 관찰자에게도 동일하게 작용해야 한다. 따라서 슈퍼 관찰자는 관찰자의 관찰 결과를 그저 보지 못한 것이 아니다. 그는 관찰자가 실험 결과를 얻었다는 생각조차 하지 못한다.

적어도 그것이 양자론이 슈퍼 관찰자에게 말해주는 것이다. 그러나 슈퍼 관찰자는 관찰자가 중첩 상태에 있다는 믿음을 받아들일 필요는 없었다. 그는 입증할 수 있었다. 4장에서 붕괴는 되돌릴 수 없다고 알려진 물리학의 한 과정이라고 했다. 따라서 양자론은 붕괴

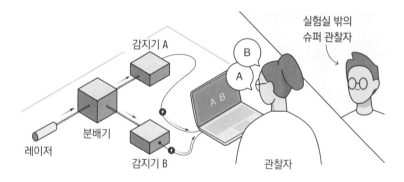

위그너의 친구 사고 실험. 지금까지 계속 살펴보았던 양자 실험을 다시 생각해보자. 광자는 갈 수 있는 두 개의 경로를 택했고, 실험 장비는 두 경로를 모두 기록했다. 그럼 이제 관찰자는 닫힌 문 안에서 실험을 하고 있고 슈퍼 관찰자는 밖에서 기다리는 상황을 생각해보자. 슈퍼 관찰자는 관찰자가 두 경로를 모두 택하는 광자의 모습을 본다고 생각한다. 관찰자도 사실상 장비의 일부인 것이다. 더 나아가 슈퍼 관찰자는 이론적으로는 관찰자를 포함하는 모든 장비에 영향을 미쳐 실험을 뒤집을 수 있다. 다른 사람을 양자계로 취급하는 것은 과학의 객관성이 갖는 본질에 의문을 제기한다.

를 관찰하지 않은 슈퍼 관찰자에게는 '강력한 힘(superpower)'이라고 부를 수 있는 능력이 있다고 말한다. 슈퍼 관찰자에게는 돌이킬 수 없는 붕괴가 일어나지 않았기 때문에 중첩을 풀고 모호하지 않았던 원래 상태로 설정을 되돌릴 수 있다. 광자 실험에서 이런 힘은 쉽게 발휘할 수 있다. 반은도금한 거울에서는 광자가 반사하는 동시에 통과하는 중첩 상태로 있기 때문에 슈퍼 관찰자는 완전 반사하는 거울을 몇 개 더해 광자의 두 경로를 가로막아 광자를 두 번째 반은도금한 거울로 되돌아가게 하면 된다. 두 번째 거울은 두 경로에서 온 파동을 한데 합쳐 원 상태의 광자로 재구성할 것이다. 본질적으로 슈퍼 관찰자는 광자가 왔던 경로를 되돌아가 이전에 생성한 중첩이라는 모호한 상태를 지우게 할 수 있다. 애초에 광자가 반은도금한 거울에 충돌한 적이 없는 것처럼 말이다.

그저 광자만이 아니라 관찰자까지 중첩 상태에 있을 때는 중첩을 지우는 일이 훨씬 복잡해진다. 슈퍼 관찰자는 관찰자의 뇌에 있는 모든 입자에 엄청나게 복잡한 작업을 수행해야 한다. 하지만 양자론은 그 작업을 할 수 있다고 한다. 그 작업을 끝내면 관찰자는 실험을 시작하려고 했을 때와 정확히 같은 상태로 돌아와 있을 수 있다. 관찰자는 무언가를 보았지만, 기억을 닦아버린 것처럼 보지 않은 상태가 된다. 관찰자에게는 아무 일도 일어나지 않은 것이다. 물리학자와 철학자 중에는 사람 관찰자의 대리인 역할을 할 AI계를 활용하면 머지않아 기술적으로 그런 실험을 하게 될 가능성이 있다고 생각하는 사람도 있다.[2]

두 사람이 같은 사건을 다른 관점으로 본다는 것뿐만이 아니라 슈퍼 관찰자 자신도 갈라진다는 사실이 갈등을 불러일으킨다. 되돌리는 실험은 관찰자가 중첩 상태에 있었다는 것을 확인해주지만, 또 다른 증거는 관찰자가 명확한 결과를 보았음을 시사한다. 다시 말해 슈퍼 관찰자가 관찰자에게 실험을 진행시킨 뒤에 언제 붕괴되었는지를 물어보면 관찰자는 입자를 측정했을 때 붕괴가 일어났다고 답할 것이다. 그 경우 문제는 슈퍼 관찰자가 실험실로 들어오기 전에 해결된다. 슈퍼 관찰자가 자신이 실험실에 들어오기 전까지는 관찰자가 중첩되어 있었다는 주장을 굽히지 않는다면 관찰자는 슈퍼 관찰자가 자신을 괜히 괴롭힌다고 생각할 것이다. 슈퍼 관찰자가 계속해서 관찰자가 명확한 결과를 냈음을 인정하지 않는다면 두 사람은 다시 실험해볼 수 있다. 하지만 이번에는 방법을 바꿔 관찰자는 측정을 하자마자 그 결과를 적은 종이를 문틈으로 내보내야 한다. 차슬라프 브루크너는 "그 친구는 문이 닫힌 실험실 밖으로 실험 결과를 알리는 구체적인 정보가 아니라 그저 '명확한 결과를 확인했음'이라고 적은 모호한 쪽지를 내보낼 수 있습니다"라고 했다. 관찰자가 그저 붕괴를 보았다고만 언급하고 어느 쪽으로 붕괴했는지를 밝히지 않는다면 그 쪽지는 '관찰'이라고 할 수 없다. 따라서 슈퍼 관찰자에게는 붕괴가 일어나지 않은 것이다.[3] 하지만 슈퍼 관찰자의 손에는 이전 실험에 관해 이해하고 있던 내용에 위배되는 쪽지가 들려 있다.

공통점은 없다

과학계에서 의견 불일치는 늘 있다. 과학자들은 오히려 의견이 일치할 때면 거의 대부분 충격을 받는다고 했다. 그러나 위그너의 사고 실험에 나오는 두 실험가의 의견 대립은 여분의 데이터가 충분하지 않으며 문제를 해결해줄 새로운 생각이 없다는 점에서 상황이 훨씬 좋지 않다. 2015년에 브루크너는 위그너의 사고 실험을 영리하고도 정교하게 수정해 문제에 깊이를 더했다.[4] 브루크너는 양자 얽힘을 탐색자로 사용했다. 보통 양자 실험에서는 얽힘을 이해하려고 관찰을 하지만 그는 접근 방향을 바꿔 관찰을 이해하려고 얽힘을 이용했다.

브루크너는 관찰자와 슈퍼 관찰자로 구성된 두 팀이 얽혀 있는 한 쌍의 입자에서 각각 입자를 하나씩 나누어 갖는 상황을 상상했다. 각 팀의 관찰자들은 자신들이 가지고 있는 입자가 반은도금한 거울에서 반사되는지 아니면 통과하는지를 확인하기 위한 측정을 실시했다. 측정이 끝나면 두 슈퍼 관찰자는 자기 팀의 관찰자를 조사하고 두 관찰자의 측정 결과를 비교한다. 통계 패턴을 파악하려고 이 과정을 여러 번 반복한다. 다양한 상황을 만들기 위해 슈퍼 관찰자는 자기 팀의 관찰자에게 단순하게 무엇을 보았는지만 물을 때도 있고, 강력한 힘을 사용할 때도 있다. 관찰자의 실험을 되돌리고 기억을 지우며, 자신이 직접 입자를 측정하려고 관찰자를 실험에서 배제하기도 한다.

이런 설정 덕분에 브루크너는 기억을 지운다는 것이 어떤 의미인지를 연구할 수 있었다. 관찰자에게 질문을 하면 슈퍼 관찰자는 관찰자가 명확한 결과를 얻었음을 알 수 있다. 관찰자의 기억을 지우면 슈퍼 관찰자는 관찰자가 본 것을 직접 알 수는 없지만 자신이 관찰한 통계 패턴을 기반으로 추측할 수 있다. 관찰자가 명확한 결과를 얻었다면 얽힘이 풀려 양자론에서 벗어난 패턴을 보게 될 것이다. 하지만 그런 변칙 패턴은 보지 못했다. 그것은 관찰자가 명확한 결과를 얻지 못했다는 뜻이다. 이런, 이건 너무도 오싹한 결과다. 기억을 지우는 행위는 그저 기억을 지우는 것으로 끝나지 않는다. 실재를 지운다. 슈퍼 관찰자 입장에서 보면 관찰자의 측정 결과는 그저 잊히는 것이 아니라 처음부터 존재하지 않았던 것이다.

2019년, 에든버러의 헤리엇와트 대학교 연구팀은 얽힌 광자를 이용해 실험을 하면 모순이 발생한다는 사실을 확인했다.[5] 윤리적 문제가 있음은 말할 것도 없고, 실제로 사람의 기억을 지우는 일은 불가능하기 때문에 과학자들은 다른 광자들에게 사람 관찰자의 역할을 맡겼다. 이 여분의 광자들은 특별한 광학 기기 안에서 상호 작용하는 방법으로 실험에 참여한 광자들을 '관찰'했다. 이 실험은 광자가 사람을 대체할 수 있는 적절한 대상이라고 가정했기 때문에—왜냐하면 사람과 광자 모두 똑같이 양자론의 법칙에 복종해야 하니까—적절한 실험이라기보다는 그저 시연이라고 할 수 있었다.

브루크너의 설정은 충분히 독창적이었지만 얽힘은 그 자체로 이해하기 힘든 수수께끼이기 때문에, 얽힌 입자를 다른 관점을 입증하기 위한 도구로 사용하는 실험에는 모래성 같은 위태로움이 존재할 수밖에 없었다. 오스트레일리아 브리즈번에 있는 그리피스 대학교의 양자 물리학자이자 철학자인 에릭 카발칸티(Eric Cavalcanti)와 동료들은 일부 허점을 제거해줄 좀 더 세밀한 분석을 시도했다.[6] 하지만 그 작업 뒤에도 여전히 해결하지 못한 우려가 두 가지 남았다.

첫째는 양자 물리학에서는 무작위 통제 실험을 하는 것이 불가능할지도 모른다는 것이다. 브루크너의 사고 실험에서 슈퍼 관찰자는 관찰자에게 질문을 할 것인지, 기억을 지울 것인지를 무작위로 결정한다. 그런데 이러한 결정이 사실은 무작위가 아니라 숨겨진 방식으로 관찰 결과와 관련이 있다면 어떻게 될까? 초결정론(superdeterminism)이라고 알려진 이 추정 편향(putative bias)이 결과를 왜곡하여 슈퍼 관찰자가 그릇된 결론을 도출하게 될 수 있다. 물리학자들은 다른 실험에서도 그런 효과를 확인했다. 한 실험에서 물리학자들은 감지기에 망원경을 부착하고 먼 곳에 있는 은하들을 향하게 한 뒤에 깜빡이는 은하의 빛을 이용해 실험 대상을 무작위로 선택했다. 은하들은 아주 멀리 있기 때문에 은하의 빛이 지구까지 오려면 수십억 년을 이동해야 하니 지구의 상태에 영향을 받지 않아 측정 선택에 편향이 생기지 않는다.[7] 물론 초결정론을 완전히 배제하지는 않았지만 어느 정도 진실이라면, 우리는 특정한 한 실험에서의 불일치보다 훨씬 더 큰 문제를 안고 있는 것이다. 아무리 꼼꼼하게 설계했다고 하더라도 실험 계획서를 믿지 못한다면 과학을 포기하는 것이 더 나을 것이다.

　브루크너의 결론이 갖는 두 번째 허점은 얽힌 입자들이 먼 거리에서 작용하는, 아직은 알려지지 않은 힘에 의해 연결될 수도 있다는 것이다. 아무리 멀리 떨어져 있어도 한 입자에 생긴 일이 그 즉시 다른 입자에게 영향을 주는지도 모른다. (물리학을 다룬 많은 책과 글에서 얽힘과 원거리 작용을 동일한 현상이라고 설명한다. 그러나 그것은 아주 미묘한 개념을 널리 알리려고 애쓰는 과정에서 물리학자와 과학 작가들이 무심코 퍼뜨린 잘못된 개념이다. 실제로 얽힘은 다양한 설명이 가능한 현상으로, 원거리 작용은 그런 설명 가운데 하나일 뿐이다.) 정말로 그렇다면 입자들은 자신들의 상호 작용으로 기회의 법칙을 무시할 수 있을 테고, 그런 불일치는 관찰자들이 합의에 이르는 능력에 대해서는 아무것도 말해주지 않을 것이다. 그러나 그런 힘은 즉시 작용할 테니 시간의 절대 개념을 규정함으로써 아인슈타인의 특수 상대성 이론을 위반할 것이다.[8] 그 같은 상황에 만족하는 물리학자와 철학자도 있겠지만, 대부분은 입자의 상관관계에 대한 다른 설명이 반드시 있어야 한다고 결론내릴 것이다.

　이런 실험들에 기반해 초결정론과 원거리 작용은 제쳐두고 양자론이 입자만큼이나 관찰자에게도 유효하다고 생각한다면, 관찰자는 양립할 수 없는 결론을 내릴 수밖에 없다. 이는 우리의 가장 기본적인 물리학에 골치 아픈 주관성을 남길 수밖에 없게 된다. 실제로 수행하지 않은 실험은 결과도 없다는 것은 양자 역학의 오랜 계율이었다. 보기 전까지는 절대로 알 수 없다는 문자 그대로의 의미뿐만 아니라, 보기 전까지 입자는 측정할 수 있는 속성조차도 가지고 있지 않다는 더욱 심오한 의미에서 말이다.[9] 그리고 이제는 당신이 수행하지 않은 실험은 당신을 위한 결과도 없다고 말하고 있는 것 같다.[10] "직접 관찰하지 않는다면 결과는 존재할 수 없습니다. 다른 관찰자들이 명확한 결과를 얻었다고 해도 그대로 받아들이면 안 됩니다." 브루크너의 말이다.

관찰자들은 파동함수 같은 이론적 추상화의 의미에 찬성하지 않을 수 있다. 하지만 실험에서 모은 데이터를 찬성하지 않는 것은 다른 차원의 문제다. 카발칸티와 함께 연구한 노라 티슐러(Nora Tischler)는 "조금 당혹스러운 일입니다. 측정 결과라는 건 과학의 기반이 되는 것이니까요. 어쨌거나 절대적이지 않은 측정 결과가 있다는 건 상상하기 힘듭니다"라고 했다.

나는 네가 아는 것을 알고 있다

지금까지의 내용으로는 충분히 복잡하지 않다는 듯, 위그너의 사고 실험은 새로운 버전이 또 나왔고, 훨씬 더 큰 소동을 불러일으켰다. 2016년에 스위스 취리히 연방 공과대학교의 양자 정보 이론가 다닐라 프라우치거(Daniela Frauchiger)와 레나토 레너(Renato Renner)가 고안한 이 사고 실험은 모든 학회를 들썩이게 하고 수십 편의 논문을 유도한 뜨거운 주제가 되었다.[11] 레너는 나에게 "정말로 우리가 쓴 글과 관련해서 수천 통의 이메일을 받았습니다"라고 했다. 그와 프라우치거는 서로 다른 논증 방식을 이용해 메타 실험이 관찰자들이 서로를 어떻게 생각하는지를 보여주는, 학문적 불일치 이상의 것임을 보여주었다. 이들의 실험은 이론 예측과 실험 결과 사이에 뚜렷한 모순이 존재함을 보여준다.

두 사람은 복잡한 일련의 측정과 논리 추론으로 구성된 실험을 고안했다. 그 때문에 두 사람의 논점은 빈틈없지만 따라가기 힘들었고, 그래서 많은 사람의 피를 끓어오르게 했다. 도대체 어떤 내용이기에 사람들이 그렇게 힘들어하는지를 알고 싶다면 2,700단어로 자세히 설명한 내 블로그 글이 있으니 가서 읽어보자.[12] 다행히 기본 개념은 단순하다. 일단 브루크너의 사고 실험에서처럼 얽힌 광자 한 쌍을 준비하자. 그 광자들을 관찰자와 슈퍼 관찰자로 이루어진 두 팀에게 한 개씩 나눠준다. 관찰자는 동전 뒤집기 같은 방식으로 광자를 측정한다. 동전 던지기에서 나올 수 있는 결과는 모두 앞면, 모두 뒷면, 한쪽이 앞면이고 다른 쪽이 뒷면, 한쪽이 뒷면이고 다른 쪽이 앞면인 네 가지며, 관찰자들이 측정할 수 있는 결과도 넷이다. 슈퍼 관찰자들도 관찰자를 측정하는데, 슈퍼 관찰자들에게 나올 결과도 동전 던지기와 같다.

프라우치거와 레너는 일반적인 상황에서는 네 결과 가운데 세 개만 나오고 나머지 한 결과는 특정한 상황에서만 나오도록 실험을 고안했다. 이렇게 약간의 제약을 두었다는 것은 관찰자나 슈퍼 관찰자가 가끔은 상대방이 보게 될 것을 분명히 알고 있을 때도 있다는 뜻이다. 예를 들어 모두 앞면이 나오는 결과를 제외한 나머지 결과만 나와야 하는 상황을 생각해보자. 앞면이 나왔다면 다른 동전은 직접 보지 않아도 뒷면이 나올 것임을 그 즉시 알 수 있을 것이다.

이렇게 설정한 사고 실험은 살인자를 찾는 클루(Clue) 게임과 비슷하다. 게임 요령은 다른 사람들의 행동을 관찰해 자신이 가지고 있는 단편적인 정보를 보강해 나가는 것이다. 처음에 당신은 플럼 교수나 스칼렛을 제외한 나머지 사람을 배제할 수도 있다. 그러고는 사람들이 하는 질문에 근거해 플럼 교수를 용의자로 남겨둔 채 스칼렛 양의 카드를 가진 사람을 추론해보는 것이다. 마찬가지로 실험의 관찰자와 슈퍼 관찰자도 입자에 관해서는 단편적인 정보만 가지고 있다. 두 사람은 번갈아서 관찰하고, 다른 사람이 보고 있는 것을 추측한다. 이런 추론을 한데 묶어 누군가는 "밥이 던진 동전이 뒷면이 나왔다는 것을 밥이 알고 있음을 네가 알고 있다는 걸 나는 안다"는 결론에 이를 수도 있다.

이런 추론을 취합하는 데 성공한 사람은 자신이 동전을 던질 차례가 되면 자신은 앞면을 봐야 한다는 결론을 내릴 것이다. 하지만 이 사람은 가끔 뒷면을 보게 될 것이다. 여기서 모순이 발생한다. 위그녀의 친구 사고 실험의 초기 버전처럼 사람의 논리는 다른 참가자들이 명확한 결론을 얻었다고 가정하기 때문에 실패한다. 자연스러운 가정이지만 틀렸다는 것이 밝혀지는 가정이다. 그보다는 오히려 동료들이 사실로 고정되었다고 선택한 결론을 거부하고, 그들이 들어가 있는 중첩 상태를 추적해, 그런 중첩 상태가 서로를 상쇄하는지 강화하는지를 살펴야 한다.

내가 사람 관찰자를 대신할 초전도 양자 장비를 사용한 IBM 클라우드 기반 양자 컴퓨터를 이용해 프라우치거와 레너의 사고 실험을 제일 처음 시연한 것은 2019년이다.[13] '관찰자'가 예측을 할 때 적용하리라고 여겨지는 논리를 흉내낸 컴퓨터의 알고리즘은 전체 시간의 절반쯤은 예측이 틀렸음을 확인해주었다.

위그너의 사고 실험을 변형한 다른 실험들이 그렇듯, 이 실험에서도 슈퍼 관찰자들은 관찰자의 기억을 지웠다. 이런 설정은 혼란스러웠고, 프라우치거와 레너 실험에 회의적인 많은 사람들은 분석이 틀렸음이 입증될 수 있다며 우려했다. 누군가 관찰을 했는데도 관찰하지 않은 것이 된다면, 그들이 본 것을 근거로 결론을 내릴 자격을 갖춘 사람이 있을까? 다행히도 프라우치거와 레너는 이런 반박을 피하려고 면밀하게 실험을 설계했다. 관찰자의 기억은 관찰자가 논리에서 자신의 역할을 수행한 뒤에야 비로소 지울 수 있다. 그때가 되면 이미 관찰자가 목격하고 추론한 내용이 분석에 포함되었다고 해도 그것이 무엇이든 다시는 누구도 언급하지 않게 될 것이다. 레너는 "어떻게 보면 이것은 위그너가 제안한 원본 사고 실험의 핵심 딜레마를 해결하기 위해 우리가 택한 주요 방법입니다"라고 했다. 그와 프라우치거는 초결정론이나 원거리 작동 같은 다른 회피 방법도 차단했다. 그들이 만든 미로를 탈출할 수 있는 방법은 단 두 가지뿐이다. 양자 역학이 관찰자 단계에서 무너지거나 물리학자들이 객관성을 포기하거나.

이 실험은 관찰자가 '단서 찾기 게임'처럼 정보를 조합할 때 어떤 잘못을 할 수 있는지를 보여줌으로써 객관성의 핵심 원칙인 '지식은 전이적'이라는, 철학자들이 '폐쇄성(clousure)'이라고 부르는 원칙에 의문을 제기한다. 이 원리에 따르면 당신 친구가 무언가를 보고 당신에게 말하거나 당신이 친구가 본 것을 추론할 수 있다면, 그것은 당신이 직접 본 것만큼이나 좋은 것이다. 당신은 친구의 관찰 결과를 다른 사람들의 관찰 결과와 합쳐 공동 지식 뭉치(corpus)를 만들 수 있다. 설사 친구가 기억상실증에 걸린다 해도 원본 정보는 여전히 유효하다. 이 원리가 없다면 우리는 길을 잃을 것이다. 우리의 모든 지식은 추론의 사슬이 될 것이다. 레너는 "우리가 하는 측정은 어떤 것도 실제로는 직접 할 수 없고, 다른 사람들에 의해 중재되는 것입니다"라고 했다. 하지만 이제는 모든 정보가 깔끔하게 합쳐질 수 있는 것은 아닌 것 같다. 어떤 환경에서는 나에게 옳은 것이 너에게도 옳은 것이라는 절대 진리는 없다. 레너는 "모든 것을 포함하는 신의 관점은 필요하지 않습니다. 모든 관찰자의 모든 관찰이 있으면 되지요"라고 했다.

실재는 관점의 문제인가?

많은 물리학자와 철학자들은 이런 상대주의를 받아들인다. 그들에게 양자 물리학의 심오한 진리는 이것이다. 실재는 관찰자 의존적이라는, 다시 말해 '관점적(perspectival)'이라는 것이다. 따라서 실재에 대해 기술할 때는 반드시 누구의 실재인지를 분명하게 밝혀야 한다.

진리는 관찰자 의존적이라는 생각은 철학에서 오래전부터 있어왔다. 칸트는 이것이 코페르니쿠스의 혁명에 비견되는 사고(思考) 혁명이라고 했다.[14] 칸트는 "지구는 우주의 중심이 아니다. 사실 중심은 없다. 우주의 어떤 위치도 그러한 특권을 갖지 못하듯 관찰자의 관점도 다른 관점을 넘어서는 특권을 누릴 수 없다"고 주장했다. 코페르니쿠스 비유는 중요한 교훈을 담고 있다. 하늘 위로 올라가 하늘 아래로 지는 태양과 별을 보고 있노라면 우주의 중심은 우리라는 생각이 든다. 하지만 첫인상을 지나치게 확대해석하면 안 된다. 우리가 중심인지 아닌지에 상관없이 우리에게 보이는 천체의 모습은 언제나 우리가 우주의 중심인 것처럼 느끼게 할 것이다.[15] 우리는 지구 표면에 붙잡혀 있기 때문에 우리가 태양 주위를 돌고 있음을 직접 느낄 수 있는 방법이 없다. 그저 다른 행성들이 가끔 하늘 위에서 운동 방향을 바꾸는 모습 같은 미묘한 단서로 추론할 수밖에 없다. 그와 마찬가지로 양자 물리학은 절대적인 진리를 구축하고 있는 것처럼 보이지만, 그런 진리가 상대적인 진리와 정말로 다르다는 걸 어떻게 알 수 있을까?

관점주의는 닐스 보어가 1920년대에 '상보성(complementarity)'이라는 개념을 발표했을 때 양자 물리학에 들어왔다. 상보성은 한 입자의 어떤 측면들은 상호 배타적이라는 뜻이다. 관찰자는 어떤 방향으로 움직이는 입자의 위치를 구할 수 있고, 그 방향으로 움직이는 입자의 속력을 측정할 수 있지만, 위치와 속력을 동시에 측정할 수는 없다. 적어도 아주 정확하게는 측정할 수 없다. 따라서 그 입자에 관해 알게 되는 것은 무엇을 측정할 것이냐에 따라 달라진다. 보어는 거기서 한층 더 나아가 그 입자가 무엇이냐도 관찰자의 선택에 따라 달라진다고 주장했다. 관찰자와 입자는 통합계를 이룬다. 측정 결과는 입자만의 속성이 아니라 관찰자와 입자의 공동 속성이다.[16] 당신과 나는 아주 다른 것을 보며, 우리의 발견은 한데 꿰어 맞출 수 없다. 훗날 데이비드 봄은 코끼리와 맹인 우화를 들어 그 같은 상황을 묘사했다. 우화에서 한 맹인은 코끼리를 만지며 밧줄을 떠올리고, 한 맹인은 나무 기둥을, 한 맹인은 벽을 생각한다. 세 맹인은 자신이 받은 인상을 왕에게 보고하지만, 왕은 보고를 듣고 동물은커녕 세 요소를 일관성 있게 합칠 수도 없었다.[17]

　　보어는 상대주의가 물리학자에게 아주 낯선 개념은 아니라는 사실을 지적했다.[18] 자동차가 구불구불한 시골길을 달리느냐, 시골길이 자동차 옆을 빠르게 지나가느냐는 보는 관점의 문제다. 물리학자들은 절대로 한 물체의 '정해진' 속력이라고 말하지 않는다. 지면에 대한, 자동차에 대한, 구름에 대한, 태양에 대한처럼 어떤 기준을 두고 그 기준에 대한 물체의 속력이라고 말한다. 공간과 시간을 포함하는 다른 물리량에 대한 측정도 아인슈타인이 상대성 이론에서 밝힌 것처럼 기준점에 따라 결과가 달라진다. 자동차를 운전하는 사람은 두 사건이 동시에 일어나는 모습을 보지만 도로 위를 걷는 보행자는 한 사건이 일어난 뒤에 다른 사건이 일어나는 모습을 본다. 둘 다 옳다.

　　그러나 상대성 이론은 절대적으로 공유할 수 있는 실재가 있음을 부인하지 않는다. 그저 속력과 동시성이 그런 실재의 일부가 아니라고 말할 뿐이다. 상대성 이론에서는 관찰자들이 특정 사건의 순서에 대해서는 의견이 다를 수 있지만 어떤 사건이 어떤 사건의 원인인지에 대해서는 항상 의견이 일치할 것이라고 한다.

양자 물리학은 이렇게 단단하게 기반을 내린 합의의 터에 곡괭이를 들고 온다. 상대성 이론의 시간 측정(clock time)을 둘러싼 논쟁은, 임의의 관찰자가 다른 관찰자의 관측을 전면 부정하는 위그너의 친구를 둘러싼 논쟁에 비하면 사소하다. 엑스마르세유 대학교 교수이자 양자론에 관점주의 사고를 도입한 물리학자 가운데 한 명인 카를로 로벨리(Carlo Rovelli)는 "그것은 물리계와 관계가 있습니다. 사실은 속도가 상대적이라는 것과 똑같은 의미에서 상대적입니다. 속도는 다른 물체에 대한 한 물체의 속성입니다"라고 했다.

이런 기술들이 무엇이든 괜찮다거나 실재는 모두 우리 머릿속에 있는 것이라는 뜻은 아니다. 이런 기술들이 뜻하는 것은 그저 조화를 이룰 수 없는 관찰 유형도 있다는 것이다. 네덜란드 위트레흐트 대학교의 데니스 딕스(Dennis Dieks)는 무언가가 상대적이라거나 관점적이라고 해서 그것이 실제가 아니라는 뜻은 아니라고 했다. 더구나 갈등을 드러내려면 한 관찰자가 다른 관찰자에 대한 실험을 진행해야 하는 특이한 상황이 필요하다. 이런 불일치는 자연의 근본을 이해하려면 진지하게 고민해야 하는 문제지만, 그렇다고 해서 기후 변화나 대통령 선거 결과 예측처럼 경험으로 알 수 있는 사실은 없다고 생각할 이유는 없다.

모든 것은 동시에 존재한다

1956년 박사 학위 논문에서 휴 에버렛은 관점주의 양자론에 관한 획기적인 분석을 내놓았다. 하지만 곧 양자 물리학보다 훨씬 다루기 힘든 문제에 부딪혔다. 사람의 오만함이라는 문제 말이다. 이 시기의 보어는 해결해야 하는 측정 문제가 있음을 부인했다. 에버렛의 지도 교수인 존 휠러가 최선을 다했지만 보어파 학자들은 자신들의 견해에 이의를 제기한 무모한 에버렛을 철저히 배척했다. 에버렛은 물리학계를 떠나 미군으로 자리를 옮겨 핵전쟁 전략을 개발하는 임무를 맡았다.[19] (아무것도 하지 않는 것이 유일하게 이기는 방법임을 알아낸 사람이 바로 에버렛이다.) 재미있는 점은 에버렛이 자신의 관점주의 관점을 보어의 상보성 원리에 반대하는 것이 아니라 일반화하는 것으로 보았다는 것이다.[20]

코페르니쿠스와 칸트가 했던 것과 동일한 추론을 이용해 에버렛은 물리학자들이 아주 기본적인 논리 오류를 범하고 있다고 주장했다. 양자 파동 방정식은 물체가 서로 상충하는 가능성들로 중첩이 일어난다고 했지만, 결코 하나로 되는 모습을 보지 못하기 때문에 물리학자들은 중첩이 반드시 붕괴되어야 한다고 생각한다. 그런 중첩을 우리가 볼 수 있는지 없는지에 관해서는 질문할 생각을 하지 않는다. 우리가 볼 수 없다면, 이런 중첩을 관찰하지 못했다는 사실은 우리에게 어떤 것도 알려주지 않는다. 증거가 없다는 것은 없다는 증거다. 에버렛은 계속해서 실제로 우리는 상호 배타적인 상태에 놓인 물체는 볼 수 없다고 했다. 그 이유는 양자 역학의 법칙에 따라 중첩이 우리에게 영향을 미쳐 우리가 연구하려는 계의 일부로 만들어버리므로 전체 상태를 볼 수 없게 되기 때문이다.

이런 일이 일어나는 이유를 설명하려고 에버렛은 아주 빈약한 관찰자를 상상했다. 눈과 기억 외에는 아무것도 없는 관찰자 말이다.[21] 눈은 측정 장치를 보고, 기억은 눈이 본 것을 기억한다. 기억은 0과 1로 표현하는 양자비트(큐비트)라는 단위를 이용해 추상적으로 나타낼 수 있다. 예를 들어 광자가 거울에 반사된다면 특정한 경로로 이동해 감지기에 부딪힌다. 눈은 광자의 움직임을 관찰해 반사를 의미하는 0이라는 값을 기억에 저장한다. 광자가 거울을 통과한다면 처음과는 다른 경로를 택해 두 번째 감지기에 부딪힌다. 눈은 당연히 이 과정도 관찰하고 통과를 의미하는 1이라는 값을 기억에 저장한다.

이제 관찰자가 반은도금한 거울에 광자가 부딪히는 모습을 관찰한다고 생각해보자. 광자는 거울에 반사되는 동시에 거울을 통과하기 때문에 관찰자의 기억에는 광자의 상태를 정확히 반영해 반사를 의미하는 0과 통과를 의미하는 1이 중첩된 상태로 기록될 것이다. 본질적으로 광자가 거울을 통과하면 관찰자는 광자가 통과했다고 기록할 것이다. 그리고 광자가 반사하면 관찰자는 광자가 반사했다고 기록할 것이다. 광자가 움직이는 '정해진' 경로는 없으며, 관찰자가 갖는 '정해진' 인지는 없다. 광자와 관찰자는 불확실한 상태에 놓여 있다. 그런데 이 둘은 같은 곳에 있다. 이것이 핵심이다. 측정 장치의 전체 목적은 외부 세계와 우리의 인지 사이의 상관관계를 확립하는 것이다. 외부 세계가 X라면 우리는 X를 인지한다. 따라서 외부 세계가 중첩되어 있다면 우리의 인지도 반드시 중첩되어야 한다. 이 두 중첩은 서로 연결되어 있기 때문에 관찰자는 광자에 대해 잘 규정된 상태에 있어야 한다. 다시 말해서 양자 중첩이 택할 수 있는 각 선택지(통과할 것이냐 반사할 것이냐)는 관찰자의 중첩(통과하는 것을 볼 것이냐 반사하는 것을 볼 것이냐) 선택지와 일치한다.

더구나 관찰자에게 확실한 결과를 보았는지 묻는다면 관찰자는 자신의 기억을 보고 그곳에 저장된 값을 확인한 뒤에 '그렇다'고 대답할 것이다. 관찰자에게는 절대로 불일치가 나타날 수 없기 때문에 — 거울을 통과하면서 반사되는 광자를 볼 일이 없기 때문에 — 자신이 서로 상반되는 상태에 동시에 놓여 있다는 것을 전혀 알아채지 못한다. 어쩌면 이것은 전혀 예상하지 못한 상황은 아닐 수 있다. 사람은 언제나 자기 자신을 인지하는 일이 어렵다. 그렇지 않았다면 우리에게 치료사는 필요 없었을 것이다. 에버렛은 이런 자기 인지 결여가 우리의 가장 기본적인 관찰에 포함되고 양자 세계에 묻혀 있는 피할 수 없는 부분이라고 했다.

이것은 안과 밖 문제의 고전적 사례다. 밖에서 보면 입자와 관찰자 모두 다양한 측정 결과를 내는 중첩 상태에 있다. 하지만 안에서 보면 관찰자는 한 개의 결과만을 인지한다. 다시 말해서 붕괴는 오직 안에서만 일어난다. 관찰자는 중첩되어 있던 입자가 단 한 개의 결과를 내는 것을 보게 되는데, 그 이유는 입자 자체가 바뀌기 때문이 아니라 관찰자가 입자와 얽혀서 밖에 있는 사람의 관점이 사라지기 때문이다.

에버렛의 분석에 따르면 붕괴가 갖는 다양한 특성을 설명할 때 우리에게 필요한 것은 이것이 전부다. 예를 들어 표준 양자론에 따르면 붕괴는 되돌릴 수 없다. 에버렛은 붕괴는 되돌릴 수 없는 것처럼 보이는 것으로 충분하다고 했다. 외부에 있는 사람의 관점으로는 사실 붕괴를 되돌릴 수 있지만, 그러려면 중첩 상태에 있던 모든 입자를 되돌려야 한다. 그러나 그럴 수 없는 입자도 몇 개 있기 때문에 실제로 되돌린다는 것은 거의 불가능에 가깝다.[22]

게다가 붕괴가 안에 있는 사람의 관점이 낳은 산물이라는 생각은 우리가 관찰하는 무작위 결과를 설명해준다. 에버렛은 모두 같은 방식으로 준비한 입자들을 여러 번 측정하고 그 결과를 분석하는 방법으로 이를 입증해 보였다.[23] 관찰자는 첫 번째 입자를 측정하고 그 결과를 저장한다. 기억은 이제 입자가 거울을 통과하는 모습을 보면서 반사되는 모습도 보는 중첩 상태에 있다. 이제 관찰자는 두 번째 입자를 측정해 그 결과도 저장한다. 첫 번째 입자가 거울을 통과하고 두 번째 입자가 거울을 통과하는 것을 보는 상태, 첫 번째 입자가 거울을 통과하고 두 번째 입자가 거울에 반사되는 것을 보는 상태 등등 이제 기억은 순열 4개의 중첩 상태에 있다. 세 번째 입자를 측정하면 기억은 여덟 개 순열을 가진 중첩 상태가 되고, 네 번째 입자를 측정하면 열여섯 개 순열을 가진 중첩 상태가 된다. 전체 상태는 정확히 예측할 수 있다. 어마어마하게 큰 순열 나무가 생길 것이다. 하지만 관찰자는 그것을 보지 못한다. 관찰자가 보는 것은 일련의 결과들로, 전형적인 관찰자에게는 그 결과들이 무작위 동전 던지기 결과처럼 보일 것이다. 물론 '전형'이라는 표현의 의미를 두고 수많은 논쟁이 있어왔지만,[24] 기본 요점은 관찰자가 중첩 안에 갇혀 있기 때문에 양자 물리학의 악명 높은 무작위성은 전적으로 정신적이라는 것이다. 에버렛의 해석에서 무작위성은 입자에 관한 것이 아니라 우리에 관한 기술이다.

에버렛의 사고방식은 위그너의 실험을 간단히 해결한다.[25] 당신이 관찰자를 관찰하고 있다고 생각해보자. 당신에게 관찰자는 중첩 상태에 있다. 당신이 관찰자에게 결과를 보았는지 묻는다면 관찰자는 자기 기억에 저장한 값을 확인하고 '당연한 거 아니야?'라고 대답할 것이다. 당신과 관찰자는 서로 다른 모습을 보고 있지만, 그건 괜찮다. 한 계의 상태는 그 계를 측정하는 사람과 관계가 있기 때문이다. 그러나 당신이 관찰자에게 관찰 결과를 묻는 순간—본질적으로 당신이 관찰자를 당신의 측정 장비로 활용하는 순간—관찰자의 중첩은 당신에게 영향을 미친다. 이제 당신은 자신이 관찰자와 같은 위치에 놓였음을 알게 될 것이다. 당신은 결과를 보았다고 생각할 테고, 따라서 관찰자와 광자는 붕괴했다고 생각할 것이다. 내부인의 관점을 택하면서 외부인의 관점을 포기한 것이다.

이런 분석은 교과서적인 양자론에서 인정하는 붕괴 규칙을 제시하기 때문에 물리학자와 철학자들의 큰 관심을 끌 수 있었다. 이론 물리학자로 훈련받았고 지금은 양자론 철학의 대가인 컬럼비아 대학교의 데이비드 알버트(David Albert)는 1980년대에 에버렛의 해석을 접한 순간을 이렇게 회상했다. "아주 강력한 확신이 들었죠. 이렇게 아름다우니 진리임이 틀림없다고 말입니다." 하지만 그는 에버렛의 해석이 전체 이야기일 수는 없음을 깨달았다. 무엇보다도 에버렛의 설명에는 특이한 자기 부정성이 있었다. 에버렛은 우리가 스스로의 마음 상태에 속았기 때문에 서로 양립할 수 없는 결과를 보지 못한다고 말하고 있었다.[26] 우리는 모든 결과가 가능한 중첩 상태에 있을 때는 한 가지 명확한 결과만 보고 있다고 생각한다. 알버트 같은 과학자들은 이런 식의 자기기만은 영화 〈매트릭스〉나 '통 속의 뇌'• 사고 실험 같은 시나리오조차도 너무 순하게 느껴지도록 만든다고 했다. 우리가 세상을 있는 그대로 보지 않을 수도 있음을 고민하는 것과, 우리가 생각하고 있다고 생각하는 것을 우리가 생각하지 않을 가능성이 있다고 받아들이는 것은 전혀 다른 일이다. 알버트는 "방 안에 의자가 있다는 망상을 품을 수는 있을 것 같습니다. 하지만 방 안에 의자가 있다고 나는 생각한다는 망상을 품을 수는 없습니다"라고 했다. 그렇게까지 강력하게 스스로를 기만할 수 있다면 우리는 양자론을 이끈 관찰과 논리를 포함해 그 어떤 것도 믿을 수 없을 것이다. 결국 학자들은 에버렛의 해석에 보냈던 지지를 철회했다.

전통적으로 과학 이론은 두 가지 기준을 만족시켜야 한다. 기존

• 회의주의 사고 실험으로, 외부세계에 대한 본인의 모든 믿음이 전부 가짜일 가능성을 피력한다.

이론들과 잘 어울려야 하고 현실과도 조화를 이루어야 한다. 이론을 공식으로 표현하는 수학을 찾으면 그 이론이 내부적으로 일관성이 있는지 확인할 수 있으며, 데이터와 비교해 수많은 예측을 끌어낼 수 있다. 그런데 잘 알려져 있지는 않지만 과학 이론이 만족시켜야 하는 세 번째 기준이 있다. 관찰의 타당성을 부정하면 안 된다는 것이다. 이론은 세심하게 논리를 세우고 예측을 할 수 있지만, 자신이 지나온 흔적을 덮어버린다면 과학의 기준이 될 수 없다. 철학자들의 표현처럼 경험적으로 일관성이 없기 때문이다.

한 이론이 자기 부정적인지를 확인하려면 그 이론 안으로 직접 들어가 봐야 한다. 우리가 그 이론을 시험해봐도 되는지 물어봐야 한다. 알버트를 비롯한 과학자들은 에버렛의 원본 해석은 그럴 수 없다고 주장한다. 양자 물리학에서 무작위 통제 실험을 수행할 수 없다고 주장하는 초결정론도 경험적인 일관성이 거의 없다고 할 수 있지만, 적어도 몇 가지 방법으로 시험해볼 수는 있다. 앞으로 누군가 음모론을 말하면 경험적인 일관성이 있는지를 검토하자. 물론 식인 소아성애자들이 정부를 장악했을 수도 있고, 그들을 찾아내려고 하면 그들이 당신을 저지할 수도 있다(그저 저지하는 것으로 끝나지 않을 수도 있다). 이 같은 주장은 논리적으로 가능하다. 특정한 관찰로 설명할 수도 있다. 그러나 그런 이론을 믿는다면 이 세상에 믿지 못할 이론이 있을까? 음모가 있다고 믿게 하는 음모가 있다는 걱정을 해야 하는 게 아닐까?

너무도 많은 많음들

에버렛은 미해결 부분을 그대로 두었다. 그에게는 관찰을 설명하는 것으로 충분했기 때문이다. 그는 실제로 무슨 일이 벌어지고 있는지, 방정식에 나오는 파동과 중첩이 현실에서는 무엇과 대응되는지에 관한 질문에는 그다지 신경쓰지 않았다.[27] 하지만 1970년대부터 그의 관점이 널리 퍼지면서——오늘날 양자 역학에서 명실상부 주도적인 해석으로 자리매김하면서—— 물리학자와 철학자들은 해석상의 간극을 메우기 위한 다양한 방법을 생각해냈다.

그런 방법 가운데 가장 잘 알려진 것이 다중 세계 해석(many-worlds interpretation)이다. (다중 세계라는 용어가 에버렛의 원본 논문에 있었다는 설명을 가끔 볼 수 있는데 그렇지 않다. 이 용어가 만들어진 때는 1973년이다.)[28] 우주는 평행 우주로 갈라진다는 것이 다중 세계 해석이다. 한 광자가 거울을 통과하는 동시에 반사되는 중첩이 될 수 있다면, 두 광자가 두 가능성을 모두 실현하는 상황이라고 생각할 수 있을 것이다. 이런 광자들이 우주 밖으로 퍼져나간다면 머지않아 이 세상에는 두 광자만이 아니라 두 개의 모든 것이 존재하게 될 것이다.

본질적으로 이 해석은 중첩을 다중성과 동일한 것으로 본다.[29] 두 선택지의 중첩은 선택지가 존재하는 세계가 두 개라는 뜻이다. 한 관찰자가 두 세계 가운데 하나를 보고, 그의 도플갱어가 평행 우주에서 또 다른 세계를 본다. 두 관찰자가 각기 자신이 속한 세계를 현실로 인지하므로 이제 자기기만은 사라졌다. 우리가 인지하는 실재는 여전히 우리와 관계가 있다.

물리학자들이 '세계들'에 관해 말할 때는 많은 것을 무시하고 숨겨버린다. 양자론 그 자체로는 중첩을 어떻게 '세계들'로 나누어야 하는지에 대해서는 안내하지 않는다. 이것은 내가 4장에서 언급한 메뉴 문제의 결과 가운데 하나다. 반은도금한 거울 실험에서 우리는 계속해서 광자가 반사될 것이냐 통과할 것이냐라는 두 선택지 가운데 하나를 고를 테고, 따라서 두 세계가 반드시 있어야 한다고 했다. 그런데 사실은 광자가 반사되는 정도는 말 그대로 무한이라고 할 만큼 엄청나게 다양한 선택지가 있다. '세계'라는 말의 정의는 부가물이다. 양자론의 위와 아래에 존재하는 물리학의 부가적 특성이다. 물리학자와 철학자들은 세계가 무엇이 될 수 있는지를 정확히 표현하려고 무척 애쓰고 있다. 이제는 대부분 세계는 결잃음 과정과 관계가 있다고 생각하지만, 이 문제는 여전히 논쟁의 여지가 있다. 흔히 다중 우주라고 불리는 세계를 만드는 평행 우주 개념의 또 다른 어려움은 6장에서 자세히 탐구할 것이다.

다중 역치, 다중 공간, 다중 역사, 다중 지도. 한동안 양자 물리학에서는 '다중'으로 시작하는 해석이, 그런 해석들이 기술한다고 주장하는 우주들만큼이나 빠른 속도로 확산되었다.[30] 1988년에 데이비드 알버트와 동료들은 다중 마음 해석을 내놓았다. 이 해석에서 나누어지는 것은 전체 세계가 아니라 그저 당신의 마음이다.[31] 당신이 광자가 거울을 통과하는 것을 보는 동시에 반사되는 것을 본다면 같은 몸과 뇌를 가진 두 명의 당신이 있는 것이다. 그때 당신의 뇌는 두 개의 독자적인 의식의 흐름이 중첩되는 상태에 들어간다. 이들 두 자아는 서로가 뚜렷하게 다른 경험을 하며, 합쳐지지 않을 것임은 거의 분명하다. 간단히 말해서 우리는 누구나 일종의 다중 인격 증후군이 있는 것이다.

다중 마음 해석은 아주 멀리 가지는 않았다. 게다가 제안한 사람들도 그 해석은 기이하다고 생각했다. 알버트는 "그때는 우리도 그런 해석을 받아들일 준비가 된 사람이 진짜 있으리라고는 생각하지 않았습니다"라고 했다. 시간이 흘러도 마음에는 연속성이 있다고 가정했다——한 순간의 마음 상태를 다른 순간에 대응하는 마음 상태와 동일시했다——는 것도 이 해석의 단점이다.[32] 물리학에서는 이런 연속성이 성립하지 않는다. 이 같은 연속성을 별개로 추정해야 한다. 알버트는 그의 해석에 대해 말하면서 "실제로 마음은 형이상학적으로, 존재론적으로, 그러니까 뇌나 물리계에 존재하는 그 어떤 것과도 동떨어진 개별적인 대상으로 취급합니다"라고 했다. 정체성의 연속성은 6장에서 자세히 살펴볼 주요 수수께끼 가운데 하나다.

하지만 다중 마음 해석은 마음에 관한 신경과학과 철학을 물리학의 담론으로 불러왔다는 점에서 역사적으로 흥미롭다. 이 해석에서는 우리가 실험에서 보게 될 선택지——광자가 거울에 반사되거나 거울을 통과하는——가 평행 세계와는 관계가 없다. 그보다는 우리 마음의 구조가 선택지를 만든다. 사람의 생각에는 다른 모든 가능한 이분법에 반대되는, '반사'와 '통과' 같은 선택지로 세상을 형성해가는 무언가가 있다. 왜 그런지 그 이유를 알려면 물리학자들에게는 의식의 이론이 있어야 한다. 의식에 관한 추론은 더는 물리학자들의 재미있는 기분 전환거리가 아니다. 실험 결과를 이해하기 위해 반드시 있어야 하는 물리학의 일부가 되었다.

관계들의 세상

많은 다중 해석의 근간에 깔린 핵심 생각은 우리가 실재의 아주 작은 부분에만 접근할 수 있다는 것이다. 우리의 관점을 넘어가면 수십억에 달하는 세계와 마음이 있다. 현세의 영역 밖에 서 있는 신만이 그 모든 세계와 마음을 볼 수 있을 것이다. 그렇다고는 해도 여전히 세계와 마음은 우리나 다른 존재들과는 독립적으로 존재할 것이다. 물리학자 카를로 로벨리 자신은 에버렛의 접근법을 훨씬 더 철저하게 관점적인 입장에서 바라봄으로써 절대적 실재라는 관념의 마지막 잔재를 완전히 없애는 것을 목표로 삼는다.

2000년대 중반에 내가 첫 책을 쓰고 있는 동안, 나는 양자 역학에 관한 로벨리의 의견에 푹 빠져 있었다. 우리는 장문의 이메일을 주고받았고, 나는 그를 만나려고 프랑스 지중해 마을 카시스까지 찾아갔다. 우리는 소크라테스 이전의 철학자 아낙시만드로스(그때 로벨리는 이 철학자에 관한 책을 쓰고 있었다), 타국살이, 과학과 인생의 불확실성을 다루며 겪는 어려움 등을 이야기하며 암석 해변을 따라 걸었다. 한참을 걸은 뒤에야 나는 로벨리에게 하고 싶었던 진짜 질문들을 꺼냈다. 로벨리에게 과학은 처리해야 하는 과제인 적이 단 한 번도 없었다. 그에게 과학은 사람과 사람 사이, 사람과 자연 사이에 맺는 관계를 정립하는 방법이었다.

과학자로 살면서 로벨리는 언제나 물리 세상은 관계망이라고 주장했다. 중력과 힘에 관한 현대의 과학 이론들은 본질적으로 사물이 고립되었을 때에는 어떤 속성도 나타나지 않으며, 서로 접촉한 지점에서만 속성이 나타난다는 사실을 보여주고 있다고 그는 말했다. 1996년에 로벨리는 이 원리를 양자 역학으로 확장했다.[33] 그는 측정이란 우리가 무언가와 맺는 관계라고 주장했다.

물리학자들은 양자 측정을 관찰자라는 기준에 맞춰 고민하지만, 로벨리는 지각 있는 존재가 실재에서 근본 역할을 한다고는 생각하지 않는다. 관찰자의 마음은 분명 파동 방정식을 붕괴시키는 원인이 아니다. 로벨리에게 마음은 물리학의 양과 관련될 수 있는 물리계의 한 유형일 뿐이다. 마음이 하는 역할은 테이블 램프도 할 수 있다. 그의 관점은 양자론을 완벽히 평등하게 만든다. 우리가 입자를 측정하면 우리는 입자와 관계를 맺는다. 램프와 입자가 상호 작용하면 둘은 관계를 맺는다. 따라서 램프는 우리 못지않게 중요한 '관찰자'이며, 램프와 입자의 관계는 일종의 '측정'이다. 로벨리는 "내가 사물이 O라는 계에 대해 사실이라고 말할 때 O라는 계에 마음이 있는지 여부는 상관이 없습니다"라고 했다.

관계는 관계를 맺는 당사자에게는 특별해야 한다. 당신이 어떤 대상과 관계를 맺고 나도 동일한 대상과 관계를 맺었다면, 우리의 경험은 서로 다를 테지만 아무 문제가 없다. 당신에게는 당신의 실재가 있고 나에게는 나의 실재가 있으며, 우리의 실재는 일치하지 않는다는 사실을 인정해야 한다. 로벨리는 "양자 역학이 옳다면, 우리가 상황의 '실재'라고 생각하는 것을 완벽하게 기술할 때마다 실제로 우리가 하고 있는 건 단편적인 모습을 제공하는 것입니다. '우리가 생각하는 한 실재'인 무언가를 기술하고 있는 것이지요"라고 했다. 이것이 그가 위그녀의 사고 실험에 대한 다양한 해석을 이해하는 방법이다.

양자 역학을 '관계'로 설명하는 로벨리의 해석은 이상하지만 그러면서도 회의론자들에게는 믿기 어려워 보이는 결론으로 이끄는 순수함과 공명정대함이 있다. 실재는 철저히 관계가 결정한다는 그의 말은 이런 뜻이다. 즉 입자가 홀로 있으면서 사람이나 테이블 램프와 상호 작용하지 않는다면 입자에게는 속성이 없다. 끝! 양자 파동 방정식은 이런 중간 시간에서의 입자 상태를 기술하는 것이 아니라 오직 마침내 무언가와 상호 작용할 때 일어나는 상관관계만을 기술한다. 아무도 보지 못하는 숲에서 쓰러지는 나무는 소리를 낼 수 없을 뿐 아니라 심지어 존재하지도 않는다. 로벨리는 "관계적 관점에서는 '사건의 진짜 상태는 무엇인가?'라고 물으면 안 됩니다. '다음은 어떤 사물이 어떤 식으로 자신을 드러낼 것인가?'라고 물어야 합니다"라고 했다. 이런 상호 작용 사이에는 철저하게 아무것도 없다. 우리의 관찰은, 우리가 오기 전에도 존재했고 앞으로도 계속 존재할 세상을 찍은 정지 사진이 아니다. 그것들은 모두 거기에 있다. 그것은 실재란 스타카토로 존재한다는 뜻이다. 깜빡이고 있다는 뜻이다. 데니스 딕스는 로벨리의 접근법에 깊이 공감하지만 세상이 간헐적으로만 존재한다는 설명은 "상당히 기이하다"고 생각한다. 로벨리는 기이하다는 평가를 반박하지 않는다. "그 같은 결과로 생긴 세상은 아주 기이합니다. 아주 많이 기이하죠." 로벨리의 말이다.

철학자들은 로벨리의 접근법이 구조적 실재론이라고 알려진 학파의 접근법과 공통점이 아주 많다고 한다. 가장 순수한 형태의 구조적 실재론에서는 물리적 실체란 내재하는 특성이 전혀 없는, 그저 관계일 뿐이라고 한다.[34] 독일 심리학자 발터 에렌슈타인(Walter Ehrenstein)이 진행한 유명한 착시 현상이 적절한 비유가 될 것이다. 에렌슈타인의 착시는 바큇살은 있지만 중심부에는 바퀴 축이 없어 바큇살들이 한 점으로 수렴하지만 실제로는 서로 만나지 않는 바퀴처럼 생겼다. 에렌슈타인의 착시에서 우리는 있지도 않은 바퀴 축을 본다. 뇌가 빈 곳에 바퀴 축을 채워 넣기 때문이다. 그와 마찬가지로 우리도 세상에서 관계를 보며, 우리 뇌는 이런 관계들이 구체적인 물체에 단단히 뿌리박고 있어야 한다고 간주하는데, 이런 물체들은 환상일 수 있다. 이 해석을 옹호하는 지지자들은 이 해석이 물질에 관한 어려운 문제——1장에서 내가 언급한 물리학의 법칙은 사물이 무엇인가가 아니라 사물이 관계 맺는 방법을 기술하고 있다고 했던——를 해결해 줄 수 있다고 생각한다. 존재하지 않는다면 사물이 무엇인지는 걱정할 필요가 없다.

구조적 실재론은 실재를 로스앤젤레스의 축소판처럼 보이게 만든다. 당신은 한 장소에서 다른 장소로 이동하고 있다고 생각하지만 사실은 목적지에 도착하지 못한 채 고속도로 위를 끊임없이 돌고 또 돌고 있을 뿐이다. 왜냐하면 목적지는 어디에도 없기 때문이다. 구조적 실재론에 회의적인 사람들은 대상이 없는 관계는 도시가 없는 고속도로만큼이나 의미가 없다고 주장한다. 그들은 말한다. 관계란 그 자체로는 수학적 추상이다. 관계에 숨을 불어 넣어 생명을 주는 것은 관계의 양 끝에 있는 물리적 실체들이다.[35] 회의론자들은 또한 그 이론이 순환적이라고 우려한다.[36] 더럼 대학교의 철학자 필립 고프(Philip Goff)는 "만약 무언가가 그것이 하는 일로 정의된다면, 그것은 다른 것에 미치는 영향이라는 관점에서 정의됩니다"라고 했다. "그러면 그 다른 것은 또 다른 것에 미치는 영향력이라는 측면에서 정의될 테고, 그 또 다른 것은 또 다른 것에 미치는 영향력으로 증명되고…, 그 같은 상황이 끝없이 반복될 것입니다. 결국 그 같은 일은 영원히 지속되거나, 원형 노선에 갇혀버리겠지요."

철학적 실용주의

다른 관점주의자들의 견해는 양자 물리학의 파동과 중첩이 실제로 존재하는 구조라는 생각에서 훨씬 더 떨어져 있다. 어쩌면 양자론은 심지어 관계적으로도 실재를 직접 표현하지 않을 수 있다. 이 엄청나게 초조한 역설들은 방정식을 지나치게 문자 그대로 받아들이기 때문에 발생한 허상일 수 있다. 이런 방정식들은 세상 그 자체보다는 우리가 사고하는 방식에 관해 더 많은 것을 말해주고 있는

지도 모른다.

"그 문제의 상당 부분은 초기에 억지로 우리에게 주입한 무언가에서 유래했다고 생각합니다." 자신의 해석을 구축해 나가는 초기 단계였던 2004년에 물리학자 크리스 푹스(Chris Fuchs)가 내게 한 말이다. "그러니까 다른 것이 무엇이든, 양자론은 이 세상에 관한 이론으로 해석되어야 한다는 생각에서 말입니다. 형식주의와 형식주의에서 사용하는 용어들은 어쨌든 세상에 있는 것을 반영합니다. 따라서 양자론이 요구하는 것보다 더 많은 것이 세상에 있다면 양자론은 불완전한 것이 분명하므로, 양자론을 완전하게 만들어줄 수 있는 것을 찾아야 합니다. 그러나 내 입장은 그것이 거짓 인상이나 거짓 예측이라고 말하는 것이었습니다. 내가 보기에 양자론은 흔히 생각하는 것과 달리 자연의 법칙이라기보다는 오히려 사고(思考)의 법칙입니다."

푹스는 자신이 이런 생각을 하게 된 것은 텍사스 대학교에서 휠러의 가르침을 받을 때라고 했다. "1984년 봄에 존 휠러는 내 옆에서 있던 학생에게 '나는 전자가 전자에 대한 우리의 정보 이상은 아니라는 걸 믿을 만반의 준비가 되어 있어'라고 했습니다." 푹스는 회상했다. "그 말을 공책에 적어뒀죠." 푹스의 공책은 전설이 되었다. 그는 가끔 자신이 주고받은 이메일을 온라인에 게시한다. "무턱대고 인쇄할 시도는 하지 말라"는 경고와 함께. 왜냐하면 수천 장이 넘기 때문이다.[37]

푹스는 지금 매사추세츠 보스턴 대학교에서 근무하며, 그의 관점은 현재 큐비즘(QBism)이라고 불린다. 이 용어는 물리학자들이 특히 매력을 느끼는 다중 의미어다. 첫째, 큐비즘에는 3장에서 만난 적 있는 18세기 수학자 토머스 베이즈를 본뜬 양자 베이즈주의(quantum Bayesianism)라는 의미가 있다. 또한 확률의 의미를 연구한 20세기 수학자 브루노 데 피네티(Bruno de Finetti)의 이름을 딴 양자 브루노주의(quantum Brunism)라는 의미와, 적어도 개념적으로는 베팅을 하기 때문에 양자 베팅 가능주의(quantum bettabilitarianism)라는 의미도 있다. 하지만 이 세 B 가운데 어떤 것도 푹스의 관점과는 어울리지 않았기 때문에 현재 큐비즘의 B는 그 어떤 뜻도 없는 것으로 받아들여지고 있다. 이 관점을 큐비즘이라고 부르는 이유는 양자 역학이 대표는 아니라는 것이 핵심이기 때문이다.

많은 사람이 이 관점에 동의한다. 애리조나 대학교의 물리 철학자 리처드 힐리(Richard Healey)는 "나는 양자론이 '세상이 무엇으로 만들어졌는지'에 관한 질문에 답하고 있다고는 생각하지 않습니다"라고 했다. 그는 푹스의 접근법에 관한 자신의 해석을, 19세기 마음 철학자 윌리엄 제임스(William James)로 거슬러 올라가는 사유의 갈래를 좇아 '실용주의자' 해석이라고 부른다.[38] 제임스는 어떤 것의 진실을 판단하고자 할 때, 철학자들이 존재론(ontology)이라고 부르는 방식을 빌려와 그것의 궁극적인 본질까지 추적해 파고들 필요는 없다고 했다. 그 본질은 접근할 수 없을 수도 있고, 어쨌거나 직접적인 관련이 없을 수도 있다. 중요한 것은 제대로 작동하는가이다. 힐리는 "양자론이 잘 작동하는 이유는 이런 확률들이 옳은 이유를 설명하는 것이 아니라 옳은 확률을 내놓기 때문입니다"라고 했다.

일상생활에서 우리가 하는 생각은 대부분 실용적이다. 솔직히 말해보자. 당신은 레버를 내리면 변기 물이 내려가는 이유를 알고 있는가? 주식 거래자들은 기업이 무슨 일을 하는지 전혀 모르면서도 자신이 사거나 파는 주식의 상승과 하락을 지켜보며 부자가 된다. 실용주의는 또한 기계 학습이라는 생각과 공명한다. 기계 학습 시스템의 중심 과제는 데이터를 분석하고 예측하는 것이지 실재로서의 세상을 파악하는 것이 아니다. 강아지와 고양이를 분류해내는 신경망에게는 반려동물이라는 개념이 없을 수도 있다. 신경망에게 동물의 모습은 마치 하늘에서 눈이 내리는 것처럼 보이는 픽셀들의 조합일 수 있다.

프린스턴 대학교의 컴퓨터 과학자 엘라드 하잔(Elad Hazan)은 "과학에서 기계 학습 접근법은 현상을 일으킨 실재의 기저에 있는 메커니즘을 찾는 것이 아니라 예측하기 위한 것입니다. 사람에게 의미가 있을 필요는 없습니다"라고 했다. 그는 로봇 팔 제어하기를 예로 들어 설명했다. 공학자들은 로봇 팔을 만들 때 로봇 팔을 움직이게 하는 복잡한 물리학을 적용하지 않고 직접 작업을 수행하면서 배울 수 있도록 제어 장치를 설정할 수 있다. 이런 해결법은 여전히 물리학의 법칙을 따라야 하지만 우리가 일반적으로 공식화하는 운동 법칙과는 닮은 데가 전혀 없는 물리학의 복잡한 메시업•일 수도 있

•   mashup, 여러 자료에서 요소들을 따와 새로운 자료를 만드는 것

다. 하잔은 "팔의 물리적 실재와 정확히 대응하지는 않아도 여전히 팔을 조절할 수 있는 모형을 만드는 것입니다"라고 했다. 언제나 이 해만을 앞세운다면 근사한 로봇 제어 장치와, 그 외에도 많은 것을 잃을 수도 있다.

우리는 양자 물리학에 더 많은 것을 기대하지만 힐리는 어쩔 수 없다는 입장이다. "우리는 양자론이 (자신의) 존재론을 제시하고, 필사적으로 하나를 찾아야 한다고 주장하면 안 됩니다. 내 생각에 그건 헛수고입니다."

푹스는 양자론을 해석하기 어려운 이유는 관찰자의 역할 때문이라고 생각한다. 그는 관찰이 결코 수동적인 행위가 아니라는 사실을 지적한다. 관찰을 하면 우리는 우리를 둘러싼 주변 세상의 무언가와 접촉하며, 이 같은 상호 작용은 우리를 변하게 한다. 우리가 주도하지 않았다면 우리가 얻은 정보는 그것이 무엇이든 결코 존재하지 않았을 것이다. 따라서 우리는 사실을 알아내는 것이 아니라 사실을 창조한다. "이것 때문에 그저 얼얼해지지 않나요? 그러니까, 비유적으로, 아니, 비유가 아닐 수도 있는데, 빅뱅은, 어느 정도는, 바로 여기 우리 주위에 있다는 거니까요. 우리가 하는 행동이 그 창조의 일부인 겁니다!"

푹스의 관점으로 보면 우리는 결코 완벽한 3인칭 관점을 취할 수 있다는 희망을 품을 수 없다. 우리가 연구하는 것과 우리 자신을 분리하는 것은 불가능하기 때문이다. 우리가 하는 행동에는 제1원리로는 분석할 수 없는 되먹임 효과가 있다. 전쟁에서는 어떤 계획도

적과의 접촉에서 살아남지 못한다. 그 같은 상황은 그저 너무나도 복잡하고 유동적이다. 어쩌면 양자계도 그와 같을지 모른다. 우리가 할 수 있는 것은 과거의 관측을 기반으로 미래의 관측을 추론하는 것이다. 다른 관찰자들은 정보원이 다르기 때문에 추론도 다르게 한다. 양자론의 방정식들은 이 정보를 최적의 방식으로 수집하고 분석하려는 일반계(generic system)이다. 푹스는 그런 방정식들이 유일한 추론 방법은 아니지만 우리 세상의 물리학을 작동시키고 있기 때문에 간접적인 방법으로 우리에게 더 깊은 단계에서 일어나고 있는 일에 대한 단서를 줄 수 있기를 바란다.

내가 알고 지낸 20여 년 동안 푹스는 이런 단서들을 한데 묶으려고 애썼고, 얼마 전부터는 로벨리의 관점과는 다르지만 점점 더 자연을 관계의 관점에서 보게 되었다.[39] 하지만 그의 프로젝트에서 이런 측면은 아직 아주 흐릿하다. 푹스는 지금으로서는 양자론으로 밝힐 수 있는 외부 이론에 관한 진실보다 관찰자에 관해 더 분명하게 말할 수 있다. 그가 좀 더 깊은 관점을 분명히 설명해주지 않는데, 큐비즘이 정말로 양자론의 모순을 해결할 수 있다는 걸 어떻게 확신할 수 있을까?

브리즈번의 에릭 카발칸티는 위그너의 사고 실험을 연구하는 동안 큐비즘에 공감하게 되었지만, 그 생각이 썩 마음에 들지는 않는다고 했다. "왠지 단단한 유리 바닥 위를 걷고 있는 것처럼, 여전히 불편한 기분이 듭니다…. 실용주의 설명은 분명 모든 사람을 만족시킬 수 없습니다! 이 세상이 실제로 무엇으로 만들어졌는지를 탐구하는 것이 과학이라고 생각하는 사람이라면 확실히 만족시킬 수 없을 겁니다."

맹세코 과학은 불완전하지만, 적어도 우리는 과학이 우리에게 실재에 관한 이야기를 어느 정도는 해줄 것이라고 기대한다. 예를 들어 전기 이론이 전자에 관한 공식을 세운다면, 우리는 전자를 실제로 존재하는 것으로 받아들인다. 언젠가 마음이 바뀔 수도 있지만, 지금으로서는 그것이 최선의 추론이다. 하지만 양자론에 관한 실용적인 관점은 이 세상이 무엇으로 만들어졌는지에 관한 우리의 생각을 정신없이 떠돌게 한다. 그리고 결국에는 정말로 떠돌아야 할지도 모른다. 그러나 대부분의 물리학자들은 양자 물리학이 아무리 이상하게 보인다 해도 우리 너머에 있는 세상을 밝혀주리라는 직관을 여전히 품고 있다.

우리가 공유한 실재를 만드는 것은 무엇인가?

양자 역학은 빛이 파동과 입자처럼 행동하는 이유를 이해하려는 순수한 소망에서 출발했다. 그리고 실재의 본질뿐 아니라 그것을 이해하는 우리의 능력에도 의문을 제기함으로써 우리를 토끼 굴 깊은 곳으로 끌고 내려갔다. 그러나 사람마다 같은 사건에 완전히 다른 결론을 내릴 수 있음을 강조함으로써 물리학자들은 현재 정반대의 문제에 직면할 수밖에 없게 되었다. 우리가 무언가에 의견이 일치하는 이유는 무엇인가라는 문제 말이다.

보통 우리는 서로 공유한 경험을 단순하게 설명한다. 세상에는 우리와는 독립적으로 존재하는 실재가 있다고 말이다. 당신이 보았고, 내가 보았으며, 우리 사이에 놓인 불일치는 우리의 책임이다. 자료가 더 많거나 조금 더 깊이 생각해보면 서로의 관점 차이는 사라질 것이다. 하지만 양자 역학의 관점적 해석을 옹호하는 사람들은 외부에 존재하는 진리 기준을 포기했다. 당신은 입자가 왼쪽으로 움직이는 것을 보았고, 나는 오른쪽으로 움직이는 것을 보았다면, 우리의 관점은 결코 일치하지 않을 것이다. 상황을 더 나쁘게 하는 것은 이런 어긋남이 이상하게도 우리에게서 감춰져 있다는 것이다. 우리는 차이를 가지고 다니는 존재지만, 직접 만나 글을 공유하면 서로 일치한다는 것을 알게 된다. 심지어 프라우치거와 레너의 사고 실험에서도 다른 사람들이 본 것을 포함하는 논리 사슬을 통해서만 모순이 나타났다. 어떠한 상황에서든 일대일로 교환할 때는 모두가 일치했다. 카발칸티는 "서로 소통한다면 언제나 일치할 것입니다. 같은 장치를 보면서 다른 것을 보는 일은 없을 겁니다"라고 했다. 실재가 개인적이어야 한다는 것은 기이하지만, 다른 관찰자들의 관점은 거의 언제나 서로 잘 어울린다. 마음 상태에 따라 이것은 이런 해석의 특성이 될 수도 있고 버그가 될 수도 있다.

이 해석을 옹호하는 사람들은, 관찰의 상호 일관성이 우리 모두에게 공통인 객관적 실재의 결과로서 자연에 내재되어 있을 필요는 없지만 양자 물리학에서 파생될 수 있다고 생각한다. 그들은 우리의 관찰이 일치하는 이유는 관찰자들도 입자처럼 분명히 얽힐 수 있기 때문이라고 한다. 비판자들은 이런 의견에 회의적이다.[40] 로벨리의 관계 해석과 큐비즘은 오직 단일 관찰자의 측정에 나타나는 일관성만을 보장한다. 만약 내가 한 입자를 측정하고, 같은 입자를 측정하는 당신을 측정한다면, 나는 같은 대답을 얻을 것이다. 하지만 이런 서술은 당신과 내가 같은 것을 보았다고 말하는 서술과는 미묘한 차이가 있다. 도대체 어떤 기준으로 당신은 우리가 측정한 것이 같다고 판단할 수 있을까? 그런 기준은 두 해석을 모두 피하는, 우리와 다른 관점을 필요로 할 것이다.

매사추세츠 보스턴 대학교에서 푹스와 함께 연구하는 양자 물리학자 자크 피에나르(Jacques Pienaar)는 이런 해석들이 상호 일관성을 이루기가 어려운 이유를 연구하고 있다. "관찰자 B의 관점에 대한 A의 표현이 B가 실제로 가지고 있는 관점을 정확하게 표현하고 있음을 보증해주는 것은 아무것도 없습니다." 피에나르의 말이다. 실제로 여기서는 이상한 음모론을 만날 수 있다. A가 B와 같은 관점을 갖게 되는 이유는 오직 하나, A가 B의 기억을 지우고 B의 기억 위에 자신의 기억을 적는 것이다.[41] 따라서 이런 해석들에는 에버렛이 처음 제안한 해석과 마찬가지로 동일한 자기 부정이라는 특징이 있다. 양자 역학을 객관적 사실로 받아들이지만 객관적 사실의 범주는 부정하는 것이다. 이 점을 지적한 웨스턴 온타리오 대학교의 에밀리 아들람(Emily Adlam) —— 물리학자였다가 철학자가 되었다—— 은 간신히 로벨리를 설득할 수 있었다. "오랫동안 로벨리와 논쟁해야 했어요." 아들람의 말이다. 두 사람은 관찰자들이 공통점을 찾을 수 있도록 로벨리의 해석에 비관계적 요소들을 첨가했다.[42] 큐비즘을 지지하는 피에나르도 상호주관적 일치를 보장하려면 큐비즘을 수정할 필요가 있을지도 모른다고 생각한다. "큐비즘은 행위자들이 측정 결과를 공유한다고 가정하는 것이 가능하며 또 바람직하다고 나는 생각합니다. 하지만 이것은 추가 가정이 되어야 할 것입니다."

양자론과 의식의 접점(interface)을 연구하고 있는 베를린 페노사이언스 연구소(Phenoscience Laboratories)의 생물학자 얀 발렉첵(Jan Walleczek)은 양자론이 의식에 관한 어려운 문제를 완전히 뒤집어 놓는 방식에 감동했다. 과학자들은 오랫동안 "어떻게 우리의 주관적 경험이 그들의 객관적 이론에서 흘러나올 수 있는가"라는 질문을 두고 당혹스러워하지만, 어쩌면 그 질문은 완전히 거꾸로 된 것일 수도 있다. 발렉첵은 "내가 늘 의문을 갖는 것은 이것입니다. '어떻게 객관적일 수 있지?' 객관성이라는 것은 내게 완전히 마법처럼 느껴집니다"라고 했다. 이런 수수께끼를 풀려면 우리 생각을 완전히 뒤집는 반전이 필요할 수도 있는데, 그 같은 반전에 대한 단서는 물리학의 또 다른 분야인 우주론에서 찾을 수 있다.

6

———

우주를
생각한다는 것

긴 시간 동안 여러 학자들의 강연을 들은 뒤에 양자 물리학자 마르쿠스 뮐러(Markus Müller)와 나는 호텔 바로 갔다. 2018년이었고, 칼 프리스턴과 함께 기차를 타고 온 다음 날이었고, 신경과학자와 마음 철학자, 물리학자들이 모인 워크숍에 참가한 날이었다. 참가자 대부분이 물리학자들에게 간청했다. 마음을 이해하려는 다른 학문을 도와달라고. 뮐러는 다음 날 물리학자에게도 도움이 필요하다는 내용으로 발표를 할 예정이었다. 뮐러는 "사람들이 분명하게 말하는 의식에 관한 어려운 문제가 있습니다. 그들은 '우리가 이런 실제 경험을 하고 있다는 사실이 놀랍지 않아? 그런데 그 경험을 물리적으로 어떻게 설명해야 하지?'라고 말합니다. 하지만 나는 그 문제는 물리학 내부와 주위에 산재해 있는 수많은 문제 가운데 하나일 뿐이라고 주장할 것입니다"라고 했다.

이런 학문의 교차로에서 연구하는 많은 물리학자처럼 뮐러도 자신을 변하게 한 경험 때문에 마음에 관심을 갖게 되었다. 1990년 대 독일은 여전히 군복무 의무가 있었지만 뮐러는 많은 젊은 남자들 처럼 대체 근무제를 지원했다. 그가 배치받은 곳은 시력과 인지 능력에 문제가 있는 아이들이 다니는 뉘른베르크의 한 특수 학교였다. 그곳에는 거의 먹지도 마시지도 않는 네 살짜리 여자아이 미아가 있었다. "그곳에 갔을 때 나는 미아가 앞으로 몇 년밖에 살지 못할 거라는 말을 들었습니다." 장애가 없는 사람들이 흔히 그렇듯 뮐러도 미아가 자기 연민에 푹 빠져 있을 거라고 생각했다.

하지만 뮐러가 만난 미아는 명랑한 어린 소녀였다. 의지를 가지고 길을 찾아가는 아이였다. "잘 움직이지 못했죠. 한 팔만 움직일 수 있었어요. 바닥에서 장난감을 가지고 놀 때는 항상 원을 그리며 움직였어요." 그는 미아가 먹지도 마시지도 않으려는 것은 병리 현상이 아니라 평범함임을 알아챘다. 미아가 아니더라도 브로콜리를 기꺼이 먹는 네 살 아이는 없었다. 그래서 뮐러는 게임을 만들었다. "내가 '바'라고 대답하면 미아는 '바 바 바!'라고 대답하는 그냥 말장난이었어요. 몇 번 소리를 내고 나면 미아는 물을 한 모금 더 마셨죠."

대체 복무를 끝낸 뒤에도 뮐러는 가끔 특수학교를 찾아갔고, 몇 년 전 신문에서 미아의 부고 기사를 읽었다. 의사들의 예상과 달리 미아는 스무 살까지 살았다. 물리학을 연구하는 동안 미아와 다른 아이들과 함께 한 경험은 늘 그의 마음속에 남았다. "그 아이들 때문에 나는 늘 우리는 누구인가라는 생각을 하게 됐습니다. 사람으로 살아간다는 건 어떤 의미인가도 고민하게 됐지요. 이 세상에 존재한다는 것의 의미도 그렇고요." 이런 인본주의 고민들은 물리학의 영역이 아닌 것처럼 보이지만, 그는 그런 고민들을 풀어나가는 것이 결국 우리가 물리학을 연구하는 궁극적인 이유라고 생각한다.

빈에 있는 양자 광학과 양자 정보 연구소에서 근무하는 뮐러는 양자 역학이 실재에 관해 무엇을 드러낼 수 있는지를 탐구한다. 뮐러는 "이 같은 통찰력은 평범한 감각으로 그릴 수 있는 이 세상에 대한 순진한 모습을 깨뜨릴 수 있게 해줍니다"라고 했다. 우주론도 뮐러를 사로잡았다. 우주라는 거대한 규모를 연구하는 과학자들은 물질의 가장 작은 구성단위를 연구하는 사람들만큼이나 안과 밖 문제를 두고 씨름한다. 두 극단을 연구하는 과학자들은 물리학이 전통적으로 추구하는 객관적 관점과 관찰자의 내재된 경험이, 다시 말해서 이 세상을 바라보는 3인칭 관점과 1인칭 관점이 조화되기를 바란다.

이렇게 엉킨 수수께끼를 풀기 위해 뮐러는 안과 밖이 뒤집힌 물리학을 다시 상상해보라고 제안한다.[1] 3인칭 서술로 시작해 그것이 어떻게 1인칭 서술을 불러오는지를 묻지 말고, 1인칭 관점으로 시작해 3인칭 관점을 재구성하기까지 얼마나 멀리 갈 수 있는지를 보라고 한다. "우리에게는 관찰자 단계에 직접 작용하는 기본 법칙들이 있으며, 세상은 창발 현상일 수 있습니다." 뮐러만큼 멀리 간 사람은 거의 없지만 우주학자들은 대부분 우주에 관한 이론은 다른 모든 것만큼이나 우리에 관한 것임을 받아들이고 있다.

우주는 크다, 정말로 크다

현대 우주학에서 이룩한 세 가지 발전은 우주에서의 우리 위치를 곤경에 빠뜨렸다. 첫 번째 발전은 과학자들이 우주가 크다는 사실을 깨달은 것이다. 우주가 크다는 사실 자체는 그다지 놀라운 일이 아닐 수도 있지만, 새로운 발견을 할 때마다 우주가 계속 커지고 있다는 사실은 놀랍다. 1세기 전에 천문학자들은 우리은하가 전체 우주이며, 우주의 크기는 수십만 광년쯤 될 거라고 생각했다.[2] 그러나 현대 전파 관측 장비로 관측한 우주 구조(조밀하게 모여 있는 원시 수소 밀집 구역)는 우주 크기가 460억 광년이라고 한다. 한 가지 추정에 의하면 그 거리 안에 존재하는 은하의 수는 2조 개에 달한다.[3] 우주의 크기는 그 자체로는 우주학과 거의 관계가 없다. 우주의 크기를 정의하는 것은 오히려 지질학적이고도 진화적인 시간 규모다. 우리은하와 행성이 생겨나고 사람이 진화하기까지는 138억 년이 걸렸고, 그 시간 동안 빛은 특정한 비율로 특정한 거리와 공간까지 이동했다.[4] 만약 우리가 이 대화를 50억 년 전에 했다면, 우리는 우주의 반지름이 200억 광년이라고 말했을 것이다. 따라서 우리는 우리가 관찰할 수 있는 우주의 크기를 전체 우주 크기의 하한선이라고 생각해야 한다.

게다가 실제로 우리가 볼 수 있는 바깥 한계선에서 우주가 끝난다는 징후는 없다. 은하와 은하의 전 단계 천체들은 저 너머 바깥 공간을 가득 채우고 있다. 닫힌 구 모양의 우주를 만들려고 공간이 다시 방향을 틀어 되돌아가는 모습은 어디에서도 관찰되지 않았다. 수평선 밑으로 사라지는 배에 비유할 수 있는 현상도, 빛이 되돌아오기 위해 하늘을 맴도는 패턴도 발견하지 못했다. 우주가 그런 식으로 구부러져 있다면 결국 평행선은 만날 테고, 삼각형의 세 각의 합은 180도가 되지 않을 것이다. 과학자들은 자연 발생하는 측정자로서의 우주 구조를 이용해 그런 기하학 변이를 찾고 있지만, 측정의 정밀도 내에서는 그런 곡률이 있다는 징후를 찾지 못했다. 그렇다고 우주가 구처럼 생겼을 가능성을 완전히 배제할 수는 없지만, 우주가 구처럼 생겼다면 구의 부피는 우리가 관찰한 우주의 부피보다 100배는 더 커야 한다.[5]

우주학자들은 자신들의 기하학 분석을 혼란스럽게 하고 우주를 실제보다 훨씬 더 커 보이게 하는 프레첼 비스킷 모양의 복잡한 우주 구조도 배제할 수는 없지만,[6] 다른 증거들 또한 우주는 방대하다고 말한다. 460억 광년을 똑바로 바라보는 것 외에도 우리는 하늘을 가로지르는 우주의 옆면도 볼 수 있다. 시각이 미치는 범위가 끝나가는 부근에서 은하나 은하 생성 이전의 가스 덩어리를 볼 수 있고, 망원경 방향을 바꿔 또 다른 은하나 가스 덩어리를 볼 수도 있다. 우리 하늘에서 이 두 은하가 특정 거리 이상 떨어져 있다면 두 은하는 너무도 멀리 떨어져 있어서 138억 광년은 빛이 두 은하 사이를 가로지르는 데 충분한 시간이 아니게 된다. 다시 말해서 우리는 서로를 볼 수 없는 두 은하를 볼 수 있는 것이다.

신기한 점은 그런 두 은하가 상당히 비슷해 보인다는 것이다. 빛도 물질도 힘도 두 은하 사이를 가로지를 수 없는데, 어째서 두 은하는 서로 닮아 있을까? 그 대답은 아직도 논의 중이지만 우주학자들 대부분은 시간이 흐르면서 커진 우주의 팽창 방식과 관계가 있을 것이라고 생각한다.[7] 지금 우주는 상당히 안정된 속도로 성장하고 있다. 하지만 오래전에 급성장이 있었다면 한때는 아주 가까이에서 서로에게 영향을 미쳤다가 서로 갈라져 멀어졌을 수도 있다. 이런 우주적 인플레이션 과정은 우주를 미친 듯이 크게, 어쩌면 무한히 크게 만들었을 것이다.

자연에는 진짜 무한이 있을 수 없다고 생각할 수도 있지만, 인플레이션은 자기 증식 과정이다. 우리가 보고 있는 공간은 460억 광년 범위에서 끝나지만 우리가 보지 못하는 그 너머에도 공간은 계속 이어진다. 한 곳에서는 진압되었지만 새로운 불씨를 계속 퍼뜨리면서 확장하는 산불처럼 말이다. 우주의 급성장은 영원히 계속될 수도 있다. 사실 우주는 이미 영겁의 시간을 성장해왔으며, 138억 광년이라는 시간은 그저 우리 우주가 차지한 공간의 시간일 수도 있다.[8] 정말로 그렇다면 우주는 끝이 없는 상태로 늘어날 것이다. 산타크루즈 캘리포니아 대학교의 우주학자 앤서니 아기레(Anthony Aguirre)는 "한계가 있다면 편하겠죠. 하지만 나에게는 영원한 인플레이션이 무한한 우주를 만들고 있는 것 같고, 영원한 인플레이션 같은 일은 지금도 일어나고 있고, 과거에도 일어난 것 같습니다. 나는 자연이 우리 얼굴에 무한을 문지르고 있다고 느낍니다"라고 했다.

타자기 치는 원숭이 같은 우주

우주학자들에게 우주에서의 우리 위치를 다시 생각하게 만든 두 번째 문제는 물리학이 무작위적이라는 것이다. 은하는 아무렇게나 흩어져 있는 가스들이 한데 뭉쳐 생성되었다. 물리학의 법칙은 더 많은 무작위성을 내놓았다. 한 가지 상황은 서로 다른 확률을 가진 여러 방법으로 전개될 수 있다. 광대한 우주 전역에서 자연은 수없이 많이 주사위를 던졌고, 그 때문에 우주는 '타자기 치는 원숭이'• 같은 측면을 갖게 되었다.[9] 주사위 결과에 따라 패턴이 생겨나고, 다시 생겨났다. 일어날 수 있는 일이라면 무슨 일이든 일어났다. 유일한 문제는 어디에서 일어나는가이다.

게다가 세 번째 문제도 있다. 물질의 분산 정도와 사건의 결과뿐만이 아니라 자연의 법칙도 무작위다. 그에 대한 한 가지 단서는 이런 법칙들이 겉보기에는 임의적인 양으로 가득 차 있다는 것이다. 꼭대기 쿼크(quark)의 질량은 전자의 질량보다 33만 8,600배 크다. 강한 핵력은 전자기력보다 137만 360배 세다. 우주에는 물질보다 암흑에너지가 2.2배 더 많다. 이런 수들에 어떤 논리가 담겨 있는 것

●　무한성에 기초한 정리로, 원숭이가 타자기를 무한히 치다 보면 불가능해 보이는 일도 이루어질 수 있다는 뜻

같지는 않다.

사실 물리학자들이 인식할 수 있는 유일한 패턴은 이런 값들이 우리와 관계가 있다는 것뿐이다. 여기서 '우리'란 사람을 특정하는 것이 아니라 어떤 모습이든 복잡한 구조를 지닌 존재를 의미한다. 이런 양(quantity)들이 은하가 합쳐지고, 항성이 빛나고, 우주가 붕괴되지 않도록 지탱해준다. 상상할 수 있는 모든 형태의 생명체가 존재하려면 반드시 선행되어야 하는 전제 조건이 바로 이런 양들이다. 관찰된 값과 다른 값은 많은 경우 생명의 진화 과정을 막아 우주를 생명체가 살 수 없는 곳으로 만든다.

비록 최근에는 우주학자들이 이런 양들이 실제로 얼마나 중요한지에 관해서는 기존 입장을 철회하고 있지만, 많은 사람이 소위 인류적 우연(anthropic coincidence)의 일치라고 하는 이런 양에 관한 글을 썼다.[10] 어떤 양에게는 자유 재량권이 아주 많음도 밝혀졌다. 이 양은 생명을 파괴하기 전에 상당히 달라질 수 있다. 미세하게 조정되는 것처럼 보이는 양에는 결국 우리와는 아무 상관 없는 자신만의 논리가 어느 정도 있음이 밝혀질 수도 있다. 입자 물리학자들은 그에 관해 감질나는 단서들을 이미 조금 찾아냈다.[11]

하지만 더 나은 생각이 떠오르기 전까지 물리학자들은 그런 값들이 우리가 존재하는 데 필요한 조건에 맞게 조정되었다고 잠정적으로 가정할 것이다. 왜냐하면 1장에서 언급한 것처럼 관찰자 선택 효과가 있기 때문이다. 이 같은 관점에서는 입자의 질량을 비롯한 물리량들은 자연의 고정된 속성이 아니라 수십억 년 전, 현재 값으로 고정되기 전까지 주가처럼 오르내렸던 변수들이다. 고정되는 값은 무작위로 선택되었고, 그 결과는 지역에 따라 다양하다. 우주의 다른 부분은 우리와는 다른 값으로 고정되었고, 많은, 아마도 대부분의 지역은 은하와 항성, 지각 있는 관찰자들의 발달을 지탱할 수 없는 황량한 곳으로 남았을 것이다. 암흑 에너지의 양은 특히 중요하다. 아주 많은 양이 아니어도 암흑 에너지는 모든 것을 파괴할 수 있다.

이 같은 관점으로 보는 우주에는 다른 법칙의 지배를 받는 물질들로 이루어진 고립된 섬 무리가 있다. 단일 우주가 아니라 다중 우주가 있는 것이다. 우리가 행복한 섬들 가운데 한 곳에서 우리 자신을 찾을 수 있는 이유는, 우리를 태양계의 다른 행성이 아닌 지구에서 찾을 수 있는 것과 상당히 비슷하다. 단순히 말해서 그래야 하기 때문이다. 지구 외의 태양계 행성은 너무 뜨겁거나 너무 차갑거나 말 그대로 지독하게도 비참하다. 우리의 관찰은 우리가 없다면 관찰할 수 없다는 단순한 사실 때문에 편향된다. 따라서 우리가 관찰하는 값을 설명하려면 우주학자는 관찰자를 자신의 실험 예측에 포함시켜야 한다. 그 때문에 우주가 크면 클수록 우리의 본성이 우주를 이해하는 데 더욱 중요해진다는 모순이 생긴다.

이 같은 상황은 양자 역학에서 일어나는 일과 묘하게 닮았다. 5장에서 나는 많은 물리학자가 양자 세상을 일종의 다중 우주라고 생각한다고 했다. 반은도금한 거울에 부딪힌 광자가 거울을 통과해 나가거나 거울에 반사될 수 있다면 우리가 그 가운데 한 결과만을 본다고 해도 광자에게는 두 일이 모두 일어났다고 생각해야 한다. 일어날 수 있는 일이 모두 일어나는 것이다. 양자 역학의 경우, 두 상황의 가장 큰 차이점은 이런 다중적인 결과가 모두 같은 부피의 공간에서 일어나며 접근하기 어렵다는 것인다. 그 이유는 두 결과가 멀리 떨어져 있기 때문이 아니라 양자 파동이 접촉하지 않고 서로 겹칠 수 있기 때문이다. 통과하는 광자의 파동과 반사하는 광자의 파동은 유령처럼 서로를 통과할 수 있으며, 그곳에 다른 파동이 있다는 사실조차 알아채지 못한다. 그러나 관찰자에게는 효과가 같다. 대안 결과가 우리에게 숨겨져 있는 이유가 서로 너무 멀리 떨어져 있기 때문인지 상호 작용하지 못하기 때문인지는 중요하지 않다.

저 밖에, 또 다른 당신이 있다

방대한 다중 우주는 실제에 대해 물리학자들이 생각하는 방식을 바꿔놓았다. 물리학 법칙이 무엇을 예측하는지 말하는 것으로는 충분하지 않게 되었다. 물리학 법칙은 모든 것이 어딘가에서는 일어날 것이라고 예측하기 때문이다. 그보다는 당신을 위해서는 무엇을 예측하는가를 알아야 한다. 동전을 던지면서 '앞면이나 뒷면이 나오는가?'라고 물으면 물리학은 '그렇다'고 대답할 것이다. 어떤 장소에서는 앞면이 나올 테고 다른 곳에서는 뒷면이 나올 것이다. 당신이 보는 것은 당신이 어디에 있는 누구인지가 결정한다.

더 넓은 관점에서 보면 당신의 위치에 대한 정보는 '지표(indexical)'라고 할 수 있다. 다중 우주에서는 모든 정보가 궁극적으로는 지표다. 동전을 던지자 앞면이 나왔음을 안다고 해서 동전에 관해 알 수 있는 것은 없다. 다중 세상의 어딘가에서는 뒷면이 나왔기 때문이다. 그보다는 당신이 있을 수 있는 위치를 제한하는 역할을 한다. 아기레는 "그 누구도 그다지 많이 생각하지 않는 이 이상한 종류의 지표 정보가 우리가 가질 수 있는 유일한 정보일 수 있다는 사실이 나에게는 정말 놀랍습니다"라고 했다.

일단 지표 정보에 대해 생각하기 시작하면 크고 작은 수수께끼를 이해하게 된다. 슈퍼마켓이나 도로 요금소에서 줄을 서 있는데, 다른 줄이 더 빨리 줄어드는 것 같은 짜증스러운 상황을 생각해보자. 이런 상황이 벌어지는 이유는 직원이 잘못하기 때문이라거나 당신이 운이 나쁘기 때문만은 아니다. 가끔은 지표 효과(indexical effect) 때문에 그런 일이 벌어진다. 줄이 느린 곳에 사람이 더 많으므로 당신도 거기에 있을 가능성이 더 높은 것이다.[12]

당신이 당신에게 필요한 지표 정보를 반드시 가지고 있을 필요는 없다는 것이 상황을 이상하게 만든다. 당신은 아마도 당신이 있는 장소와 당신이 누구인지를 알고 있다고 생각할 것이다. 하지만 확신할 수 있는가? 공간이 너무 크면 일어날 수 있는 일은 모두 일어날 뿐 아니라 일어난 일이 계속해서 거듭 일어난다. 우주가 충분히 크다면 지구를 만들고, 사람을 만들고, 당신을 만든 조건은 다른 곳에서도 복제될 것이다. 그곳에는 당신의 사본이 있을 것이다. 당신과 모든 점에서 같은 방식으로 행동하고, 당신의 이름을 부르면 대답할 생명체가 존재할 것이다. 당신의 우주적 도플갱어 중에는 아주 조금은 달라서 물리적으로 가능한 모든 변이를 구현하고 있는 존재도 있을 것이다. 당신은 물리학의 법칙들이 당신에게 무슨 말을 하는지를 결정해야 할 뿐만 아니라 당신이 심지어 유일하지도 않다는 불편한 사실을 대면해야 한다.

바로 여기에서 물리학이, 내가 철학에서 가장 좋아하는 주제와 만난다. 개인 정체성(personal identity)이라는 주제 말이다. 아침에 일어났을 때 당신은 자신이 어젯밤의 그 사람과 같은 사람임을 어떻게 확신하는가? 여러 부분으로 구성된 당신의 뇌는 어떻게 단일한 자아를 형성하는가? 해리성 장애처럼 뇌가 단일한 자아를 형성하지 못하면 어떤 일이 벌어질까? 오랜 시간 철학자들은 이런 문제를 해결하려고 독창적인 사고 실험들을 고안해왔다. 영화 〈프리키 프라이데이(Freaky Friday)〉의 계몽주의 시대 판 사고 실험에서 철학자 존 로크(John Locke)는, 자신이 구두 수선공의 몸에 들어왔음을 알게 된 왕자를 상상했다.[13] 안과 밖 문제의 극적인 예시라고 해도 좋을 사고 실험이다. 구두 수선공이 자신이 왕자라고 주장하면 그는 궁전으로 들어갈 수 있을까? 아니면 그저 좋은 치료사가 필요한 구두 수선공일 뿐일까? 로크는 또한 한 사람의 마음을 복제해 새로운 몸에 넣어서 같은 사람이라고 주장하는 두 존재를 만드는 상상도 했다.[14]

당신이 여러 명이라는 상황이 의미하는 바는, 당신이 앞으로 보게 될 것을 예측하기 위해 물리학 법칙을 적용하려고 할 때면 반드시 '어떤 당신이 보고 있는지'를 질문해야 한다는 뜻이다. 우주의 이런 실증적인 상태는 '현재 위치'를 화살표로 가르쳐주는 중요한 표지가 없는 지도와 같다. 그 화살표가 어디에 있어야 하는지를 물리학 법칙이 알려주지 않기 때문이다. 뮐러는 내게 "그런 실패를 하는 이유는 '당신에게 무슨 일이 일어났는가?'라는 질문이 그저 물리 세계에 관한 질문은 아니기 때문입니다. '이 입자는 어디에 있게 될까?'라거나 '미분 방정식은 여기저기에서 무엇을 예측하는가?'와 같은 단순한 문제가 아닙니다. 종류가 다른 문제입니다"라고 했다.

정신없는 운전자 역설

1990년대에 철학자와 경제학자들은 우리가 지표 정보를 잃어버리고 어디에 있는지를 확신하지 못할 때 생길 일에 매료되었다.[15] 이런 불확실성은 우리가 내리는 논리적 판단에 혼란을 주고, 마찬가지로 그럴듯한 논리들을 상충되는 결론으로 이끈다. 이런 수수께끼 중에는 구식이 되어버린 것도 있지만 '정신없는 운전자 역설'은 여전히 진실을 담고 있다.[16]

당신이 고속도로를 타고 배우자 가족의 집으로 가고 있는데 내비게이션이 작동하지 않아 구식 도로 표지판을 따라 차를 몰고 있다고 생각해보자. 도로에는 빠져나갈 수 있는 옆길이 두 개 있다. 한 길은 아주 길게 돌아가는 길이고, 나머지 하나는 지름길이다. 당신이 두 길을 모두 놓치고 계속 직진한다 해도 결국 목적지에는 도착할 수 있다. 길게 뻗은 세 번째 길의 길이는 긴 길과 지름길의 중간 정도다. 당신은 지름길을 선호하지만 현재 위치를 파악할 수가 없어서 어느 길로 빠져나가야 할지 판단을 내릴 수가 없다. 그래서 어디에 있는지도 알지 못한 채 계속 달리다가 고속도로에서 빠져나왔다. 당신은 그런 상황을 받아들일 수 있는가?

여기서 역설은 최적의 행동 방침은 당신이 먼저 계획하는가, 아니면 출구를 보는 순간에 결정하는가에 달려 있다는 것이다. 미리 계획을 세운다면 출구를 선택할 때 제일 처음 나오는 곳을 선택할 것이다. 하지만 세 길 가운데 가장 나쁜 길일 수도 있다. 그래서 당신은 어떤 길도 택하지 않겠다고 다짐한다. 그냥 곧은 길을 따라 곧장 가는 것이 가장 좋은 선택이다. 하지만 일단 고속도로를 달리다가 출구가 보이면 모든 것이 다르게 느껴진다. 당신은 생각한다. 아니, 어쩌면 이미 출구 하나를 지나왔는데 그 사실을 잊었는지도 모른다. 따라서 저 출구는 지름길일 가능성이 있다. 확률은 반반이다. 이제는 출구를 빠져나가는 것이 현명한 선택처럼 느껴진다.

심리학자들도 비슷한 시나리오로 실험을 구상했다. 실험 참가자에게 농구 시합을 보면서 선수들이 공을 주고받는 횟수를 세게 하는 동안 고릴라가 농구장을 지나가게 만드는 유명한 고릴라 실험처럼, 참가자들이 정해진 시간 안에 다른 과제를 수행하면서 주어진 질문에 대답하게 함으로써 정신이 없는 상황을 만들었다. 자신들의 산만함을 알고 있던 참가자들은 미리 계획을 세웠을 때보다 과제를 직접 수행할 때 고속도로 출구 나가기와 같은 결정을 더 많이 했다.[17]

양자 역학의 다중 세계 해석을 발전시킨 물리학자들은 이런 시나리오를 십분 활용했다. 운전자의 상충하는 전략들은 우주론과 양자론에서의 다중 우주 확률을 계산하는 다양한 방법에 빗댈 수 있음을 알게 되었기 때문이다.[18] 정신이 나가 당신이 어디에 있는지 잊어버릴 때마다 당신은, 누가 누구인지 확신할 수 없는 다중 우주에서의 당신들이 하고 있는 동일한 경험을 재현하고 있는 것이다.

이런 연구자들은 양자 물리학의 불확정성은 지표적이라고 생각한다. 광자가 반은도금한 거울에 부딪혔을 때 방정식은 일어날 일에 대해 일말의 의심도 남기지 않는다. 광자는 중첩 상태에 들어간다. 하지만 당신이 관찰할 것에 대해서는 엄청난 의심으로 가득 차 있다. 5장에서 살펴본 것 같은 양자론의 많은 다중 세계 해석에서 보았듯 그 이유는 당신의 사본 가운데 몇은 광자가 거울에 부딪혀 반사되는 모습을 보고, 몇은 거울을 통과하는 모습을 보기 때문이다. 당신은 어떤 당신이 무엇을 볼지 모르기 때문에 두 사태를 모두 허용해야 한다. 양자론으로 생성되는 확률은 당신을 위한 것이지 광자를 위한 것이 아니다.

다중 세계 해석의 주창자인 우주학자 맥스 테그마크는 "우주에 진짜 무작위성은 없습니다. 하지만 보는 사람의 눈에는 무작위처럼 보일 수 있습니다"라고 했다. 그는 양자적 불확실성을 지표적 불확실성으로 해석하는 작업을 아기레와 함께 하고 있다.[19] "당신에게 어떤 복제 메커니즘이 있다면 관찰자는 그들의 복제 여부에 관해 객관적인 무작위성을 인지할 것입니다…. 그 무작위성은 당신이 자신의 위치를 스스로는 찾을 수 없음을 반영합니다." 테그마크의 말이다. 이 같은 논리로 당신은 당신의 도플갱어를 결코 만나지 못하겠지만,

당신은 분명히 무작위적인 무언가가 일어나고 있을 때마다 그들의 존재를 느낄 것이다.

간단히 말해서 정체성 문제는 그저 철학적인 자기 응시(navel-gazing)가 아니다. 과학을 위해 분명히 실재하는 결과들이다.

볼츠만 뇌의 공격

당신은 정신없는 운전자 같은 문제에서 당신이 어디에 있는지, 당신이 누구인지도 모를 수 있지만 적어도 일부러 바보가 되는 상황을 택하는 것은 아니다. 그런데 그조차도 확신할 수 없는 상황이 있다. 데카르트는 당신이 경험하는 세상은 사악한 악마가 만든 환각일 수 있다고 걱정했다.[20] 이 추론은 '통 속의 뇌' 이야기 등을 다룬 문학 작품으로 이어졌고, 그중 영화 〈매트릭스〉가 가장 유명하다.

오늘날 이런 시나리오에는 보통 인공 지능이 포함된다. 나는 인지 과학자 조샤 바흐(Joscha Bach)에게 기계에 사람의 마음을 복제해 넣는 작업이 얼마나 어려울지 물었다. 그는 "사실, 아주 쉽습니다"라고 했다. "당신이라고 생각하는 기계를 만드는 것은 필요하기도 하고 충분하기도 합니다." 바흐는 로크의 정체성 이론을 지지한다. 로크의 이론에 따르면 당신이 어제 존재한 사람을 당신 자신이라고 여기는 이유는 몸이 같기 때문이 아니라 그 사람이었음을 기억하기 때문이다. 기억이 사람을 만든다.[21] 고등한 AI 시스템은 당신의 뇌를 구현할 수 있고 — 적어도 몇몇 의식에 관한 이론에 따르면 — 당신처럼 지각하게 할 수도 있다. 당신을 파괴하지 않고 당신의 기억만 기계로 모두 옮기는 것은 어떤 기술을 개발한다 해도 불가능한 일이기 때문에 당신의 뇌를 모두 복제할 수는 없다. 하지만 당신과 심리적으로 연속하는 감각을 지닐 수 있을 정도로는 충분히 당신의 기억을 기계에 심을 수 있다. 바흐는 내게 "당신의 정체성은 오직 당신이 어제와 같은 사람이라고 말하는 기억에 의해서만 주어집니다"라고 했다. "그거면 됩니다. 내가 임의의 어떤 시스템에 어제 그 시스템이 당신이었다는 기억을 심어주면, 그 시스템은 자신이 당신이라고 생각하게 될 겁니다."

한 두뇌 시뮬레이션 사고 실험에서는 미래의 기술 회사들이 한 뇌만이 아니라 여러 뇌를 한꺼번에 재현한다. 그런 회사들은 독특한 진짜 당신과 대비되는 십여 개가 넘는 당신을 재현할 수 있다. 그러니 각오하자. 이미 당신은 실제가 아니라 가상일 가능성이 크다.[22] 그나마 다행이라면 21세기를 살고 있는 사람들의 사본을 모두 취급할 정도로 방대한 데이터 센터를 구축하는 일은 23세기의 일론 머스크가 나선다고 해도 엄청난 작업이 되리라는 점이다. 23세기의 일론 머스크는 그런 일을 할 만큼 우리 인류가 가치 있는 존재가 아님을 깨달으리라고 믿는다.

그러나 우주학은 통 속의 뇌 버전이 자연스럽게 발생하리라고 예측한다. 우주가 충분히 오래 지속된다면 우주는 에너지를 낭비하고, 결국 우주학자들이 열사(heat death)라고 부르는 상태로 퇴보할 것이다. 활동이 완전히 멈추지는 않지만 완전히 무질서해질 것이다.

본질적으로 완료된 일은 빠르게 무너질 것이다. 우리는 열사를 향해 착실히 나아가고 있다. 은하 생성 과정은 기본적으로 이미 끝났고, 항성 생성 과정은 가장 활발했을 때보다 열 배 정도 생성 속도가 느려졌으며, 핵반응 같은 에너지의 농축된 형태는 열과 같은 낮은 등급의 형태로 바뀌고 있으며, 비참하게도 공간이라는 직물 자체도 낡아서 찢어지는 모습을 보이고 있다.[23] 공간이 찢어지고 있는 이유는

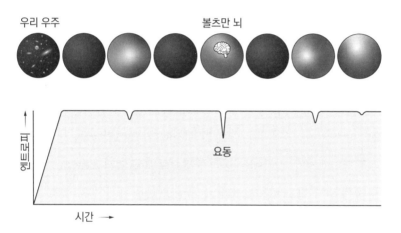

볼츠만 뇌. 항성이 연료를 모두 소비하고 우주가 유용한 에너지를 모두 잃으면, 항성과 우주는 사라지지 않고 지속되는 한 엔트로피가 최대에 가까운 상태를 유지할 것이다. 어쩌면 영원히 이런 상태를 유지할 수도 있다. 엔트로피가 최대인 상태에서는 가끔 무작위 요동은 일어날 수 있지만, 더는 어떠한 사건도 일어나지 않는다. 그런데 아주 가끔, 이런 요동이 뚜렷하게 구별할 수 있는 구조를, 심지어 볼츠만 뇌라고 부르는 의식이 있는 존재를 생성하기도 한다. 영원이라는 시간 동안 그런 일시적인 존재들이 생성되고 또 사라질 것이다. 많은 우주학 이론은 당신이 평범한 우주 진화의 산물이 아니라 그런 존재일 가능성이 더 크다고 예측한다.

우주가 가속 팽창했기 때문인데, 이 찢어진 공간은 우주학자들이 드 지터 기하학(de Sitter geometry)이라고 부르는 공간으로 바뀌어 가고 있다. 드 지터 공간은 한 마디로 '공간의 열사'를 말한다.[24]

열사에 든 우주는 살며시 휘저어지면서 경련하는 시신이 된다. 마구 돌아다니는 입자들은 가끔 한데 합쳐지겠지만 곧 갈라져버린다. 열사의 우주에는 일시적인 구조가 나타날 기회가 아주 많다. 빙글빙글 돌아가는 가스 구름은 사람 모양의 존재를 만들기도 한다. 그저 형태만이 아니라 생각하고 기억하고 느끼는 진짜 사람을 만든다. 이 유령 같은 존재는 '볼츠만 뇌'라고 불리는데, 열사에서 일어날 수 있는 일을 처음으로 추측한 사람이 루트비히 볼츠만(Ludwig Boltzmann)이기 때문이다.[25]

입자들의 무작위 충돌에서 사람이 자발적으로 생성될 가능성은 극히 낮겠지만, 영원이란 아주 긴 시간이다. 볼츠만 뇌는 산발적으로 존재하겠지만, 결국에는 구식 방법으로 만들어낸 모든 뇌보다 훨씬 많은 뇌가 만들어질 것이다. 수치로 보았을 때 당신도 볼츠만 뇌 가운데 하나일 가능성이 크다. 실제로 확률적 측면에서 보면 당신은 1밀리초 전에 생성되었고, 1밀리초 뒤에 사라질 가능성이 높다. 안락한 행성에서 오랫동안 행복하게 살았다는 당신의 모든 기억은 거짓이다. 언제라도 베일은 벗겨질 수 있다. "볼츠만 뇌의 문제는, 지금 당신이 이 행성에 있다고 생각하다가도 갑자기 깨달을 수 있다는 겁니다. 아, 난 지금 우주에 있어. 나는 무작위 요동이야. 우와와와! 그러다가 사라지는 거죠." 마르쿠스 뮐러의 말이다.

이런 뇌들 제거하기

물론 우주학자들은 실제로 우리가 볼츠만 뇌라고는 생각하지 않는다. 그렇게까지 미치지는 않았다. 오히려 그들은 이런 괴짜 뇌에 대한 예측을 자신의 이론에 문제가 있다는 신호로 받아들였다. 관찰에 기반한 이론은 관찰이 가짜라는 결론에 도달하지 않는 것이 낫다.[26] 다시 말해 볼츠만 뇌는 경험과 일치하지 않는다. 우리는 우리 자신의 정신 상태에 관해 속고 있을 수도 있고, 실제로 우리가 오랫동안 죽어 있는 우주의 경련일 수도 있지만, 정말로 그렇다면 우리는 교수라는 직업을 버리는 게 나을 것이다.

따라서 우주학자들은 볼츠만 뇌를 제거해야 한다는 데 동의했다. 하지만 어떻게라는 방법에서는 의견이 다르다. 뮐러는 "당신이 알고 있는 대로 물리학 법칙을 사용해서는 볼츠만 뇌 문제를 해결할 수 없습니다"라고 했다. 왜냐하면 무한의 수학이 이런 뇌를 비롯한 다른 것들의 확률을 평가하기 어렵게 만들기 때문이다. 만약 동전을 무한 횟수로 던지면 앞면도 무한한 결과로 나오고 뒷면도 무한한 결과로 나올 것이다. 그렇다면 당신의 복사본 한 명이 앞면을 볼 확률은 몇이 될까? 이것은 두 무한 수의 비율에 관한 문제로, 독특한 답은 없다. 이 비율을 측정하려면 당신에게는 앞면을 보는 자아와 뒷면을 보는 자아가 한 쌍 있어야 한다. 이때 앞면과 뒷면이 나올 확률은 50 대 50이다. 하지만 자아가 셋이라면 어떻게 될까? 한 자아는 앞면을 보고 두 자아는 뒷면을 본다면 확률은 달라질 테고, 세상에는 무한히 많은 자아가 있기 때문에 이런 불균형을 무한히 얻을 수 있다. 그것은 아마도 앞면이 뒷면의 절반만큼 가능성이 있음을 의미할 것이다. 어떤 규모를 자아로 고르든 결과는 모두 유효하다. 이 같은 모호함은 물리학의 법칙이 그 자체로 더는 한 관찰자가 보는 것을 예측할 수 있는 확고한 방법이 아니라는 뜻이며, 심지어 관찰자가 진짜인지 아닌지도 예측할 수 없다는 뜻이다.

볼츠만 뇌와 같은 확률적인 수수께끼는 우주론이 인플레이션을 포기하고 우주 역사를 다른 식으로 설명해야 하는 이유라고 생각하는 우주학자도 있다.[27] 하지만 인플레이션을 옹호하는 학자들의 결론은 다르다. 그들은 무한 집합의 구성원을 세는 방법에 대한 규칙인 '측정'을 이용하면 인플레이션 이론을 보완할 수 있다고 생각한다. 이 측정은 일반적인 물리학 법칙을 넘어서는데, 그 가운데 영향력 있는 생각 하나는 관찰을 하는 우리의 능력과 관계가 있다.

이 같은 제안은 버클리 캘리포니아 대학교의 물리학자이자 우주학자인 라파엘 부소(Raphael Bousso)가 정확히 표현한 것처럼, 물리학은 설사 이론이라고 해도 관찰할 수 없는 일에 관해 예측하면 안 된다는 과학의 기본 계명 가운데 하나에 기반을 두고 있다. 관찰할 수 없는 일은 아마도 수학의 산물일 텐데, 그런 일을 현실로 받아들이면 모순이 생길 수 있다. 우주 인플레이션의 경우에는 공간의 완벽한 무한은 관찰할 수 없다. 물리학의 법칙이 만약 그 범위를 우리가 인과적 접촉을 할 수 있는 가까운 지역으로 한정하지 않고 공간 전체 범위로 확장한다면 자기 부정에 빠지게 된다. 물리학 법칙을 이 범위—오늘날에는 볼 수 없지만 과거에 보았거나 앞으로 보게 될 부분까지 포함한—로 제한함으로써 라파엘 부소와 동료들은 두 무한대의 무시무시한 비율을 택하지 않고도 확률을 계산할 수 있었다. 그들은 당신이 볼츠만 뇌일 가능성은 거의 없음을 알아냈다.[28]

부소의 접근법은 5장에서 살펴본 양자 역학의 관점적 해석과 닮았다. 임의의 한 지역에서 중심은 관찰자이기 때문에 우리는 저마다 조금씩 다른 모습을 본다. 나에게는 나의 실재가 있고, 당신에게는 당신의 실재가 있으며, 두 실재는 일관된 신의 관점으로 통합할 수 없다. 이런 접근법에서 '관찰자'는 지각 있는 존재는 고사하고 활동 계일 필요도 없다. 그저 관찰하기 좋은 위치에 있기만 하면 된다. 하지만 이 정도의 위치로도 의문을 품는 학자들은 관찰자라는 개념이 기본 원리에 들어가는 것이 옳은지를 고민한다.[29]

인플레이션을 포기할 것인가, 아니면 측정을 추가할 것인가의 입장 외에도 볼츠만 뇌에 반응하는 방식은 또 있다. 볼츠만 뇌에 의식이 있는가에 의문을 품는 것이다. 텍사스 대학교의 컴퓨터 과학자이자 양자 컴퓨팅 전문가인 스콧 애런슨(Scott Aaronson)은 이 세 번째 선택지를 숙고하고 있다. 그는 볼츠만 뇌와 같은 뇌에는 의미 있는 내적 삶이 존재하지 않을 것이라고 주장했다.[30] 우리는 모두 자신의 가계도를, 지구 생명체의 역사를, 그 이전에 벌어진 우주의 진화를 거슬러 올라가는 각자의 조상을 추적할 수 있다. 우주가 탄생했을 때의 무작위적인 초기 조건으로 돌아갈 수 있다. 우주의 초기 조건들 덕분에 결국 당신이, 내가, 그밖의 모든 것이 생겨날 수 있었다.

애런슨은 이런 초기 조건들의 알려지지 않은 세부 사항들이 우리의 의사 결정을 본질적으로 예측할 수 없게 했는데, 이런 상황은 사람의 자유 의지가 생겨나는 데 필요한 조건을 만족시킨다고 했다. 그러한 조상이 없는 볼츠만 뇌는 자유 의지가 아닌 다른 형태의 의식 경험을 하고 있는지도 모른다. 즉 의식적인 존재는 자신의 관찰을 신뢰해도 된다는 뜻일 수 있다. 그들은 우주라는 통 속에 있는 뇌가 아니기 때문이다.

애런슨이 처음에 인정한 것처럼 그의 논리는 아주 사변적이다. 7장에서 다시 언급하겠지만 나는 또한 애런슨의 설명이 자유 의지의 진정한 본질이라고도 생각하지 않는다. 그러나 그의 생각은 의식에 관한 이론이 우주론에서 볼츠만 뇌를 제거하는 데 도움이 될지도 모른다는 것을 보여준다. 통합 정보 이론도 상당히 비슷한 결론을 시사한다. 의식하려면 뇌는 내부 상태를 통제해야 하는데, 볼츠만 뇌는 결국 우연에 지나지 않기 때문에 이런 인과 구조가 결여되어 있다. 그렇다면 당신이 볼츠만 뇌일지도 모른다는 생각에 초조해할 필요가 없다.

1인칭 먼저

뮐러는 볼츠만 뇌에 관한 네 번째 대답으로, 부분적으로는 물리학을 뒤집는 관점을 발전시켰다. 애런슨과 달리 뮐러는 볼츠만 뇌가 결국 내적 경험을 할 수도 있다고 주장하면서 그 경험이 어떨지를 생각해보라고 요구한다. 그 질문에 답하려고 뮐러는 안과 밖 문제의 포괄적인 해법을 찾고 있다.

뮐러는, 실재는 정신적이며 물리계는 '우리가 구축한 생각'이라는 철학적 이상주의를 기반으로 자신의 생각을 구축해 나간다. "저 밖에 본질적인 세상이 있다는 생각은 사실상 기각했습니다. 그러니까, 그런 세상이 있다는 가정은 하지 맙시다. 나중에 그 이론의 결과나 예측으로 그런 세상을 얻기를 바랍니다. 시작은 일종의 유아론적인 관점으로 해봅시다." 뮐러의 말이다. 물리학자들은 말할 것도 없고 현대 철학자들은 대부분 이상주의를 혐오한다. 실재는 모두 우리 머릿속에 있다는 가정은 신비주의라는 인상을 준다. 이상주의는 또한 의식의 어려운 문제를 거꾸로 뒤집은 버전 때문에 고통받고 있다. 마음을 우위에 둔다면 육체는 어떻게 회복할 수 있을까?

다행인 점은 당신이 뮐러의 논쟁 많은 제안에 동의할 필요는 없다는 것이다. 당신은 약한 형태의 뮐러 접근법을 택해 계속 우리에게는 독자적인 실재가 있다고 가정하고 우리 뇌가 실재를 어떻게 인지하는지에 대해 기술하는 방법을 찾으려고 노력할 수 있다. 뮐러의 생각은 예측 부호화 이론 같은 인지에 관한 신경과학 이론의 물리학자 버전이 되었다.

이 같은 관점에서 보면 우리가 머릿속으로 창조한 세상은 우리가 이미 본 것을 바탕으로 다음에 볼 것을 예측하기 위한 수단이 된다. 이것은 기계 학습이 해결하려고 애쓰고 있는 것과 같은 문제다. 자신의 관점을 분석하려고 뮐러는 1960년대에 컴퓨터 과학자 레이

솔로모노프(Ray Solomonoff)가 개발한 이상적인 기계 학습 기술을 고려했다.[31] 계산을 수행할 수 있는 모든 알고리즘을 택해 그 알고리즘들이 지금까지 해온 관찰을 재현하는지를 확인하고, 재현한 알고리즘만을 유지한다. 그런 다음에는 그 알고리즘이 미래의 데이터를 어떻게 예측하는지를 본 뒤에 모든 예측의 가중 평균을 구한다. 이때 오컴의 면도날*이 알려주듯, 가장 짧은 프로그램이 데이터에 관한 가장 간결한 설명을 해줄 테니, 가장 짧은 프로그램에 가장 큰 가중치를 부여한다.

중요한 것은 그저 단순히 가장 간단한 알고리즘을 택할 수는 없다는 것이다. 간단한 것이 옳을 때가 많지만 언제나 그렇지는 않기 때문에 선택지는 열어두는 것이 현명하다. 또한 다른 알고리즘들을 혼합 상태로 유지하면 단일 예측뿐 아니라 알고리즘 확률(algorithmic probability)이라고 알려진 특정 확률에서의 예측도 함께 얻을 수 있다.

예를 들어 11001001이라는 일련의 컴퓨터 비트를 관찰한다고 생각해보자. 이 결과를 해석하는 방법은 많다. 이 수들은 동전 던지기처럼 보이며, 이 경우에 다음 비트가 0이 될 가능성은 50 대 50이다. 하지만 이 비트들은 이진법으로 쓴 π의 첫 부분이기도 하다. 따라서 이 자료가 정말로 π를 나타낸다면 다음에 나올 비트는 분명히 0이다. 동전 던지기는 가장 단순한 알고리즘이기 때문에 당신은 망

---

* 어떤 사실 또는 현상에 대한 설명들 가운데 논리적으로 가장 단순한 것이 진실일 가능성이 높다는 원칙

설이다가 0이나 1이 나올 가능성을 50 대 50으로 정했다. 그러고는 이 자료가 결국에는 π를 나타내고 있을지도 모르기 때문에 0에 조금 더 유리하도록 확률을 조정했다.

수학자들은 이런 순수성 때문에 이 절차를 사랑한다. 공학자들은 같은 이유로 이 절차를 싫어한다. 가능한 모든 알고리즘을 실현할 컴퓨터는 현실적으로 존재할 수 없다. 하지만 우리 뇌와 AI계는 개념적으로는 비슷한 일을 한다. 인공 신경망도 자료를 받아 예측을 하고, 그 예측을 수정한다.

솔로모노프는 일반적인 물리학 방법의 대안으로 자신의 기술을 제시했다. 자료를 분석하고 법칙을 만들고 예측을 하는 순서대로 진행하는 것이 아니라 법칙이라는 중간 과정을 생략하고 자료에서 곧바로 예측을 하는 것이다. 이런 야망을 바탕으로 뮐러는 물리학의 법칙을 관찰자의 사적 논리로 대체했다. 보편 법칙은 필요 없다. 뮐러는 "물리학에서는 보통 우주 전체에 관한 방정식을 씁니다. 하지만 여기, 사적인 것만을 말해주는 진화 법칙이 있습니다. 어떤 상태 변화가 어떤 확률로 나타나는지를 말해주는 법칙입니다"라고 했다. 놀랍게도 그는 우리의 사고와 인지 안에 들어 있는 논리가 자연계에서 흔히 보이는 기본 관찰을 설명해줄 수 있다고 생각한다.

예를 들어 물리학 법칙이 시간이 지나도 변하지 않는 이유는 무엇일까? 우리는 이 같은 사실을 당연하게 받아들이지만, 사실 당연하게 생각할 문제가 아니다. 뮐러는 이런 안정성은 솔로모노프의 귀납적 추론에 들어 있는 단순성의 원리가 낳은 결과라고 본다. 그는 내게 "나는 오늘까지 우리가 가지고 있는 것과 동일한 물리학 법칙들이 작동하는 세상을 분명히 만들 수 있겠지만, 내일이면 모든 것이 바뀔 수 있습니다. 하지만 그 세상은 아주 복잡할 것입니다. 그 세상을 기술하려면 비트가 많이 필요하겠지요. 따라서 그런 세상은 있을 것 같지 않습니다"라고 했다. 뮐러의 접근법을 강력한 철학적 입장이 아니라 인지를 기술하는 방법으로 보는 사람에게는 자연의 안정성이 당연히 합리적인 기대다. 우리가 할 수 있는 최선의 추론은, 우주는 지속된다는 것이다. 물론 그렇지 않을 수도 있지만 지속되지 않을 거라고 예측할 뚜렷한 이유도 없다.

단순성의 원리는 볼츠만 뇌가 가하는 위협을 깔끔하게 제거한다. 1인칭 관찰자 시점에서 보았을 때 볼츠만 뇌와 진짜 뇌의 뚜렷한 차이가 있다. 볼츠만 뇌는 일시적이라는 것이다. 당신이 볼츠만 뇌 가운데 하나라면 당신의 시간은 빠르게 가고 있다. 언제라도 당신이 알고 있는 세상은 녹아 없어져 사실은 열사한 우주의 경련이었음을 드러낼 것이다. 뮐러가 보기에 그런 갑작스러운 변화는 금지된 것이거나 적어도 예측이 불가능할 정도로 비합리적이다. 볼츠만 뇌가 있는지 없는지는 중요하지 않다. 당신은 당신이 볼츠만 뇌가 아니라고 확신할 수 있다. 뮐러는 "우주론이 아무리 볼츠만 뇌가 존재하는 엄청나고 거대한 세상을 예측한다 해도 당신이 다음 순간 갑자기 사라질 거라고 믿을 이유는 전혀 없습니다"라고 했다.

볼츠만 뇌를 제거하는 이런 논리는 실재를 부정하는 다른 시나리오에도 똑같이 적용할 수 있다. 당신이 통 속의 뇌라거나 행렬을 이루는 일련의 수라고 해도 안심해도 된다. 시뮬레이션이 사실처럼 재현된다면, 당신은 그 현실을 사실처럼 취급하면 된다. 뮐러는 "나는 우리가 통 속의 뇌로서 지금 하고 있는 것과 정확히 같은 관찰을 하는 것과, 우리가 이 세상에 실재하는 존재로서 같은 관찰을 하는 것 사이에는 존재론적인 차이가 없다고 말할 것입니다"라고 했다. 그의 요점은 만약 1인칭 관점을 기본으로 취한다면, 같은 것으로 보이는 두 경험은 실제로 같다는 것이다. 같은 것으로 보이는 두 경험을 하나는 실재라고 하고 하나는 허상이라고 하는 것은 말이 되지 않는다는 것이다. 이 점에서 뮐러의 견해는 5장에서 살펴본 로벨리를 비롯한 자연의 기본 요소를 관계라고 본 과학자들의 견해와 일치한다. 이들 과학자에게는 똑같은 관계를 나타내는 실재와 환상 사이에 유의미한 차이가 없다.[32]

솔로모노프의 귀납적 추론으로는 분명 모든 것을 설명할 수 없다. 이 세상의 세부적인 작동 방식은 일반화(generic reasoning)의 산물이 아니며 상당히 다를 수도 있다. 뮐러는 "이것은 모든 것의 이론이 아닙니다. 자연의 법칙이 무엇이 될지를 예측하는 것은 불가능합니다. 그것은 자연의 법칙이 무엇인가에 달려 있습니다"라고 했다.

5장에서 내가 했던 "어째서 관찰자들은 일치하지 않는가? 우리 각자가 자신만의 실재가 있다면 어째서 내 세상이 그들의 세상과 다르다는 사실을 내가 눈치채지 못하는 것인가?"에 대한 답변도 뮐러의 접근법이 내포한 가장 흥미로운 측면 가운데 하나다. "보통 물리학에서는, 우리는 당연히 이렇게 생각합니다. 어떻게 다를 수 있겠어? 이 세상은 단 하나인데. 하지만 (내가 보기에는) 다를 수 있습니다. 따라서 대부분의 경우에는 다르지 않음을 정리로 증명해야 합니다.” 밀러의 말이다. 그는 관찰자들이 솔로모노프의 귀납적 추론을 이용해 같은 데이터로 작업한다면 같은 결론에 도달함을 보여주었다. 정확한 예측을 생성하는 가장 단순한 메커니즘이라고 할 수 있는 논리적 사고는, 관점의 차이를 극복하고 합의에 도달할 수 있게 해준다. 밀러는 “우리는 일관된 방식으로 환상을 봅니다. 그 환상이 바로 우리가 우리를 둘러싼 세상이라고 부르는 것입니다”라고 했다.

우주론과 그 수수께끼를 탐사하는 여행을 하는 동안 우리는 한 가지 중요한 교훈을 얻게 된다. 물리학자들이 관찰하는 행동을 고려하지 않는다면 그들의 이론은 쓸모가 없다는 교훈 말이다. 왜냐하면 우리가 보는 것을 설명하고자 하는, 다시 말해 우리가 과학을 하는 바로 그 이유와 어긋나기 때문이다. 가끔은 우리의 이론이 우리의 관찰과 일치하지 않는다는 사실을 발견하는데, 그 이유는 이론이 틀렸기 때문이 아니라 사람이라는 요소가 없을 때 이론은 불완전하기 때문이다. 이와 똑같은 문제가 인과 관계의 영역에서도 나타난다.

7
실재의 단계들

물리학에서 기대할 수 있는 것 한 가지는, 무엇이 무엇의 원인인지를 설명할 수 있다는 것이다. 물리학자들이 일어나는 일에 일어나야 하는 이유가 있다는 직관을 갖지 못했다면 물리학자가 되지 않았을 것이다. 물리학자는 행성이 공전하는 이유, 폭탄이 폭발하는 이유, 전기 스파크가 튀는 이유를 말해주려고 이야기의 물레를 돌리는 이야기꾼이다. 그들은 힘에 관해, 상호 작용과 반응에 관해, 자극에 관해, 변화에 관해, 모두 인과 관계라는 개념을 빌려 이야기해준다. 내가 대학교에 다닐 때 교수들은 인과 관계의 원리를 수학적 유도(mathematical derivation)를 검토하는 실재로 사용할 수 있도록 우리를 가르쳤다. 숙제로 해야 하는 수학 문제에 관한 나의 해법이 무언가 인과 질서에서 벗어나 있거나 다른 것들에 영향을 미치지 못하거나 다른 것들의 영향을 받지 못한다거나 원인이 발생하기 전에 결과가 생기는 것 같은 인과적 이상 상태를 예측한다고 암시했을 때, 나는 종이를 구겨버린 뒤에 다시 문제를 풀어 나갔다.

그렇기에 내가 첫 책을 쓰면서 많은 물리학자가 인과 관계는 환상이라고 생각한다는 사실을 알았을 때는 살짝 충격을 받았다. 2008년에 카를로 로벨리는 내게 "과거가 미래의 '원인'이라고 생각하는 물리학자는 거의 없습니다. 법칙으로 표현되는 규칙성이 있는 거죠. 그것뿐입니다"라고 했다. 수년 동안 나는 이 문제를 풀어야겠다고 마음먹었고, 코로나19 팬데믹 동안에 밴쿠버에서 가까운 사이먼 프레이저 대학교의 홀리 앤더슨(Holly Andersen) 덕분에 로벨리의 말에 담긴 뜻을 이해할 수 있었다.

앤더슨은 물리학자였다가 철학자로 전향했다. 그녀는 과학 혁명을 겪는 동안 인과 관계를 향한 의구심이 어떤 식으로 증가했고, 1912년에 영국 철학자 버트런드 러셀이 발표한 유명한 논문에 이르러 어떻게 절정에 도달했는지를 말해주었다. "그때 러셀은 '난 모든 사람을 화나게 할 거야' 단계에 도달해 있었죠. 러셀은 이렇게 말하는 젊은 남자였어요. '뭐야? 인과 관계의 원리라고? 우리한테 그런 건 있을 필요조차 없어.'" 러셀은 물리학 법칙이 하는 일은 모두 수학 변수 사이의 관계, 즉 패턴을 기술하는 것이라고 주장했다. 이상 기체 법칙을 생각해보자. 이 법칙은 압력이 10만 파스칼이고 기온이 0℃인 기체의 기압을 3만 7,000파스칼로 떨어뜨리면 기온은 −172℃가 된다고 말한다. 앤더슨은 이렇게 말했다. "이런 변하는 값들을 계산할 수는 있지만, 여기에는 소위 말해서 특권을 가진 값은 없습니다. 다른 변수들을 통제하는 변수는 없는 거죠. 모든 변수가 대칭적으로 기능적인 관계를 맺고 있어요." 변수들 모두 동등한 땅에 서 있기 때문에 한 변수가 다른 변수를 변화시키지 못한다. 이상 기체 법칙은 또한 변수가 변한 이유에 대해서도 아무 말도 해주지 않는다. 기압은 사람이 진공 펌프를 작동했거나 기체를 냉각시키려고 냉장고를 사용했기 때문에 떨어진 것일 수도 있다. 두 경우 모두 나타나는 결과는 전적으로 동일하다. 러셀에게 "상관관계는 인과 관계를 내포하지 않는다"는 말은 너무 순진한 표현이었다. 그가 보기에 인과 관계라는 것은 없었다. 있는 것은 상관관계뿐이었다.

게다가 러셀은 인과 관계는 비대칭 개념이지만 물리학 법칙은 시간 안에서 대칭이라고 했다. 사건은 앞이나 뒤로 흐르고, 원인과 결과는 바뀌어 구분을 의미 없게 만들 수 있다. 당구대 구멍에서 여덟 개의 공이 자발적으로 튀어나와 큐볼을 치자 큐볼이 당구대 위를 굴러가 당신이 들고 있는 큐대를 쳤다고 말하는 것이 가능하다면 어떻게 당신은 당구공 여덟 개를 구멍에 넣었다고 주장할 수 있을까? 물론우리는 이런 식으로 역행하는 사건을 본 적이 없지만, 현대 과학의 가장 큰 수수께끼 가운데 하나가 바로 왜 그런 사건을 보지 못하는가이다. 그런데 물리학 법칙 그 자체로는 이 질문에 답할 수 없다.

인과 관계에 사형 선고를 내린 것만으로는 부족하다는 듯, 물리학 법칙은 전체적이라는 문제도 있다. 물리학 법칙은 오늘 지구에서일어나는 일이 어제 태양계의 전체 상태가 만든 산물이라고 말하는

데, 이런 식의 표현은 하나로 분리할 수 있는 원인이라는 개념을 약화시킨다. 만약 당신이 당구공 여덟 개를 모두 구멍에 넣는다면, 당신은 함께 당구를 친 친구들, 당구대 제조업체, 당신이 당구공을 치는 동안 폭발하지 않은 태양 그리고 끝나지 않을 다른 모든 원인이 당구공을 구멍에 넣는 데 기여했다는 사실을 인정해야 한다. 얼마나 멀리까지 원인을 찾아 거슬러 올라가는지에 따라 다르겠지만, 관찰할 수 있는 우주의 모든 부분이 당구공의 움직임에 어떤 역할을 했다. 그리고 모든 것이 원인이라면, 그 어떤 것도 무언가의 원인이 될 수 없다.

러셀은 엄청난 말로 자신의 논리를 마무리했다. "인과의 법칙은 철학자들의 검열을 통과한 수많은 다른 것들처럼 지나간 시대의 잔재로, 해가 없을 거라는 잘못된 생각 때문에 살아남은 군주제 같은 개념이다."[1] 이 말에 감히 반박하는 사람은 거의 없었다.

그 뒤로 수십 년 동안 양자 물리학은 그 수수께끼를 깊이 파고들었다(지금도 종종 그렇다). 광자가 반은도금한 거울에 부딪힌다면 당신이 광자가 반사되는 모습과 통과하는 모습을 보게 될 확률은 50 대 50이다. 두 가능성 중에 한 가능성을 배제하고 다른 가능성을 보게 될 이유는 없다. 결과는 비결정적이다. 원인은 없다. 이것은 양자론의 모든 해석에 적용할 수 있는 사실이지만, 정확히 어떤 종류의 비결정론이 작용하는가는 의견이 분분하다. 이런 원인 소멸은 또 다른 의문들을 만든다. 예를 들어 양자 얽힘이 그토록 신비로운 이유는 이론이 두 운명을 연결하는 메커니즘을 지정하지 않았는데도 멀리 떨어진 입자들의 운명이 연결되어 있기 때문이다.

결국 물리학자들은 인과 관계의 역설에 직면했다. 물리학자들은 인과 관계와 함께 살 수도 없고, 인과 관계 없이 살 수도 없게 된 것이다.

실재는 층상 구조를 한 케이크다

물리학자들이야 어떻게 생각하든, 물리학자가 아닌 우리는 인과 관계 없이는 살 수 없다. 우리가 하는 모든 행동에는 결과가 따른다. 어쨌거나 나의 어머니는 내게 그렇게 말씀하셨다. 물리학자들이 근본적으로 인과 관계를 부정한다면 내가 뒷문 유리창을 깼을 때 그 뒤로 어머니가 더는 놀지 말고 들어오라고 한 이유를 설명해줄 수 있어야 한다. 좀 더 일반적으로 표현하자면, 어째서 우리가 모든 규모에서 언제나 원인과 결과를 보게 되는지를 반드시 설명해주어야 한다. 세포 단계에서는 이온이 쌓이면 뉴런이 발화한다. 사람 단계에서는 쿠키를 보면 먹고 싶어진다. 경제 단계에서는 쿠키 요구량이 증가하면 가격이 상승한다.

쿠키에 대한 갈망 같은 현상을 수많은 단계에서 볼 수 있다는 것이 자연에 관한 가장 놀라운 사실 가운데 하나다. 이론적으로 자연은 단 하나의 단계로 되어 있다. 입자 단계 말이다. 하지만 정말로 그렇다면 우리는 무언가를 이해하기는 고사하고 거의 존재할 수조차 없을 것이다. 한 입자는 다루기 쉽다. 두 입자는 상황을 흥미롭게 만든다. 세 입자——고작 세 입자—— 는 아주 다루기 힘든 문제를 야기한다. 수십 개 입자? 말도 마라. 그럼 수조 개 입자는? 재앙이다. 하지만 수조 개 입자는 단순한 규칙에 따라 집단적으로 행동하는 것처럼 보여서, 그렇지 않았다면 도저히 이해하지 못했을 행동들을 이해할 수 있게 해준다는 사실이 밝혀졌다. 입자들의 집단 역학 덕분에 분명히 낮은 단계에 의존하지만 그 단계와는 독자적으로 존재하는 새로운 높은 단계를 서술하는 것이 가능해진다. 심리학은 뇌를 다루지만 세부적인 신경생리학의 내용에는 거의 의존하지 않으며, 경제학은 사람들이 쿠키를 사려고 좁은 칸막이 안에서 노예처럼 일하는 삶을 기꺼이 받아들이는 한 어떤 쿠키를 사려고 하는지는 신경쓸 수가 없다. 단계의 자율성이 그들을 단계라고 부르는 행위를 정당화하는 것이다.

과학자 중에는 더 높은 단계는 실제로 환상일 뿐이라는 환원주의 입장을 취하는 사람도 있다. 쿠키를 먹을 때 실제로 일어나는 일은 엄청난 수의 입자가 가장 조화로운 방식으로 한꺼번에 움직이고 있다는 것이다. '당신'이나 '쿠키' 같은 것은 존재하지 않으며, 우리의 작은 뇌는 이런 입자들을 모두 직접 추적할 수 없기 때문에 당신이나 쿠키 같은 정신의 범주를 만든다는 것이다. 철학자 윌리엄 시거(William Seager)의 글처럼 "동물처럼 보이는 구름과 상당히 유사한 것"이다.[2]

이와는 입장이 다른 사람도 있다. 창발주의자 관점(emergentist view)이라고 알려진 견해를 밝히는 사람들은 '진짜'를 '뿌리'와 동일시하면 안 되며 조직의 높은 단계에서는 진정으로 새로운 속성이 나타난다고 생각한다. 화학, 생물학, 심리학 같은, 기초 물리학을 제외한 모든 과학의 성공은 각자의 단계에서 실재적인 구조가 없었다면 기적으로 여겨질 것이다. 게다가 호흡을 하고 음식을 씹을 때마다 우리 몸은 어떤 입자를 다른 입자로 대체한다. 우리 몸은 대부분 각자의 현실 나이에 상관없이 열 살이 되지 않았다.[3] 이런 끊임없는 대체 과정을 우리 몸이 견딘다는 것은, 우리 몸이 입자를 넘어서는 존재임을 의미한다.

높은 단계 구조의 실재와 인과 관계에 보이는 이런 상반된 태도는 각각 물리학자와 생물학자의 태도라고 규정할 때가 많지만, 학문 분야보다는 개인의 기질이 태도를 결정하는 더 큰 요소다. 많은 물리학자가 창발주의자이고 많은 생물학자가 확고한 환원주의자다.[4]

이 논쟁이 주로 개념의 공백 상태에서 진행된다는 것은 놀라운 일이다. 인과 관계의 단계에 대한 각자의 직관과는 상관없이 과학자들은 실제로 인과 관계란 무엇인가를 거의 명확하게 정의내리지 못하고 있다. 이런 모호함의 안개는 자유 의지를 둘러싼 논쟁에서 가장 짙다. 사람들은 사람 행위자에 관해, 정확히는 사람 행위자의 결여에 관해 자신들이 무엇을 이야기하는지는 설명하지 않고 그저 포괄적으로 공표해버린다. 우리에게 자유 의지가 있다고 생각하는 사람은 자신들이 더 잘 표현할 필요가 있는 인과 관계의 창발 개념을 가정한다. 자유 의지가 없다고 주장하는 사람은 인과 관계가 오직 자연의 가장 낮은 단계에서만 일어난다고 하는데, 만약 러셀이 옳다면 가장 낮은 단계야말로 원인과 결과를 찾으려고 할 때 들어가면 안 되는 잘못된 장소다. 인과 관계를 부정하는 기본 법칙은 전혀 말이 되지 않기 때문이다. 신경과학자 에릭 호엘(Erik Hoel)은 "인과 관계에 대한 좋은 척도나 개념이 없다면 미시 규모에서는 모든 일에 인과 관계가 필요하다는 주장을 어떻게 믿을 수 있을까요?"라고 했다.

많으면 다르다

나는 호엘을 2016년에 의식에 관한 과학을 논의하는 패널 토의가 끝나고 소개받았다. 놀랍게도 그가 나와 함께 가장 먼저 이야기를 나누고 싶어 했던 주제는 작가 에이전트였다. 그 무렵 뉴욕으로 옮겨와 신경과학 박사 후 연구원으로 지내고 있던 그는, 뉴욕에서 신경과학 박사 후 연구원으로 살아가는 젊은 과학자를 주인공으로 한 누아르 소설을 쓰고 있었다. 나는 호엘을 소설가 친구에게 소개해주었고, 장르를 넘나드는 그의 소설은 2021년에 출간되었다. 그 뒤 호엘은 전업 작가로 살기 위해 학계를 떠났다. 소설 출간에 도움을 준 나를 위해 호엘은 인과 관계에 관해 새롭게 생각하는 방식을 소개해주었다.

호엘의 대학원 스승은 통합 정보 이론의 아버지인 줄리오 토노니였다. 러셀과 달리 토노니는 인과 관계는 반드시 필요하다고 생각했다. 실제로도 그런 생각은 정보 통합으로서의 의식이라는 개념을 궁극적으로 정당화하는 그의 이론의 철학적 토대였다.

당신의 마음은 존재한다. 다시 말해 데카르트의 유명한 관찰처럼 그것이 바로 당신이 확신할 수 있는 한 가지다. 생각을 한다는 것은 생각하는 존재가 있음을 의미한다. 하지만 존재한다는 것의 의미는 무엇인가? 이 질문에 답하려고 노력하는 동안 토노니는 물리학에 큰 영향을 받았다. 물리학자들은 존재 속에 비활성 상태인 것은 없다고 생각하는 경향이 있다. 어떤 것이 다른 것에 영향을 미치지 않으며, 다른 것의 영향도 받지 않는다면 존재하지 않는 것과 같다. 물리학자들이 이 규칙에 예외임이 분명한 사례를 찾을 때마다 그런 예외는 실제로 존재하지 않음을 발견했다. 그렇지 않다면 그렇게까지 수동적일 수는 없었다. 토노니는 이렇게 말했다. "어쨌거나 능숙하게 다룰 수 있고, 어쨌든 관찰할 수 있는 경우가 아니라면 어떤 물리학자도 기본 입자가 존재한다거나 그 입자를 발견했다는 주장을 하고 싶어 하지는 않을 겁니다. 따라서 원인을 가지고 결과를 생산할 수 없다면, 글쎄요, 그건 천사에 관해 말하는 것과 같을 것입니다."

　아인슈타인은 존재와 인과력 사이의 연결을 보여주는 고전적인 예를 제시했다. 물리학자들은 공간과 시간을 우주의 고정된 배경이라고 간주해왔지만 아인슈타인은 세상의 인과적 흐름 밖에 공간과 시간을 두는 것은 아주 이상하다는 것을 깨달았다. 그런 설정은 공간과 시간을 모호하고 초자연적인 것으로 만들어버린다. 1922년에 아인슈타인은 "스스로 활동하지만 그 어떤 것에도 영향받을 수 없는 것(공간-시간 연속체)을 상상하는 것은 과학적 사고방식에 위배된다"라고 썼다.[5] 에너지가 공간과 시간을 비틀기 때문에 공간과 시간도 다른 것들처럼 물리적임을 보여주는 자신의 일반 상대성 이론을 이용해 그는 시공간 연속체의 비활성에 도전했다.

그와 비슷한 시기에 영국 철학자 새뮤얼 알렉산더(Samuel Alexander)는 마음에도 분명히 인과적 역할이 있으며, 일반적으로 존재는 인과력을 보유하고 있다고 주장했다.[6] 오늘날 철학자들은 이런 알렉산더의 생각을 알렉산더의 금언(Alexander's dictum) 또는 플라톤이 분명하게 명시한 비슷한 생각에 기초해 엘레아 학파의 원리(Eleatic principle)라고 부른다.[7] 이 생각에 따르면, 만약 무언가가 존재하는 모습을 관찰한다면 그것이 반드시 인과적인 일을 하고 있음을 안다는 것이다. 따라서 당신의 마음은 삶이라는 드라마 안에서 단순한 구경꾼이 아닌 연기자여야 한다. 1960년대 초반에 물리학자 유진 위그너(4장과 5장에서 만났다)는 의식이 양자 역학에서 어떤 역할을 하는 것이 이치에 맞다고 주장하면서 동일한 원리를 언급했다. "우리는 한 물체가 다른 물체에 영향을 미치지 않으면서 일방적으로 다른 물체의 영향을 받기만 하는 현상은 그 무엇도 알지 못한다."[8] 물론 그 원리는 위그너의 주장에서 핵심은 아니었고, 훗날 그는 의식이 정말로 그런 역할을 하는지에 대해 의구심을 표했다.

토노니에게 마음은 일이 일어나게 할 수 있기 때문에 —— 외부 세계에서는 그럴 수 없을지도 모르지만 적어도 사적인 정신 영역에서는 가능하기에 —— 마음은 존재했다. 토노니는 뇌가 자신의 정신 상태를 통제하려면 의식이 있어야 한다고 생각했다. 뇌는 자신이 하는 일련의 생각을 주도해야 한다. 당신은 마음의 극장에 앉아 있는 수동적인 구경꾼이 될 수는 없다.

통합 정보 이론의 발전을 돕고 그 이론의 함의를 연구하고 있는 토노니의 동료이자 공저자인 컴퓨터 신경과학자 라리사 알반타키스(Larissa Albantakis)는 내게 우리의 정신 상태가 우리의 통제를 벗어나는 순간, 정신은 경험하기를 멈춘다고 했다. "통합 정보 이론에 따르면, 사악한 신경과학자가 있어 우리의 뉴런이 특정 상태에 머물게 된다면, 그 뉴런들은 실제로 의식에는 더 이상 기여할 수 없습니다. 이것이 바로 통합 정보 이론이 평가한 것입니다. 뉴런계 자체에 우리 자신의 상태에 영향을 미칠 수 있는 잠재력이 있습니다. 만약 그런 상태들을 외부에서 유도할 수 있다면 그 뉴런계는 의식할 수 없습니다."

뇌는 외부에서 들어온 정보를 받아들인다. 빛은 망막을 건드리고 소리는 귓속에서 울려 퍼진다. 토노니와 알반타키스의 동료들이, 3장에서 소개한 그들의 놀라운 자기 코일 장비를 가지고 내 뇌를 자극했을 때, 그들은 정상적인 정보 경로를 우회해 이동하게 했고 내 뉴런을 직접 조작했다. 알반타키스는 외부에서 그런 영향력을 가해도 뇌가 통제력을 완전히 빼앗기지는 않았기 때문에 여전히 의식한다고 했다. 정신의 삶은 우리 주변에서 일어나는 일에서 정보를 얻을 뿐, 그 일로부터 지시를 받지는 않는다. 알반타키스는 "외부의 일은 내부의 일을 촉진합니다"라고 했다.

정보 통합 이론에 따르면 마음은 영향을 주고받을 수 있기 때문에 다른 물체들과 정확히 똑같은 방식으로 존재한다. 언뜻 보기에 사람의 마음은 탁자 같은 사물과는 전혀 다른 범주에 속할 것 같다. '사랑'이나 '빨간색'을 경험할 수 있는 능력 같은 마음의 속성은 탁자의 무게나 물질성과 달리 형언하기 어려운 것처럼 보인다. 하지만 탁자도 마음도 구조로 정의할 수 있다. 탁자를 탁자답게 하는 것은 무엇인가? 탁자를 구성하는 개별 원자는 아니다. 탁자의 속성 대부분에는 그 원자의 속성이 없다. 탁자의 단단함은 집단 속성이다. 레고 블록처럼 원자들이 어떤 방식으로 맞물려 있느냐의 결과다. 탁자를 이루는 동일한 원자들은 조건이 달라지면 바닥으로 무너져 내릴 수도 있고 연기가 되어 위로 올라갈 수도 있다. 우리가 탁자를 '탁자를 이루는 원자 이상의 존재'라고 생각할 수 있는 것은 모두 탁자의 구조 덕분이다. 통합 정보 이론은 마음도 마찬가지라고 한다. 이 이론은 뉴런 같은 단위들이 고립 상태에서는 나타내지 않는 속성을 나타내는 네트워크, 즉 정보의 통합을 마음의 구조로 식별한다. 토노니는 "특정한 방식으로 한데 연결하기만 하면 태양 아래 새로운 것을 만들어낼 수 있습니다"라고 했다.

요약하면, 마음은 존재한다. 따라서 마음은 스스로 의식의 흐름을 통제하는 능력을 포함한 인과력을 지녀야 한다. 마음은 외부 세계에 종속된 순수한 반응계일 수 없다. 통합 정보 이론에서 정보 통합이라는 용어를 사용해 수량화할 수 있는 유의미한 내부 역학이 있어야 한다. 그리고 바로 이 인과력 때문에 마음은 평범한 물질과 동등해진다. 이와 같은 방법으로 통합 정보 이론은 존재와 인과 관계에 관한 철학과 신경과학과 AI에 관한 경험적 예측을 연결한다.

통합 정보 이론에서는 인과 관계가 아주 중요하기 때문에 인과 관계가 실제로 무엇인지, 어떤 단계 혹은 단계들에서 작동하는지를 밝혀야 한다는 과제가 생긴다. 뇌에서의 인과 관계가 갖는 개념을 명확히 표현하는 방법으로 통합 정보 이론은 물리학이 인과 관계의 수수께끼를 풀 때 도움이 될 수 있다. 호엘은 "그것이 내가 통합 정보 이론이 단순히 의식에 관한 이론이 아니라고 생각하는 이유입니다"라고 했다.

자신들의 생각을 물리학으로 확장하는 방법을 찾는 동안 호엘과 동료들은 다시 한 번 새뮤얼 알렉산더를 따랐다. 알렉산더는 19세기 말부터 20세기 초까지 '영국 창발주의자들'이라고 불린 느슨한 철학 학파에 속한 사람이다. 영국 창발주의자들은 마음을 물질계에서 더 높은 단계의 속성이 출현하는 사례 연구로 보았다.[9] 실제로 이 철학자들이 집단 조직의 원리들을 언급할 때 '창발(emergence)'이라는 용어를 가장 먼저 사용했다.[10]

그 시대 물리학자들은 이런 철학적 접근법을 의식하지 못하고 있었다. 그들이 훨씬 나중에 창발에 관심을 갖게 된 것은 1972년에 발표한 이론 물리학자 필립 앤더슨의 「많으면 다르다(More Is Different)」라는 논문 덕분이다.[11] 앤더슨은 물리학 내부의 학계 정치에 크게 좌우되던 사람으로 자신의 전문 분야——고체, 액체, 기타 물질에 관해 연구하는 응집 물질 물리학이라고 알려진 분야——가 입자 물리학만큼 본질적인 학문임을 보여주려는 열망을 갖고 있었다.[12] 그러나 논문에서 그는 '창발'이라는 용어를 사용하지 않았고, 훗날 앞선 학자들이 해온 훌륭한 작업들을 알지 못했다고 인정했다.[13] 앤더슨은 1977년 신경과학 학회에 초대받았고, 그 뒤로 학제 간 장벽은 무너지고 있다.

인과 관계 다시 생각하기

분야를 넘나드는 전통을 계속 이어나가던 토노니와 호엘과 동료들은 이번에는 지난 15년 동안 통계학, 철학, 컴퓨터 과학을 휩쓸었던 영향력 있는 인과 관계 이론을 받아들였다. 이 이론은 간섭주의, 인과적 관점주의, 대리 이론 같은 다양한 이름으로 알려져 있다. 이 이론은 원인과 결과가 근본 범주가 아니라는 러셀의 주장을 받아들였지만, 원인과 결과를 여전히 현실로 간주한다.[14] 또 인과 관계는 사람을 비롯한 행위자들의 단계에서 발생한다고 주장하는데, 그 이유는 단순하다. 인과 관계가 그런 행위자들에게 의존하기 때문이다.

우리가 인과 관계에 신경을 쓰는 이유는 일을 마무리해야 할 필요가 있기 때문이다. 사람들은 무언가를 마무리하려면 어떤 버튼을 눌러야 하는지, 어떤 레버를 당겨야 하는지를 알아야 한다. 사이먼 프레이저 대학교의 철학자 홀리 앤더슨은 내게 "우리는 그저 법과 같은 연결을 찾는 것이 아닙니다. 우리가 원하는 것은 효과적으로 통제할 수 있는 수단입니다"라고 했다. 물리학의 기본 법칙들은 그런 수단을 혼자서는 우리에게 알려줄 수 없다. 물리학 법칙은 현재 상태를 기반으로 한 계가 앞으로 할 일을 예측할 뿐, 그 계가 할 수 있는 일이 무엇인지는 예측하지 않는다. 그 계를 조작했을 때 일어날 일은 예측하지 못하는 것이다. 그 계가 할 수 있는 일은 물리학의 법칙뿐 아니라 그 계의 내부 구조에도 영향을 받는다. 계의 부분들은 서로 맞물린다.[15]

그런 부분들 가운데 하나를 레버로 택해 사건이 자연스럽게 진행되는 상황에서라면 일어나지 않았을 일을 일어나게 해보자. 그에 대한 반응으로 상호 연관되어 있는 다른 부분들도 바뀔 것이다. 앤더슨은 "전등 스위치를 켜짐에서 꺼짐으로 바꾸고 위아래로 흔들면 전에 있었던 일과는 분리된 모습이 보일 테고, 인과적으로 어떤 사건이 뒤에 일어났는지 알게 될 것입니다"라고 했다. 우리가 인과 관계와 연관 짓는 비대칭은 우리 자신이 한 일이다. 무엇이 '원인'이고 무엇이 '결과'인지는 당신이 그 계에 어떤 영향을 미치기로 결정했느냐에 달려 있다. 그 대신에 다른 부분을 조작한다는 선택을 할 수도 있고, 심지어 그 부분들이 무엇인지를 재정의할 수도 있는데, 이런 결정은 인과 관계의 범주를 바꿀 것이다.

심지어 인과 관계에 대해 말하려면 당신은 세상을 '당신'과 '그 계' 그리고 '나머지 모든 것'으로 나눠야 하며, 당신 자신의 행동도 자유롭게 택한 것으로 취급해야 한다. 당신을 지켜보는 사람에게는 당신 모습이 다르게 보일 수도 있다. 그들은 당신과 계를 모두 어떤 더 큰 계의 일부로 여길 수 있으며, 어쩌면 당신이 레버를 잡아당긴 것이 아니라 계가 당신에게 레버를 잡아당기게 했음을 알게 될 수도 있다. 따라서 인과 관계는 1인칭 현상—당신의 관점이 만들어낸 산물——이며, 인과 관계의 명백한 역설은 안과 밖 문제에 속한다. 이런 간섭주의자 관점을 지지하는 사람에게는 이 관점이 1장에서 소개한 칸트의 통찰력——세상의 많은 기본 특징은 세상만큼이나 우리에 관해 많은 것을 말해준다——을 보여주는 또 다른 예다.[16] 그러나 이 견해에 반대하는 사람에게는 과도하게 인간 중심적인 생각이다.[17] 이런 비난을 피하려면 계에 개입하는 '당신'은 의식 있는 행위자가 아니라 그저 계 바깥에 있는 우주의 어떤 부분이어야 한다.

간섭주의자 관점을 지지하는 사람들이 내세운 한 가지 이유는, 이 관점이 커다란 수학 기술 공구 상자를 함께 제공한다는 것이다. 상관관계가 인과 관계를 의미하지 않는다며 손을 흔들던 통계학자들은, 이제 어떤 변수가 어떤 변수에게 영향을 미치는지를 보여주는 수많은 화살표로 이루어진 도표를 사용해 원인과 결과 망을 그릴 수 있게 되었다. 이런 도표들을 안내서 삼아 통계학자들은 원래는 대칭적이고 전체적이며 원인이 없던 방정식을 비대칭적이고 국소적으로 그리고 원인과 결과 관계로 바꾼다. 이런 방법은 20세기에 개발되었지만[18] 기술로 활용된 것은 좀 더 쉽게 구현할 수 있게 된 뒤였다. 앤더슨은 이렇게 말했다. "2000년부터 2005년 사이에 (간섭주의자 관점은) 그저 빠르게 합쳐졌는데, 내 생각에는 우연이 아니라 컴퓨터로 데이터를 분석할 수 있는 능력이 극적으로 커지면서 가능해졌습니다. 예전에는 우리가 결국 인과 관계에 관해 말해야 한다는 것을, 세상에는 인과 관계라는 것이 있다는 것을, 그저 메커니즘에 관한 이야기가 아니라는 것을 그리고 간섭이라는 개념을 사용할 수 있다는 것을 주장해야 했습니다. 그때는 대화를 할 때 지금보다 훨씬 더 많은 인과 관계의 특징을 정당화할 수 있는 말을 해야 했습니다. 하지만 지금은 사람들에게 간섭주의를 말할 필요조차 없습니다."

UCLA의 컴퓨터 과학자이자 인과 관계 연구 분야의 원로인 주디어 펄(Judea Pearl)은 흡연과 암 사이의 인과적 연결을 결정한 사례를 인용했다. 지금부터 살펴볼 내용은 가히 통계학의 수치라고 할 수 있는 이야기다. 1950년대에 저명한 통계학자 몇 사람은 흡연이 암을 유발하는지, 암이 흡연을 유발하는지, 혹시 세 번째 요인이 흡연과 암을 유발하는지는 알 수 없다고 말했다. 모든 자료가 흡연과 암이 관계가 있음을 보여주고 있는데도 말이다.[19] (그들은 자신들의 회의적인 견해와 담배 회사의 연구비 지원 사이의 인과적 연결 또한 부정했다.) 어쩌면 그들은 그저 신중했는지도 모른다. 우리는 인과 관계가 있다는 증거를 우연으로 해석하는 경우가 많으니까. 하지만 우리는 폐암 발병률이 솟구쳐 올랐을 때, 통계학자들이 그저 손을 들어 자신들이 실패했음을 인정하는 것 이상을 해내는 사람들이기를 바란다. 펄은 가능한 인과 메커니즘의 부분인 추가 변수를 고려함으로써 통계학자들이 결과의 방향을 정확히 파악할 수 있음을 보여주었다. 예를 들어 흡연이 폐에 타르를 쌓기 때문에 암이 발생한다고 추정한다면 폐 기능을 검사하는 방법으로 타르 침전물을 측정할 수 있다.[20] 이 가설상의 메커니즘 맥락에서는 타르 침전물과 암 발병 사이의 상관 관계는 인과 관계를 내포하고 있을 수 있다. 실제로 수동적인 관찰 속에 숨겨진 자연 발생적인 통제 실험을 찾을 수 있다.

펄은 간섭주의자 관점이 통계적 마비(statistical paralysis)를 피할 수 있었던 방법을 몇 가지 예로 보여주었다. 사람들은 인과 관계를 흔히 이분법적으로 생각한다. 어떤 것을 무슨 일의 원인이거나 원인이 아니라고 생각하는 것이다. 과학이 공공 정책에 의견을 제시해야 할 때 이런 사고방식이 자주 나타난다. 기후 변화가 대륙 열파의 원인인가 아닌가라고 묻는 것이다. 하지만 서로 맞물려 있는 여러 변수라는 관점에서 인과 관계를 생각하면 한 사건의 원인은 여럿일 수 있다. 자연적인 기후 변동과 사람의 활동이 모두 열파의 원인으로 여겨지고 있다. 온실가스가 배출되지 않는다면 많은 극단적인 사건은 일어나지 않을 것이다.[21] 우리는 행동하기 전까지는 '정확한' 원인을 찾으려고 힘들여 애쓰지 않아도 된다.

간섭주의자 관점은 또한 자연의 다른 규모들을 유기적으로 다룬다. 한 계를 통제할 때마다 당신은 인과적으로 행동하고 있는 것이다. 그런 통제는 특정 규모에서는 일어날 필요가 없다. 현재 루트비히 막시밀리안 대학교에서 인과 관계를 연구하고 있는 철학자 크리스티안 리스트(Christian List)는 사람의 행동에 관한 예를 제시해주었다. 택시 기사에게 패딩턴 역에 데려다달라고 부탁하면 택시 기사는 (기꺼이) 당신을 그곳에 데려다줄 것이다. 무엇이 택시 기사에게 그런 행동을 하게 했을까? 환원주의자라면 뇌의 활동 패턴이 그 원인이라고 말할 테고, 좀 더 확고한 환원주의자라면 전자의 운동이든 끈이든 아무튼 실재를 이루는 가장 기본적인 구성단위들 때문이라고 대답할 것이다. 하지만 우리 같은 사람은 대부분 그저 택시 기사가 당신의 요구 사항을 듣고 그에 맞춰 행동했다고 답할 것이다.

두 입장 모두 옳다. 그러나 높은 단계에서는 심리학이 원인과 결과 사이의 연관성을 훨씬 더 선명하게 설명해준다. 그 이유는 우선, 심리학은 변화를 더 쉽게 설명하기 때문이다. 택시 기사에게 패딩턴 역이 아닌 세인트 판크라스 역으로 가자고 하거나 다른 택시 기사에게 패딩턴 역으로 가자는 부탁을 한다면 어떨까. 뇌에서 일어나는 구체적인 활동은 다르겠지만 그때 작용하는 심리는 본질적으로 같을 것이다. 당신이 해야 할 일은 말로 요청하고 출발해달라는 신호를 보내는 것이 전부다. 사람들을 설득해 무언가를 하게 하는 것은 아주 어렵지만 그래도 감각을 우회하고 뇌 활동을 직접 바꾸려는 시도보다는 훨씬 쉽다. 뇌 활동은 수십억 개에 달하는 뉴런을 모두 적절한 방법으로 조정해야만 바꿀 수 있다. 리스트는 이렇게 말했다. "당신이 나를 위해 무언가를 해주기를 바란다고 해도 당신의 뇌 상태를 조작해서 내 소원을 달성하지는 않을 겁니다. 당연히 윤리에 어긋나기 때문이기도 하지만 실행 불가능한 일이기 때문입니다. 내가 당신에게 무언가를 시킬 수 있는 가장 체계적이고도 신뢰할 수 있는 방법은, 예를 들자면 요청하는 것입니다."

25센트 4개, 10센트 10개

신경망은 다양한 규모의 인과 관계를 연구할 수 있는 뛰어난 샌드박스●를 만들어준다. 샌드박스를 이용하면 원래는 당신의 능력 밖이었던 주장을 검토해볼 수 있다. 예를 들어 입자 물리학이 사람의 심리를 유발할 수 있음을 직접 보여준다는 것은 실현 가능성이 거의 없는 야망일 수도 있다. 이 야망을 실현하려면 먼저 화학과 생물학 지식을 샅샅이 알아야 한다. 단지 간극이 너무 넓을 뿐이다. 우리는 화학과 생물학이 물리학에서 나왔다는 믿음을 가져야 한다. 그런데 이 믿음은 엄밀하게 입증된 적이 없다. 하지만 신경망은 자연에서 발생하는 집단 조직의 원리와 똑같은 방식으로 미시 세계에서 구현된다. 물리학자이자 신경망 연구자인 댄 로버츠(Dan Roberts)는 "내가 보기에 기계 학습의 멋진 점은 미시 모형과 그 출력 결과 사이의 거리가 훨씬, 훨씬 좁다는 것입니다. 거쳐야 할 단계가 아주 많지만 중간에 화학과 생물학을 거치는 것보다는 훨씬 쉽게 접근할 수 있는 것 같습니다"라고 했다.

호엘은 이 생각을 받아들였다. 그는 가끔은 신비하기도 한 창발 과정을 해명하려고 몇 가지 아주 단순한 사례를 고려했다. 우리가 지금까지 살펴왔던 다른 사례들처럼 그도 한 개의 신경망으로 시작했고, 한 계를 기술하는 기본으로 신경망을 받아들였다. 그런 다음에 기본 단위들이 서로에게 반응해 어떤 식으로 스위치를 켜고 끄는지를 연구하면서, 이 단위들이 더 단순하지만 동등한 네트워크를 만들어내는 방법으로 서로 모여 집단을 이룰 수 있는지를 살펴보았다.

- 아이들의 모래 놀이터처럼 안전한 제한 범위 안에서 하고 싶은 것을 마음껏 할 수 있는 장

여러 단계의 기술을 살펴보려고 재규격화(renormalization)라는 물리학자의 표준 연구 방법을 빌려와 독특한 개념들을 추가했다.[22]

호엘은 소켓에 전구 한 쌍을 끼우는 테이블 램프 두 개로 이루어진 아주 작은 네트워크를 예로 제시했다. 이 네트워크는 네 가지 상태가 가능하다. 전구가 둘 다 켜진 상태, 둘 다 꺼진 상태, 한 개는 꺼지고 한 개는 켜진 상태, 꺼지고 켜진 상태가 바뀐 상태. 만약 각 전구를 켜고 끄는 스위치가 분리되어 있다면 이 전구들은 진정한 네트워크를 형성하지 못한다. 그저 독자적으로 존재하는 전구들일 뿐이다. 하지만 이 램프들은 서로 연결되어 있어서 스위치를 켜면 네 상태가 번갈아 나타날 때가 많다. 그러면 각 전구의 개별 단계나 전구들이 조합되어 나타나는 결과 단계 모두를 기술할 수 있는 진정한 네트워크가 된다. 호엘은 이 두 단계가 서로 다를 수 있는 세 가지 방법을 집중적으로 연구했다.

첫 번째 방법은 가장 높은 단계에서는 관련이 없는 세부 사항을 제거할 수 있다는 것이다. 예를 들어 전구들이 언제든 한 개만 켜지도록 연결되어 있다고 생각해보자. 이 작은 네트워크는 언제나 전구 한 개 분량의 밝기를 낼 것이다. 당신은 글을 읽을 수 있는 밝기만 된다면 어떤 전구가 켜져도 상관없다. 세부 사항의 관련성은 철학자에게는 복수 실현 가능성(multiple realizability)으로, 물리학자에게는 보편성(universality)이나 기질 독립성(substrate-independence)으로 알려져 있다. 예를 들어 1달러는 25센트 동전 4개로도, 10센트 동전 8개와 5센트 동전 4개로도 만들 수 있다. 동으로 만들든, 종이로 만들든,

디지털 비트로 만들든 1달러는 1달러다. 금액의 가치는 그 가치를 구현한 물질과는 무관하다.

이런 구성의 유연함은 자연계에서 흔히 볼 수 있다. 컵 안의 물은 평온해 보이지만 사실은 광대하게 요동치는 분자의 바다임을 우리는 알고 있다. 지구에 살았던 모든 사람보다 더 많은 수의 분자가 들어 있는 한 컵의 물에서 분자들은 1초에 수조 번 서로 충돌한다. 물 분자의 복잡성이 우리에게 안 보이는 이유는 분자가 아주 작기 때문이기도 하지만 어마어마한 수의 배열 상태가 우리 같은 거시 규모에서는 모두 동일하게 보이기 때문이다. 분자 한 개를 살짝 왼쪽으로 밀거나 분자의 위치를 서로 바꾼다면 해당 분자는 그 사실을 눈치채겠지만 컵 외부에서 바라보는 사람은 알지 못한다.

분자들의 이런 교묘한 책략을 무시함으로써 분자들을 훨씬 단순하게 기술할 수 있다. 단순하다는 것은 좀 더 결정론적임을 의미하며, 이는 인과적 통제가 더 엄격하다는 뜻이다. 엄청난 양의 물을 흔들거나 휘젓거나 쥐어짜면 어떻게 될지는 분명하게 예측할 수 있지만 물 분자 단계에서 당신이 개별 분자에게 어떤 영향을 미치는지는 예측하기 힘들다. 분명한 것은 높은 단계의 기술에는 한계가 있다는 것이다. 물을 끓이려고 열을 가하면 또 다른 높은 단계의 기술로 전환해야 한다. 하지만 타당성의 범위에서 볼 때 이런 기술들은 모두 그렇게 하지 않을 경우 분자들의 잡초밭에서 길을 잃을지도 모를 본질적인 물리학에 빛을 비춰준다.

전체가 부분의 합보다 많을 수 있는 두 번째 방법은 중복(redundancy)이다. 아무리 복잡해 보이는 계도 몇 가지 상태 가운데 하나로 정착한다. 다른 상태들은 절대로 되풀이되지 않기 때문에 그런 상태들은 무시함으로써 명확한 설명을 얻을 수 있다. 전구 두 개로 이루어진 네트워크에서 한 전구를 켜자마자 다른 전구는 꺼진다고 생각해 보자. 그때부터는 전구가 두 개임을 잊고 그 계를 전구 한 개로 이루어진 계로 취급해도 된다. 이런 유형의 끌개 역학은 흔하다. 2장에서 홉필드 망을 살펴볼 때 이런 끌개 역학을 만났다. 홉필드 망에서도 신경 활동은 여러 안정적인 패턴이 있었지만 그 가운데 하나로만 전환되었다. 보통 한 계를 기술할 때 필요한 것은 이런 패턴이 전부다.

마지막 방법은 높은 단계에서는 모듈성*을 이용할 수 있다는 것이다. 구성성분 집단이 특정 기능을 수행하면 내부 작동을 잊어버리고 단일한 단위로 취급하는 것처럼, 살아 있는 생명체를 일련의 표준화된 서브루틴처럼 세포 집합이나 컴퓨터 소프트웨어로 간주할 수 있다. 따라서 호엘과 동료들은 물리학자들에게 생물학자나 소프트웨어 공학자처럼 생각하라고 요구했다. 케이프타운 대학교의 이론 물리학자이자 수학자인 조지 엘리스(George Ellis)는 내게 이런 통찰력은 표준 재규격화 이론에 추가할 중요한 내용이라고 했다. "그들은 복잡성의 핵심인 복잡한 구조의 모듈식 계층적 특징을 심각하게 받아들이고 있습니다."

관련이 없거나 중복되는 세부 사항을 제거하면 더 결정적이고

●　　modularity, 시스템의 구성 요소를 분리하고 재결합할 수 있는 정도

예측 가능한 계가 되는 반면에, 모듈성은 모듈의 '기능'이 소음을 만들 때가 있기 때문에 계를 비결정적이고 덜 예측 가능한 상태로 만들 수 있다. 예를 들어 동전 던지기는 방 안의 공기 흐름, 정확한 손가락 튕김 등 기초 물리학 관점에서 생각하면 완벽하게 결정적이다. 그러나 이런 세부 사항은 당신에게는 감춰져 있기 때문에 당신이 결과를 예측하는 데 도움을 주지 않는다. 높은 단계의 기술(description)은 동전 던지기를 완전한 무작위로 취급한다. (이런 무작위는 양자 효과가 추가할 수 있는 무작위성과는 다르다.) 인생은 너무도 복잡한 상황으로 가득 차 있기 때문에 사실상 무작위적이니 인생을 통제할 수 있다느니 하지 말고 처음부터 인생을 무작위적인 것으로 취급하면 수많은 좌절에서 자신을 구할 수 있다.

한 계에 대한 기술을 간소화하면 그 과정을 반복하면서 추가 구조를 찾고 더 높은 규모로 이동할 수 있다. 호엘은 더 높은 단계의 기술로 이동함으로써 설명을 이어갈 견인력을 얻을 수 있음을 보여주었다. 물리학자들에게 호소하기 위해 그는 자신의 설명에 숫자를 하나 집어넣었다. 두 전구 네트워크에서 네트워크의 네 가지 가능한 상태가 차례로 반복된다면 전등 스위치를 켰을 때 언제 어떤 상태가 될지를 정확히 알 수 있다. 전구 두 개는 컴퓨터 정보 비트 두 개에 해당한다. 그러나 다른 상황은 그렇게까지 확신할 수는 없다. 전선이 느슨하게 연결되어 있어 두 전구 모두 꺼져 있다면 계속 꺼진 상태를 유지하겠지만, 그렇지 않을 때는 무작위로 깜박이는 상황을 생각해보자. 수학을 이용해 이 계의 현재 상태를 파악하면 미래에 관한 정보는 0.81비트만 얻을 수 있다. 원인과 결과의 연결이 약해진 것이다.

예측 가능성을 회복하려면 무작위로 나타나는 이 세 상태를 붕괴시켜 한 상태로 만들어야 한다. 이렇게 만들어진 새로운 네트워크는 더 작아서 꺼지거나 깜빡이는 단 두 개의 상태만 있는 상황, 즉 컴퓨터 비트가 한 개인 상태가 된다. 그러나 이제 완벽하게 결정적이 되었다. 따라서 현재 상태를 알면 원본 기술에서 0.19비트를 획득하게 되어, 다음 상태에 관해서는 1비트의 정보를 얻게 된다. 호엘은 "높은 규모는 그저 간결한 기술이 아닙니다. 그보다는 결정론을 증가시키거나 중복을 줄임으로써 소음을 제거해 더 많은 정보를 담는 식으로 기술할 수 있습니다"라고 했다. 물속에서 움직이는 수많은 분자 때문에 일어나는 일도 이와 비슷하다.

인과 관계는 문자 메시지와 어떻게 같을까?

인과 관계를 통합 정보 이론에 기반해 접근하는 방법은 물리학자들이 창발에 관해 지닌 많은 직관에 도전한다. 무엇보다 가장 낮은 단계에서도 가장 높은 단계에서도 인과 관계는 반드시 있어야 한다는 직관을 해체한다. 이것은 둘 모두에서 일어날 수 있다. 호엘의 수학적 방법은 다양한 규모에 인과 관계를 할당한다. 깜빡이는 전구 두 개의 네트워크에서는 가장 낮은 단계일 때 네트워크의 인과력은 81퍼센트이고 가장 높은 단계일 때는 19퍼센트라고 아주 느슨하게 말할 수도 있다.

두 번째 공통 직관은, 정의상 높은 단계는 세부 사항을 숨기고 있기 때문에 포함하고 있는 정보 양이 더 적어야 한다는 것이다. 호엘의 분석에서 더 높은 단계는 더 단순해지기 때문에 정보를 잃을 뿐 아니라 네트워크의 진짜 구조에 더 가까워지면서 정보를 얻을 수

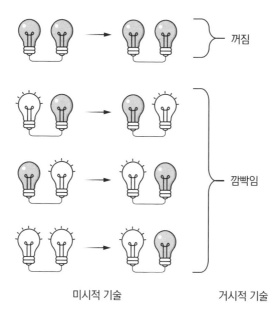

미시적 기술   거시적 기술

인과적 창발. 고장난 스위치 한 개로 조절하는 전구 한 쌍으로 이루어진 간단한 네트워크를 생각해보자. 네트워크를 이루는 전구가 둘 다 꺼져 있다면 네트워크는 꺼짐 상태를 유지할 것이다. 하지만 한 전구가 켜져 있고 두 전구가 무작위로 번갈아 켜져 결코 완전히 깜깜한 상태는 되지 않는다고 생각해보자. 이 경우 네트워크는 실제로 단 두 상태, '계속 꺼짐 상태'와 '지속적으로 깜빡이는 상태'를 갖게 된다. 이 설정은 무작위성을 무시하는 것이 어떻게 한 계의 본질적 역학을 드러내는지를 보여준다. 이것은 훨씬 복잡한 계에서도 작동하는 창발 원리의 단순한 예다.

도 있다. 적을수록 많아지는 것이다. 펄과 함께 인과 관계의 간섭주의 이론을 개발하고 있는 코넬 대학교의 컴퓨터 과학자 조지프 할펀(Joseph Halpern)은 "호엘이 지적하고 있는 것은 '작은' 모형이 그저 더 큰 모형의 근사치는 아닐 수도 있다는 것입니다. 어떻게 보면 사실상 더 큰 모형보다 더 많은 정보를 가지고 있는지도 모릅니다"라고 했다.

이런 관점을 뒷받침하기 위해 호엘은 통신 공학이라는 의외의 분야에서 일반 원리(공리)들을 끌어왔다. 신호 교환은 일종의 인과 관계다. 전화기 버튼을 눌러 친구의 전화기 화면에 문자 메시지를 띄울 수 있다. 그런 일이 실제로 일어나려면 정교한 작업이 필요하다. 전화기 같은 장비는 성능 저하(degradation)에 저항하는 형태로 데이터를 부호화하기 때문에 우리의 문자 메시지는 전기 간섭을 통해 전송된다. '부호'란 그저 정보를 표현하는 방법이다. 예를 들어 모스 부호는 문자와 수를 단점(dit)과 장점(dah)으로 바꾼 뒤에 전기 펄스로 전환한다. 모스 부호는 영어의 구조를 활용해 영어에서 가장 많이 쓰는 글자인 E와 T를 부호화해 짧은 문자 서열을 만드는 방법으로 전송 속도를 높인다. 예측 부호화는 그 같은 부호화 방법 가운데 좀 더 복잡한 형태를 띠고 있다. 다른 종류의 부호들은 데이터의 구조가 아니라 매체의 특성에 기반해 전송 오류를 보상한다.

부호는 여러 단계의 추상을 만든다. 우리는 물질 상태 그대로를 사용해 문자 메시지를 전달할 필요는 없지만 이런 상태를 교묘하게 결합해 시스템의 최대 성능을 이끌어낼 수는 있다. 호엘은 인과 관계의 단계들이 전적으로 유사함을 보여주었다. 높은 단계의 인과 관계는 시스템에서 소음—— 관계없는 세부 사항들—— 을 제거해 필수 역학이 빛을 발할 수 있게 한다. 그런 역학을 활용하면 발휘할 수 있는 통제력을 최대치로 끌어올릴 수 있다. 호엘은 "높은 규모는 부호와 유사한 방식으로 작용해 오류를 수정하는데, 이는 높은 규모가 더 많은 추가 작업을 하고 더 많은 정보를 제공할 가능성이 있음을 의미합니다"라고 했다.

실세계에서 호엘의 단순한 두 전구 네트워크와 가장 닮은 예는 컴퓨터 플래시 메모리일 것이다.[23] 미시 단계에서 보면 컴퓨터 플래시 메모리는 기본 단위가 쭉 늘어서 있는 달걀 곽처럼 보인다. 각 단위는 전압이 다른 네 단계로 이루어져 있어, 원칙적으로는 두 개의 컴퓨터 비트를 수용할 수 있다. 그러나 네 단계 전압 가운데 한 단계만 안정적으로 유지되면 나머지 세 단계는 번갈아서 나타나는 경향이 있다. 따라서 공학자들은 한 쌍의 비트를 모두 한 단위에 넣는 대신 각 단위마다 한 개의 비트만을 저장하고 안정적인 전압 단계에는 0을, 번갈아 나타나는 전압 단계에는 1이라는 값을 부여했다. 이런 식으로 부호를 부여하면 저장 용량을 반으로 줄일 수 있다. 하지만 데이터 손실을 고려하면 저장 용량은 어느 정도가 좋을까? 유추해본다면 높은 단계의 인과적 기술은 세부 사항을 놓칠 수 있지만, 많은 경우 이런 세부 사항은 그다지 중요하지 않다.

세 번째 공통 직관은 호엘과 리스트 같은 사람들이 다시 상기시킨 것으로 결정론은 이분법 상태라는 것이다. 사람들은 세상이 본질적으로 무작위이거나 아니라면 규칙적이고 예측 가능해야 한다는 말을 자주 한다. 양자 물리학을 둘러싼 논쟁은 대부분 둘 중에 무엇이 진실인가이다. 하지만 사실 세상은 이것 아니면 저것일 필요는 없다. 둘 다 가능하다. 리스트는 "세상은 한 단계의 기술에서는 결정론적일 수 있고 동시에 또 다른 단계의 기술에서는 비결정적일 수 있습니다"라고 했다. 그 이유는 각 단계마다 자연의 법칙을 개정하기 때문이다. 예를 들어 액체 물을 지배하는 법칙은 개별 물 분자를 지배하는 법칙만이 아니라 물 분자의 배열 방식을 지배하는 법칙들의 산물이다. 아무리 물 분자를 지배하는 법칙이 완벽하게 규칙적이고 예측 가능하다고 해도 더 높은 단계에서는 무작위적일 수 있다. 맹렬하게 흐르는 강물 속에서 물 분자는 완벽하게 질서정연할 수 있으며, 느긋하게 흘러가는 액체 속에서 제멋대로 움직일 수도 있다.

'결정론은 단계가 결정한다'는 개념은 놀라운 가능성을 열었다. 물리학의 기본 법칙은 전혀 없는 것이 아닐까 하는 의구심을 갖게 한 것이다. 호엘의 모형에서 결정론적인 높은 단계의 기술은 완전히 무질서한 가장 낮은 단계에서 나타날 수 있다. 호엘은 "효과적인 정보는 거시 규모에서는 무한할 수 있지만 미시 규모에서는 거의 0에 가까울 수도 있습니다"라고 했다. 따라서 그의 연구는 물리학자 존 휠러의 '법칙이 없는 법칙'이라는 생각에 신빙성을 부여한다. 휠러는 혼란스러운 미시 사건들이 '공식으로부터의 자유를 과시하는 것'은 그럼에도 불구하고 '수십억 개 곱하기 수십억 개의 행동이 압도적인 통계를 통해 물리 법칙의 규칙성을 발생시키면서' 집단적으로는 법칙을 지키고 있는 것이라고 추론했다.[24] 정말로 그렇다면 물리학자들은 토대를 찾아 파고들어 가다가, 흐르는 모래 위에 실재가 세워져 있음을 발견할 수도 있다.

호엘의 기획은 창발이라는 개념을 명확히 설명하는 데는 도움이 되지만 실세계 상황 대부분에서 창발이 어떤 식으로 작동하는지를 이해하는 데는 별 도움이 되지 않는다. 호엘이 고려한 네트워크는 아주 단순하지만, 그 정도 네트워크도 네트워크가 작동하는 여러 규모를 확인하려면 엄청난 컴퓨터 분석을 통해 다시 분류해야 한다. 고려해야 할 가능성이 너무 많기 때문에 한 계의 내부 구조를 찾는 일은 본질적으로 어렵다.

런던 구글 딥마인드의 AI 연구자이자 신경과학자인 이리나 히긴스(Irina Higgins)는 호엘의 연구가 인공 신경망이 이미지에서 올바른 구조를 고를 수 있게 도와줄 기술을 개발하는 자신의 연구와 관계가 있음을 알았다. 만일 고양이를 식별하도록 인공 신경망을 훈련시킨다면 신경망은 보이는 모든 동물에 라벨을 붙이겠지만, 그것이 이미지 안에서 고양이와 같은 구조를 식별했다는 의미는 아니다. 신경망은 고양이를 꼬리, 털, 수염이 있는 생명체로 생각하는 것이 아니라 해당 이미지 속에서 그 동물 유형과 관련이 있는 기이한 픽셀 조합을 만들어내는 것일 수도 있다. 히긴스의 기술은 신경망이 고양이를 사실적으로 표현하게 할 수 있다. 또 호엘의 연구처럼 간소한 기술이 실재에 더 가깝다는 가정에 근거해 중복을 제거한다.[25]

하지만 이런 기술들은 다층 이미지에서는 효과가 없다. 2021년,

히긴스는 "아직 그런 능력을 제대로 구현하는 모형은 없는 것으로 압니다"라고 했다. 그녀는 내게 숲에 둘러싸인 들판의 양 이미지를 보여주며 물었다. "개별 양과 양 떼를 구분할 수 있나요? 한 개체의 배경을 구분하고, 그 배경을 들과 숲과 하늘로 구분할 수 있나요? 나무를 한 그루씩, 풀을 한 포기씩 구분할 수 있나요?" 기계에게는 이미지 위에 펼쳐진 장면을 구분하고 분석할 이유가 없다. 우리의 뇌는 그런 과제를 별다른 노력 없이도 처리할 수 있지만, 뇌조차도 그 구조가 무언인지를 파악하려면 많은 전제(presupposition)를 세워야 한다. 그와 같은 이유로 인과 관계를 층별로 구별하는 것은 본질적으로 어렵다. 실제로는 셀 수도 없는 많은 방법이 있을 때도 우리는 세상을 만드는 방법은 당연히 하나라고 생각한다.

자유 의지에 관해 새롭게 할 말이 있을까

창발을 좀 더 정교하게 이해하면 자유 의지에 관한 논쟁을 마무리하는 데 도움이 될 수도 있다. 전통적으로 철학의 영역인 자유 의지는 물리학에서도 관심을 갖는 주제다. 인과 관계를 완벽히 이해하려면 과학에서 알고 있는 가장 복잡한 인과적 행위자를 배제해서는 안 된다. 우리 자신 말이다.

자유 의지는 드물게 유용하면서도 매혹적인 철학 개념이다. 예를 들어 우리의 사법 제도와 민주적 절차는 개인 의지에 대한 가정들을 기반으로 한다. 과거에는 친구들과 함께 하는 '인류 대항 게임

(Cards Against Humanity)' 같은 카드놀이만큼이나 우리에게 개인 의지가 있는가를 주제로 한 논쟁은 저녁 시간을 즐겁게 보내는 방법이기도 했다. 하지만 나는 이런 토론에 점차 흥미를 잃었는데, 이런 논쟁이 사람의 가장 나쁜 부분을 이끌어낼 수 있었기 때문이다. 논쟁에 참가한 사람들은 모두가 자기 자신에 대해 확신하고 있는 것 같았다.

하지만 모두 냉정을 유지할 수만 있다면 전진할 수 있음을 알게 될 것이다. 역사적으로 토론이 어떤 식으로 발전해왔는지 생각해보라. 우리가 우리의 선택을 결정한 주체인지 아니면 그저 시계 같은 세계의 톱니바퀴 하나에 지나지 않는지에 관한 질문 혹은 이 두 선택지가 정말로 완전히 반대 상황을 의미하는지를 묻는 질문은 결정론이 좌우하는 문제였다. 모든 일이 일어나는 데 이유가 있다면 내일 아침에 내가 마실 음료가 커피인지 차인지는 미리 정해져 있다는 것이다. 나와 커피, 지구가 있기 전의 억겁의 시간을 거슬러 올라가 초기 우주를 채우고 있던 원자들에 이미 이 사람에게 커피를 가져다주라는 명령어가 미묘하게 각인되어 있다는 것이다. 그러나 자유 의지를 두고 논쟁하던 사람들이 어떤 것에 동의하게 된다면 결정론은 사람들을 교란하는 거짓 신호일 것이다. 물리학 법칙들은 비결정적일 수 있으며, 이 경우 내가 차나 커피를 선택하는 것은 무작위적인 원자의 방향 이탈 때문일 수 있다. 내 입장에서 이런 상황은 결정론적 예정론과 조금도 다를 바가 없다. 어차피 나의 선택은 나를 위한 것일 테니까 말이다.

자유 의지에 관한 일반적인 합의에 담긴 또 다른 요점은 사람이 물리학 법칙에서 면제되는 것은 아니라는 점이다. 1980년대에 대학에서 내게 형이상학을 가르쳐준 저명한 철학자는 우리가 물리학 밖에 있음을 확신시켜주려고 애썼다. 왜냐하면 사람이라는 행위자는 신이 그렇듯, 그 자신이 부동의 동자*이기 때문에 우리에게는 자유의지가 있다고 했다.[26] 하지만 이제 그렇게 생각하는 사람은 거의 없다. 대부분은 우리의 결정이 물리학을 위반하지 않는다는 사실을 받아들인다. 우리의 결정은 난데없이 나타난 것이 아니다. 모두 선행사건이 있다.

오늘날 자유 의지 논쟁은 인과 관계의 본질에 관한 논쟁으로 바뀌고 있다. 인과 관계가 전적으로 기초 물리학 단계에 놓여 있다면 우리는 그저 꼭두각시거나, 심지어 꼭두각시도 아닐 수 있다. 그저 커다란 꼭두각시 모양을 한 원자 덩어리일 뿐이다. 하지만 인과 관계에 대한 러셀의 비판이 옳다면 근원에 있는 물리학은 지향성(directedness)도 강박감(sense of compulsion)도 없을 것이다. 원인의 범주는 그곳에 적용되지 않는다. 어쨌거나 인과 관계는 결국 근본일 수밖에 없다고 생각하는 물리학자도 있다.[27] 하지만 설령 그들이 옳다고 해도 자유 의지와 관련된 원인과 결과는 높은 단계의 기술에서 발생한다. 마치 원자 덩어리와 대비되는 사람이 높은 단계의 기술에서 발생하는 것과 같다. 우리가 당신에 관해 이야기하기 전까지는 우리는 당신의 결정에 대해 말할 수 없다. 호엘과 리스트 같은 연구

• 　　자신은 움직이거나 변하지 않으면서 다른 존재를 움직이고 변화시키는 존재

자들은 높은 단계는 인과력을 가지고 있다고 생각하며, 잠재적으로는 당신도 마찬가지다.

따라서 진짜 질문은 '우주의 인과적 흐름의 일부가 되면 우리에게는 자유 의지가 없어지는 것일까'이다. 만약 '자유'에 대한 정의가 '물리적으로 원인이 없는 것'이라고 한다면, 맞다. 자유 의지는 없는 것이다. 그런 정의를 받아들인 사람도 있다. 하지만 나는 받아들이기에는 이상한 입장이라고 생각한다. 자유로운 선택의 핵심은 그것이 '원인이 된다'는 것이다. 당신에 의해서 말이다. 자유로운 선택은 당신의 욕망과 깊은 고민 또는 충동적인 선택에 의해서도 발생한다는 것이다. 당신이 발휘할 수 있는 가장 큰 자유는 무엇인가? 터프츠 대학교의 철학자 대니얼 데닛(Daniel Dennett)은 내게 "당신은 당신의 뇌가 당신이 그것을 하게 만들기를 원할 것입니다"라고 했다. 그것은 자유와 양립할 수 있는 인과적 흐름의 일부가 되는 것뿐만 아니라 자유를 위해서도 필요하다.

여기에 모순이 있다. 내 생각에는 자유 의지를 비난하는 사람들이 그토록 분노하는 이유는 그들이 자유 의지를 과학 이전의 유물이라고 보기 때문이다. 물질에서 마음을 분리할 뿐 아니라 마음이 과학의 이해를 넘어서는 곳에 있다고 생각하는 신비주의 세계관의 잔재라고 보기 때문이다. 하지만 나는 그들이 이원론(dualistic view)을 채택하고 있음을 알게 되었다. 그들은 '자유 의지가 물리학의 제약을 받지 않는 무형의 영혼'이라는 시작점이 필요하기 때문에 영혼을 배제한다면 자유 의지 또한 배제해야 한다고 가정한다. 하지만 정말로 배제하는 것은 자유 의지에 대한 특별한 개념뿐이다. 만약에 당신이 오히려 의식이 궁극적으로는 물리적이라고 가정한다면(아마도 물리학의 확장된 개념 안에서 그럴 수 있을 텐데) 우리의 욕망과 깊은 고민은 물리 과정의 결과물일 것이다. 하지만 그렇다고 해도 우리가 그런 욕망과 깊은 고민에 기반해 행동하는 한, 우리는 자유롭게 행동하고 있다고 할 수 있다.

이 같은 사고는, 이전 사건이 원인이 되어 발생한 욕망과 깊은 고민이 실제로 우리 것이라고 할 수 있는지에 대한 쉽게 해소되지 않는 문제를 남긴다. 이에 대해 생각하는 한 가지 방법은 데닛이 '데카르트 극장(Cartesian theater)'이라고 부른 상황을 고려해보는 것이다.[28] 당신은 의식을 당신 머릿속에서 당신이 보고 있는 영화라고 생각할 수도 있다. 하지만 보는 사람은 누구일까? 그 내적 자아에게는 영화를 인식하기 위한 의식 경험이 있어야 할 테고, 극장이 필요할 테고, 그밖에 다른 조건들이 필요할 것이다. 이원론자는 몸에 심어진 영혼을 상상함으로써 무한 후퇴(infinite regress)를 깨뜨릴 수 있다. 그러나 과학자들은 대부분 자신이 경험한 것과 자아를 분리할 수 없다고 말하는 물질주의자다. 경험과 자아는 한데 묶여 있다.

자유 의지에 대해서도 같은 논리를 적용하는 물질주의자에게 자신이 창조되었거나 조작되는 꼭두각시라는 생각은 말이 되지 않는다. 사람의 생각과 결정, 행동은 선행되지 않는다. 그보다는 사람이 사람의 생각이자 결정이며 행동이다. 특정한 방식으로 행동하도록 이끄는 동일한 삶의 경험이 당신의 자아도 만든다. 따라서 다시 말하지만 인과적 흐름의 일부가 되는 것은 자유 의지를 파괴하기보다는 가능하게 해준다. 우리의 결정은 이전 사건의 결과물이지만, 그 결정들은 앞선 사건들과 독특하게 융합한다. 그 누구도 정확히 같은 인생사를 공유하는 사람은 없다. 이런 차이가 우리를 개별 존재로 만들며, 당신의 행동을 당신의 것이라고 부를 수 있는 근거를 제공한다.

자유 의지는 안과 밖 문제의 또 다른 예다. 전통적으로 물리학은 우리에게 바깥에 있는 객관적인 관점을 제공하지만 실재를 완벽하게 설명하려면 그 관점을 내재되어 있는 행위자의 경험과 연결해야 한다. 외부에서 보면 사람의 행동은 완벽하게 미리 결정되어 있을 수도 있다. 내 딸이 아장아장 걷는 아기였을 때, 나는 그 아이의 접시에 샐러드를 올리면 아이가 어떤 반응을 보일지를 거의 100퍼센트 확신할 수 있었다. 아이는 샐러드를 접시에서 치워버릴 것이 분명했다. 그 아이의 거부를 예측할 수 있다고 해서 그 아이에게서 주도권을 빼앗은 것이 아니다. 오히려 그런 예측은 그 아이가 주도권을 행사하고 있음을 의미한다. 우리가 선택하고 행동하기 전까지는 내부 관점에서 보는 결과는 열려 있다. 자유 의지와 양자 물리학을 비롯한 많은 분야를 분석하고 있는 존스 홉킨스 대학교의 물리 철학자인 제넌 이스마엘(Jenann Ismael)은 자유는 수행적(performative)이라고 주장한다. "판단, 선택, 결정. 이런 것들은 선택자로서의 위상을 가지고 있어요. 예를 들어 배심원이 내린 판결이 배심원에게 부여한 권리 같은 그런 위상을요. 그런 결정은 그것을 확증하는 행위 때문에 진실이 됩니다."

비트 단위로 측정되는 자유 의지

자유 의지를 둘러싼 논쟁은 당연히 계속될 것이다. 자신의 욕망에 따라 선택한다는 것을 형이상학적 의미에서는 자유 의지로 간주한다는 생각에 모든 사람이 찬성하는 것은 아니다. 하지만 과학자들이 앞으로 나갈 수 있는 많은 질문을 던져준다. 예를 들어 과학자들은 자유 의지를 측정하려고 애써 볼 수 있다.

인과 관계처럼 자유 의지도 이분법으로 나눌 수 없고 여러 등급이 있다. 사람들은 다양한 양으로 자신의 결정을 강요받거나 통제될 수 있다. 토노니, 알반타키스, 멜라니 볼리를 비롯한 여러 과학자들은 통합 정보 이론을 이용해 다양한 단계에 인과 관계를 배분할 것을 제안했다. 어떤 인과 관계는 사람 같은 행위자 때문에 생기는데, 그것이 바로 행위자의 자유 의지다.[29] 그에 반해 뉴햄프셔 세인트 앤셀렘 대학의 물리학자 이안 더럼(Ian Durham)은 할 수 있는 선택이라는 관점에서 자유 의지의 양을 측정한다. 우리가 받는 제약이 클수록 우리가 주장할 수 있는 자유는 적어진다.[30] 좀 더 실용적인 단계에서는 인지 과학자들이 '자유 의지 지수'를 제안했다. 사람들이 숙의하고 행동하는 능력을 평가할 수 있는 일련의 심리 검사를 진행하는 것이다. 범죄를 저지른 사람 중에는 완벽하게 자유롭게 행동한 사람도 있으니, 사법 제도는 그들에게 엄벌을 주는 것이 나을 수도 있다. 하지만 범죄자 중에서도 완벽히 자유롭게 행동하지 않는 사람도 있는데, 그들에게는 좀 더 좋은 결정을 내릴 수 있게 돕는 사회

복귀 프로그램에 참여시키는 것이 더 나은 방법일 수도 있다.[31]

양자 물리학자에게는 자유 의지를 평가해야 하는 그들만의 이유가 있다. 그들에게 자유 의지 문제는 4장과 5장에서 살펴보았던 유명하면서도 기이한 사고 실험의 결과를 해석하는 방법과 관계가 있다. 이런 사고 실험들은 다른 과학에서의 사고 실험과 마찬가지로 암묵적으로는 자유 의지를 가정하는데, 실험 방법이나 대조군에게 실험을 할당하는 방법을 선택해야 하기 때문이다. 이 같은 맥락에서는 '자유'에 어떠한 형이상학적 암시도 들어 있지 않다. 그저 편향적이지 않음을 의미할 뿐이다. 이런 의미라면 우리에게는 자유 의지가 없다고 걱정하는 물리학자도 있다. 그런 물리학자의 관점을 초결정론 (superdeterminism)이라고 한다. 어떤 관점이 옳은지를 확인하는 한 가지 방법은 실험을 진행하고 실험 결과를 설명할 때 우리의 자유에 얼마만큼의 제약을 가해야 하는지를 묻는 것이다.[32] 그리고 연구자들은 아주 약간의 제한으로도 충분할 수 있음을 알았다. 브리스톨 대학교의 양자 물리학자 산두 포페스쿠(Sandu Popescu)는 "약간의 제한만으로도 질의 문제가 양의 문제로 바뀌었습니다"라고 했다.

물리학자들은 또한 어떤 종류의 물리계가 행동을 발현할 능력이 있는지를 묻는다. 자유 의지를 보유한 채, 적어도 자유 의지라는 환상을 보유한 채 자발적으로 행동할 수 있는 능력이 있는 물리계는 무엇인지 묻는 것이다. 인과의 사슬 안에서 서로 연결되어 있다는 것은 충분한 조건이 되지 않는다. 그것만으로 행동을 발현할 능력이 있는 물리계로 취급한다면 우주에 있는 모든 것이 행위자가 될 수 있을 것이다. 그런 물리계를 찾으려면 우리 마음의 정교함이라는 특별한 양념을 첨가해야 한다. 물리계는 대부분 반응성을 띤다. 물리계는 오직 즉각적인 상황에만 반응하고 가까운 주변에만 영향을 미친다는 뜻이다. 이런 계에서 일어나는 인과 관계는 단순하다. 결과는 원인에 근접하며, 원인에 비례한다. 하지만 지적 존재와 인공 신경망은 원인과 결과 사이에 놓인 길을 비튼다.[33] 우리는 무기력하게 넘어지는 도미노가 아니다. 오늘 우리가 내린 결정은 수년에 걸쳐 완벽하게 단절된 영향들을 한데 묶은 결과일 수도 있다. 언젠가 4학년 담임선생님에게 들은 말이 옛 노래 가사와 팔꿈치의 고통을 교차하게 해 정말로 의사에게 전화해야 할 필요가 있게 할 수도 있는 것이다. 두 사람 혹은 다른 시간에서의 한 사람이 같은 상황에 정반대 방식으로 반응할 수도 있다.

일단 우리가 행동하기로 결정하면 지능은 우리에게 순수한 신체의 힘과는 균형이 맞지 않는 힘을 우리에게 부여한다. 올바른 장소에 지렛대를 설치하기만 하면 우리는 한 세상을 움직일 수 있다. (정말이다. 2022년 가을에 우주 과학자들은 우주 탐사선으로 적절한 위치를 타격해 소행성 경로를 바꿨다.)[34] 영리하게 선택적으로 힘을 적용할 수 있는 능력이 우리를 무생물 물리계와는 다른 존재로 만든다.

이스마엘은 우리의 진지한 숙고에 생기는 비틀림은 우리를 원자로는 환원할 수 없는 실제 특성을 가진 실재로 만들고, 자유 의지를 말하는 것을 정당화시켜준다고 했다. 2016년에 발표한 글에서 이스마엘은 이렇게 썼다. "나는 나의 과거가 만들어낸 산물이지만, 그저 단순한 과거의 산물이 아니다…. 우주는 그저 한 가지 일어나고 또 다른 일이 생기는 밋밋한 풍경이 아니다. 우주에는 풍경 전체를 가로질러 영향력을 수집하고, 행동을 이끄는 결정 과정을 통해 영향력을 걸러내는 특별하고 작은 인과 중추들이 있다. 이 작은 중추가 바로 사람의 마음이다."[35]

8

시간과 공간

십 대였을 때 나는 학교에 가려고 일어나는 일이 아주 힘들었다. 한번은 학교 갈 준비를 하기 위해 욕실에 들어갔다가 비행기에서 스카이다이빙을 하려고 뛰어내리는 나를 발견했다. 내 앞에는 멋진 풍경이 펼쳐져 있었다. 나는 낙하산 줄을 잡아당기며 땅을 향해 부드럽게 내려갔다. 너무 신나는 경험이었다. 그러다가 욕실 바닥에 부딪혀 잠에서 깼다.

우리 뇌가 현실에 대한 우리의 인지 과정을 걸러내는 여러 방법 가운데 가장 왜곡을 많이 하는 것은 시간일 것이다. 욕실 바닥에 넘어질 때까지 걸린 1, 2초의 시간이 꿈에서는 몇 분처럼 느껴졌다. 코로나19가 야기한 봉쇄는 그런 왜곡에 새로운 사례를 수없이 추가했다. 누군가에게는 하루가 쏜살같이 지나갔고, 누군가에게는 너무 지루하게 머물렀다.[1] 돌이켜보면 나는 팬데믹의 첫해가 달력에서 완전히 지워진 것처럼 느껴진다. 그 모든 것이 시작되기 직전에 투산(Tucson)에 다녀왔는데, 1년 반이 지난 뒤에도 여전히 금방 투산에 갔다온 것처럼 느껴졌다.

뇌가 하는 일시적인 속임수에 익숙해지면 그런 속임수는 어디에서나 발견할 수 있다. 거울 앞에서 오른쪽 눈을 본 뒤에 왼쪽 눈을 보면 당신은 눈이 움직이는 모습을 절대 볼 수 없다. 뇌가 그 움직임을 당신에게는 숨기기 때문이다. 아날로그시계의 초침을 보면 멈춰 있는 것처럼 보이는데, 시간 정체(chronostasis)라고 알려진 이 환상은 뇌가 눈의 움직임을 보상하려는 방법 때문에 생기는지도 모른다. 같은 순간에 여러 장소에서 일어난 일을 비교해야 하는 축구 시합 중에 오프사이드 판정 때문에 분노한다면, '같은 순간'이라는 생각이 얼마나 우려스러운 개념인지 알 수 있을 것이다.[2] 우리 뇌는 동시에 발생한 일을 순차적으로 발생한 일로 생각하거나 순차적으로 발생한 일을 동시에 일어난 일로 인지할 때가 있다.

말과 음악에는 일종의 정신 시간 여행이 담겨 있다. 음성 녹음을 받아 적을 때는 말이 모호하게 들리거나 뜻을 이해하지 못해 당혹스러울 때가 있다. '~야, 그릴로 구운 거'라는 구절은 그릴로 구웠다는 다음 표현이 나오기 전까지는 대상이 '스테이크'를 말하는지 '스케이트'를 말하는지 알 수 없는 것이다.[3] 그와 마찬가지로 우리는 음을 더 긴 악절의 일부로 인지한다. 재미있는 점은 우리가 지연된 상태로 이해하고 있다는 느낌을 받지 못한다는 것이다. 우리는 말이 나오는 순간 모든 단어를, 모든 음을 즉시 들었다고 느낀다. 뇌가 처리 지연 과정을 우리에게 숨기는 것이다. 어느 정도는 말이다. 비디오 사운드트랙이 80밀리초 내에 동기화된다면 화면과 소리의 속도가 다르다는 사실을 눈치채지 못하지만, 80밀리초를 넘긴다면 갑자기 화면과 소리가 정신없이 다르게 흐른다는 사실을 알아챌 것이다.[4] 아주 넓은 야외 콘서트장에서 무대 가까이 있는 사람은 소리가 빛보다 느리게 이동하더라도 음악은 대형 비디오 스크린에서 보이는 장면과 일치할 것이다. 하지만 무대에서 아주 멀리 떨어져 있다면 뇌가 소리와 화면을 일치시키지 못하기 때문에 대형 비디오 스크린에 나오는 장면을 보는 동안 아마추어가 더빙한 소리를 듣는 것처럼 느낄 것이다.

우리가 공간을 인지하는 방식도 도깨비 집의 거울을 보는 것과 같다. 사람들은 거리를 비대칭으로 판단한다. 랜드마크에서 당신 집까지의 거리는 당신 집에서 랜드마크까지의 거리보다 더 멀게 느껴진다. 우리는 가까운 거리는 과장하고 먼 거리는 붕괴한다. 웨스트사이드 하이웨이 너머에 있는 전체 세상을 좁은 띠로 압축한 《뉴요커》의 유명한 표지는 뉴욕의 특별한 지역주의를 보여주는 것이 아니라 사람의 일반 성향을 표현한 것이다. 그리고 이런 왜곡은 더욱 추상적인 형태의 공간 인지로 이어진다. 우리는 우리 친구들과 '가깝기' 때문에 친구들을 독자적인 개인으로 구별할 수 있지만, 낯선 사람은 뭉뚱그려 모두 낯선 사람이다.[5] 자유주의자는 보수주의자가 획일적인 사람이라고 생각하고, 보수주의자도 자유주의자를 그렇게 생각한다.

시간과 공간은 의식에 아주 중요하기 때문에 우리가 이 둘을 어떻게 경험하는지 설명할 수 있다면, 우리가 모든 것을 경험하는 이유에 대한 더 큰 수수께끼를 푸는 데 도움이 될 수도 있다. 우리가 하는 다른 대부분의 경험과 달리 시간과 우주에 대한 감각은 분석할 수 있다. 인지라는 다양한 환상과 왜곡이 그 분석을 도와준다. 이런 환상과 왜곡은 그 계의 결함이 아니라 그 계의 메커니즘을 들여다볼 수 있게 해준다. 연구자들이 시간과 공간이 관련된 더 근원적인 감정과 판단을 정확하게 밝혀낸다면 1인칭부터 3인칭까지의 파악하기 어려운 연결을 이해하게 되고, 뇌 활동에 그런 감정과 판단을 연결해 뇌 지도를 그릴 수도 있을 것이다. 신경과학자 줄리오 토노니는 내게 이렇게 말했다. "우리는 공간 경험에 자기 관찰적으로 접근합니다. 우리가 파란색 가운데 가장 파란 색을 가질 필요는 없으니까요. 파란색은 파란색입니다. 그 외에 더 보탤 말은 없습니다. 파란색을 느끼는 방식으로 나의 관찰을 자세히 분석할 수는 없지만, 공간은 할 수 있죠."

시간과 공간 만들기

그래도 위안이 되는 점이 있다면, 물리학자들은 우리 뇌만큼이나 시간과 공간 때문에 어려움을 겪고 있다는 것이다. 물리학자들이 들여다보려고 할 때마다 근본적인 시간은 그들의 손가락 사이로 빠져나가 버린다. 근본적인 시간은 흐른다. 지나간다. 현재는 현실이고 과거는 고정되어 있고, 미래는 열려 있다. 매 순간 새로운 것을 가져온다. 그러나 물리학에서는 시간의 이런 특성이 나타나지 않는다. 물리학 방정식에서 시간은 그저 소문자 't'다. 그저 표식일 뿐이다. 시간을 공간에서의 위치와 함께 사용하면 인과적 서열에 따라 사건을 배치할 수 있지만, 미래와 과거를 구분할 수는 없으며, 현재라는 순간을 선별할 수 없으며, 시간이 흘러가지도 않는다. 우주는 펼쳐지는 것이 아니라 그저 존재하는 것이다. 풍경처럼 전체에 걸쳐 과거와 현재, 미래가 펼쳐져 있다. 하지만 우리는 그런 모습을 보지 못한다. 우리는 과거를 응시할 수도 없고, 예전으로 돌아가 젊은 시절의 실수를 만회할 수도 없다.

　물리적인 시간 활용을 크게 줄인 것만으로는 부족하다는 듯, 가장 기본적인 이론들(양자 역학과 중력에 관한 일반 상대성 이론을 통합하려고 시도하는 이론들) 중에서도 이제 더는 t를 사용하지 않는 이론이 있다. 근본 단계에서 시간은 그저 간신히 뼈대를 이루는 정도가 아니다. 아예 존재하지 않는다. 사실, 실재는 궁극적으로 시간에 상관없이 존재한다는 생각은 고대 그리스 철학자 파르메니데스로 거슬러 올라간다.[6] 다른 사람도 아닌 소크라테스는 그 같은 생각은 "우리 모두를 이해시킬 수 없다"고 했는데,[7] 오늘날 물리학자도 같은 기분을 느낀다. 시간이 없다면 무슨 방법으로 유동적인 세상을 설명할 수 있을까?

　흥미롭게도 시간에 관한 이런 문제는 7장에서 살펴본 인과 관계의 문제를 떠오르게 한다. 근원에서 보는 우주에는 인과 관계라는 개념이 없는 것처럼 보이는데, 어쩌면 시간이라는 개념 또한 없는 것만 같다. 인과 관계처럼 시간도 낮은 단계가 아닌 높은 단계에서 나타나는지도 모른다. 생명이나 마음이 물질의 집단 역학에서 생성되는 것처럼 말이다.[8] 그러나 우리에게 익숙한 시간의 특성 중에는 물리학에서 전혀 발견되지 않는 것도 있으며, 물리학자들도 그런 특성에 대해서는 거의 아무 말도 하지 않는다. 물리학자들은 그런 특성에 대해서는 뇌과학이 설명해야 한다고 믿는다. 샌디에이고 캘리포니아 대학교의 물리 철학자 크레이그 칼렌더(Craig Callender)는 "물리학자들은 기본적으로 그런 특성들을 환상이라고 말하며, 그들이 하는 일은 그 문제를 자신들의 책상에서 들어올려 다른 사람의 책상에 가져다놓는 것입니다. 그래서 그 문제는 심리학자의 책상으로 올라가죠. 그런데 문제는 아무도 심리학자에게 그 문제를 심리학자의 책상 위에 옮겨놓았다는 말을 하지 않는다는 겁니다. 결국 그 문제는 아무도 설명하지 않아요. 미칠 노릇입니다"라고 했다.

학계의 이런 뜨거운 감자 게임은 지적으로도 만족스럽지 않지만, 물리학에 커다란 구멍을 남긴다는 점에서도 문제다. 경험 과학으로서 물리학은 우리의 관찰 결과를 부정하는 것이 아니라 설명해야 한다. 실제로 물리학이 우리의 감각 증거를 비웃는다면 애초에 물리학을 믿어야 할 근거가 어디 있을까? (설혹 시간이 환상이라고 해도) 시간에 관해 완벽하게 설명하지 않는다면 물리학은 스스로 자기 기반을 위태롭게 할 것이다. 경험적 비일관성(empirical incoherence)의 또 다른 사례가 되는 것이다.[9] 시간을 설명하려면 여러 학문이 대화해야 한다.

❶ 이 세상은 본질적으로 무질서한
사건(원)들로 이루어져 있다.

❷ 사건들은 서로 관계가 있으며
한 개 이상의 서열을 형성한다.

서열

또 다른 서열

❸ 서열들이 시간을 정의한다.
다른 서열들은 공간을 정의한다.

공간

시간 정의

또 다른 시간 정의

❹ 우주는 지속되는 시간이라는
개념을 발달시킨다.

서열들은 저마다
다른 속도로 움직인다.

❺ 중력이 약하면 시간에 대한
다른 정의들이 하나의 전연
시간(global time)으로 붕괴된다.

❻ 우주의 비대칭성이 과거에서
미래로 흐르는 시간의 화살을
만든다.

과거

미래

❼ 이 비대칭성은 아주 강력해서
과거의 기록이 지속될 수 있다.
미래의 기록도 지속될 수는 있지만
쉽게 파괴된다.

❽ 우리의 뇌는 전체 시간선은 보지
못하고 '지금(Now)'이라는 움직이는
창문을 통해서만 볼 수 있다.

지금

❾ 시간이 흐른다고 느끼는 것은
중첩되는 기억들 때문이다.

시간이 창발적이라는 생각에 모든 사람이 동의하는 것은 아니다. 캐나다 페리미터 이론 물리학 연구소의 물리학자 리 스몰린(Lee Smolin)은 시간에 관한 우리의 경험은 그의 동료들이 일반적으로 제안하는 것보다 시간의 근본적인 본질에 더 가깝다고 생각한다. 그는 소문자 t는 과학자가 생각하는 것보다는 방정식에서 더 많은 비중을 차지하며, 시간은 정말로 흐를지도 모른다고 생각한다. 스몰린은 내게 "세상은 현실화되거나 구체화되는 일련의 사건들로 존재합니다"라고 했다. 이 같은 관점을 뒷받침하려고 스몰린은 무엇인가는 근본적이어야 한다고 지적했다. 보통 물리학자는 자신의 법칙이 근본적이며, 결과적으로 시간은 그런 법칙들에서 파생된다고 가정한다. 하지만 그 법칙은 자의적인 것처럼 보인다. 만약 "왜 그런 법칙이 근본인가?"라고 묻는다면 그들은 "근본이기 때문이다"라고 대답할 것이다. 하지만 그와는 반대로 시간이 물리 법칙의 함수가 아니라 실재의 가장 밑에 존재하는 특징이라면 물리 법칙을 시간 속에서 펼쳐지는 과정의 결과로 설명할 수 있다는 희망이 있다고 스몰린은 말한다.[10] 정말로 그렇다면 우리는 물리학이 시간에 관해 말하는 많은 것을 다시 살펴봐야 한다.

시간의 층. '시간'이라는 단일어 밑으로 우리는 복잡하고 오직 흐릿하게만 이해할 수 있는 신경과학과 물리학의 여러 생각을 한데 모은다. 고트프리트 라이프니츠와 최근의 카를로 로벨리는 시간의 속성이 어떻게 하나씩 차례대로 나타나는지를 설명하려고 노력한 과학자들이다.

물리학자가 시간을 이야기할 때 공간은 멀리 떨어져 있지 못한다. 시간과 공간은 쌍둥이처럼 붙어 다닌다. 시간과 공간은 시공간이라는 연속체의 두 측면이다. 이 둘이 함께 우주에서 일어나는 모든 사건의 현장을 만든다. 과학자들이 블랙홀을 이해하려 할 때마다 분명하게 나타나는 것처럼, 이론은 근원적인 단계에서는 공간이 무너진다고 말한다. 공간은 창발하는 것 같다. 공간은 우주의 기본 구성 물질들이 한데 모여 조직된 결과물이다.[11] 스몰린조차도 공간은 창발적이라는 의견에 동의한다.[12] 물리학자들이 동의하는 경우는 많지 않기 때문에 공간이 비공간적 물리학에서 유래한다는 의견에 동의했다는 것은 정말 놀라운 일이다.

공간에 대한 우리의 경험은 시간에 대한 경험과 달리 물리학과 상충하지는 않지만, 물리학자와 신경과학자들은 그에 대해 서로 해야 할 말이 아주 많다. 물리 연속체(physical continuum) 같은 정신이 경험하는 공간은 창발적이다. 우리 뇌는 감각 정보를 받아 우리 내면에 작은 우주를 만든다. 이런 정신적인 창발 과정이 물리학의 근본 단계에서 일어나는 창발과 유사할까? "분명히 흥미로운 유사점이 있습니다"라고 토노니는 말했다. 둘의 연관성을 보여주는 단서 하나를 AI 연구자들이 찾았다. 창발하는 공간에 관한 이론이 인공신경망을 이해하는 데 도움이 된다는 것이다. 이것이 이번 장에서 우리가 탐구해야 할 많은 주제 가운데 하나다.

잃어버린 시간을 찾아서

나의 작가 동료이자 친구인 아만다 게프터(Amanda Gefter)는 필라델피아에 있는 한 공문서 보관소에서 몇 달 동안 물리학자 존 휠러의 일기를 읽으며 20세기의 가장 창의적인 물리학자 가운데 한 명의 머릿속에서 살아가는 듯한 상태로 지냈다. 게프터는 뉴요커 호텔에 묵고 있던 존 휠러가 1967년 1월 27일에 쓴 글을 발견했다. 휠러는 자신과 공저자 브라이스 디윗(Bryce DeWitt)이 '시간 폭탄(time tomb)'을 찾았다고 썼다. 경이로움에 휩싸였던 휠러는 시인 존 키츠를 언급했다. "환상적인 이야기다. 우리는 꿈을 꾼 것이 아니다…. 듣고 싶어 눈물을 흘리는 이야기다…. 침묵하기를. 다리엔 정상에 서는."[13]

많은 이야기가 그렇듯 이 이야기도 아인슈타인으로 거슬러 올라간다. 그의 특수 상대성 이론은 시간은 저마다 다르게 흘러간다는 것을 보여줌으로써 유명해졌다. 우리 각자는 자신만의 시계를 들고 살아간다. 나에게는 당신의 시계가 느리게 흘러갈 수 있고, 지금 당신에게 현재인 것이 나에게는 과거일 수 있다. 특수 상대성 이론보다는 덜 알려진 일반 상대성 이론은 중력에 관한 현대적 이해를 제공한다. 아인슈타인은 일반 상대성 이론으로 시간에서 실재를 마지막 한 방울까지 짜냈다. 그는 공간과 시간에 관한 외부적인 관점, 신의 관점은 있을 수 없다는 원리 위에서 이론을 구축해 나갔다. 시간과 공간은 절대적 구조가 아니라는 것이다. 일반 상대성 이론에는 고정된 시간 개념은 들어 있지 않다. 어떤 시간에 어떤 사건이 일어난다고 말하는 것에는 절대적인 의미가 담겨 있지 않으며, t 값이 변한다면 그것 역시 어떠한 의미도 없다. 아인슈타인의 이론에서 시간의 경과는 그저 간이의자들의 자리바꿈이다. 우리가 할 수 있는 어떠한 관찰도 차이를 만들지 않는다.[14]

시간의 파악하기 어려운 특성은 아인슈타인의 원본 방정식에서는 찾기 힘들지만, 1950~60년대에 과학자들이 일반 상대성 이론과 양자론을 합치려고 방정식들을 다시 수정하는 동안 분명히 드러났다.[15] 상대성 이론에서의 시간이 유동적이라면 양자론에서의 시간은 단단하다고 할 수 있다. 이 두 이론은, 정치 견해가 다르지만 친구로 남으려고 정치 이야기는 절대 하지 않기로 동의한 두 친구와 같다. 휠러와 디윗이 두 이론을 합치려고 했을 때 t가 사라진 것은 그 때문이다. 두 사람이 공간을 양자적으로 기술하기 위해 유도한 방정식은 시간에 따라 변하지 않는 정적인 방정식이다.

물리학과 철학에서 휠러의 시간 폭탄은 특별한 위상을 차지한다. 그것은 시간에 관한 문제뿐만 아니라 시간 자체가 문제라는 의미를 담고 있다. 아직까지도 연구자들은 이 문제를 해결하는 방법에 의견이 일치하지 않는다. 어쨌든 시간은 우주 안에서 생겨나야 한다. 외부에서 유입된 틀이 아니다. 아마 시간과 상관 없는 세상에서도 그 안에 있는 우리에게는 시간이 있는 것으로 느껴질 수 있다. 그러니까 안과 밖 문제인 것이다.

1935년에 아인슈타인은 "'시간'은 다른 '관찰 가능한 것들'을 고려할 수 있는 가능한 관점일 뿐"이라는 그의 통찰을 제시했다.[16] 디윗은 휠러가 예의 그 일기를 쓰고 얼마 되지 않아 발표한 논문에서 그 통찰을 더욱 구체적으로 논했다.[17] 디윗은 전체로서 우주는 시간이 없을 수도 있지만 우주를 조각으로 나누어 한 조각을 '계'라고 부르고 다른 조각을 '관찰자'라고 부르면 관찰자는 시간을 인지할 수 있음을 보여주었다. 계는 상대적인 의미에서 변한다.

시간이 없는 상태에서 시간이 나타날 수 있음을 보여주는 또 다른 방법은 1980년대에 두 이론 물리학자, 돈 페이지(Don Page)와 윌리엄 우터스(William Wootters)가 개발했다.[18] 두 사람은 우주에서 시계를 조각하는 것을 상상했다. 시계란 우주의 나머지 부분과 상호 연관되어 있는 우주의 작은 덩어리이기 때문에 단 한 개의 입자로도 시계를 조각할 수 있다. 시계의 기어 박스나 진동하는 전자 결정(electronic crystal)은 지구의 자전과 일치하도록 설계했다. (거의 말이다. 지구가 회전축을 한 바퀴 도는 데 걸리는 시간은 23시간 56분이지만 그 시간 동안 지구도 공전하기 때문에 해가 우리 하늘에서 같은 지점으로 오는 데 걸리는 시간은 24시간이다.) 예를 들어 싱가포르에서는 시계가 12시를 가리키면 태양이 바로 머리 위(정오)에 있거나 발밑(자정)에 있으며, 6시를 가리키면 해가 뜨거나 진다.

페이지와 우터스는 여기에 반전을 심었다. 두 사람의 시계는 12시와 6시 그리고 다른 모든 시간을 한꺼번에 가리키는 슈뢰딩거의 시계다. 우주의 나머지 부분도 중첩 상태에 있다. 해는 머리 위와 발밑에 있고, 동시에 뜨면서 진다. 하지만 이 시계는 다른 모든 시계와 마찬가지로 여전히 우리 지구의 자전과는 상관관계를 맺고 있다. 시계가 12시를 가리키면 해는 있어야 할 자리에 있으며, 6시를 가리킬 때도, 그밖의 모든 시간에도 해는 그 시간에 있어야 할 자리에 있어야 한다. 모든 가능성이 공존하는 이 작은 다중 우주를 설계한 페이지와 우터스는 이 우주가 그 속에 들어 있는 관찰자에게는 어떻게 보일지를 묻는다. 외부에서 보면 이 계는 절대 변하지 않는다. 계속 중첩 상태에 있는 것이다. 그러나 내부에서 보면 계는 정상적으로 변한다. 시계를 보는 관찰자는 특정한 시간을 본다. 2013년, 토리노 이탈리아 국립 도량형 연구소(Italy's Istituto Nazionale di Ricerca Metrologica)의 에카테리나 모레바(Ekaterina Moreva)가 이끄는 실험 연구팀이 페이지와 우터스의 메커니즘을 실현해 보였다. 모레바 연구팀은 5장에서 살펴본 위그너의 실험(슈퍼 관찰자가 관찰자를 관찰하는 사고 실험)을 변형했다. 광자로 표현한 '관찰자'는 역시 광자로 표현한 시계를 관찰하는데, 이 같은 관점에서는 시계가 평범하게 흘러간다. 그러나 사람으로 표현한 '슈퍼 관찰자'는 관찰자-시계라는 합쳐진 계를 측정한다. 그 사람은 모두 펼쳐져 있는 영화의 프레임처럼 광대하지만 변하지 않는 중첩 상태에 있는 관찰자와 시계를 본다. 그 같은 설정은 외부에서는 정적으로 보이는 것도 내부에서는 역동적으로 보인다는 것을 확증해주었다.[19]

이 같은 설계를 결정하는 것은 시계와 우주의 나머지 부분과의 상관관계다. 그 때문에 시간은 카를로 로벨리 같은 물리학자들이 주장하듯 세상을 관계망으로 생각하는 훨씬 더 큰 프로젝트에 잘 들어

맞는다.[20] 로벨리는 내게 "시간이 없는 이론에서 시간을 얻을 수 있는 분명한 방법이 있다고 생각합니다"라고 했다.

보통 우리는 시간을 변화를 이끄는 견고한 우주의 북소리로 간주한다. 1초는 진자가 한 번 움직이고, 초침이 한 칸 움직이고, 심장이 한 번 뛰는 시간 간격이다. 하지만 근본적인 단계에서 시간이 존재하지 않는다면 우리가 가진 것은 상대적인 변화뿐일 것이다. 시곗바늘이 한 칸 가거나 심장이 한 번 뛸 때마다 진자는 한 번 움직인다. 현실적으로 우리는 이런 관계를 모두 자세히 파악할 수는 없기 때문에 시간을 지름길로 사용하고 그것이 우리의 구조물임을 세심하게 기억한다. 2006년에 영국에서 출간한 짧고 우아하고 유쾌한 그의 첫 과학책 『시간이란 무엇인가? 공간이란 무엇인가?(What Is Time? What Is Space?)』에서 카를로 로벨리는 "시간은 세상의 세부 사항에 관해 우리가 무지하기 때문에 나타나는 결과다. 우리가 세상의 모든 세부 사항을 완벽하게 알게 된다면 시간이 흘러간다는 느낌을 받지 않을 것이다"라고 했다.[21] 이런 관점으로 보면 우리 삶에서 시간의 역할은 경제에서 돈의 역할과 같다고 하겠다. 시간은 편리한 교환 수단이 되어주지만, 그 자체로는 가치가 없는 것이다. 원칙적으로 우리는 종이로 된 돈을 모두 찢어버리고 선물 교환이나 물물 교환으로 살아갈 수도 있다.

공동 통화(通貨)는 공통성을 전제한다. 문제는 그것을 어떻게 설명할 것인가이다. 다시 말해서 우리는 뛰는 심장, 흔들리는 진자, 회전하는 지구가 왜 서로 보조를 맞추는지를 이해할 필요가 있다. 그런 이유로 이를 기술해줄 시간을 도입할 수 있다. 우리는 자연에서 일어나는 과정들의 상호 일관성을 당연하게 생각한다. 상대성 이론이 예측하는 약간의 편차를 제외하면, 일단 시계를 설정하면 시계는 다른 시계와, 그리고 회전하는 지구와 동기화된 상태를 유지한다. 우리가 시계를 참고해 케이크를 굽고 기차도 탈 수 있는 건 그 때문이다. 그러나 이런 동기화는 자동이 아니다. 원칙적으로 우주는 불규칙적이어서 심장도 진자도 행성도 모두 자신의 박자대로 움직여 동기화에 실패할 수 있다. 로벨리는 열을 발생하는 것과 같은 집단행동이라는 관점에서 이런 동기화를 설명했다. 우주의 사물들은 스스로 상호 작용하고 조직해 필요한 상관관계를 만들어낸다.[22]

우주가 시간을 구축하는 방법과 우리 뇌가 시간을 구축하는 방법에는 흥미로운 유사점이 있다. 어쩌면 우리는 시간이라는 개념을 타고날 필요는 없지만 세상에서 우리가 인지하는 변화로부터 시간을 추출해낼 수 있는 것인지도 모른다. 서식스 대학교의 워릭 로즈붐(Warrick Roseboom)과 애닐 세스, 그리고 얼마 전에 AI를 개발하려고 학계를 떠나 화웨이로 자리를 옮긴 사페이리오스 포운타스(Zafeirios Fountas)의 신경과학 연구팀은, 내가 3장에서 소개한 물리학에 영감을 준 의식 이론 가운데 하나인 예측 부호화 이론을 이용해 시간 인지(time perception)를 이해하려고 애쓰고 있다.[23] 세상이 우리를 놀라게 하면— 우리 뇌가 예측하지 못한 어떤 일이 생기면— 우리는 그것을 알아차리고 기억하는 경향이 있다. 이 연구팀의 생각은 이런 놀라움이 우리의 주관적인 시계의 순간이라는, 즉 똑딱거림이라는 것이다. 로즈붐은 "그 밑에 존재하는 본질적인 격자는 없습니다. 순전히 두드러지기 때문에 구축된 것입니다"라고 했다. 중요한 장면은 더 오래 지속되는 것처럼 보인다. 연구팀은 아주 조용한 카페부터 시끄러운 거리에 이르기까지 다양한 현장의 모습을 찍은 비디오를 학습한 인공 신경망을 이용해 이 같은 생각을 입증해 보였다. 이 신경망도 우리와 동일한 시간적 환상에 많이 빠진다. 우리는 사람들이 붐비는 거리에서 10초를 보낸 뒤에 몇 초쯤 지난 것 같은지 물으면 13초가 지났다고 대답하지만, 조용한 카페에서는 7초가 지났다고 대답한다. 인공 신경망도 비슷한 오판을 한다. 이런 오판은 얼마나 집중하는가와 과거를 돌아보는가에 달려 있다. 휴가를 갔을 때는 시간이 금방 지나가 버렸지만, 나중에 사람들에게 휴가에 관해 말할 때는 아주 길었던 것처럼 느껴진다.

로벨리의 관계적 시간 같은 생각은 심오하며 아직도 개발되는 중이다. 중요한 것은 이런 실재의 가장 기본적인 단계에서조차도 시간은 우리 자신의 존재와 연결되어 있을지도 모른다는 점이다. 확실히 본질적인 시간에는 사람의 마음이 필요하지 않다. 우주는 의식이 있는 생명체가 이 지구 위를 걷기 훨씬 전에 하위 계들로 나누어졌으며, 이런 하위 계들의 맞물림은 시간 개념을 암시한다. 그럼에도 불구하고 시간과 생명 그리고 마음은 특정한 전제 조건들을 공유한다. 셋 모두 처음에는 형태가 없었던 우주가 조직되고 분화되어야만 나타날 수 있다. 그리고 의식 경험처럼 시간은 오직 내부자의 관점에서만 존재한다.

우주는 책과 같다. 당신이 그 안으로 들어가 이야기에 휩쓸리기 전까지는 움직이지 않는다. 그런 우주는 오직 꽃을 눌러 말리고 컴퓨터 모니터를 받치는 일에만 적합하다.

시간의 화살

어째서 우리는 미래를 기억하지 못할까? 이 질문에 대부분은 아직 일어나지 않았기 때문이라고 대답할 것이다. 하지만 물리학자에게는 별과 은하들이 지금 존재하고 있듯 미래도 지금 이곳에 있다. 하지만 무슨 이유에서인지 우리는 미래를 적절한 때가 되어야만 볼 수 있다.

시간의 방향성——과거에서 미래로 향하는 화살——은 물리학자들이 다룰 수 있다고 생각하는 시간 경험의 한 측면이다. 전반적으로 합의된 바에 따르면 시간의 방향성은 시간의 속성이 아니라 시간 내부에 있는 물질의 속성이다. '미래'와 '과거'는 '위'와 '아래'와 같다. 물론 공간적인 의미와는 관계가 없는 위와 아래다. 우리에게 '위'는 지구의 중심에서 멀어지는 방향을 뜻하는데, 절대적인 의미에서는 싱가포르에 있는 사람에게 위쪽이지만 에콰도르의 키토에 있는 사람에게는 아래가 될 것이다.[24] '미래'도 이와 유사한 의미를 담고 있다. 로벨리는 "기본 물리학에서는 고유한 시간 변수가 없습니다. 선호하는 시간의 방향도 없습니다. 그런 것은 우리가 속한 특별한 맥락에서 나타납니다"라고 했다.

개별 사물을 관장하는 법칙들에는 화살이 없다. 큐볼이 당구대 위를 굴러가 8번 공을 쳐서 8번 공이 굴러가기 시작하면 왠지 방향성이 있는 과정이 펼쳐지고 있는 것처럼 보인다. 하지만 8번 공이 당구대 위를 굴러가 큐볼을 쳤다고 말할 수도 있을 것이다. 두 공의 움직임만 놓고 본다면 두 공의 충돌이 한 공의 미래에 벌어진 일인지 과거에 벌어진 일인지가 모호하다. 여러 사물의 집단이 있을 때에만 방향성을 갖게 될 가능성이 생긴다. 모여 있는 당구공을 큐볼로 치면 목적구 열다섯 개는 흩어진다. 흩어진 열다섯 개 공이 다시 삼각형 형태로 모여 한 자리에 멈추고, 큐볼은 다시 탁구대 앞으로 돌아가는 역과정은 엄청난 미세 조정 과정이 필요하기 때문에 거의 일어날 수 있을 것 같지는 않다. 하지만 절대로 일어나지 못할 일은 아니니, 혹시 당구 게임을 하다가 이런 역반응이 일어나는 모습을 본다면 누구든 내게 이메일을 보내주면 좋겠다. 보통은 그런 정밀함을 성취하려면 고도로 통제된 물리학 실험이 필요하다.[25]

물리학자들은 이런 집단행동을 엔트로피(entropy)라는 개념으로 기술한다. 엔트로피는 19세기에 열을 연구하면서 고안한 개념이지만 지금은 공, 분자, 고분자 사슬, 중력 질량, 컴퓨터 비트 같은 모든 계에 적용한다. 물리학자들은 자신들의 책과 논문에서 보통 엔트로피를 무질서도를 측정하는 기준이라고 적지만, '무질서도'가 무엇인지는 정확하게 설명하지 않는다(십 대 아이와 부모는 같은 침실을 보면서도 침실의 무질서도에 대한 의견이 일치하지 않을 것이다). 엔트로피를 좀 더 수학에 어울리는 방식으로 직접 정의해보자면 숨겨진 복잡성이라고 할 수 있다. 세상에 드러내는 모습이 같다고 해도 한 계의 내면에는 여러 구조가 존재할 수 있다. 두 가지 다른 단계의 기술을 연결하는 것이 본질적으로 엔트로피 개념이다. 만약 당신이 당구 시합의 해설자라면 '래크하다(한데 모으다)'나 '퍼뜨리다' 같은 간결한 고단계 용어를 사용해 설명할 것이다. 당구공을 모두 삼각틀에 넣고 살짝 흔들어 적절하게 모으는 방법은 그다지 많지 않다. 그러나 모은 공을 퍼뜨리는 방법은 셀 수 없이 많다. 따라서 '퍼뜨리다'라는 단어에 숨은 복잡성이 '래크하다'에 숨은 복잡성보다 훨씬 크다. 이때 우리는 당구공을 퍼뜨리는 계가 당구공을 한데 모으는 계보다 엔트로피가 높다고 말한다.

가능한 배열의 상대적인 수 외에는 다른 이유가 없기 때문에 당구공은 모였다가 퍼지는 것이 퍼졌다가 모이는 것보다 훨씬 쉽게 일어날 수 있다. 한번 흩어진 공은 사람이 손으로 직접 집어 모으지 않는 한 그대로 멈춰 있을 것이다. 자발적으로 한데 모여 엔트로피가 낮은 배열인 래크 상태가 되는 일은 일어날 것 같지 않다. 당구공이 처음에 래크 상태로 있는 한── 시작점이 중요하다──이런 자연스러운 경향은, 개별적인 당구공에게는 결여되어 있는 전진한다는 감각을 집단적으로 부여한다. 이 같은 원리는 당구만이 아니라 빅뱅에서 시작된 관찰 가능한 전체 우주에도 적용된다. 우주의 엔트로피는 처음의 엔트로피가 훨씬 낮았을 때에만 증가할 수 있다. 시간의 화살은 궁극적으로 우주의 초기 상태에 있었던 비대칭성을 반영한다.

커피에 크림을 넣고 저어 녹이는 일부터 태어나고 죽을 때까지

의 인생 여정에 이르기까지 방향성이 있는 모든 과정은 우주의 비대
칭성을 축소된 형태로 반영하고 있다. 우리의 일상은 훨씬 더 큰 규
모에서 우주의 이런 본질에 직접적 지배를 받는다. 우주학자 숀 캐
롤(Sean Carroll)은 "날걀을 깰 때마다 당신은 관찰 우주론을 수행하
고 있는 것이다"라고 썼다.[26]

　　시간의 화살을 엔트로피로 설명하는 방식은 흥미롭지만 불완전
하다. 우주학자들은 아직 우주가 그토록 낮은 엔트로피에서 시작하
는 이유를 정확히는 알지 못하고 있다. 가장 흥미로운 가능성 하나
는 우리가 기술 단계를 정의하는 방법과 관계가 있다. 만약 당신이
높은 단계의 상태를, 당구공의 래크 상태 대 흩어진 상태, 달걀의 깨
지지 않은 상태 대 깨진 상태, 우주 물질의 확산 상태 대 응집 상태
라고 결정한다면, 당신은 한 상태에서 다른 상태로 진행되는, 따라
서 과거에서 미래로 흘러가는 상태를 분명히 보게 될 것이다. 하지
만 이런 것들을 서로 관련이 있는 범주로 분류하는 사람이 있을까?
이런 것들은 절대적이지 않다. 계가 우리에게 어떻게 보이는지에 따
라 달라진다.[27] 로벨리는 내게 "우리와 세상의 나머지 부분을 결합하
는 방식이 이 시간 화살을 결정합니다. 따라서 관점적이라고 할 수
있습니다"라고 말했다. 로벨리는 우주의 초기 조건은 설명할 필요
가 없다고 생각한다. 우주가 어떻게 설정되었든 엔트로피가 증가하
고 시간의 화살이 생길 수 있는 높은 단계의 상태를 설명할 방법은
언제나 있기 때문이다. 생물, 인지, 의식을 비롯한 모든 방향성 있는
과정은 이런 상태를 이용한다. 로벨리의 논리에 따르면 우주의 모든

지적 생명체는 시간의 화살을 볼 것이다. 그러나 저마다 다른 높은 단계의 상태와 상호 작용하고 있을 테니 그들이 보는 시간의 화살이 우리가 보는 화살과 같을 필요는 없다. 어떤 존재에게는 시간의 화살표가 우리와는 반대 방향을 향하고 있어 우리가 보는 과거가 그들에게는 미래일 수도 있다.

물리학자와 심리학자 대부분은 물리적인 시간의 화살이 심리적인 시간의 화살을 수반한다고 생각한다. 따라서 우리가 미래를 기억하지 못하는 이유를 엔트로피 증가가 설명해준다고 여긴다. 하지만 심리적인 화살이 물리적인 화살을 따른다는 것이 확정된 생각은 아니다. 기억 형성에 관여하는 생물 과정은 시간의 화살에 좌우되지만 물리학자들은 기억의 어떤 속성이 기억을 엔트로피 변화도에 묶는지를 좀 더 분명하게 밝힐 필요가 있다.

2004년, 칼텍의 레오나르드 플로디노프(Leonard Mlodinow)와 서던 캘리포니아 대학교의 토드 브룬(Todd Brun)은 기억의 두드러진 속성은 표상적 유연성(representational flexibility), 다시 말해서 그들이 일반성(generality)이라고 부르는 것이라고 주장했다.[28] 오늘 아침에 내가 차를 마셨다면 내게는 차를 마신 기억이 생성된다. 차가 아닌 커피를 마셨다면 커피를 마신 기억이 생성된다. 무엇을 마실지 결정하지 못했다면 우유부단했던 기억이 생성된다. 기억계는 이 세 가지 선택지를 모두 다룰 수 있어야 한다. 그렇기 때문에 기억계는 민감해야 하지만 너무 민감해서는 안 된다. 완전한 실패 없이 변화하는 환경에 적응할 수 있어야 한다.

엔트로피가 등장하는 지점이 바로 이곳이다. 그 이유를 알아보려면 다시 당구대로 돌아가야 한다. 첫 샷에서 큐볼은 목적구를 퍼뜨린다. 첫 샷은 다양하지만 목적구를 퍼뜨린다는 기본적으로는 같은 결과를 낳는다. 이 과정을 거꾸로 본다면 목적구는 모두 한 점에 접근해야 한다. 그 지점에서 조금이라도 벗어나면 완전히 다른 결과가 나올 것이다. 다시 말해 목적구들은 처음에 시작했던 삼각형 배열을 이루지 못하고 흩어지고 말 것이다. 모인 공이 흩어지는 엔트로피 증가 과정은 다양한 선택지를 저장할 수 있는 기억과 같다. 그에 반해 흩어진 공이 모이는 엔트로피 감소 과정은 오직 한 가지 선택지만 저장할 수 있는 기억과 같다. 이는 이름에 어울리는 기억, 즉 여러 선택지를 처리할 수 있는 기억에는 전체적으로 증가하는 엔트로피가 필요하다는 뜻이다. 확실히 플로디노프와 브룬의 주장은 엔트로피가 뇌 전체에 증가하는 것만이 아니라 뇌 안에서 국소적으로도 증가할 것을 요구한다. 뇌가 우주의 일반적인 화살표와 일치한다는 보장은 없다.[29]

이 기억 이론에서 유도되는 한 가지 흥미로운 결과는 이 같은 추론이 옳다면 미래를 기록하는 일이 이론적으로는 가능해진다는 것이다. 시간의 화살은 통계적 효과이기 때문에 불가능이라고 보여지는 것이 사실은 일어날 것 같지 않음이다. 목적구들이 처음 삼각형 배열 상태로 자발적으로 돌아가는 것을 막는 것은 아무것도 없으며, 아직 일어나지 않은 사건의 흔적을 간직하는 일을 막을 것은 이 세상에 없다. 물체가 위로 '떨어지는' 것 같은 모습을 재미있게 보여준 환상적인 SF 영화 〈테넷(Tenet)〉처럼 그들은 평범한 엔트로피의 경향을 기이하게 역전하는 것으로 자신을 드러낼 것이다. 일반적으로 손에 들고 있던 물체를 놓으면 바닥으로 떨어지면서 열의 형태로 에너지를 발산한다. 〈테넷〉에서는 열이 한 물체로 수렴하면서 물체가 위로 떠올라 기다리고 있는 손에 잡힌다. 총알은 표적에서 총구를 향해 날아오고, 발화장치가 총알을 멈춘다. 실생활에서 우리가 엔트로피가 거꾸로 흐르는 사건을 목격하지 못하는 이유는 우리가 인지할 수 있는 방식으로 물체를 움직이게 하려면 믿기 어려울 정도로 복잡한 미세 조정이 필요하기 때문일 것이다. 물체가 위로 떨어지려면 열파가 정확한 방식으로 수렴되어야 한다. 그러지 않으면 물체가 위로 올라가는 것이 아니라 무작위로 가열되는 모습만 볼 것이다.

이보다 더 나아가 우리 자신의 본질 때문에 미래에서 오는 신호는 결코 볼 수 없다고 주장하는 연구자도 있다. 케임브리지 대학교 철학과 명예교수 휴 프라이스(Huw Price)는 우리의 감각과 장비는 미래에서 오는 신호를 감지할 수 있게 설정되지 않았다고 주장한다.[30] 보통 빛은 우리 눈으로 들어오고 신경 신호는 우리 뇌로 흘러 들어간다. 역-엔트로피 빛은 눈에서 빛을 발산하게 하는, 잘못된 방향으로 흐르는 신경 신호일 것이다. 이런 신호의 흐름이 생리학적으로 가능하다고 해도 우리 뇌는 이 과정을 정보의 입력으로 인지하지 못할 것이다.

게다가 이탈리아 파비아 대학교의 물리학자 로렌조 마코네(Lorenzo Maccone)는 우리는 역-엔트로피 과정의 기억을 생성하지 못한다고 주장했다.[31] 우리의 기억은 그저 과거의 사건이 수동적으로 각인된 것이 아니다. 4장과 5장에서 보았듯 기억은 우리가 세상과 상호 작용할 때 형성되며, 그런 상호 작용 속에서 우리는 그것이 무엇이든 우리가 기억하는 것과 양자적으로 얽힌다. 나의 아버지는 실제로 나의 기억 속에서 살아 계신다. 그저 시적 허용이 아니라 나의 뇌에서 일어나는 신경 활동과 과거의 사건이 실제로 연결되기 때문에 그렇다. 그러나 마코네는 기억이 생성되려면 신경 활동과 사건이 처음에는 얽혀 있지 않아야 한다고 했다. 따라서 엔트로피가 거꾸로 흐르고 사건이 일어나지 않았다면 그 사건에 관한 우리의 기억도 사라지게 된다고 했다.

그런 미래를 기억하는 일이 실행 불가능하다는 추론에서 벗어나는 흥미로운 예외가 있다. 프라이스와 같은 물리학자들은 얽힌 양자 입자 실험에서는 시간의 화살이 굽어질 수 있다고 생각한다. 5장에서 살펴본 것처럼 서로 얽혀 있는 두 입자를 분리해도 두 입자는 동기 상태를 유지해 다양한 실험 조건에서도 서로 일치된 반응을 보인다. 이런 동기화는 불가사의하게 느껴지지만, 이들 과학자들은 입자가 그런 조건이 무엇일지를 미리 알고 있다면 극히 자연스러운 일이라고 주장한다.[32] 예를 들어 정오에 얽혀 있는 광자들을 서로 다른 방향으로 보내고, 1시가 되었을 때 두 광자의 이동 경로에 편광 필터를 설치하고 사용 가능한 여러 필터 가운데 하나를 무작위로 선택한다고 생각해보자. 양자 얽힘이 아니라면 두 광자는 독자적으로 행동할 것이라고 예상할 수 있다. 한 광자가 한 필터를 통과한 뒤에 다른 광자가 그 필터를 통과할 확률은 50퍼센트다. 그러나 광자들이 서로 얽힌 상태에서는 한 광자가 한 필터를 통과했다면 다른 광자도 어김없이 그 필터를 통과할 것이다.

프라이스 같은 과학자들은 그 이유를, 1시에 관찰자가 선택한 필터에 관한 정보가 다시 정오로 돌아가 광자가 마주칠 필터에 맞게 광자를 조정하면서 두 광자의 생성 과정에 영향을 미치기 때문이라고 했다. 그래서 한 광자가 통과한 필터를 다른 광자도 통과하는 것이다. 간단히 말해 이 실험은 미래가 과거에 뚜렷하게 인지할 수 있는 영향을 미치는 역인과(retrocausality) 상태를 형성하는 것이다. 프라이스는 "나는 이 같은 역인과성, 미래 경계 조건의 영향력은 이미 잘 알려진 양자 역학 실험에서도 드러났다고 생각합니다"라고 했다. 그러나 확실히 프라이스의 해석은 이런 실험들을 설명하는 여러 해석 가운데 하나일 뿐이다. 그리고 이런 추론이 설혹 옳다고 해도 전제 조건에는 극단적인 한계가 있기 때문에 그 같은 초능력을 발휘하는 건 극히 제한적일 것이다. 우주는 앞으로 다가올 일을 우리에게 숨기도록 설정되어 있다. 그리고 아마도 그것이 더 나을 것이다.

중요한 것은 시간의 화살은 물리적인 우주가 가진 완벽하게 객관적인 특성이라기보다는 부분적으로는 의식적 행위자로서의 우리 자신의 구성에 좌우되는 속성이라는 것이다. 과거와 미래는 본질적으로 근본적인 의미가 없다. 두 개념 모두 우리 자신의 지식과 행위의 발현에 대한 비대칭성으로만 정의할 수 있다. 과거는 우리가 바꿀 수 없는 것이다. 그리고 미래는 우리가 아직 알지 못하는 것이다.

현재에 살지 마라

시간의 화살은 과거와 미래를 구분한다. 그렇다면 현재는 어떨까? 물리학에서 현재가 차지하는 자리는 없다. 어떻게 그럴 수 있을까? 그 안에 있을 때는 모든 순간이 현재처럼 느껴진다. '지금'이라는 개념은 6장에서 본 '여기'라는 개념처럼 지표적이다. 자연에 관한 3인칭적인 기술의 일부가 아니라 당신을 특정하는 추가 정보다. 더구나 물리학에서는 현재 순간이 기껏해야 t 변수의 값일 뿐이지만, 당신의 경험은 그보다는 풍성하다. 역사의 극미한 조각이 아니라 두툼한 판이다. 순간들은 일시적이지 않다.

실험 결과들은 우리가 분별할 수 있는 가장 짧은 시간 간격은 30밀리초 정도라고 한다. 그보다 짧은 간격으로 개별적으로 발생한 소리와 섬광은 우리에게 동시에 발생한 것처럼 느껴진다. 우리 머릿속에는 수백 밀리초로 이동하는, 어쩌면 이동 시간을 수 초로 확장할 수 있는 다소 긴 유리창이 있다.[33] 만약 어떤 사물이 수백 밀리초 안에 식별 가능한 거리를 움직인다면 우리는 그 움직임을 인지한다. 하지만 그렇지 않다면 우리에게는 고정된 것처럼 보인다. 샌디에이고 UC에서 근무하는 크레이그 칼렌더의 철학자 동료 릭 그러시(Rick Grush)는 존 로크에게서 빌려온 예를 들려주었다. 아날로그시계는 초침을 열심히 움직이지만 시침은 고정된 것처럼 보인다. 시계를 계속 지켜보고 있다면 시침도 움직인다는 사실을 알 수 있지만 그것은 아주 다른 판단이다.[34] 그러시는 "시침이 움직이고 있다는 것을 연역적으로 추론할 수는 있지만 움직이는 것을 볼 수는 없습니다. 그에 반해 초침은 그저 움직이는 것을 볼 수 있습니다"라고 했다.

이제 로크의 관찰을 자세히 살펴보자. 초침이 있는 아날로그시계를 준비하고(초침이 눈금 사이를 뛰듯이 움직이는 것이 아니라 미끄러지듯이 움직이는 시계를 선택해야 한다), 뒤로 물러나자. 초침이 움직이고 있음을 확인할 수 있는 한계 거리까지 가능한 한 멀리 가자. 방 건너편에서 보면 초침이 움직이기도 하고 정지해 있기도 한 것처럼 기묘하게 보인다. 마치 빠르게 찍은 일련의 스냅샷처럼. 멀리서 보면 초침은 인식의 창 안에서 아주 작은 각도로 움직이는데, 내 눈에는 그런 움직임을 감지할 수 있는 해상력이 없다. 교실에 있을 때도 비슷한 경험을 한다. 교실 뒤쪽에 앉은 사람은 앞쪽 벽에 있는 시계의 초침이 움직이지 않는 것처럼 보인다. 이 같은 인식의 차이가 학생들이 느끼는 수업 시간의 길이에 영향을 미칠지 궁금하다! 사람은 움직임을 직접 인지할 수 있는 범위가 좁기 때문에, 그 한계를 보상하려고 저속 촬영 사진 같은 많은 장치를 만들고 있다.

심리학자들은 '지금'이라고 느끼는 지속 기간을 '가상 현재(specious present)'라고 부른다. '가상'이라고 부르는 이유는 현재는 현재가 아니기 때문이다. 우리가 '지금'으로 경험하는 것은 이미 과거가 되어버린다. 이 주제에 관한 사소한 많은 수수께끼 가운데 하나에서 윌리엄 제임스는 1980년에 'E. R. 클레이(Clay)'라는 사람이 이 용어를 만들었다고 했는데, 1세기가 넘도록 클레이의 정체를 아는 사람이 아무도 없었다.[35] 클레이는 이 용어가 실린 책을 익명으로 출간했기 때문에 제임스는 내부 정보를 가지고 있었던 것이 분명하다.[36] 아주 최근에야 그러시와 동료 철학자 홀리 앤더슨이 수사를 진행해 클레이가 은퇴한 뒤에 심리학을 공부한 시가 제조업자 E. 로버트 켈리(E. Robert Kelly)임을 밝혔다.[37] 그가 책의 저자임을 증명하는 메모가 가족에게 전해져 내려왔고, 조부모님이 남긴 물건은 함부로 버리면 안 된다는 사실을 입증해 보였다.

가상 현재는 잠재의식이 의식으로 스며들어 가는 지점이다. 우리의 잠재의식은 기본적인 인지와 함께 빠르고 직접적인 반응을 처리한다. 그보다 더 긴 자극은 의식적인 마음의 관심을 끈다.[38] 예를 들어 잠재의식은 개별 단어는 인지하지만 그 단어들을 한데 묶어 완전한 문장으로 만들 수는 없다. 심지어 효력이 센 진정제를 맞고 들것 위에 누워 있을 때도 뉴런은 외과의와 간호사들이 하는 말에 반응해 발화하지만, 이해를 담당하는 뇌 지역은 반응하지 않기 때문에 그 대화는 기억하지 못할 가능성이 크다.[39] 의식의 시간 연장이, 동물이 의식을 진화시킨 이유일 수도 있다. 공학자들에게 의식을 AI 계에 설계해 넣어야 할 실용적인 이유가 있다면, 시간적으로 연장한 처리 과정의 이점이라고 할 수 있을 것이다.[40] 챗GPT 같은 언어 처리 계에 작업 기억을 장착해 이 계가 여러 단계 필요한 수학이나 논리 문제를 더 잘 해결할 수 있게 한 것이 그런 예다.[41] 데이비드 차머스는 이런 능력이 잠재적으로는 이런 계에 지각이 있음을 판단하는 기준이 될 수 있다고 했다.[42]

2000년대 중반에 그러시는 우리 뇌가 가상 현재를 구축하는 방법을 설명하고자 했고, 예측 부호화 이론의 한 버전이라고 할 수 있는 설명을 제시했다.[43] 그의 모형은 현재가 과거만이 아니라 미래에까지 확장됨을 보여주는 실험에서 영감을 받았다. 움직이는 물체를 바라보는 사람에게 그 물체를 가리켜보라고 요청하면 언제나 실제 물체가 있는 위치보다 조금 더 앞을 가리킨다. 그러시는 내게 "인지계는 사람들에게 지금 사물이 어디에 있는지를 알려줄 뿐 아니라 실제로 아주 조금이라고 해도 미래에 어떻게 될지도 예측해줍니다"라고 했다. 뇌가 실제로 미래를 예측하기 때문에 우리는 아직 일어나지 않은 일을 경험할 수 있다. 문자 그대로 공이 어디에 있을지를 알기 때문에 날아오는 공을 잡을 수 있는 것이다.

그러시에게 가상 현재는 뇌가 사건 위로 뛰어오르게 할 뿐 아니라 서로 다른 신체 부위에서 다른 일정에 따라 도착한 신경 신호들을 동기화할 수 있는 시간을 주는 수단이다. 신체 내부에서 전달되는 신호에 관해 언급하면서 그는 "80에서 100밀리초 정도가 사람의 경우 고유 감각 입력에서 가장 길게 나타날 수 있는 지연 시간입니다. 그렇다면 나의 뇌에서 가장 먼 신체 부위인 발에서 출발한 신호가 뇌까지 오는 데는 얼마나 걸릴까요?"라고 물었다. 뇌가 시간을 100밀리초보다 더 짧게 자를 수 있다면 우리는 연속적으로 일어나는 동시적인 사건들을 경험할 것이다. 손가락으로 발가락을 만지면 손가락과 발가락을 동시에 느끼는 것이 아니라 먼저 손가락에 느낌이 오고, 그다음에 발가락에 느낌이 온다.

통합 정보 이론을 지지하는 사람들에게는 가상 현재에 관한 그들만의 설명이 있다. 그들은 현재의 지속 시간은 뇌가 감각 입력을 처리하는 데 걸리는 시간에 의해 제한된다고 생각한다. 예를 들어 시각 피질은 다층 신경망이며, 각 층은 수백 밀리초 간격으로 찍은 여러 정지 사진들을 저장한다. 위스콘신-메디슨 대학교의 실험 심리학자로 특정 범주의 경험에 통합 정보 이론을 적용하는 방법을 연구하는 앤드류 하운(Andrew Haun)은 "그 사진들은 물리적인 시간에서 동일한 순간을 표현하지는 않습니다. 그러나 우리는 그 사진들을 모두 한꺼번에 경험하는데, 그것이 시간 경험이 존재하는 창입니다"라고 했다.

물리학자들은 우주가 공간에 펼쳐져 있는 것만큼이나 분명하게 시간에 펼쳐져 있다고 한다. 우리는 모든 시간이 우리 앞에 펼쳐져 있는 모습은 볼 수 없지만 10분의 몇 초 동안 지속되는 시간선은 어렴풋이 볼 수 있다. 토노니는 가상 현재는 공간이라는 캔버스에 대응한다고 했다. 이 시간이라는 캔버스에는 단어의 음절이나 음악의 음표가 그려져 있다. 각각의 순간은 찰나일 수 있지만, 우리가 살아갈 수 있을 정도로는 충분히 길다. 우리는 모든 것을 이 짧은 시간 간격 안에서 느낀다.

같이 흘러가다

시간의 몇 가지 측면은 직접 관찰할 수 있다. 움직이지 않는 시곗바늘은 가상 현재를 깨닫게 하고 달걀 깨기(그리고 우리는 결코 달

갈을 깨지지 않은 상태로 돌릴 수 없다는 깨달음)는 시간의 화살을 배반한다. 하지만 그밖의 다른 측면들은 흐릿하다. 사람들은 시간이 강물처럼 흘러가면서 우리를 휩쓸어 가버린다는 말을 자주 한다. 사건들은 다가오고, 시간은 지나가고, 과거는 멀어진다. 시간에는 어떤 움직임이 있는 것 같다. 그러나 그런 움직임을 직접 보지는 못한다.[44] 칼렌더는 "내게는 사물이 흐르는 것처럼 보이지 않습니다. 이런 흐름을 느낀다고 말하는 사람도 있지만, 그게 어떤 느낌인지는 제대로 말하지 못합니다"라고 했다. 잠시 멈추어 생각해보면 시간의 흐름이나 경과라는 생각은 완전히 어리석게 느껴질 수도 있다. 시간이 변화의 척도라면 시간 자체는 변할 수 없다. 흐르려면 속도가 필요하다. 속도는 시간에 따른 위치의 변화다. 시간은 얼마나 빠르게 흐를 수 있을까? 1초에 1초만큼 흐를 수 있나?

칼렌더는 시간의 경과가 직관적인 느낌이라기보다는 추상적인 판단이라고 말한다. 시간의 경과는 물리학의 일부 요소 — 우리는 과거를 기억하지만 미래는 기억하지 못한다. 사건은 관찰자마다 다른 속도로 진행된다 — 와 인지 심리학의 일부 요소 — 예를 들어 기억을 생성하고 떠올리는 방법 — 를 한데 합친다. 시간의 경과는 또한 자아 성찰의 산물이다. 여전히 휴가 기간이었으면 하고 바랄 때, 아이를 대학교에 데려다주고 온 뒤 기분이 이상해졌을 때 등 우리는 변화를 갈망하게 될 때 시간의 흐름에 대해 말하기 시작한다.

2004년, 샌타바버라 캘리포니아 대학교의 물리학자 제임스 하틀(James Hartle)은 대담하게도 시간의 흐름을 설명해보려고 했다. 그래서 그는 1980년대에 자신과 노벨상 수상자인 물리학자 머리 겔만(Murray Gell-Mann)이 양자 측정을 연구하려고 개발한 간단한 인지 모형을 개량했다.[45] 하틀의 모형은 눈에 기억을 더한 것으로 휴 에버렛의 관찰자 모형의 상위 버전이라고 할 수 있었다. 그들은 이 모형을 IGUS(정보 수집 및 활용계)라고 불렀다. 이 계의 핵심 특징은 물리학자들이 일반적으로 연구하는 계와 달리 단순하게 반응하지 않는다는 것이다. IGUS는 행동 방침을 세울 때 과거의 경험을 고려한다. 새로운 정보를 얻을 때마다 계속 기억을 갱신한다. 그 결과 IGUS는 시간의 흐름을 느낄 수 있다고 하틀은 제안한다. IGUS에게는 '지금'이라는 것이 언제나 변한다. 기억이 항상 변하기 때문이다.[46]

다른 이론가들도 시간의 흐름의 기원을 다루었다. 오스트레일리아 모나시 대학교의 철학자 야콥 호휘(Jakob Hohwy)와 동료들은 예측 부호화 이론에 기반해 시간이 흐르는 것처럼 보이게 하는 것은 이러한 갱신이 아니라 이 갱신에 대한 우리의 인식이라고 주장했다. 뇌는 자신의 예측이 잠정적이기 때문에 변할 수 있다고 예측한다.[47]

칼렌더로서는 그저 기억을 쌓아두는 것만으로는 시간의 흐름을 느끼기에 충분하지 않다고 생각한다.[48] 그는 기억 그 자체로는 연결되지 않은 정지 사진들임을 지적했다. 그 사진들은 경험의 변화를 나타내지만, 반드시 변화의 경험일 필요는 없다. 우리가 시간의 흐름을 느끼려면 우리 기억들이 서로 연결되어야 한다. 기억하고 있음을 기억해야 한다. 나는 어제 일어난 일을 기억할 뿐 아니라 어제 친구들에게 내가 다녀온 재즈 축제 사진을 보여준 일, 그 전날에는 3일 전밤에 본 영화 리뷰를 읽고 있었던 일도 기억한다. 나의 과거에 있었던 여러 사건 사이의 관계는 드문드문 떨어져 있지만 내가 연속적이라고 느낄 수 있을 만큼 충분히 많은 사건이 있다. 크레이그 칼렌더는 "각 지점마다 나는 '이 크레이그는 다른 크레이그에게서 온 거야'라고 말합니다. 왜냐고요? 나에게는 중첩된 기억들이 있기 때문입니다. 나에게는 기억들을 기억하는 기억들이 있습니다"라고 했다.

칼렌더는 개인의 정체성이 '시간은 흐른다'는 우리의 인상을 만든다고 했다. 중첩된 기억을 통해 우리는 어제 우리가 한 일보다 오늘 한 일을 더 잘 알며, 그제보다는 어제 한 일을 더 잘 알고 있으므로 우리가 변한다는 것은 분명하다. 그러나 우리는 본질적인 자아가 바뀌는 것을 느끼지 못한다. 우리는 내면에서 자아를 본다. 이것은 우리의 자연스러운 기준틀이다. 어디에 있든 우리는 여기에 있는 것이며, 우리가 누구든 우리는 우리다. 만일 우리가 우리 자신과 어느 정도 거리를 둘 수 있다면, 도로 표지판을 훔친 고등학생 때는 말할 것도 없고, 조금 전에 존재했던 사람과도 같은 사람이 아님을 분명하게 알 수 있을 것이다. 하지만 일단 우리가 우리의 정체성을 그대로 유지하겠다고 결정하면 우리는 우리의 개인적인 변화를 시간으로 대체한다고 칼렌더는 주장했다. 기차에 앉아 있으면 기차가 앞으로 달려가는 것이 아니라 시골 풍경이 뒤로 지나가는 것처럼 느껴지듯, 우리가 정지해 있고 시간이 빠르게 지나간다고 느낀다.

시간이 흐른다고 느끼는 심리 속에는 흥미로운 긴장감이 있다. 시간이 흐른다고 느끼는 것은 세상이 변하고 있다고 느끼는 것이다.

그런데 이런 느낌이 생기는 이유는 변화보다는 연속성 때문이다. 우리가 변화를 인식할 수 있는 이유는 오직 하나, 우리가 변화 속에서 살아가기 때문이다. 시간의 흐름 때문에 사람들은 우울해질 수 있는데, 그것은 왠지 인생이 짧다는 느낌이 들기 때문이다. 하지만 시간의 변화는 우리에게 지속력이 있음을 보여주기도 한다.

일단 시간이 무엇을 의미하는가에 관한 최고 수준의 수수께끼에 도달하면, 이 문제를 풀어야 할 사람은 물리학자가 아닌 신경과학자가 된다. 시간은 우주의 근본적인 본질만큼이나 우리 마음의 작업 상태를 반영한다. 칼렌더는 이렇게 말했다. "칸트는 시간은 마음에 있는 모든 것이라고 생각했습니다. 나는 현대 인지 신경과학이 칸트가 정말로 옳았음을 보여주었다고 생각합니다…. 나는 그런 종류의 일을 칸트와는 정반대 방향에서 시작했을 겁니다. 시간 지각에 관한 모든 인지 과학을 배우는 일은 정말로 놀라웠습니다. 우리가 얼마나 중요한지를 보는 것은 말입니다."

공간을 만들기 위한 공간 없음

여러 층으로 이루어져 있고 물리학과 심리학이 심란하게 섞인 시간에 비하면 공간은 쉬워 보일 수도 있다. 정의상 공간은 아무것도 아니다. 우리는 공간을 바로 앞에서 보고 있기 때문에 공간을 기술할 때는 시간에 대한 우리의 경험을 기술할 때 필요한 유추가 필요 없다. 우리는 공간을 일종의 강과 같다거나 차원이라는 식으로 말할 필요가 없다. 하지만 물리학에서 쉬워 보이는 것을 만나면 마음을 단단히 먹어야 한다. 현대 물리학이 우리에게 주는 가장 경이로운 교훈 가운데 하나는 공간이 놀라울 정도로 복잡하다는 것이다. 텅 비어 있는 것처럼 보이는 공간이 사실은 굽어지고 휘어지고 진동하고 뜨겁게 가열되고 차갑게 식기도 하는 물질인 사물처럼 행동한다. 광범위하게 받아들여지고 있는 합의에 따르면 공간은 다른 사물들처럼 아직 확인되지는 않은 기본 구성 요소인 일종의 '원자'로 만들어진 물질적인 사물이다. 펜실베이니아 대학교의 이론 물리학자 비자이 발라수브라마니안(Vijay Balasubramanian)은 "이런 생각이 대체로 사실임이 밝혀진다면 그것은 시공간에 관한 우리 관점에 일어난 가장 극적인 변화일 거라고 생각합니다. 그러니까, 언제부터냐면, 잘은 몰라도 아마 우주의 시작부터 지금까지에서 말입니다"라고 했다.

공간의 '원자'에는 기이한 점이 하나 있다. 공간 원자가 공간을 생성하려면 공간 원자는 공간일 수 없다는 것이다. 그 원자는 원형인 무엇이어야 할 것이다. 하지만 공간이 아니니 공간으로서의 특징은 가질 수 없다. 크기도, 모양도, 위치도 없다. 공간의 원자들은 공간의 작은 조각이 아니다.[49] 그와는 반대로 공간 원자는 공간 전체에 걸쳐 있다. 공간의 기원에 관한 이론을 개발하기가 쉽지 않은 이유는 그러려면 물리학자들이 데모크리토스 이후로 자신들의 분야를 정의해온 기하학 개념을 포기해야 하기 때문이다.

중요한 한 연구 프로그램은 공간의 특성을 '원자들'이 서로 발전시키는 상관관계로 설명할 방법을 찾고 있다.[50] 이 물리학은 극도로 수학적이어서 해석하기가 쉽지 않지만 드러나는 형태를 기술해보면 다음과 같다. 안드로메다은하는 250만 광년 떨어져 있지만 우리은 하와 안드로메다은하 사이에 놓인 공간은 새로운 조합들로 만들어져 있을 뿐, 본질적으로 우리 태양계와 같은 '원자들'로 구성되어 있다. 깊은 단계에서는 안드로메다은하와 태양계는 서로가 서로의 위에 바로 놓여 있을 수도 있지만, 둘 사이의 상관관계가 약하기 때문에 멀리 떨어져 있는 것처럼 보이는 것일지도 모른다. 실제로 우주는 서로 붙잡고 있는 국수적인 부분들로 이루어진 상향식 구조가 아니라 깨진 유리처럼 부서지는 전체로 이루어진 하향식 구조다. 전체는 부분을 앞선다.

공간에 대한 물리학자들의 관심은 신경과학으로 확장되고 있다. 공간에 대한 우리의 경험은 아주 따분한 것 같다. 그도 그럴 것이 공간은 색도 없고 질감도 없고 감정 교류도 없으니 말이다. 그래서 대부분의 신경과학자와 철학자들은 아주 최근까지도 공간에 대해서는 거의 생각을 하지 않았다. 토노니는 "그들은 보통 붉은색의 붉음, 고통의 고통스러움, 지는 해의 아름다움 같은 것을 언급합니다. 분노, 감정, 사랑, 냄새. 그들은 모두 이런 것들에 대해 말하는데, 그건 좋습니다. 그것들은 분명히 의식의 일부입니다. 하지만 우리가 경험하는 모든 것 중에서 가장 중요하고 큰 부분, 확장된 느낌을 주는 것을 놓칩니다"라고 했다.

그러나 일단 생각하기 시작하면, 공간은 우리가 경험한 다른 것들만큼이나 풍성하다는 사실을 알게 된다. 토노니는 "경험하는 공간의 구조는 끝내줍니다. 텅 빈 캔버스가, 어두운 하늘이 거대하게 구축되어 있습니다"라고 했다. 체스를 둔다고 생각해보자. 바로 눈앞에 있던 위협을 놓친 뒤에 즉시 후회하며, 말을 움직이고 체스판을 전체적으로 훑어보기는 너무나도 쉽다. 행, 열, 사선, L자 경로. 고작 64칸으로 이루어진 체스판에는 사람들 대부분이 추적하기에는 너무 많은 공간 관계가 있다. 아무리 체스의 어마어마한 대가라고 해도 바로 앞에 있는 것을 놓치는 경우가 있다고 알려져 있다.[51]

신경과학자는 물리학자 덕분에 공간을 당연하게 생각해서는 안 된다는 것을 배운다. 그뿐 아니라 공간에 관한 이론적인 문제, 예를 들어 공간을 전제하지 않고 경험 공간을 구성하는 순환성에 직면하고 있다. 이는 물리학에서 다루는 문제와 놀라울 정도로 유사하다. 우리 뇌는 우리 머릿속에 아주 작은 공간 지도를 만들지만,[52] 이 지도만으로는 공간 경험을 모두 설명할 수 없다. 빨간색이 그저 눈에 부딪히는 파동만이 아니듯, 공간 경험도 단순히 무엇이 어디에 있다는 배치도가 아니다. 위스콘신-메디슨 대학교에서 박사 학위 과정을 밟고 있는 신경과학자 조애나 스초트카(Joanna Szczotka)는 내게 통합 정보 이론은 독특하게도 뇌가 공간 확장이라는 감각을 어떻게 활발하게 구축하는지 기술하려는 방법이라고 말했다. "다른 이론들은 이 문제를 단순하게 외부 세계에 위임해버립니다. 특성은 대부분 '바깥'에 있으며 우리는 그저 어떻게든 그것들을 표현하고 있으니, 여기서 설명할 것은 많지 않다고 하는 거죠." 하지만 표현만으로는 경험을 말할 수 없다.

신경과학이 물리학과 유사한 또 다른 사례는, 공간 경험이 하향식으로 나타난다고 주장하는 신경과학자도 있다는 것이다. 이번에도 체스로 살펴보자. 힘든 연구와 오랜 경험을 통해 체스의 대가들은 체스판 위의 말들을 고립된 말이 아니라 전체 패턴으로 볼 수 있게 된다. 그들은 흘끔 보기만 해도 체스판의 한 구역을, 심지어 전체 모습을 파악한다.[53] 윌리엄 제임스는 우리의 일상적인 공간 경험도 비슷하다고 했다. 우리는 공간을 먼저 전체로—물질성과 위치성이라는 기본 감각으로—인식한 뒤에 과립상 구조(granular structure)로 나눈다. 제임스는 "1차적인 망막 감각은 단순한 광활함과 넘치는 풍성함입니다. 그곳에서 위치 감각은 그 감각을 세분화한 결과입니다. 거리와 방향 측정은 훨씬 나중에 이루어집니다"라고 썼다.[54] 또다시 전체가 부분을 앞서는 것이다.

공간 감각질

의식 연구에서 공간 경험은 물리학에서의 수소 원자와 같다. 흥미로울 정도로 어렵지만 알아낼 수 있을 정도로는 충분히 쉽다. 이 문제를 풀 수 있는 아주 분명한 길이 있다. 우리 자신을 들여다보고, 우리 자신의 공간 경험을 숙고한 다음에, 의식 이론이 공간 경험의 속성을 재현할 수 있는지를 판단하는 것이다.

앤드류 하운은 공간 경험을 연구하게 된 계기에 대해 내게 이야기해주었다. 보스턴에서 박사 후 연구원으로 지냈던 하운은 시간이 있을 때마다 태권도를 했다. 운동 강도가 너무 세서 몇 차례 힘든 신경증으로 고생해야 했다. 그 가운데 하나가 왼쪽 망막에 일시적으로 혈액 공급이 중단되어 일어난 일과성 흑암시(amaurosis fugax)였다. 몇 분 동안 그는 왼쪽 눈으로 사물을 전혀 보지 못했다. "아주 오싹한 경험이었습니다. 오른쪽 눈을 감으면 아주 작은 틈새를 통해 볼 수 있었죠. 가장 중심에 있는 중심와에 혈액이 다르게 공급되었기 때문입니다. 하지만 그 주변은, 다른 모든 곳은 완벽하게 고른 회색빛 공허밖에 없었습니다. 그 경험은 절대 잊을 수 없습니다."

그는 거의 매주 빠지지 않고 시각 증상을 동반하는 편두통도 앓았다. 그런 편두통은 나도 앓은 적이 있다. 이 편두통은 시야 일부분이 사막에서 보는 아지랑이처럼 흔들리는 것으로 시작한다. 그러다가 〈스타트렉〉이나 〈듄〉에서 포스 장이 퍼지듯 서서히 아지랑이 파동이 확장된다. 처음에는 그 광경이 멋있게 느껴지지만 파동이 지나가면 보이지 않는 부분이 생기기 때문에 무섭기도 하다. 이런 편두통이 오면 종이 위에 적힌 단어를 읽지 못할 수도 있다. 그 단어들이 거기 있다는 것은 알지만 왜인지 보이지는 않는 것이다. 그럴 때 할 수 있는 일은 그저 모든 것을 멈추고 누워 편두통이 지나가기만을 기다려야 한다. 하운은 이렇게 말했다. "이런 전조 증상이 나타나면 사각지대가 비어 있는 모습은 보이지 않습니다. 그저 그곳에는 아무것도 없습니다. (위스콘신에) 오기 전의 일입니다. 그게 아마도 내가 이런 문제들에 관심을 갖게 된 이유라고 생각합니다. 아주 기이했으니까요. 그건 마치 내 머리 뒤에 공간이 있는 것만 같았어요. 물론 거기에 있다는 건 압니다. 하지만 경험하지는 못하죠."

　이런 시각 장애를 처음 경험했을 때 나는 안과에 갔다. 안과 의사는 나의 망막과 시신경을 검사하더니 아무 문제없다고 하면서 편두통의 원인은 시각 피질의 기능 이상일 수 있다고 했다. 일과성 흑암시는 텅 빈 것처럼 보여도 공간을 인지하지만 시각적 편두통은 공간을 완전히 지워버린다. 잠시 뇌가 공간 경험을 구축하지 않는 것이다. 하운과 나의 시각적 편두통은 다행히 잠시 나타났다가 사라졌지만, 뇌졸중 환자 중에는 시야의 한쪽이 영원히 사라져버리는 사람도 많다. 그곳에서 그들은 단조로운 회색 영역도 보지 못한다. 그 지역 자체를 인지하지 못한다. 그곳에 있는 물체를 절대로 시각적으로 인지하지 못하기 때문에 그 물체를 만지거나 부딪히게 되면 물체가 갑자기 외부 공간에서 들어온 것처럼 느껴진다.[55]

　토노니가 하운을 고용한 것은 그가 컴퓨터 과학자 스콧 애런슨과 한창 논쟁을 벌이던 무렵인 2014년이었다.[56] 애런슨은 통합 정보 이론이 의식에 관한 거짓을 참으로 잘못 판단하게 하는 긍정 오류(false positive)를 일으킨다고 불평했다. 데이터 손실에 대비한 중복을 제공하기 위해 상호 연결된 기본 단위의 단순한 격자망인 컴퓨터 메모리는 아주 높은 수준의 정보 통합을 이룰 수 있다. 통합 정보 이론은 그런 컴퓨터 메모리에게 의식이 있다고 말할 수 있다. 하지만 절대 그렇지 않다고 애런슨은 주장했다. 그에 대해 토노니는 왜 그렇게 확신하느냐고 응수했다. 시각 피질이라고 알려진 뇌의 거대한 영역은 격자처럼 생겼다. 토노니는 내게 "애런슨 같은 사람들이 무슨 말을 하든, 당연히 격자가 의식은 아니지만, 우리는 대부분 격자입니다. 그러니 경의를 표해야 합니다"라고 했다. 실제로 그와 하운은 격자 모양인 뇌 영역이 어떤 종류의 의식 경험을 하는지 연구했는데, 사람의 의식 경험 영역은 공간 경험 영역과 거의 일치했다.[57] 우리의 공간 경험은 시각 정보를 처리하기 위해 진화한 뇌 구조가 만들어낸 직접적인 결과일 수도 있다.

공간은 우리에게 어떤 느낌인지 생각해보자. 가장 입자적인 단계에서는 국소화된 장소들이 모자이크처럼 모여 있을 것이다. 이런 작은 장소들을 토노니와 하운은 '지점(spot)'이라고 부른다. 이제 일련의 지점들을 생각하고, 그 지점들을 이용해 기하학 관계를 정의해보자. 한 지점의 위치는 그 지점을 둘러싼 지점들에 의해 정의된다. 한 지점의 크기는 그 지점을 둘러싼 지점들의 수에 의해 결정된다. 다른 지점까지의 거리는 두 지점을 감싸고 있는 지점들의 크기에 의해 결정된다. 간단히 말해 토노니와 하운은 공간을 크고도 복잡한 벤 다이어그램•으로 바꾼 것이다.

두 사람의 생각은 뇌와 다른 신경망에서 이 벤 다이어그램과 일치하는 구조를 찾는 것이다. 토노니는 회충의 신경계를 본떠 만든, 일곱 개의 뉴런이 일렬로 늘어선 극히 단순한 격자형 신경망을 예로 제시했다. 이 신경망에서 뉴런은 자신에게, 이웃에게, 그다음으로 가까운 이웃에게로 점차 강도가 약해지는 연결망을 형성한다. 이 망

•   여러 집합간의 관계를 폐곡선으로 나타낸 그림

에서 형성된 관계는 계층 구조를 하고 있다. 가장 낮은 단계에서는 각 요소가 개별적으로 존재한다. 한 단계 올라가면 둘씩 짝지어져 있다. 인접한 요소들은 서로와 더 강하게 결합하기 때문에 한 쌍은 각 요소의 합보다 크다. 사실 그 같은 쌍은 그 자체로 하나의 실체이며, 한 쌍을 구성하는 요소를 넘어서는 인과적 역할을 한다. 그에 반해 멀리 있는 요소들은 전혀 상호 작용하지 않기 때문에 쌍을 이루어 얻을 수 있는 것이 전혀 없다.

그 위의 단계도 마찬가지로 뉴런을 세 개씩, 네 개씩, 모두 일곱 개씩 묶을 때까지 올라갈 수 있다. 이렇게 작은 망도 아주 정교한 구조를 이루고 있다. 하운과 토노니는 이 신경망의 내부 관계가 공간의 잡다한 속성과 일치함을 보여주었다. 개별 뉴런들은 가장 작은 시각 지점이고, 무리를 이룬 뉴런들은 그보다 더 크게 둘러싸인 지점들이다. 벤 다이어그램의 관계는 지점이 어떻게 정렬해 있으며, 얼마나 멀리 떨어져 있는지를 규정한다. 일곱 개 뉴런 모두를 하나의 단위로 택한 계는 하나의 작은 공간이 전부다. 그 계는 내부적으로 통일성을 유지한다. 그저 나누어진 지역이 쭉 연결된 것이 아니라 확장되어 있다는 감각을 갖는다. 토노니는 "가장 서열이 높은 개념은 모든 것이 하나라고 말하는, 다시 말해 하나의 커다란 공간의 모든 부분이라고 말하는 것입니다. 이것은 모두 하나로 묶인 단일체입니다"라고 했다.

우리 뇌의 격자는 분명히 훨씬 더 복잡하지만 원리는 같다. 돌이켜보면 격자는 공간처럼 보이기 때문에 격자가 공간 경험을 생성할 수 있다는 것은 분명해 보인다. 사물이 거주할 수도 있는 공간의 반복적인 배열이다. 하지만 모든 격자가 공간 관계를 획득하는 것은 아니다. 포리지 죽의 적당한 온도처럼 연결성은 적절해야 한다. 상호작용이 너무 적으면 격자는 응집되지 않는다. 너무 많으면 지점이 흐릿해진다. 토노니는 "그래프가 특정한 종류라면 인과율 측면에서 공간과 비슷하다는 사실을 알 수 있을 것입니다. 그와는 다르게 만약 모든 것이 모든 것과 연결되어 있다면 공간과 같지 않을 테고요"라고 했다. 이것은 고도로 높은 정보 통합에 필요한 것과 동일한, 행복한 매개물이다. 애런슨에게는 버그이지만 토노니에게는 특징이다.

토노니와 하운은 현재 자신들의 모형을 확장해 경험의 다른 측면을 설명하려고 한다. 격자를 이루는 단위가 단일 뉴런이 아니라 수천 개 뉴런 덩어리라고 생각해보자. 이 덩어리가 공간을 인지할 수 있게 적절히 연결되어 있지 않다면 우리는 그 덩어리를 공간의 일부로 인지하지 못할 테지만, 내성적으로 분석할 수 없는 시야의 각 지점이 갖는 다른 특징 — 예를 들어 색 같은 — 으로 인지할 수는 있다.[58]

뇌 위의 공간

물리학에서, 창발하는 공간과 뇌에서 경험하는 공간 사이에 존재하는 특히 흥미로운 유사성은 신경망에 관한 이론을 구축하는 과정에서 발견되었다. 많은 물리학자와 AI 연구자들은 인공 신경망이

(어쩌면 자연 신경망도) 창발하는 공간의 원리와 불가사의할 정도로 유사한 원리로 작동한다고 주장한다.

인공 신경망에서 층을 이동한다는 것이 무슨 의미인지 생각해 보자. 예를 들어 이미지를 처리하는 시스템은 대부분 첫 번째 층에서는 픽셀과 경계선을 처리하고, 위로 올라갈수록 기하학 형태를 잡아가며, 가장 위층에서는 눈이나 털 같은 특징을 감지한다. 따라서 깊이는 더 복잡하며 일반적으로 훨씬 큰 특징과 일치한다. 신경망을 따라 이동한다는 것은 줌 렌즈로 화상을 서서히 축소하는 것과 같다. 처음에는 최대로 확대해 모든 세부 사항을 두드러지게 강조한 다음 뒤로 물러나 전체 그림을 화면에 담는 것이다.

따라서 신경망은 7장에서 살펴본 자연의 다양한 규모를 관련지으려고 사용하는 물리학자들의 기술인 재규격화를 구현한다.[59] 먼저 입자의 법칙들로 시작해 높은 단계의 구조를 고민하고 이런 구조들의 법칙은 무엇이어야 하는지를 알아낼 수 있다. 하지만 높은 단계에서 시작해 미소 규모에서는 무슨 일이 일어나야 하는지를 추론할 수도 있다.

재규격화는 그저 화면을 확대하고 축소하는 다이얼이 아니라 AdS/CFT 이중성이라고 알려진, 창발하는 공간에 관한 탁월한 이론의 기반이기도 하다. 이 이론에서는 확대하고 축소하는 수준이 공간의 차원과 같다고 한다. 가장 단순한 단계에서는 카메라를 장면으로 향하고 확대하면 마치 물체 쪽으로 가까이 이동한 것처럼 보인다. 카메라에 보이는 모습은 평면적이지만, 화면을 확대하거나 축소함으로써 깊이라는 감각을 더할 수 있다. AdS/CFT 이중성 이론에서는 특정한 수의 공간 차원(기술적인 이유로 CFT로 축약해 쓰는)에 거주하는 양자 유체 같은 시스템이 이미지의 역할을 맡으며, 재규격화 과정은 또 다른 차원을 더하고, 깊이가 있는 전체 장면은 특별한 종류의 기하학을 가진 우주가 된다(AdS라고 축약해 쓴다). 2차원으로 시작하면 3차원으로 끝난다. 원래는 2차원이었던 공간에서 구조를 축소하거나 확대하면 이 새로운 3차원 공간으로 이동한다. 카메라 화상이 그렇듯 모든 깊이 정보는 양자 유체 같은 시스템 내부에 존재하며, 올바른 방식으로 본다면 그 정보를 끌어낼 수 있다. 이는 매우 흥미로운 개념이다. 혹시 관심이 있는 사람은 내가 쓴 이전 책들과 끈 이론을 다루는 물리학자 브라이언 그린(Brian Greene)이 쓴 책을 보면 더욱 자세한 내용을 알 수 있을 것이다.[60]

이 모든 것을 종합해서 추측해보자면, 신경망이 규격화와 같고 규격화가 창발하는 공간과 같다면, 신경망은 분명히 창발하는 공간과 같아야 한다.[61] 45쪽의 그림처럼 신경망 도식표를 보는 것만으로도 기본 생각을 파악할 수 있다. 일반적으로 이런 도식표에는 정보를 처리하는 층들이 책장 선반에 쌓인 책처럼 정리되어 있으며, 왼쪽에서 오른쪽으로 이동하는 정보의 흐름을 보여주는 화살표가 있다. 이 신경망에 신호를 흘려 보내면 신호는 마치 공간을 이동하듯 한 층에서 다른 층으로 움직인다. 도쿄 대학교에서 신경망과 공간의 유사점을 탐구하고 있는 이론 입자 물리학자 하시모토 코지(Koji Hashimoto)는 "이 수평 방향이 기하학이 창발하는 방향"이라고 했다.

이 수평 방향을 '창발'이라고 불러도 되는 이유는 한 신경망의 중간층은 처음에 설정되는 것이 아니라 훈련으로 결정되기 때문이다. 다시 한 번 동물 그림을 분류하던 신경망을 생각해보자. 이 신경망에서 입력은 동물 사진이며 출력은 라벨이다. 그 사이에 여러 뉴런 층이 존재한다. '고양이'나 '강아지' 같은 입력과 출력을 주면, 입력과 출력을 연결하는 뉴런들 사이의 연결을 강화하거나 약화하면서 훈련 과정이 그 나머지를 채운다. 하시모토는 "망은 자동적으로 왼쪽에서 오른쪽으로 입력 데이터가 배치되도록 조정되는데, 그 때문에 내부는 창발적이 됩니다"라고 했다. AdS/CFT 이중성에서는 그 내부에 공간이 생긴다. 시작은 양자 유체 같은 시스템이다. 그것은 입력과 같다. 그 시작에서 공간 관계가 유도된다. 공간 관계는 뉴런 연결과 같다.

2018년, 하시모토와 동료들은 그 같은 비유가 놀라울 정도로 적절하다는 것을 보여주었다.[62] 양자 유체 같은 시스템은 모든 과정을 제대로 거치면 블랙홀을 생성해야 한다. 그들은 이런 시스템에서 나올 수 있는 자료를 가지고 신경망을 훈련했다. 중력을 언급하는 것 외에 과학자들은 신경망에 중력의 법칙은 물론이고 중력이 작동한다는 그 어떤 추가 정보도 주지 않았다. 그런데도 기계는 블랙홀을 포함할 뿐 아니라 아인슈타인의 중력 이론과 일치하는 기하학을 가진 공간을 예측했다. 따라서 신경망은 이론가들이 여전히 이해하려고 애쓰는 우주의 기본 물리학에 관한 통찰력 일부를 실제로 포착하고 있는 것처럼 보인다. 실용적인 차원에서만 볼 때, 신경망은 공간의 출현에 관한 연구를 하는 데 꼭 필요한 수학 도구를 제공한다. 하시모토는 현재 다양한 신경망 구조에서 나타날 수 있는 공간의 모습을 목록으로 작성하고 있다. "내 목표는 인류에게 알려지지 않은 기하학을 찾는 것입니다."

신경망이 우주의 구조를 닮은 것은 그저 단순한 유사성이 아니라고 생각하는 과학자도 있다. 1장과 2장에서 나는 홉필드 망 같은 신경망의 선구체들이 신경망을 거대한 입자 배열인 결정처럼 생각하는 방식을 소개했다. 그런데 이 생각을 거꾸로 할 수도 있다. 우주를 가득 채우고 있는 입자를 문자 그대로 거대한 신경망으로 생각할 수도 있는 것이다. 입자가 움직이고 힘을 가하는 등의 모든 물리학의 역학은 훈련을 받고 있는 신경망의 역학이라고 생각할 수 있다.

처음 만났을 때는 미네소타 덜루스 대학교의 물리학 교수였지만 지금은 AI 스타트업 기업 아티피셜 뉴럴 컴퓨팅(Artificial Neural Computing)을 설립한 비탈리 반추린(Vitaly Vanchurin)은 "문제를 거꾸로 뒤집어 볼 수도 있을 겁니다. 기계 학습이 작동하는 방법을 이해하려고 물리학을 활용하는 것이 아니라 실제로 물리학의 모형으로 기계 학습을 활용하는 거죠"라고 했다. 그는 어떤 조건 아래에서는 신경망이 양자 역학처럼 행동하고, 어떤 조건에서는 일반 상대성 이론처럼 행동하는데, 그 같은 행동은 두 이론이 본질적으로는 통합되어 있음을 나타내는지도 모른다고 했다.[63] 신경망은 원래 관찰자라는 개념을 포함하기 때문에 안과 밖 문제에도 해법을 제시한다. 반추린은 "통합해야 할 것은 세 개입니다. 양자 역학과 일반 상대성 이론을 통합하는 것뿐 아니라 관찰자도 한데 합쳐야 합니다. 또한 관찰자들이 어떻게 나타나는지도 알아야 합니다"라고 했다. 그의 생각은 도발적이지만 물리학자들은 대부분 호응하지 않았다. AI 연구에서 나온 생각과 도구를 물리학에 적용하는 방식을 연구하는 카일 크랜머는 "그의 생각은 사실 새로운 연결에 대한 발견이라기보다는 기존 물리학의 한 해석이라고 할 수 있습니다"라고 했다.

하지만 물리학자 리 스몰린은 우주를 신경망이라고 생각하면 물리학 법칙들이 지금과 같은 형태인 이유를 설명하려는 자신의 목표를 이룰 수 있을지도 모른다고 생각한다. 스몰린, 그의 동료 이론 물리학자인 스테픈 알렉산더(Stephon Alexander), 컴퓨터 과학자 재런 러니어(Jaron Lanier)와 동료들은 신경망과 입자에 관한 양자론의 밀접한 수학적 유사성을 활용할 방법을 찾고 있다.[64] 우리는 신경망과 양자론을 거대한 숫자 스프레드시트인 행렬이라는 측면에서 살펴보고 있다. 신경망에서 행렬의 수는 뉴런의 상호 연결성을 나타내며 훈련으로 정해진다. 입자 이론에서 행렬의 수는 입자의 행동을 나타내는데, 물리학자 대부분은 이런 수를 설정하는 것은 없다고 생각한다. 그저 그렇게 되는 것이다. 그러나 스몰린과 공저자들은 입자의 행동을 나타내는 수는 신경망 수를 설정하는 방식과 정확히 같은 방식으로 설정될지도 모른다고 생각한다. 스몰린은 "우리는 기계 학습의 인식 문제를 그 법칙을 선택하는 우주에 대응시키고 있습니다"라고 했다.

그러나 그들의 연구는 고양이를 인식하도록 가르치는 것과는 다르다. 그보다는 얼마 전부터 일부 생물학자들이 학습 과정(learning process)이라고 개념화한, 자연에서 발생하는 진화에 더 가깝다.[65] 스몰린과 공저자들은 물리학 법칙들도 생물종처럼 시간에 따라 진화하다가 결국 안정 상태에 도달한다고 했다. 스몰린은 "우리는 우주가 스스로 학습함으로써 물리학 법칙들이 진화하고 있다고 상상합니다"라고 했다. 6장에서 살펴본 것처럼 이 이론은 기본적인 물리 상수들이, 지금은 그 값이 단순한 무작위가 아니라는(그런 값을 갖는 데는 이유가 있다는) 점만 빼면, 우주 역사 초기에 그 값이 결정되었다는 생각을 기반으로 하고 있다. 스몰린과 공저자들은 물리 상수가 지금과 같은 값을 갖는 이유를 분명하게는 알지 못하기 때문에 그들의 접근법은 여전히 더 많은 연구가 필요하다.

뇌에 시공간 물리학이 필요한가

공간은 물리학 속에서 출현하고, 공간 경험은 뇌 속에서 출현한다면 두 과정에는 암시적인 유사성이 있을 것이다. 우리는 어느 정도까지 두 현상을 비교할 수 있을까?

누군가는 아주 멀리까지 가능하다고 생각한다. 철학자 콜린 맥긴(Colin McGinn)은 1990년대에 의식은 태초에 공간이 나타나게 한 물리학과 완전히 동일한 물리학을 포함한다고 했다. 신경 과정은 머릿속에서 공간이라는 새 차원을 나타나게 할 수도 있고 파괴할 수도 있다. 맥긴은 "말하자면 뇌는 빅뱅이 시작한 것을 거꾸로 뒤집을 수도 있다"고 썼다.[66] 이런 생각은 4장에서 살펴본 로저 펜로즈의 생각보다는 색다른 물리학에 훨씬 더 철저하게 호소한다. 마음에 관한 많은 사변적인 이론들처럼 맥긴의 이론도 의식의 어려운 문제에서 벗어나 있다. 의식에 관한 어려운 문제의 본질은 의식이 비공간적이라는 것이다. 우리의 경험은 공간에서의 사물과 달리 부분으로 환원되지 않기 때문에 기계적인 평범한 물리학 법칙을 적용해 설명하기는 힘들다. 따라서 의식이 평범한 공간 물리학을 벗어난다면 비공간 물리학을 적용하는 게 어떠냐고 맥긴은 제안한다. 유명한 데이비드 봄을 비롯한 일부 물리학자들도 비슷한 주장을 했지만, 은유의 수준 이상으로는 올라가지 못했다.[67]

어바인 캘리포니아 대학교의 심리학자 도널드 호프만(Donald Hoffman)은 공간 경험을 창발적 공간에 연결한 사람 중에서 가장 멀리 나갔을 것이다.[68] 그는 내게 "신경과학계의 내 모든 동료들은 시공간은 본질이며 시공간의 내용은 본질적이면서도 인과력이 있다고 가정합니다. 하지만 그 과정이 틀렸다면 의식에 관한 어려운 문제에 접근하는 우리의 방법은 완전히 잘못된 가정 위에 세워진 셈입니다"라고 했다.

호프만은 철학적 회의론의 입장에서 출발한다. 5장에서 나는 양자 역학이 세상을 충실하게 묘사하고 있는지를 의심하는 과학자들을 소개했다. 하지만 호프만은 이 세상을 충실하게 묘사할 수 있는 물리학이 있는지를 의심한다. 우리 뇌는 세상을 정확히 묘사하기 위해서가 아니라 생존하려고 진화했다. 우리 뇌는 우리가 살아갈 수 있게 해주고 많은 자손을 낳을 수 있게 해줄 경험의 장을 만든다. 그렇다면 우주를 있는 그대로 인지하는 것은 오히려 뇌의 목적에 방해가 될 수도 있다. 따라서 호프만은, 공간과 시간을 포함한 우리 경험의 기본 측면들이 세상의 실제 조건이 아니라 생각의 요구 사항을 반영한다는 칸트의 관점을 생물학에 걸맞게 바꾸었다.[69] "초보들이 하는 실수죠. 우리는 우리가 실재를 보고 있다고 생각했던 겁니다." 호프만의 말이다.

우리가 확신할 수 있는 것은 우리가 존재한다는 것이다. 따라서 호프만은 의식 경험을 원시적이라고 생각한다. 6장에서 만났던 마르쿠스 뮐러처럼 호프만은 기본적으로 철학계의 이상주의자다. "나는 공간과 시간, 입자와 속성과는 반대인, 절대적으로 실재적이고도 근원적인 경험을 하고 있습니다." 호프만의 말이다. 그는 물리학에서 의식을 끌어내지 못한다고 해도 의식에서 물리학을 유도할 수는 있을 거라고 생각한다.

호프만과 샌버너디노 캘리포니아 주립대학교의 수학과 명예교수 체탄 프라카시(Chetan Prakash)는 세상을 거대한 사회망으로 나타낸 모형을 컴퓨터로 구현했다. 하틀의 IGUS와 비슷한 가상 세계에 살고 있는 생명체들은 환경 속에도, 심지어 공간과 시간 속에도 존재하지 않는다. 생명체들이 가지고 있는 것은 자신과 다른 생명체들뿐이다. 각 생명체는 동료와 나누는 상호 작용의 순서로 시간 개념을 구성한다. 서로의 집단 상호 작용을 통해 이들은 서로에게 일관된 시간 기준을 세울 수 있다.[70] 호프만과 프라카시는 공간을 사회적으로 상호 작용할 수 있는 협의체로 회복시켰다. 호프만은 "시공간은 자료 구조(data structure)일 뿐 그 무엇도 아닙니다"라고 했다. 그 수학은 일부 창발하는 공간 이론과 닮았다. 우리는 지능을 가진 존재가 진화하기 전부터 우주가 수십억 년 동안 존재했을 것이라고 생각하지만 사실은 지능을 가진 존재가 먼저 나타난 것이라고 호프만은 결론내렸다.

나는 새로운 생각을 최대한 열린 마음으로 대하려고 노력하지만 맥긴과 호프만의 생각은 무리가 있다. 맥긴의 제안과 달리 시공간 물리학은 의식에 관한 어려운 문제의 해결책을 찾을 만큼 적당하지 않다. 시공간 이론가가 무조건 기하학적 직관을 배제하는 것은 아니다. 창발하는 공간에 관한 이론을 세울 때 시공간 이론가들은 추상적인 공간에 의존하기 때문에 그들의 이론은 실제로 새로운 비공간적 설명 범주를 생성하지 않는다. 호프만과 프라카시의 의견을 나는 경험적으로 일관성이 없다고 생각한다. 우리의 세상에 대한 인지가 두 사람의 말처럼 그렇게 멀리 떨어져 있는 것이라면 과연 그들이 모형을 구현할 때 기반으로 삼은 과학을 포함해 우리가 믿을 수 있는 것이 있기는 할까?

뇌가 창발하는 공간의 물리학과 관계가 있다고 가정하는 일반 문제는 규모 면에서 엄청나게 깊은 골이라고 할 수 있다. 공간이 창발한다면 그리고 아원자 입자 내부 깊숙이 탐사해 들어간다면, 결국 구성 요소인 '원자'로 분해되는 공간을 볼 수 있을 것이다. 이런 미시적인 분해의 흔적은 잠재적으로 관찰 가능한 규모로 나타나 이론 물리학자들이 이런 이론을 시험해볼 수 있는 수단을 제공해줄 테지만, 그런 흔적은 아주, 아주 미묘할 수도 있다. 물리학에서는 사람의 경험만큼 멀리 가는 것은 없다. 심지어 사람과 우주 규모의 광대한 차이조차도 사람의 경험과 비교하면 색채가 옅어진다. 그리고 그것은 좋은 일이다. 우리 존재 자체는 공간의 안정성에 좌우된다. 우리는 정말로 공간이 우리 위로 무너져 내리는 것을 원치 않는다.

그러나 호프만은 내가 참석한 물리학과 철학 모임에서 발언할 기회를 얻었고, 존경을 받았다. 어쩌면 사람들이 예의를 갖춘 것인지도 모르지만, 나는 그가 실재란 우리 물리학이 다루기에는 너무도 풍부하다는 말로 중요한 점을 잘 지적했다고 생각한다. 물리학자들은 자신들의 이론이 불완전하다는 것을 충분히 잘 알지만, 그 불완전이라는 것의 의미는 보통 암흑물질을 설명하려고 입자를 추가하거나 블랙홀을 설명하려고 중력을 새로운 방식으로 생각해야 한다는 뜻이다. 의식에서는 그런 조정이 필요 없다. 의식을 포함하려고 우리의 체계를 확장하려는 생각은 미친 소리처럼 들릴 것이다. 미친 소리가 아니게 될 때까지는 말이다.

에필로그
: 정말로 그렇게 어려울까

    끈 이론가인 조지프 폴친스키(Joseph Polchinski)는 나의 첫 책의 제목 '끈 이론으로 여행하는 완전한 바보를 위한 안내서(The Complete Idiot's Guide to String Theory)'를 사랑한다고 말했다. 끈 이론은 폴친스키 자신도 바보가 된 것처럼 느끼게 하기 때문이라는 것이 그 이유였다. 저명한 물리학자가 그렇게 느끼는데, 나머지 우리에게 희망이 있을까? 누군가 물리학이나 신경과학이 어렵다고 불평하면 사람들은 대부분 "나도 그건 알아. 그러니까 내가 모르는 걸 말해줘"라고 대답한다. 하지만 이 책을 위해 조사를 하고 집필해 나가는 동안 많은 물리학자와 신경과학자들도 우리만큼이나 당혹스러워한다는 걸 알았다. 나는 많은 학자들에게서 공간이나 의식 경험의 기원은 사람이 이해할 수 있는 차원의 이야기가 아니라는 걱정을 자주 듣는다. 과학자들이 보통 낙천적이라는 사실을 생각해보면 — 과학 분야에 종사하려면 반드시 그래야 한다──그건 분명 문제가 있다. 그 어려움은 과속 방지턱보다 훨씬 힘든 장애물인 것 같다. 더는 갈 길이 없는 것처럼 불안해 보인다.

비자이 발라수브라마니안은 고양이는 미적분을 이해할 수 없다는 점을 지적했다. 내가 아는 한 그는 이 책의 세 주제인 기초 물리학, 신경과학, AI를 모두 진지하고 깊게 연구하는 유일한 과학자다. 그는 이 세 분야의 과학을 한 가지 탐구를 위한 세 협력자라고 생각한다. 세상이 어떻게 작동하는지를 알고 싶다면 세상의 법칙을 이해하는 것으로는 부족하다. 우리가 어떻게 그 법칙을 알게 되었는지, 우리의 사고 과정은 어떠했는지도 알아야 한다. "이런 한계나 가능성──마음과 뇌의 구조──을 이해하는 것이, 기본 법칙들을 알아내는 질문에 필요하고도 보완적인 부분이라고 생각합니다. 우리가 자연을 모두 아우르는 통일 이론을 알아내려고 애쓰는 이유가, 뇌가 할 수 있는 표현으로는 그럴 수 없기 때문이라면 어떨까요?"

우리는 무언가를 설명할 때 부분으로 분해해 설명하는데── 본질적으로는 공간적인 추론 방식을 사용하는데──이런 환원주의 태도가 언제나 효과적인 것은 아니다. 양자 얽힘이 난해한 이유는 비공간적이기 때문이다. 의식도 공간적 방식으로는 분석할 수 없을 것 같다. 이런 문제들을 해결할 수 있다는 기대에 드리운 회의에는 신비주의(mysterianism)라는 요란한 이름이 붙어 있다.[1] 저명한 사상가들도 신비주의자였다. 콜린 맥긴, 스티븐 핑거, 노암 촘스키도 신비주의자다.[2] 그들은 의식을 색다른 부가물이 아니라 자연의 산물이라고 생각한다는 점에서 범심론자들과 다르다. 단지 그들은 우리가 의식이 작동하는 방법을 절대로 모를 것이라고 생각하는 것뿐이다. 맥빠지는 이런 결론에 저항하려면 참신한 사고방식이 필요하다.

주홍색은 트럼펫과 같다

이 책의 많은 부분에서 나는 물리학자 카를로 로벨리의 생각을 소환했다. 그는 수십 년 동안 실재는 사물이 아니라 관계로 이루어져 있다고 주장했다. 아인슈타인의 이론들, 양자 물리학, 과학적 추론에 대한 일반적인 고찰 모두가 그에게는 관찰자를 배제한 절대성은 없음을 말해주고 있었다. 로벨리에게는 모든 진리가 관점의 문제다. 분명 그가 말하는 '관점'은 수학적으로 특별한 정의를 내릴 수 있다. 사람의 기준에서 물리학은 여전히 엄연한 사실(hard fact)이다.

실재의 관계라는 개념은 물질에 관한 어려운 문제를 해결한다. 코로나19 팬데믹 첫해에 로벨리는 이 생각을 좀 더 확장해 관계주의가 의식의 어려운 문제도 풀 수 있다고 주장하기 시작했다.[3] 이 문제를 표현하는 한 가지 방법은 3인칭 물리학이 1인칭 경험을, 구체적으로 말해 1인칭의 질적인 면(감각질)을 설명하는 데 적합하지 않다는 것이다. 로벨리는 사실 물리학은 3인칭이 아니라고 말하는 것으로 이 문제를 해결했다. 그는 저마다 자신만의 독특한 의식의 흐름이 있는 것처럼 물리학도 사람마다 독특하기 때문에 3인칭과 1인칭의 물리학은 그렇게 다르지 않다고 했다. 다시 말해 로벨리는 안과 밖 문제를 한 개의 면을 가진 뫼비우스의 띠로 바꾸고자 했다. 하지만 아직까지는 완전히 발달한 탐구 주제라기보다는 발아하고 있는 생각의 싹이다.

로벨리의 프로젝트를 막는 걸림돌은, 물리학이 관계로 이루어졌을 수도 있지만 주관적인 경험은 그렇지 않을 것처럼 보인다는 것이다. 주관적 경험은 다른 어떤 것과도 관련 없이 파악할 수 있는 본질적인 특성을 갖는다. 석양은 붉다. 그것으로 끝이다. 석양의 붉음이 피나 장미를 연상시킬 수도 있지만 그것은 즉각적인 경험에 따른 부차적인 느낌이다. 이 어려운 문제를 풀려면 로벨리는 두 선택지 가운데 하나를 택해야 할 것이다. 한 선택지는 몸을 돌려 뒤로 돌아가 물리학은 사실 비-관계적이라고 결정하는 것이다. 그렇다면 사물은 물리학 법칙이 포착하는 관계적 속성 위에 내재적 속성을 갖고 있다고 가정해야 할 것이다. 범심론자들이 주장하는 것이 그것이다. 그들은 이런 내재하는 속성이 사실은 의식 경험이라고 생각한다. 작은 입자인 전자 같은 단순한 물질도 약간의 마음을 가지고 있다고 생각한다. 2022년에 로벨리는 철학자 에밀리 아들람(Emily Adlam)의 간청대로 자신의 양자 역학 해석에 비관계적인 요소를 추가했다.[4] 하지만 그는 내재적인 느낌에도 불구하고 경험의 특성이 관계적임을 어떻게 해서든 보여주는 것으로 관계주의에 모든 것을 다 걸 수도 있었다. 내가 이 책에서 집중적으로 다룬 두 이론—3장에서 소개한 예측 부호화 이론과 통합 정보 이론—을 포함해 많은 의식 이론이 이런 시도를 해오고 있다.

통합 정보 이론도 로벨리처럼 모든 사물은 궁극적으로 관계 다발, 구체적으로 말해 인과 관계의 다발이라고 한다.[5] 통합 정보 이론에 따르면 주관적 경험은 원시적이고 분석할 수 없는 것이 아니다. 신경망을 이루는 뉴런들이 지금 무엇을 하고 있는지 그리고 다음에 무엇을 할 수 있는지에 따라 달라진다.[6] 원칙적으로 우리는 신경망의 변화를 분석해 마음을 읽을 수 있다. 8장에서 살펴본 것처럼 특정한 종류의 망은 공간 안에 위치해 있다는 느낌을 준다. 공간과 색에 관한 우리 자신의 느낌은 이 때문에 생겨나는지도 모른다. 줄리오 토노니는 "통합 정보 이론이 시도하는 일은 전통적 의미에서의 내재적 특성을 완전히 피하는 것입니다"라고 했다.

예측 부호화 이론은 다른 경로를 택하지만 같은 결론에 이른다. 이 이론에 따르면 경험은 우리가 세상에 관해 내리는 예측으로, 그 예측에는 우리가 포함되기 때문에 질적인 측면이 있다. 감각질은 우리가 어떤 식으로 반응하는지를 설명하는 데 사용한 근거들이다. 우리 뇌가 이런 자극에 어떻게 반응할지를 예측하면 그때는 철학자 대니얼 데닛이 '기이한 전도(strange inversion)'라고 부르는 일이 생긴다. 기이한 전도는 이 같은 예측이 우리 자신 때문이 아니라 우리가 반응하는 일 때문에 가능해진다고 한다.[7] 보통 통증을 느끼면 우리는 통증을 유발하는 원인을 피하려고 애쓴다. 아기들은 귀엽기 때문에 얼러주며, 꿀은 달콤하기 때문에 먹고 싶어 한다. 하지만 실제로 일어나는 일을 보면 우리에게 해로운 것은 반사적으로 피하려 하고, 고통은 우리가 왜 그런지에 대해 스스로에게 들려주는 이야기일 수 있다. 아기에게 귀엽다는 속성을 부여한 것은 사실 우리가 진화시킨 반응 양식을 설명하려는 시도일 수 있다. 꿀을 달콤하다고 생각하는 이유는 꿀을 갈망하기 때문일 수 있다.[8] 고통, 귀여움, 달콤함 같은 특성은 우리가 분석할 수 없는 것처럼 보인다. 하지만 이처럼 기이한 전도를 이용하면 과학의 표준적인 관계 언어로 우리 자신의 생물학적 관점에서 이 느낌들을 분석할 수 있다.

예측 부호화 이론을 지지하는 서식스 대학교의 저명한 철학자 앤디 클라크(Andy Clark)는 내게 이렇게 설명해주었다. "고통이 있는 이유는 단지 모든 성향이라는 전체 망을 가리키는 단순한 방법이기 때문입니다. 어떤 것에 다가가거나 멀어지는 것, 그런 것들을 피하려고 노력하는 것, 진통제를 먹는 것 등을 포함하는 모든 성향 말입니다. 그러면 이렇게 묻는 사람도 있을 것입니다. '그럼 왜 고통은 아프죠?' 그런 물음에 우리가 하고 싶은 말은 아마도 이것입니다. '왜냐하면 고통은 아픈 것이기 때문입니다. 멀리 하고 싶고 진통제를 먹고 싶게 만드는 성향을 느끼는 것이 고통이기 때문입니다. 우리는 모든 일에서 즐거움보다 고통을 더욱 뚜렷하게 느낍니다.'"

감각질은 어느 정도나 관계적인가를 고민하기 시작했을 때 나는 헬싱키 대학교의 젊은 철학자 크리스티안 로리츠(Kristjan Loorits)가 2014년에 출간한 논문을 발견했고,[9] 2020년에 그에게 메일을 보냈다. 그리고 헬싱키에서 만났다. 놀랍게도 그때는 이미 그 주제에 관한 로리츠의 관심이 식어 있었다. 감각질을 관계로 설명하고자 하는 시도는 보통 3인칭 관점에서 논의되는데, 의식에 관한 어려운 문제는 1인칭 관점으로 고민해야 한다. 현재 그는 감각질이 무대 뒤에 서는 관계적일 수도 있지만 우리에게 내재되어 있다고 느끼는 한 여전히 과학적인 설명을 피할 수 있다고 생각한다. "관계를 이루는 구성 요소를 인지하지 못하는 상태로 감각질을 경험할 수 있는 것 같다는 점에서 여전히 어려운 문제는 존재합니다." 로리츠의 말이다.

지금까지 나는 우리가 내재적으로 감각질을 느낀다고 주장해왔다. 감각질은 관계적이라는 생각을 구제하는 방법 하나는 그것을 부정하는 것이다. 1991년에 데닛은 의식 경험은 모두 엄청난 오해라는 유명한 주장을 했다.[10] 그는 누군가가 당신에게, 또는 당신이 스스로에게 의식이 있는지 묻는다면 당신은 '당연하지, 바보야'라고 대답할 테지만, 그런 대답은 완전히 잘못된 것일 수도 있다고 했다. 결국 우리가 이 질문에 답할 때 우리는 잠시 전에 의식했던 것을 다시 생각하게 되는데, 이런 소급 판단(retroactive judgement)은 편리한 허구일 수도 있다. 인지 과학자 조샤 바흐는 내게 "우리는 경험하지 않은 사건과 경험한 사건을 구별할 수 없고 오직 기억할 뿐입니다"라고 말했다.

그런 말들이 옳을까? 누군가에게 당신은 의식이 없다고 말하는 것은 왠지 철학적으로 가스라이팅을 하고 있는 것처럼 느껴진다. 심지어 의식을 이런 '환상주의' 접근법으로 다루는 것을 옹호하는 사람도, 사람들이 왜 그렇게 심하게 속는지를 자신들은 설명할 수 없음을 인정한다.[11]

하지만 우리는 데닛이나 바흐처럼 멀리 갈 필요는 없을 것이다.

로리츠의 입장은 조금 덜 건방지다. 어쩌면 감각질은 우리에게 내재되어 있는지도 모른다. 다시 말해 감각질은 관점적일 수 있다.[12] 이 같은 생각은 관점적인 물리학을 개발하겠다는 로벨리의 광대한 프로그램과 잘 어울린다. 보통 우리는 감각질의 본질에는 그다지 관심을 기울이지 않는다. 우리가 깊이 생각하지 않는 한 감각질은 내재적이라고 느껴진다. 하지만 우리는 깊이 생각할 수 있다. 우리의 경험을 반추해보면 내재적이라고 생각했던 것이 사실은 관계적임을 알 수 있을지도 모른다. 예를 들어 로리츠는 예술 훈련이나 뇌 자극을 통해 감각질의 내재적인 본질 밑에서 감각질을 구성하고 있는 가장 기본적인 연관성을 볼 수 있을지도 모른다고 했다. 대부분의 음악 애호가에게는 소리의 장벽인 곳에서도 음악가는 개별 구성 음을 들을 수 있는 것과 마찬가지다. 그는 "우리가 소리의 개별 배음을 경험하는 법을 배울 수 있는 것처럼 기저를 이루는 구조의 부분들을 직접 경험하는 법도 배울 수 있어야 합니다"라고 했다. (철학자가 되기 전에 전문 피아니스트로 활동했기에 로리츠는 자신이 하는 비유의 의미를 잘 알았다.)

그 같은 제안이 시사하는 것은, 빨간색이나 고통 같은 경험의 질이 플라톤식의 이상주의가 아니라 조밀한 관계의 숲을 흐릿하게 보는 것이라는 점이다. 빨간색은 단지 빨간색이기 때문이 아니라 우리가 배웠거나 가지고 태어난 다양한 연관성 때문에 빨간 것이다. 우리의 경험이 다른 모든 감각질과의 관계를, 각 감각질을 정의할 수 있는 광대한 '감각질 공간'에 배치할 수 있다고 추론하는 사람도 있다. 감각질은 보이는 것과 달리 서로가 전적으로 다르지 않을 수도 있다.[13] 최근에 모나시 대학교의 심리학자 나오 츠치야(Nao Tsuchiya)와 동료들은 통합 정보 이론을 시험할 때 이런 관계를 활용할 방법을 찾고 있다.[14]

빨간색이 경험의 내재적 특성이라면 빨간색을 알기 위해서는 빨간색을 보아야 한다.[15] 그러나 관계적 특성이라면 친구가 당신에게 빨간색이 무엇인지 설명해줄 수 있다. 당신이 마침내 빨간색을 보았을 때, "그래, 이게 바로 내가 생각한 거야"라고 말할 수 있을 때까지 완벽하게 설명해줄 수 있다. 확실히 그런 설명은 교과서적인 물리학을 훌쩍 뛰어넘을 것이다. 빨간색은 그저 빛의 파장이 아니라 우리 마음과 몸의 내부에서 일어나는 일련의 반응이 되는 것이다. 당신의 친구는 트럼펫 소리와 주황색을 비교하면서 시작할 수도 있다.[16] 빨간색, 노란색, 녹색, 파란색, 보라색이 원으로 배열된 색상환을 음표에 비유할 수도 있다.[17] 이런 의미들을 쌓아올려 친구는 당신이 직접 보지 않고도 빨간색을 경험할 수 있을 때까지 빨간색이 자신에게 어떤 의미인지를 당신에게 전해줄 것이다. 심리학자들은 언어와의 연관성을 이용해 시각 장애인도 일반 사람과 똑같이 색의 관계를 배울 수 있음을 알았다.[18] 헬렌 켈러는 시각과 청각을 촉감과 비교하는 방법으로 묘사할 수 있었다. "달콤하고 아름다운 진동은 공기가 아닌 다른 물질을 타고 나에게 도달한다고 해도 내 감촉을 위해 존재해요. 그래서 나는 달콤하고 즐거운 노래를 상상하고, 음악이라고 불리는 그 소리들을 예술적으로 배열한 모습을 상상해요."[19]

시각뿐 아니라 참조점(reference point)이 되어줄 그 어떤 감각 형태의 입력마저 없는 인공 신경망도 순전히 언어적 분석만으로도 색 모형을 개발할 수 있다.[20]

나와 대화했을 때 프린스턴 고등 연구소에 있던 이론 물리학자 로베르트 데이크흐라프(Robbert Dijkgraaf)와 나눈 은유의 힘에 관한 대화는 매혹적이었다. 데이크흐라프는 공감각을 경험하는 사람이다. 예를 들어 숫자 5는 파란색으로 보인다. 공감각이라는 능력은 너무나도 경이롭게 들리는데, 그는 공감각을 느낀다는 것은 기본적으로 하나의 지적인 문제를 여러 각도로 고려해보는 것과 같다고 했다. "하나의 사물을 두 개의 감각으로 인식한다는 생각은 과학에서 많은 것을 볼 수 있다는 것입니다." 사실 그런 능력은 모든 사람에게 있다. 예술가가 아니라면 사람들 대부분은 '빨간색'이라는 개념을 계속해서 다시 생각할 필요가 없음을 안다. 하지만 그렇지 않을 수도 있다. 공감각을 타고 나지 않은 우리도 빨간색과 다른 기본적 감각을 다양한 관점으로 보는 법을 배울 수 있다.

이 같은 생각이 올바른 방향으로 가고 있다면 감각질은 1인칭과 3인칭 관점 모두에서 관계적이기 때문에 설명의 간극에 다리를 놓을 수 있다. 물리학은 의식을 설명하려고 설명의 범위를 넓힐 필요가 없을지도 모른다. 우리는 결국 수학을 사용할 수 있을 것이다. 겉으로 보기에 어려운 문제는 사라질 것이다.

감각질이 우리에게 내재적으로 보이는 한 우리가 지금 하고 있는 과학은 감각질을 기술할 방법을 알지 못할 것이다. 정말로 내재적이기 때문에 그렇게 보일 수도 있고, 사실은 관계적이지만 그런 본질을 볼 수 있는 마음의 습관을 아직 개발하지 않았기 때문에 그렇게 보일 수도 있다. 그러나 2007년에 인지 과학자 론 크리슬리(Ron Chrisley)는 과학의 어휘를 확장할 수 있는 방법을 제안했다.

현재 회의나 논문에서 제출이 허용된 증거는 오직 자료나 수학 추론뿐이다. 생생한 꿈, 실험실에서의 실수 같은 지저분한 뒷이야기는 모두 우리 저널리스트의 몫이다. 크리슬리는 "과학자들은 그런 현상적인 일을 작업의 일부로 포함하는 것은 저속하다고 생각합니다"라고 했다. 이런 금기가 과학의 힘이기는 하다. 과학의 발견은 문화라는 짐을 뒤에 남겨두고 오랫동안 버틴다. 하지만 그 같은 태도는 연구자들이 의식과 같은 주제를 다룰 때 필요한 설명 방식을 박탈해버린다.

크리슬리는 연구자가 무언가를 설명할 때 자신의 경험을 이야기하는 것은 당연히 할 수 있는 일이라고 주장한다. 그 경험이 예술이나 명상을 통한 자기 자신이나 다른 사람의 경험일 수도 있지만, 크리슬리는 AI 창작물과 상호 작용하는 경험에 초점을 맞춘다.[21] 그가 '상호 작용적 경험주의'라고 부르는 선순환(virtuous cycle)에서 공학자들은 의식의 특징들을 자신들의 계에 삽입하고, 계는 반응하고, 공학자들은 조정하면서, 미처 깨닫기도 전에 사람에게도 적용 가능한 의식에 관해 새로운 원리들을 발견한다. 크리슬리는 이렇게 말했다. "우리는 의식을 하는 시스템이 아니라 결국 다음 세대가 시도할 수 있도록 개념 변화를 촉발하는 종류의 시스템을 개발할 것입니다. 이런 식으로 계속 나선을 그리며 나가다 보면 결국에는 기계 의식을 갖게 되겠죠." 공학자들이 연구 결과를 기록할 때는 코드와 데이터뿐 아니라 독자들이 따라야 할 경험을 불러일으키기 위한 코칭도 포함해야 한다. 경험을 재현할 수 있는 한, 그것은 다른 과학적 방법들과 완벽하게 일치한다.

지금까지는 공학자들이 의식이 있는 기계를 만드는 일에 힘을 쓰지 않았고, 어쩌면 그런 노력이 불가능했을 수도 있지만, 지난 몇 년간 타니 준과 동료들이 만든 예측 부호화 로봇 같은 개별 프로젝트들은 우리의 인지 맹점(perceptual blind spot)에서부터 조현병이나 자폐증 같은 증상에 이르는 인간의 심리적인 측면을 해명해왔다.[22] 비록 이제 시작이지만 이 시스템들은 기계와 유기체 사이를 나누던 깊은 구분선을 옮기기 시작했다.

우리의 AI 친구들의 도움을 받아

AI는 다른 방식으로도 우리와 협력해 과학의 가장 큰 문제들을 해결할 수 있다. AI는 입자 충돌기 자료를 분석하고, 양자 파동함수의 각인을 획득하고, 물질의 속성을 예측하고, 은하를 시현하고, 실험 설계하는 일을 이미 하고 있다.[23] AI를 물리학에 적용하는 데 앞장서고 있는 카일 크랜머는 "과학의 역사에서 정말로 놀라운 순간입니다"라고 했다.

오늘날의 기계 시스템은 심지어 물리학의 법칙도 발견할 수 있다. 기호 회귀(symbolic regression)라고 알려진 기술들——예를 들어 직선이 아닌 것은 제외하고 데이터 점을 연결해 직선 추세선(trend line)을 그리는 마이크로소프트의 엑셀 같은 소프트웨어의 선형 회귀처럼 잘 알려진 방법들——은 대수 공식을 데이터에 맞출 수 있다.[24] 비슷한 기술들이 데이터를 생성하는 기저 역학을 밝힌다. 날아가는 공의 경로를 입력하면 경로를 결정하는 중력과 운동에 관한 법칙들을 알려주는 것이다. 이런 시스템은 케플러의 행성 궤도 법칙, 전자기 법칙, 유체 흐름 방정식, 비평형 열역학 원리를 재발견했다.[25] 사람이 발견하는 데 수 세기가 걸린 법칙들을 기계 시스템은 몇 년 만에 재현해냈다.

이제 이 시스템이 좀 더 나아가 우리가 알지 못하는 법칙들을 발견하기를 바라고 있다. 이런 시스템은 쌓인 자료를 마음대로 이용해, 제약 회사에서 신약을 개발하려고 수천 가지 화합물을 살펴보듯, 패턴들을 살펴볼 수 있다. 이 같은 목적으로 시스템을 개발하고 있는 맥스 테그마크는 "언젠가 알려지지 않은 공식을 발견할 수 있다면 정말 멋질 겁니다"라고 했다. 그런데 시스템들은 벌써 그런 일을 해내고 있다. 2019년에는 세 이론가가 신경망을 이용해 매듭에 관한 새로운 법칙을 발견했다. 매듭은 꼬인 전깃줄을 풀어야 하는 사람에게만이 아니라 수학자와 입자 이론가에게도 수수께끼다. 이 시스템은 매듭의 비틀림과 쌍곡선 부피(hyperbolic volume)라고 하는 크기의 척도 사이에 존재하는 관계를 발견했다.[26] 발라수브라마니안은 "그 누구도 이 수와 쌍곡선 볼륨이 관계가 있을 것이라고 생각하지 못했지만, 기계는 학습해냈습니다"라고 했다.

이런 기계의 능력은 너무도 놀랍지만, 세부 사항을 자세히 들여다보면 기계가 짧은 시간 안에 물리학자의 직업을 빼앗지는 못할 것임을 알 수 있다. 솔직히 말해 기계는 물리학 작업의 90퍼센트를 차지하는 힘든 일을 하는 데는 탁월하다. 아마도 당신은 물리학자들이 하루 종일 앉아서 깊은 생각을 하고 있으리라고 생각할 수도 있는데, 사실 그들은 +로 써야 할 것을 −로 쓴 뒤에 고치려고 종이를 긁고 있는지도 모른다. 이런 기계적인 작업은 기계 시스템에 맡기는 것이 가장 좋다. 그런 일이 아니어도 AI 과학자들은 할 일이 아주 많다. 예를 들어 AI 시스템이 자료를 가지고 방정식을 유도해내려면 검색 전략을 관리할 매개변수는 물론이고 시스템이 목적에 따라 섞고 맞출 사인, 코사인, 지수 같은 함수들을 구체적으로 설계해 입력해주어야 한다. 게다가 시스템의 출력은 한 가지 답변이 아니라 전체 목록으로 나오기 때문에 최종 선택은 사람이 해야 한다. 내가 관찰한 바로는 이런 문제들을 직접 다뤄본 경험이 풍부하지 않다면, 기계 시스템으로 좋은 결과를 얻을 수 없다.

당연히 이런 시스템은 지금까지 계속해서 성능이 향상되고 있다. 하지만 그럼에도 불구하고 본질적인 한계가 있다. 물리학은 기술적으로도 수학적으로도 어려운 분야다. 한 문제에 답이 될 수 있는 해법의 수는 방대하며, 해답을 찾는 데 걸리는 시간은 문제의 규모에 따라 기하급수적으로 증가한다.[27] 심지어 가장 빠른 컴퓨터도 아주 빠르게는 해답을 찾을 수 없는데, 사람인 물리학자와 마찬가지로 탐색 범위를 좁혀야 하기 때문이다. 게다가 이런 시스템 개발자는 기계가 케플러의 법칙을 발견했을 때 아주 많은 가정을 미리 입력했기 때문에 그 시스템이 해낸 일은 요하네스 케플러가 해낸 일만큼 감동적이지는 않다.[28] 루가노 달레몰레 인공지능연구소의 선구적인 AI 연구자 위르겐 슈미트후버(Jürgen Schmidhuber)는 "AI 과학자는 사람 과학자가 해낸 것과 같은 일을 해낼 겁니다. 그 속도는 더욱 빠르겠지요. 나는 우리가 근본적으로 더 나쁘다고는 생각하지 않습니다"라고 했다.

이 같은 상황 때문에 떠오르는 것은 사람과 기계의 협력 관계다. 사람이 아니라 컴퓨터가 먼저 진화했다는 반역사적인 가정을 해보자. 컴퓨터는 자신의 맹점을 보완하려고 '사람'이라고 하는 새로운 종류의 장비를 발명했을지도 모른다. 구동하려면 많은 전력이 필요하지는 않지만 늘 커피를 줘야 하고 가끔 칭찬을 해주면 병렬적 사고를 할 수 있는 말랑말랑한 최신형 로봇을 말이다. 이 로봇은 어처구니없는 실수를 자주 하지만, 그 실수는 거의 모든 천재적인 참신함의 원료가 되기 때문에 로봇의 불완전함은 오히려 장점이 될 것이다.[29] (케플러는 순수한 천문학 자료만을 가지고 자신의 이름이 붙은 법칙들을 발견한 것이 아니다. 그 시대에도 미친 생각이라고 여겨졌던 자력에 관한 불가사의한 생각들에 영감을 받았다.)[30]

AI가 모든 힘을 발휘하게 하려면 우리는 이런 사람 기계의 차이점을 활용해야 한다. 우리가 하는 일을 기계가 그저 조금 더 많이 해내는 것만으로는 충분하지 않다. 우리는 기계가 전혀 다른 방향으로 나갈 수 있게 해야 한다. 기계는 본질적으로는 우리만큼 똑똑하지 않을 수 있지만, 다른 의미로 똑똑할 수 있다. 발라수브라마니안은 "그것은 뭐랄까… 예를 들어 기계의 지능은 우리와는 근본적으로 다르기 때문에 우리가 할 수 없는 방식으로 글을 쓸 수도 있을 겁니다"라고 했다. 그는 한 가지 유용한 차이점을 제시했다. 기계 학습 시스템은 추론에 약한 반면, 물리학은 수학에서 물려받은 엄격한 진리라는 개념이 있다는 것이다. "수학은 x라면 y가 된다고 말하는 정리를 입증하는 데 익숙합니다." 발라수브라마니안의 말이다. 물리학자들이 가진 파생물에 들어가 있는 것도 바로 이 논리다. 물리학자들은 한 방정식은 오직 제한된 상황에서만 성립한다는 사실을 인정하면서 자신들이 찾은 발견에 제한을 두었지만, 이 같은 패러다임은 여전히 다른 식으로 기술할 수 있는 가능성을 막아버렸다. 신경망은 절대로 그렇게 단정적으로 말하지 않는다. 통계적인 일반화만을 제공하기 때문에 수학적 확실성이 폐쇄해버린 이론의 영역으로 들어갈 수 있다. "나는 우리가 모형화해야 할 방식에 관한 흥미롭고 새로운 개념이 있다고 생각합니다. '아마도 대략적으로는 진실이다'라는 개념 말입니다."

AI 시스템이 도울 수 있는 또 다른 방법은 양자 역학 같은 기존 이론을 진술하는 새로운 방식을 찾는 것이다. 물리학자에게는 이미 양자 세계의 특정한 특성을 조명하는, 형태는 다르지만 의미는 같은 에르빈 슈뢰딩거와 베르너 하이젠베르크의 이론이 있다. 양자 물리학자 레나토 레너는 "어쩌면 세 번째, 네 번째 표현 방식이 있을 수도 있습니다. 정말 그렇다면 우리는 기계 학습을 이용한 방식이 그 표현 방식들을 찾아낼 수도 있다는 희망을 가질 수 있겠죠"라고 했다. 한 연구에서 레너와 동료들은 여러 신경망이 연합해 양자계를 기술하도록 설정했다. 사람의 간섭을 받지 않은 신경망들은, 마치 스물한 살이 넘은 사람이라면 이해하지 못하는 속어로 대화하는 십대들처럼, 자유롭게 자신들의 언어를 개발했다.[31]

2016년에 내가 참석한 학회에서 코넬 대학교의 컴퓨터 과학자 바트 셀먼(Bart Selman)은 우리가 할 수 없는 방식으로 개념을 파악하는 기계의 능력을 또 한 가지 제시해주었다.[32] 그는 에르되시 불일치 추측(Erdős discrepancy conjecture)이라고 알려진 수학 문제를 컴퓨터로 증명하는 작업을 했다. 2014년에 한 기계는 100억 개의 입증 단계가 필요한 필수 단계를 완수했다. 100억 개 단계라니, 엄청나게 긴 것 같지만 수수께끼의 모든 답을 무차별로 검색하는 것보다는 훨씬 짧다. 이는 기계가 제대로 이해할 수 있게 되었다는 의미다. 2015년에는 UCLA의 수학자 테렌스 타오(Terence Tao)가 컴퓨터의 안내를 신뢰해도 된다는 간결한 증거를 발표했다.[33]

어떤 사람도 100억 개 단계의 증명을 따라갈 수 없다는 것은 실패가 아니라 성공이다. 이것은 컴퓨터가 우리와는 다르게 생각함을 보여준다. 컴퓨터는 우리를 당혹스럽게 하는 문제를 꿰뚫어 보며, 우리가 쉽다고 생각하는 문제에서 막힐 때가 있다. 전체 웹사이트와 하위 레딧은 신경망이 하는 바보 같은 실수에 몰두한다. 기계는 자신들이 가장 난해해 하는 순간에 우리에게 가장 큰 도움을 줄 수도 있다.

사람의 사고방식이 갖는 보편성

하지만 미적분을 이해하지 못하는 발라수브라마니안의 고양이는 어떨까? 우리도 그처럼 마음이나 우주의 기원을 파악할 수 없을까? 아마도 알 수 없는 문제일지도 모르지만, 데닛은 우리와 고양이에게는 엄청난 차이가 있다고 했다. 고양이는 소파 위에 웅크리고 앉아 미적분을 고민하지 않는다. 사실 미적분이 무엇인지조차도 모른다. 하지만 우리는 의식이 무엇인지에 관해 집요하게 고민한다. 우리는 어려운 문제를 명확히 인지할 수 있다. 데닛은 그 사실 하나만 보아도 우리가 의식에 관한 문제를 풀어낼 수 있다고 생각할 이유가 된다고 했다.[34]

발라수브라마니안은 동의한다. 그는 우리의 사고 과정에는 1930년대에 수학자 앨런 튜링이 컴퓨터에 대해 증명했던 것과 같은 보편 문제 풀이 능력이 있을지도 모른다고 생각한다.[35] "희망을 품을 수 있는 이유는 튜링 기계의 보편성 같은 것이 있기 때문입니다. 기본적으로 수행할 수 있는 모든 계산은 튜링 기계로 할 수 있습니다. 어떤 의미에서는 인간의 마음과 뇌가 완벽하다면 어떤 반복 과정을 통해 자연에 관한 완전한 이론을 써낼 수도 있을 것입니다." 촘스키와 핑거는 우리가 의식을 이해할 수 있다는 생각에 회의적이었다.

하지만 자신들의 학문 연구에서 사람의 추론이 무한히 확장될 수 있음을 보여주었다는 점에서 역설적이다.[36] 우리는 이미 알고 있는 개념을 연결하거나 한 개념을 다른 개념에 중첩해 제한 없이 새로운 개념을 생성한다. 실제로 제약이 없는 학습을 가능하게 하려고 의식이 진화했다고 생각하는 사람도 있다.[37]

데이비드 차머스는 의식은 다른 등급의 문제라고 했는데, 그 말이 옳을지도 모른다. 그리고 나는 우리 능력에 관해 '우리의 뇌는 진화가 만들어낸 정신없는 누비이불'이라고 가정하는 오만한 사람이 아니다. 하지만 과학이 벽에 부딪혔다는 징후는 아직 없다. 우리의 마음은 세상을 이해하도록 진화해왔다. 그러려면 세상은 이해할 수 있는 곳이어야 한다. 그리고 우리는 세상의 일부다.

1. 물질과 마음이라는
어려운 문제

1. Garry Kasparov, Deep Thinking: Where Machine Intelligence Ends and Human Creativity Begins (New York: PublicAffairs, 2017), 72–73.

2. David Silver et al., "Mastering the Game of Go with Deep Neural Networks and Tree Search," Nature 529, no. 7587 (28 January 2016): 484–89.

3. Ninareh Mehrabi et al., "A Survey on Bias and Fairness in Machine Learning," ACM Computing Surveys 54, no. 6 (July 2021): 1–35.

4. Kevin Roose, "Bing's Chatbot Drew Me In and Creeped Me Out," New York Times, 17 February 2023.

5. David Kaiser, "When Fields Collide," Scientific American 296, no. 6 (June 2007): 62–69.

6. Max Tegmark, "Parallel Universes," Scientific American 288, no. 5 (May 2003): 40–51.

7. Freeman J. Dyson, "Time Without End: Physics and Biology in an Open Universe," Review of Modern Physics 51, no. 3 (July 1979): 447–60.

8. Philip Goff, Galileo's Error: Foundations for a New Science of Consciousness (New York: Pantheon, 2019), 15–19.

9. Margaret A. Boden, Mind as Machine: A History of Cognitive Science, 2 vols. (New York: Oxford University Press, 2006), 58–81.

10. William Seager, "Neutral Monism and the Scientific Study of Consciousness" (lecture, Mathematical Consciousness Science, 15 December 2020).

11. Abner Shimony, "Role of the Observer in Quantum Theory," American Journal of Physics 31, no. 10 (October 1963): 755–73.

12. John S. Bell, Speakable and Unspeakable in Quantum Mechanics (New York: Cambridge University Press, 2004), 117.

13. Brian Greene, The Hidden Reality: Parallel Universes and the Deep Laws of the Cosmos (New York: Knopf, 2011), 49–58.

14. Erwin Schrödinger, Nature and the Greeks (Cambridge: Cambridge University Press, 1954), 90.

15. Werner Heisenberg, "The Representation of Nature in Contemporary Physics," Daedalus 87, no. 3

(Summer 1958): 104–105.

16. John Archibald Wheeler, "Genesis and Observer-ship," in Foundational Problems in the Special Sciences, ed. Robert E. Butts and Jaakko Hintikka (Dordrecht: Springer Netherlands, 1977), 27.

17. David J. Chalmers, "Explaining Consciousness Scientifically: Choices and Challenges" (lecture, Science of Consciousness, 12 April 1994).

18. Helen Keller, The World I Live In (New York: Century, 1908), 105.

19. Frank Jackson, "Epiphenomenal Qualia," Philosophical Quarterly 32, no. 127 (April 1982): 127.

20. Gottfried Leibniz, Leibniz's Monadology: A New Translation and Guide, trans. Lloyd Strickland (Edinburgh: Edinburgh University Press, 2014), 17.

21. Liam P. Dempsey, "Thinking-Matter Then and Now: The Evolution of Mind- Body Dualism," History of Philosophy Quarterly 26 (January 2009): 43–61.

22. Joseph E. LeDoux, Matthias Michel, and Hakwan Lau, "A Little History Goes a Long Way Toward Understanding Why We Study Consciousness the Way We Do Today," Proceedings of the National Academy of Sciences of the United States of America 117, no. 13 (31 March 2020): 6976–84.

23. David J. Chalmers, "Dirty Secrets of Consciousness" (lecture, Foundational Questions Institute Fifth International Conference, Banff, Canada, 18 August 2016).

24. Anil K. Seth, Being You: A New Science of Consciousness (New York: Penguin Random House, 2021), 21.

25. Stanislas Dehaene, Consciousness and the Brain: Deciphering How the Brain Codes Our Thoughts (New York: Penguin, 2014), 91–92.

26. David J. Chalmers, The Conscious Mind: In Search of a Fundamental Theory (New York: Oxford University Press, 1996), 153.

27. Goff, Galileo's Error, 122–28.

28. Derk Pereboom, Consciousness and the Prospects of Physicalism (New York: Oxford University Press, 2011), 92–100.

29. Joseph Polchinski, String Theory: An Introduction to the Bosonic String (New York: Cambridge University Press, 1998), 112–13.

30. Goff, Galileo's Error, 175–81.

2. 신경망 혁명

1. Alexander Bain, Mind and Body: The Theories of Their Relation (New York: D. Appleton, 1875), 109–16; B. Farley and W. Clark, "Simulation of Self-Organizing Systems by Digital Computer," Transactions of the IRE Professional Group on Information Theory 4, no. 4 (September 1954): 76–84.

2. Margaret A. Boden, Mind as Machine: A History of Cognitive Science, 2 vols. (New York: Oxford University Press, 2006), 911–23.

3. George Musser, "Build Your Own Artificial Neural Network. It's Easy!," Nautilus (20, September, 2020), https://nautil.us/build -your -own -artificial -neural -network -its -easy -237976 /.

4. Brett J. Kagan et al., "In Vitro Neurons Learn and Exhibit Sentience When Embodied in a Simulated Game-World," Neuron 110, no. 23 (7 December 2022): 3952–69.e8.

5. Boden, Mind as Machine, 79–80, 123–28.

6. Howard Crosby Warren, A History of the Association Psychology (New York: Charles Scribner's Sons, 1921), 23–28.

7. David Hartley, Observations on Man, His Frame, His Duty, and His Expectations (London: T. Tegg and Sons, 1834).

8. John Sutton, Philosophy and Memory Traces (New York: Cambridge University Press, 1998), chaps. 6 and 13.

9. David Cahan, Helmholtz: A Life in Science (Chicago: University of Chicago Press, 2018), 61–63.

10. Kate Harper, "Alexander Bain's Mind and Body (1872): An Underappreciated Contribution to Early Neuropsychology," Journal of the History of the Behavioral Sciences 55, no. 2 (April 2019):

139-60.

11. Bain, Mind and Body, 109-16; William James, The
Principles of Psychology (New York: Holt, 1890),
566-70.

12. Bain, Mind and Body, 119n3.

13. D. O. Hebb, The Organization of Behavior: A Neuro-
psychological Theory (New York: Wiley, 1949), 62.

14. Bain, Mind and Body, 44-50.

15. Stephen Grossberg, "How Does a Brain Build a
Cognitive Code?," Psychological Review 87, no. 1
(January 1980): 1-51.

16. Steve J. Heims, The Cybernetics Group (Cambridge,
MA: MIT Press, 1991), 11-12, 34-35.

17. Boden, Mind as Machine, 903-11.

18. Heims, Cybernetics Group, 95-96.

19. Michel Morange, The Black Box of Biology: A His-
tory of the Molecular Revolution (Cambridge, MA:
Harvard University Press, 2020), ch. 7.

20. Judith P. Swazey, "Forging a Neuroscience Com-
munity: A Brief History of the Neurosciences
Research Program," in The Neurosciences: Paths of
Discovery, ed. George Adelman et al. (Cambridge,
MA: MIT Press, 1975), 529-46.

21. John J. Hopfield, "Neural Networks and Physical
Systems with Emergent Collective Computational
Abilities," Proceedings of the National Academy of
Sciences 79, no. 8 (15 April 1982): 2554-58.

22. Trenton Bricken and Cengiz Pehlevan, "Attention
Approximates Sparse Distributed Memory" (pre-
print, submitted 10 November 2021).

23. John J. Hopfield and David W. Tank, " 'Neural'
Computation of Decisions in Optimization Prob-
lems," Biological Cybernetics 52, no. 3 (1985):
141-52.

24. John J. Hopfield, "Searching for Memories, Su-
doku, Implicit Check Bits, and the Iterative Use of
Not-Always-Correct Rapid Neural Computation,"
Neural Computation 20, no. 5 (May 2008):
1119-64.

25. W. A. Little, "The Existence of Persistent States in
the Brain," Mathematical Biosciences 19, no. 1-2

(February 1974): 101-20; Shun-Ichi Amari, "Neu-
ral Theory of Association and Concept-Formation,"
Biological Cybernetics 26, no. 3 (17 May 1977):
175-85.

26. Douglas R. Hofstadter, "Waking Up from the Bool-
ean Dream, or, Subcognition as Computation," in
Metamagical Themas: Questing for the Essence of
Mind and Pattern (New York: Basic Books, 1985),
631-65.

27. Boden, Mind as Machine, 936-46.

28. B. P. Abbott et al., "Observation of Gravitational
Waves from a Binary Black Hole Merger," Physical
Review Letters 116, no. 6 (12 February 2016):
061102.

29. Dana H. Ballard, Geoffrey E. Hinton, and Terrence
J. Sejnowski, "Parallel Visual Computation," Nature
306, no. 5938 (3 November 1983): 21-26.

30. Geoffrey E. Hinton and Terrence J. Sejnowski,
"Optimal Perceptual Inference," Proceedings of the
IEEE Conference on Computer Vision and Pattern
Recognition 448 (June 1983): 448-53.

31. Kim Sharp and Franz Matschinsky, "Translation of
Ludwig Boltzmann's Paper 'On the Relationship
Between the Second Fundamental Theorem of
the Mechanical Theory of Heat and Probability
Calculations Regarding the Conditions for Thermal
Equilibrium,'" Entropy 17, no. 4 (April 2015):
1971-2009.

32. John von Neumann, "The General and Logical
Theory of Automata," in Cerebral Mechanisms
in Behavior: The Hixon Symposium, ed. Lloyd A.
Jeffress (New York: Hafner, 1967), 1-42.

33. David H. Ackley, Geoffrey E. Hinton, and Terrence
J. Sejnowski, "A Learning Algorithm for Boltzmann
Machines," Cognitive Science 9, no. 1 (January
1985): 147-69.

34. Ian J. Goodfellow et al., "Generative Adversarial
Networks" (preprint, submitted 10 June 2014).

35. David E. Rumelhart, Geoffrey E. Hinton, and
Ronald J. Williams, "Learning Representations by
Back-Propagating Errors," Nature 323, no. 6088 (9

October 1986): 533–36.

36. Yann LeCun, "A Theoretical Framework for Back-Propagation," in Proceedings of the 1988 Connectionist Models Summer School, ed. David S. Touretzky, Geoffrey E. Hinton, and Terrence J. Sejnowski (San Mateo, CA: Morgan Kaufmann, 1988), 21–28.

37. James A. Anderson and Edward Rosenfeld, "Geoffrey E. Hinton," in Talking Nets: An Oral History of Neural Networks (Cambridge, MA: MIT Press, 2000), 379.

38. Ali Rahimi, "Back When We Were Young" (lecture, Conference on Neural Information Processing Systems, Long Beach, CA, 5 December 2017).

39. Lawrence M. Principe, "Reflections on Newton's Alchemy in Light of the New Historiography of Alchemy," in Newton and Newtonianism, ed. James E. Force and Sarah Hutton (Boston: Kluwer Academic, 2004), 2015–19.

40. Chris Olah, Alexander Mordvintsev, and Ludwig Schubert, "Feature Visualization," Distill, 7 November 2017, https://distill.pub/2017/feature-visualization/.

41. Michael Hahn and Marco Baroni, "Tabula Nearly Rasa: Probing the Linguistic Knowledge of Character-Level Neural Language Models Trained on Unsegmented Text" (preprint, submitted 17 June 2019).

42. Yann LeCun et al., "Gradient-Based Learning Applied to Document Recognition," Proceedings of the IEEE 86, no. 11 (November 1998): 2278–324.

43. Ashish Vaswani et al., "Attention Is All You Need" (preprint, submitted 12 June 2017).

44. Geoffrey E. Hinton, "Connectionist Learning Procedures," Artificial Intelligence 40, no. 1–3 (September 1989): 185–234.

45. Terrence J. Sejnowski and Charles R. Rosenberg, "Parallel Networks That Learn to Pronounce English Text," Complex Systems 1, no. 1 (February 1987): 145–68.

46. Chiyuan Zhang et al., "Understanding Deep Learning Requires Rethinking Generalization" (preprint, submitted 10 November 2016); Mikhail Belkin et al., "Reconciling Modern Machine-Learning Practice and the Classical Bias- Variance Trade-Off," Proceedings of the National Academy of Sciences of the United States of America 116, no. 32 (6 August 2019): 15849–54.

47. Mario Geiger et al., "Jamming Transition as a Paradigm to Understand the Loss Landscape of Deep Neural Networks," Physical Review E 100, no. 1 (11 July 2019): 012115.

48. Terrence J. Sejnowski, "The Unreasonable Effectiveness of Deep Learning in Artificial Intelligence," Proceedings of the National Academy of Sciences 117, no. 48 (1 December 2020): 30033–38.

49. Surya Ganguli and Haim Sompolinsky, "Compressed Sensing, Sparsity, and Dimensionality in Neuronal Information Processing and Data Analysis," Annual Review of Neuroscience 35, no. 1 (July 2012): 485–508.

50. Daniel J. Amit, Hanoch Gutfreund, and Haim Sompolinsky, "Spin-glass Models of Neural Networks," Physical Review A 32, no. 2 (August 1985): 1007–18; Radford M. Neal, Bayesian Learning for Neural Networks: Lecture Notes in Statistics (New York: Springer New York, 1996), chap 2.

51. Jaehoon Lee et al., "Deep Neural Networks as Gaussian Processes" (preprint, submitted 31 October 2017).

52. Carl Edward Rasmussen, "Gaussian Processes in Machine Learning," in Advanced Lectures on Machine Learning: Lecture Notes in Computer Science, ed. Olivier Bousquet, Ulrike von Luxburg, and Gunnar Rätsch (Berlin, Heidelberg: Springer Berlin Heidelberg, 2004).

53. Samuel S. Schoenholz et al., "Deep Information Propagation" (preprint, submitted 4 November 2016).

54. Thierry Mora and William Bialek, "Are Biological Systems Poised at Criticality?," Journal of Statistical Physics 144, no. 2 (2 June 2011): 268–302.

55. Sho Yaida, "Non-Gaussian Processes and Neural Networks at Finite Widths" (preprint, submitted 30 September 2019).

56. Richard P. Feynman, "Simulating Physics with Computers," International Journal of Theoretical Physics 21, no. 6/7 (1982): 467–88.

57. Elizabeth C. Behrman et al., "A Quantum Dot Neural Network," in Proceedings of the Fourth Workshop on Physics of Computation, ed. Tommaso Toffoli, Michael Biafore, and João Leão (Cambridge, MA: New England Complex Systems Institute, 1996), 22–24.

58. Hidetoshi Nishimori and Yoshihiko Nonomura, "Quantum Effects in Neural Networks," Journal of the Physical Society of Japan 65, no. 12 (15 December 1996): 3780–96.

59. Tadashi Kadowaki and Hidetoshi Nishimori, "Quantum Annealing in the Transverse Ising Model," Physical Review E 58, no. 5 (1 November 1998): 5355–63.

60. M. W. Johnson et al., "Quantum Annealing with Manufactured Spins," Nature 473, no. 7346 (12 May 2011): 194–98.

61. Quinten Hardy, "A Strange Computer Promises Great Speed," New York Times, 22 March 2013.

62. Jacob Biamonte et al., "Quantum Machine Learning," Nature 549, no. 7671 (13 September 2017): 195–202.

63. Hartmut Neven, "Car Detector Trained with the Quantum Adiabatic Algorithm" (demonstration, Conference on Neural Information Processing Systems, Vancouver, Canada, 8 December 2009).

64. Alex Mott et al., "Solving a Higgs Optimization Problem with Quantum Annealing for Machine Learning," Nature 550, no. 7676 (19 October 2017): 375–79.

65. Vasil S. Denchev et al., "What Is the Computational Value of Finite-Range Tunneling?," Physical Review X 6, no. 3 (1 August 2016): 031015.

66. Maria Schuld, Ilya Sinayskiy, and Francesco Petruccione, "Quantum Computing for Pattern Classification," in Lecture Notes in Computer Science: PRICAI 2014: Trends in Artificial Intelligence, ed. Duc-Nghia Pham and Seong-Bae Park (Cham, Switzerland: Springer International, 2014), 208–20.

67. Elizabeth C. Behrman and James E. Steck, "Multiqubit Entanglement of a General Input State," Quantum Information and Computation 13, no. 1/2 (2013): 36–53; Edward Farhi and Hartmut Neven, "Classification with Quantum Networks on Near Term Processors" (preprint, submitted 18 December 2017); A. V. Uvarov, A. S. Kardashin, and Jacob D. Biamonte, "Machine Learning Phase Transitions with a Quantum Processor," Physical Review A 102, no. 1 (15 July 2020): 012415.

68. Gia Dvali, "Black Holes as Brains: Neural Networks with Area Law Entropy," Fortschritt der Physik 66, no. 4 (27 March 2018): 1800007.

69. C. F. von Weizsäcker, "Physics and Philosophy," in The Physicist's Conception of Nature, ed. Jagdish Mehra (Dordrecht: Springer Netherlands, 1973), 737.

3. 마음의 물리학

1. Jakob Hohwy, The Predictive Mind (New York: Oxford University Press, 2013), 5.

2. Piotr Litwin and Marcin Miłkowski, "Unification by Fiat: Arrested Development of Predictive Processing," Cognitive Science 44, no. 7 (July 2020): e12867.

3. Johannes Kleiner and Erik P. Hoel, "Falsification and Consciousness," Neuroscience of Consciousness 2021, no. 1 (2021): nniab001.

4. David Cahan, Helmholtz: A Life in Science (Chicago: University of Chicago Press, 2018), 59.

5. Cahan, Helmholtz, 66–70.

6. Cahan, Helmholtz, 90–95, 327–30.

7. David M. Eagleman, "How Does the Timing of Neural Signals Map onto the Timing of Perception?," in Space and Time in Perception and Action, ed. Romi Nijhawan and Beena Khurana (Cambridge:

Cambridge University Press, 2010): 216–31.

8. Hermann von Helmholtz, Treatise on Physiological Optics, trans. James P. C. Southall (Rochester, NY: Optical Society of America, 1925), sec. 26.

9. Helmholtz, Treatise on Physiological Optics, sec. 24.

10. Helmholtz, Treatise on Physiological Optics, sec. 32.

11. Hohwy, Predictive Mind, 217.

12. Karl J. Friston, "Hallucinations and Perceptual Inference," Behavioral and Brain Sciences 28, no. 6 (22 December 2005): 764–66.

13. Cahan, Helmholtz, 310, 327–40.

14. Donald M. MacKay, "The Epistemological Problem for Automata," in Automata Studies, ed. Claude E. Shannon and J. McCarthy (Princeton, NJ: Princeton University Press, 1956), 235–52.

15. Donald M. MacKay, "Mindlike Behaviour in Artefacts," British Journal for the Philosophy of Science 2, no. 6 (October 1951): 105–21.

16. M. V. Srinivasan, S. B. Laughlin, and A. Dubs, "Predictive Coding: A Fresh View of Inhibition in the Retina," Proceedings of the Royal Society B: Biological Sciences 216, no. 1205 (22 November 1982): 427–59.

17. Khalid Sayood, Introduction to Data Compression, 4th ed. (Waltham, MA: Morgan Kaufmann, 2012), chaps. 3, 7.

18. Peter Dayan et al., "The Helmholtz Machine," Neural Computation 7, no. 5 (September 1995): 889–904.

19. Rajesh P. N. Rao and Dana H. Ballard, "Predictive Coding in the Visual Cortex: A Functional Interpretation of Some Extra-Classical Receptive-Field Effects," Nature Neuroscience 2, no. 1 (January 1999): 79–87.

20. Benjamin Kuipers et al., "Shakey: From Conception to History," AI Magazine 38, no. 1 (Spring 2017): 88–103.

21. Jun Tani, "Model-Based Learning for Mobile Robot Navigation from the Dynamical Systems Perspec-

tive," IEEE Transactions on Systems, Man, and Cybernetics, Part B (Cybernetics) 26, no. 3 (June 1996): 421–36.

22. Jun Tani, "Learning to Generate Articulated Behavior Through the BottomUp and the Top-Down Interaction Processes," Neural Networks 16, no. 1 (January 2003): 11–23.

23. Jakob Hohwy, "Priors in Perception: Top-Down Modulation, Bayesian Perceptual Learning Rate, and Prediction Error Minimization," Consciousness and Cognition 47 (January 2017): 75–85.

24. Julian Kiverstein, Mark Miller, and Erik Rietveld, "The Feeling of Grip: Novelty, Error Dynamics, and the Predictive Brain," Synthese 196, no. 7 (23 October 2017): 2847–69.

25. George Musser, "How Autism May Stem from Problems with Prediction," Spectrum News (7 March 2018), https://www.spectrumnews.org/features/deep-dive/autism-may-stem-problems -prediction /.

26. Karl J. Friston, "Learning and Inference in the Brain," Neural Networks 16, no. 9 (November 2003): 1325–52.

27. William James, The Principles of Psychology (New York: Holt, 1890), chap. 26.

28. Sam Schramski, "Running Is Always Blind," Nautilus 38 (30 June 2016), https:// nautil.us/running-is-always-blind-236003/.

29. Karl J. Friston et al., "Dopamine, Affordance and Active Inference," PLoS Computational Biology 8, no. 1 (January 2012): e1002327.

30. Karl J. Friston. "I Am Therefore I Think" (lecture, Foundational Questions Institute Sixth International Conference, Castelvecchio Pascoli, Italy, 23 July 2019).

31. Michael D. Kirchhoff and Tom Froese, "Where There Is Life There Is Mind: In Support of a Strong Life-Mind Continuity Thesis," Entropy 19, no. 4 (14 April 2017): 169.

32. James Kasting, How to Find a Habitable Planet (Princeton, NJ: Princeton University Press, 2012),

49–56.

33. Sergio Rubin et al., "Future Climates: Markov Blankets and Active Inference in the Biosphere," Journal of the Royal Society Interface 17, no. 172 (November 2020): 20200503.

34. Artemy Kolchinsky and David H. Wolpert, "Semantic Information, Autonomous Agency and Non-Equilibrium Statistical Physics," Interface Focus 8, no. 6 (6 December 2018): 20180041.

35. Jun Tani, "An Interpretation of the 'Self ' from the Dynamical Systems Perspective: A Constructivist Approach," Journal of Consciousness Studies 5 (1 May 1998): 516–42.

36. Kelsey Klotz, "The Art of the Mistake," The Common Reader 11 (Summer 2019), https: //commonreader.wustl.edu /c /the-art-of-the -mistake/.

37. René Descartes, Meditations on First Philosophy, trans. Michael Moriarty (New York: Oxford University Press, 2008), 60–61.

38. Tim Bayne, "On the Axiomatic Foundations of the Integrated Information Theory of Consciousness," Neuroscience of Consciousness 2018, no. 1 (29 June 2018): 159.

39. Pedro A. M. Mediano et al., "Integrated Information as a Common Signature of Dynamical and Information-Processing Complexity," Chaos 32, no. 1 (January 2022): 013115.

40. Hyoungkyu Kim and UnCheol Lee, "Criticality as a Determinant of Integrated Information Φ in Human Brain Networks," Entropy 21, no. 10 (October 2019): 981.

41. Max Tegmark, "Improved Measures of Integrated Information," PLoS Computational Biology 12, no. 11 (21 November 2016): e1005123.

42. Tim Bayne, Jakob Hohwy, and Adrian M. Owen, "Are There Levels of Consciousness?," Trends in Cognitive Sciences 20, no. 6 (June 2016): 405–13.

43. Mark S. George, "Stimulating the Brain," Scientific American 289 (September 2003): 66–73.

44. Adenauer G. Casali et al., "A Theoretically Based Index of Consciousness Independent of Sensory Processing and Behavior," Science Translational Medicine 5, no. 198 (14 August 2013): 198ra105.

45. A. Arena et al., "General Anesthesia Disrupts Complex Cortical Dynamics in Response to Intracranial Electrical Stimulation in Rats," eNeuro 8, no. 4 (5 August 2021): ENEURO.0343-20.2021; Roberto N. Muñoz et al., "General Anesthesia Reduces Complexity and Temporal Asymmetry of the Informational Structures Derived from Neural Recordings in Drosophila," Physical Review Research 2 (22 May 2020): 023219.

46. David Balduzzi and Giulio Tononi, "Qualia: The Geometry of Integrated Information," PLoS Computational Biology 5, no. 8 (August 2009): e1000462.

47. Mélanie Boly, "Are the Neural Correlates of Consciousness (Mostly) in the Front or in the Back of the Cerebral Cortex?" (lecture, Association of the Scientific Study of Consciousness, Kraków, Poland, 18 June 2018).

48. Ryota Kanai, "Consciousness and A.I." (lecture, Human-Level AI 2018, Prague, 25 August 2018); Jun Kitazono, Ryota Kanai, and Masafumi Oizumi, "Efficient Search for Informational Cores in Complex Systems: Application to Brain Networks," Neural Networks 132 (December 2020): 232–44.

49. Brian Odegaard, Robert T. Knight, and Hakwan Lau, "Should a Few Null Findings Falsify Prefrontal Theories of Conscious Perception?," Journal of Neuroscience 37, no. 40 (4 October 2017): 9593–602.

50. Kirchhoff and Froese, "Where There Is Life"; Philip Goff, Galileo's Error: Foundations for a New Science of Consciousness (New York: Pantheon, 2019), 13839.

51. Goff, Galileo's Error, 164–69.

52. Karl J. Friston, Wanja Wiese, and J. Allan Hobson, "Sentience and the Origins of Consciousness: From Cartesian Duality to Markovian Monism," Entropy 22, no. 5 (May 2020): 17–18.

53. Giulio Tononi and Christof Koch, "Consciousness: Here, There and Everywhere?," Philosophical Transactions of the Royal Society B: Biological Sciences

370, no. 1668 (19 May 2015): 13.

54. Giulio Tononi et al., "Integrated Information Theo-
ry: From Consciousness to Its Physical Substrate,"
Nature Reviews Neuroscience 17, no. 7 (July
2016): 455.

55. Tim Bayne, Anik K. Seth, and Marcello Massimini,
"Are There Islands of Awareness?," Trends in Neuro-
sciences 43, no. 1 (January 2020): 6–16.

56. Hedda Hassel Mørch, "Is the Integrated Informa-
tion Theory of Consciousness Compatible with
Russellian Panpsychism?," Erkenntnis 84, no. 5 (10
April 2018): 1065–85.

57. Daniel A. Friedman and Eirik Søvik, "The Ant Col-
ony as a Test for Scientific Theories of Conscious-
ness," Synthese 198, no. 2 (12 February 2019):
1457–80.

58. Christian List, "What Is It Like to Be a Group
Agent?," Noûs 52, no. 2 (28 July 2016): 295–319.

59. Margaret A. Boden, Mind as Machine: A History
of Cognitive Science, 2 vols. (New York: Oxford
University Press, 2006), 1356–62.

60. David J. Chalmers, The Conscious Mind: In Search
of a Fundamental Theory (New York: Oxford Uni-
versity Press, 1996), 84–88.

61. Larissa Albantakis et al., "Evolution of Integrated
Causal Structures in Animats Exposed to Environ-
ments of Increasing Complexity," PLoS Compu-
tational Biology 10, no. 12 (18 December 2014):
e1003966.

62. Tononi and Koch, "Consciousness," 15.

63. Wanja Wiese and Karl J. Friston, "The Neural Cor-
relates of Consciousness Under the Free Energy
Principle: From Computational Correlates to Com-
putational Explanation," Philosophy and the Mind
Sciences 2 (22 September 2021).

64. Katherine Elkins and Jon Chun, "Can GPT-3 Pass a
Writer's Turing Test?," Journal of Cultural Analytics
5, no. 2 (14 September 2020).

65. David J. Chalmers, "Could a Large Language Mod-
el Be Conscious?" (lecture, Conference on Neural
Information Processing Systems, New Orleans, 28

November 2022).

66. Susan Schneider, Artificial You (Princeton, NJ:
Princeton University Press, 2019), 36.

4. 뇌와 양자론

1. Roger Penrose, The Emperor's New Mind: Concern-
ing Computers, Minds, and the Laws of Physics
(New York: Penguin Books, 1991).

2. Penrose, Emperor's New Mind, 402–404, 431–33.

3. Roger Penrose, Shadows of the Mind: A Search for
the Missing Science of Consciousness (New York:
Oxford University Press, 1994), 351–52.

4. J. N. Tinsley, et al., "Direct Detection of a Single
Photon by Humans," Nature Communications 7
(19 July 2016): 12172.

5. John von Neumann, Mathematical Foundations
of Quantum Mechanics, trans. Robert T. Beyer
(Princeton, NJ: Princeton University Press, 1955),
chap. 5.

6. Mary B. Hesse, Forces and Fields: The Concept of
Action at a Distance in the History of Physics (Min-
eola, NY: Dover, 2005), 90–95.

7. Hugh Everett, "The Theory of the Universal Wave
Function," in The Many Worlds Interpretation of
Quantum Mechanics, ed. Bryce S. DeWitt and Neill
Graham (Princeton, NJ: Princeton University Press,
1973), 61.

8. Eugene Paul Wigner, "Remarks on the Mind-Body
Question," in The Scientist Speculates: An Anthol-
ogy of Partly-Baked Ideas, ed. Irving John Good
(London: Heinemann, 1962), 256.

9. Penrose, Emperor's New Mind, 297–98.

10. Sandro Donadi et al., "Underground Test of
Gravity-Related Wave Function Collapse," Nature
Physics 17, no. 1 (January 2021): 74–78.

11. Yaakov Y. Fein et al., "Quantum Superposition of
Molecules Beyond 25 kDa," Nature Physics 15, no.
12 (23 September 2019): 1242–45.

12. A. D. O'Connell et al., "Quantum Ground State and
Single-Phonon Control of a Mechanical Resonator,"

Nature 464, no. 7289 (1 April 2010): 697-703.

13. C. Marletto et al., "Entanglement Between Living Bacteria and Quantized Light Witnessed by Rabi Splitting," Journal of Physics Communications 2, no. 10 (10 October 2018): 101001.

14. K. S. Lee et al., "Entanglement in a Qubit-qubit-tardigrade System," New Journal of Physics 24, no. 12 (December 2022): 123024.

15. John S. Bell, Speakable and Unspeakable in Quantum Mechanics (New York: Cambridge University Press, 2004), 1-21.

16. Radek Lapkiewicz et al., "Experimental Non-Classicality of an Indivisible Quantum System," Nature 474, no. 7352 (23 June 2011): 490-93.

17. Tim Maudlin, Quantum Non-Locality and Relativity: Metaphysical Intimations of Modern Physics, 2nd ed. (Malden, MA: Blackwell, 2002), 116-21.

18. E. Joos and H. D. Zeh, "The Emergence of Classical Properties Through Inter action with the Environment," Zeitschrift für Physik B Condensed Matter 59, no. 2 (June 1985): 242.

19. Maximilian Schlosshauer and Arthur Fine, "Decoherence and the Foundations of Quantum Mechanics," in The Frontiers Collection: Quantum Mechanics at the Crossroads, ed. James Evans and Alan S. Thorndike (Heidelberg: Springer Berlin Heidelberg, 2007), 143.

20. Eugene Paul Wigner, "Review of the Quantum Mechanical Measurement Problem," in Quantum Optics, Experimental Gravity, and Measurement Theory, ed. Pierre Meystre and Marlan O. Scully (Boston: Springer U.S., 1983), 58; Leslie E. Ballentine, "A Meeting with Wigner," Foundations of Physics 49, no. 8 (August 2019): 783-85.

21. Fritz London and Edmond Bauer, "The Theory of Observation in Quantum Mechanics," in Quantum Theory and Measurement, ed. John Archibald Wheeler and Wojciech Hubert Zurek (Princeton, NJ: Princeton University Press, 1983), 251-52.

22. Kostas Gavroglu, Fritz London: A Scientific Biography (New York: Cambridge University Press, 1995),

169-75.

23. Karl K. Darrow, "Edmond Bauer," Physics Today 17, no. 6 (June 1964): 86-87; David Schoenbrun, Soldiers of the Night: The Story of the French Resistance (New York: Dutton, 1980), 243-45.

24. David J. Chalmers and Kelvin J. McQueen, "Consciousness and the Collapse of the Wave Function," in Consciousness and Quantum Mechanics, ed. Shan Gao (New York: Oxford University Press, 2022), 11-63.

25. Kobi Kremnizer and André Ranchin, "Integrated Information-Induced Quantum Collapse," Foundations of Physics 45, no. 8 (19 May 2015): 889-99; Elias Okon and Miguel Ángel Sebastián, "A Consciousness-Based Quantum Objective Collapse Model," Synthese 197, no. 9 (27 July 2018): 3947-67.

26. Max Tegmark, "Consciousness as a State of Matter," Chaos, Solitons & Fractals 76 (July 2015): 238-70.

27. Heinrich Päs, The One: How an Ancient Idea Holds the Future of Physics (New York: Basic Books, 2023), 251.

28. Penrose, Emperor's New Mind, 349.

29. Richard P. Feynman, Feynman Lectures on Gravitation, ed. William G. Wagner and Fernando B. Morninigo (New York: Addison-Wesley, 1995), 11-15; F. Károlyházy, "Gravitation and Quantum Mechanics of Macroscopic Objects," Nuovo Cimento A 42, no. 2 (March 1966): 390-402; Roger Penrose, "Gravity and State Vector Reduction," in Quantum Concepts in Space and Time, ed. Roger Penrose and Christopher J. Isham (New York: Oxford University Press, 1986), 129-46.

30. J. B. Olmsted and G. G. Borisy, "Microtubules," Annual Review of Biochemistry 42 (1973): 507-40.

31. Jarema J. Malicki and Colin A. Johnson, "The Cilium: Cellular Antenna and Central Processing Unit," Trends in Cell Biology 27, no. 2 (February 2017): 126-40.

32. Stuart R. Hameroff and Richard C. Watt, "Information Processing in Microtubules," Journal of Theo-

retical Biology 98, no. 4 (October 1982): 549–61.

33. Stuart R. Hameroff, Ultimate Computing: Biomolecular Consciousness and NanoTechnology (Amsterdam: Elsevier Science, 1987), 14.

34. David Beniaguev, Idan Segev, and Michael London, "Single Cortical Neurons as Deep Artificial Neural Networks," Neuron 109, no. 17 (1 September 2021): 2727–39.e3.

35. Ida V. Lundholm et al., "Terahertz Radiation Induces Non-Thermal Structural Changes Associated with Fröhlich Condensation in a Protein Crystal," Structural Dynamics 2, no. 5 (September 2015): 054702.

36. Hameroff, Ultimate Computing, 197.

37. H. Fröhlich, "Long-Range Coherence and Energy Storage in Biological Systems," International Journal of Quantum Chemistry 2, no. 5 (September 1968): 641–49.

38. J. C. Eccles, "Do Mental Events Cause Neural Events Analogously to the Probability Fields of Quantum Mechanics?," Proceedings of the Royal Society B: Biological Sciences 227, no. 1249 (22 May 1986): 411–28; Roger J. Faber, Clockwork Garden: On the Mechanistic Reduction of Living Things (Amherst: University of Massachusetts Press, 1986); I. N. Marshall, "Consciousness and Bose-Einstein Condensates," New Ideas in Psychology 7, no. 1 (1989): 73–83; Henry P. Stapp, "Quantum Propensities and the Brain-Mind Connection," Foundations of Physics 21, no. 12 (November 1991): 1451–77.

39. Stuart R. Hameroff, "The Quantum Origin of Life: How the Brain Evolved to Feel Good," in On Human Nature: Biology, Psychology, Ethics, Politics, and Religion, ed. Michel Tibayrenc and Francisco J. Ayala (New York: Elsevier, 2017), 334–35.

40. David J. Chalmers, "Consciousness and Its Place in Nature," in The Blackwell Guide to Philosophy of Mind (Malden, MA: Blackwell, 2007), 125–27.

41. David J. Chalmers, "Panpsychism and Panprotopsychism," in Consciousness in the Physical World: Perspectives on Russellian Monism, ed. Torin Alter and Yujin Nagasawa (New York: Oxford University Press, 2015), 246–76.

42. Stuart R. Hameroff and Roger Penrose, "Consciousness in the Universe: An Updated Review of the 'Orch OR' Theory," in Biophysics of Consciousness: A Foundational Approach, ed. Roman R. Poznanski, Jack A. Tuszyński, and Todd E. Feinberg (Singapore: World Scientific, 2016), 517–99.

43. G. C. Ghirardi, A. Rimini, and T. Weber, "Unified Dynamics for Microscopic and Macroscopic Systems," Physical Review D 34, no. 2 (15 July 1986): 470–91.

44. Hameroff, "Quantum Origin of Life."

45. Max Tegmark, "Importance of Quantum Decoherence in Brain Processes," Physical Review E 61, no. 4 (April 2000): 4194–206.

46. Penrose, Emperor's New Mind, 402; Penrose, Shadows of the Mind, 351–52.

47. Scott Hagan, Stuart R. Hameroff, and Jack A. Tuszyński, "Quantum Computation in Brain Microtubules: Decoherence and Biological Feasibility," Physical Review E 65, no. 6 pt. 1 (June 2002): 061901.

48. Hameroff, "Quantum Origin of Life," 337–43.

49. Huping Hu and Maoxin Wu, "Spin-Mediated Consciousness Theory: Possible Roles of Neural Membrane Nuclear Spin Ensembles and Paramagnetic Oxygen," Medical Hypotheses 63, no. 4 (2004): 633–46.

50. Johnjoe McFadden and Jim Al-Khalili, Life on the Edge: The Coming of Age of Quantum Biology (New York: Crown, 2014), 119–31.

51. Hugo Cable and Kavan Modi, "Harness Quantum Noise to Unlock Quantum Computing," New Scientist 220, no. 2943 (16 November 2013): 30–31.

52. McFadden and Al-Khalili, Life on the Edge, 188–95.

53. Jordan Smith et al., "Radical Pairs May Play a Role in Xenon-Induced General Anesthesia," Scientific Reports 11, no. 1 (18 March 2021): 6287.

54. McFadden and Al-Khalili, Life on the Edge, 155–65.

55. Elizabeth C. Behrman et al., "Microtubules as a

Quantum Hopfield Network," in The Emerging Physics of Consciousness, ed. Jack Tuszyński (Heidelberg: Springer Berlin Heidelberg, 2006), 351-70.

5. 1인칭 물리학

1. Eugene Paul Wigner, "Remarks on the Mind-Body Question," in The Scientist Speculates: An Anthology of Partly-Baked Ideas, ed. Irving John Good (London: Heinemann, 1962), 284-302; Hugh Everett, "The Theory of the Universal Wave Function," in The Many Worlds Interpretation of Quantum Mechanics, ed. Bryce S. DeWitt and Neill Graham (Princeton, NJ: Princeton University Press, 1973), 4-8; Jeffrey A. Barrett and Peter Byrne, eds., The Everett Interpretation of Quantum Mechanics (Princeton, NJ: Princeton University Press, 2012), 14-15.

2. George Musser, "Schrödinger's A.I. Could Test the Foundations of Reality," FQxI Blogs, 19 September 2022, https://fqxi.org /community /articles /display/266.

3. David Deutsch, "Quantum Theory as a Universal Physical Theory," International Journal of Theoretical Physics 24, no. 1 (January 1985): 34-36.

4. Časlav Brukner, "On the Quantum Measurement Problem," in Quantum [Un]Speakables II: The Frontiers Collection, ed. Reinhold Bertlmann and Anton Zeilinger (Cham, Switzerland: Springer International, 2017), 95-117.

5. Massimiliano Proietti et al., "Experimental Test of Local Observer Independence," Science Advances 5, no. 9 (20 September 2019): eaaw9832.

6. Kok-Wei Bong et al., "A Strong No-Go Theorem on the Wigner's Friend Paradox," Nature Physics 16 (17 August 2020): 1199-205; Musser, "Schrödinger's A.I. Could Test the Foundations of Reality."

7. D. Rauch et al., "Cosmic Bell Test Using Random Measurement Settings from High-Redshift Quasars," Physical Review Letters 121, no. 8 (24 August 2018): 080403.

8. Tim Maudlin, Quantum Non-Locality and Relativity: Metaphysical Intimations of Modern Physics, 2nd ed. (Malden, MA: Blackwell, 2002), 212-20.

9. Asher Peres, "Unperformed Experiments Have No Results," American Journal of Physics 46, no. 7 (July 1978): 745-47.

10. Christopher A. Fuchs, N. David Mermin, and Rüdiger Schack, "An Introduction to QBism with an Application to the Locality of Quantum Mechanics," American Journal of Physics 82, no. 8 (August 2014): 749-54.

11. Daniela Frauchiger and Renato Renner, "Quantum Theory Cannot Consistently Describe the Use of Itself," Nature Communications 9, no. 1 (18 September 2018): 823.

12. George Musser, "Watching the Watchmen: Demystifying the Frauchiger- Renner Experiment–Musings from Lidia del Rio and More at the 6th FQxI Meeting," FQxI Blogs, 24 December 2019, https://fqxi.org /community /forum /topic /3354.

13. Musser, "Watching the Watchmen."

14. Immanuel Kant, Critique of Pure Reason, ed. Vasilis Politis (London: J. M. Dent, 1993), 15.

15. Thomas S. Kuhn, The Copernican Revolution: Planetary Astronomy in the Development of Western Thought (Cambridge, MA: Harvard University Press, 1957), 150-53.

16. Don Howard, "Revisiting the Einstein-Bohr Dialogue," iyyun: The Jerusalem Philosophical Quarterly 56 (January 2007): 57-90.

17. David Bohm, Quantum Theory (New York: Dover, 1951), 26.

18. Max Jammer, The Philosophy of Quantum Mechanics: The Interpretations of Quantum Mechanics in Historical Perspective (New York: John Wiley and Sons, 1974), 200-202.

19. Barrett and Byrne, Everett Interpretation of Quantum Mechanics, 19-20.

20. Barrett and Byrne, Everett Interpretation of Quantum Mechanics, 17-18.

21. Everett, "Universal Wave Function," 64.

22. Everett, "Universal Wave Function," 98.

23. Everett, "Universal Wave Function," 68-77.

24. Barrett and Byrne, Everett Interpretation of Quantum Mechanics, 36-37.

25. Everett, "Universal Wave Function," 79-80.

26. Jeffrey A. Barrett, "Empirical Adequacy and the Availability of Reliable Records in Quantum Mechanics," Philosophy of Science 63, no. 1 (March 1996): 49-64.

27. Barrett and Byrne, Everett Interpretation of Quantum Mechanics, 50-54.

28. Barrett and Byrne, Everett Interpretation of Quantum Mechanics, 22-23.

29. David Wallace, "Everett and Structure," Studies in History and Philosophy of Science Part B: Studies in History and Philosophy of Modern Physics 34, no. 1 (March 2003): 87-105.

30. Richard A. Healey, "How Many Worlds?," Noûs 18, no. 4 (November 1984): 591; Barrett and Byrne, Everett Interpretation of Quantum Mechanics, 38.

31. David Albert and Barry Loewer, "Interpreting the Many Worlds Interpretation," Synthese 77, no. 2 (November 1988): 195-213.

32. Albert and Loewer, "Interpreting the Many Worlds Interpretation," 210-11.

33. Carlo Rovelli, "Relational Quantum Mechanics," International Journal of Theoretical Physics 35, no. 8 (August 1996): 1637-78.

34. Laura Candiotto, "The Reality of Relations," Giornale di Metafisica 39, no. 2 (2017): 537-51.

35. Sebastián Briceño and Stephen Mumford, "Relations All the Way Down? Against Ontic Structural Realism," in The Metaphysics of Relations, ed. Anna Marmodoro and David Yates (New York: Oxford University Press, 2016), 198-217.

36. Philip Goff, Galileo's Error: Foundations for a New Science of Consciousness (New York: Pantheon, 2019), 176-81.

37. Christopher A. Fuchs, Maximilian Schlosshauer, and Blake C. Stacey, "My Struggles with the Block Universe" (preprint, submitted 10 May 2014).

38. Richard Healey, "Quantum Theory: A Pragmatist Approach," British Journal for the Philosophy of Science 63, no. 4 (December 2012): 729-71.

39. Robert P. Crease and James Sares, "Interview with Physicist Christopher Fuchs," Continental Philosophy Review 54, no. 4 (December 2021): 541-61.

40. Guido Bacciagaluppi, "A Critic Looks at QBism," in New Directions in the Philosophy of Science, ed. Maria Carla Galavotti et al. (Cham, Switzerland: Springer International, 2014), 403-16; Jacques L. Pienaar, "A Quintet of Quandaries: Five No-Go Theorems for Relational Quantum Mechanics," Foundations of Physics 51 (4 October 2021): 97.

41. Ricardo Muciño, Elias Okon, and Daniel Sudarsky, "Assessing Relational Quantum Mechanics," Synthese 200, no. 5 (October 2022): 399.

42. Emily Adlam and Carlo Rovelli, "Information Is Physical: Cross-Perspective Links in Relational Quantum Mechanics" (preprint, submitted 24 March 2022).

6. 우주를 생각한다는 것

1. Markus P. Müller, "Law Without Law: From Observer States to Physics via Algorithmic Information Theory," Quantum 4 (20 July 2020): 301.

2. Robert W. Smith, "Beyond the Galaxy: The Development of Extragalactic Astronomy 1885-1965, Part 1," Journal for the History of Astronomy 39, no. 1 (February 2008): 91-119.

3. Christopher J. Conselice et al., "The Evolution of Galaxy Number Density at z < 8 and Its Implications," Astrophysical Journal 830, no. 2 (2016): 83.

4. N. Aghanim et al., "Planck 2018 Results VI. Cosmological Parameters," Astronomy & Astrophysics 641 (2020): A6.

5. Mihran Vardanyan, Roberto Trotta, and Joseph Silk, "Applications of Bayesian Model Averaging to the Curvature and Size of the Universe," Monthly Notices of the Royal Astronomical Society: Letters

413, no. 1 (May 2011): L91-95.

6. Yashar Akrami et al., "The Search for the Topology of the Universe Has Just Begun" (preprint, submitted 20 October 2022).

7. Brian Greene, The Hidden Reality: Parallel Universes and the Deep Laws of the Cosmos (New York: Knopf, 2011), 44-45.

8. Greene, Hidden Reality, 54-56.

9. Greene, Hidden Reality, 27-35.

10. Fred C. Adams, "The Degree of Fine-Tuning in Our Universe–and Others," Physics Reports 807 (15 May 2019): 1-111.

11. Andrej B. Arbuzov, "Quantum Field Theory and the Electroweak Standard Model," in Proceedings of the 2017 European School of High-Energy Physics, ed. M. Mulders and G. Zanderighi (Geneva: CERN, 2018), sec. 3.11.

12. Nick Bostrom, Anthropic Bias: Observation Selection Effects in Science and Philosophy (New York: Routledge, 2002), 82-84.

13. John Locke, An Essay Concerning Humane Understanding (London: Awnsham and John Churchill, 1706), 226-27.

14. Locke, Essay Concerning Humane Understanding, 225.

15. Adam Elga, "Self-Locating Belief and the Sleeping Beauty Problem," Analysis 60, no. 2 (April 2000): 143-47.

16. Michele Piccione and Ariel Rubinstein, "On the Interpretation of Decision Problems with Imperfect Recall," Games and Economic Behavior 20, no. 1 (July 1997): 3-24.

17. M. Vittoria Levati, Matthias Uhl, and Ro'i Zultan, "Imperfect Recall and Time Inconsistencies: An Experimental Test of the Absentminded Driver 'Paradox,' " International Journal of Game Theory 43, no. 1 (23 April 2013): 65-88.

18. Charles T. Sebens and Sean M. Carroll, "Self-Locating Uncertainty and the Origin of Probability in Everettian Quantum Mechanics," British Journal for the Philosophy of Science 69, no. 1 (March

2018): 25-74.

19. Anthony Aguirre and Max Tegmark, "Born in an Infinite Universe: A Cosmological Interpretation of Quantum Mechanics," Physical Review D 84, no. 10 (3 November 2011): 105002.

20. René Descartes, Meditations on First Philosophy, trans. Michael Moriarty (New York: Oxford University Press, 2008), 16.

21. Locke, Essay Concerning Humane Understanding, 228.

22. Nick Bostrom, "Are We Living in a Computer Simulation?," Philosophical Quarterly 53, no. 211 (April 2003): 243-55.

23. Piero Madau and Mark Dickinson, "Cosmic Star-Formation History," Annual Review of Astronomy and Astrophysics 52, no. 1 (August 2014): 415-86.

24. Sean M. Carroll, "The Cosmic Origins of Time's Arrow," Scientific American 298, no. 6 (June 2008): 48-53, 56.

25. Andreas Albrecht and Lorenzo Sorbo, "Can the Universe Afford Inflation?," Physical Review D 70, no. 6 (21 September 2004): 063528.

26. Sean M. Carroll, "Why Boltzmann Brains Are Bad" (preprint, submitted 2 February 2017).

27. Paul J. Steinhardt, "The Inflation Debate," Scientific American 304, no. 4 (April 2011): 36-43.

28. Raphael Bousso and Ben Freivogel, "A Paradox in the Global Description of the Multiverse," Journal of High Energy Physics 2007, no. 6 (June 2007): 018.

29. Cian Dorr and Frank Arntzenius, "Self-Locating Priors and Cosmological Measures," in The Philosophy of Cosmology (Cambridge: Cambridge University Press, 2017), 396-428.

30. Scott Aaronson, "The Ghost in the Quantum Turing Machine," in The Once and Future Turing, ed. S. Barry Cooper and Andrew Hodges (New York: Cambridge University Press, 2016), sec. 7.

31. R. J. Solomonoff, "A Formal Theory of Inductive Inference. Part I," Information and Control 7, no. 1

(March 1964): 1–22.

32. David J. Chalmers, "The Virtual and the Real," Disputatio 9, no. 46 (2017): 309–52.

7. 실재의 단계들

1. Bertrand Russell, "On the Notion of Cause," Proceedings of the Aristotelian Society 13 (1912): 1–26.

2. William Seager, Natural Fabrications: Science, Emergence and Consciousness (New York: Springer, 2012), 183.

3. Kirsty L. Spalding et al., "Retrospective Birth Dating of Cells in Humans," Cell 122, no. 1 (15 July 2005): 133–43.

4. Silvan S. Schweber, "Physics, Community and the Crisis in Physical Theory," Physics Today 46, no. 11 (November 1993): 34–40.

5. Albert Einstein, The Meaning of Relativity (Princeton, NJ: Princeton University Press, 2005), 55–56.

6. Samuel Alexander, Space, Time, and Deity: The Gifford Lectures at Glasgow, 1916– 1918 (Gloucester, MA: Peter Smith, 1979), 8.

7. Graham Oddie, "Armstrong on the Eleatic Principle and Abstract Entities," Philosophical Studies 41, no. 2 (March 1982): 285–95.

8. Eugene Paul Wigner, "Remarks on the Mind-Body Question," in The Scientist Speculates: An Anthology of Partly-Baked Ideas, ed. Irving John Good (London: Heinemann, 1962), 294.

9. Alexander, Space, Time, and Deity, 45–47.

10. Alexander, Space, Time, and Deity, 14n2.

11. Philip W. Anderson, "More Is Different," Science 177, no. 4 (4 August 1972): 393–96.

12. Núria Muñoz Garganté, "A Physicist's Road to Emergence: Revisiting the Story of 'More Is Different'" (lecture, Max Planck Institute for the History of Science, Berlin, 3 September 2019).

13. Philip W. Anderson, "More Is Different–One More Time," in More Is Different, ed. N. Phuan Ong and Ravin N. Bhatt (Princeton, NJ: Princeton University Press, 2001), 1–8.

14. Judea Pearl, Causality, 2nd ed. (New York: Cambridge University Press, 2009), 419–20.

15. Jenann T. Ismael, How Physics Makes Us Free (New York: Oxford University Press, 2016), chap. 5.

16. Huw Price, "Causal Perspectivalism," in Causation, Physics, and the Constitution of Reality, ed. Huw Price and Richard Corry (New York: Oxford University Press, 2007), 250–92.

17. Daniel M. Hausman, Causal Asymmetries (New York: Cambridge University Press, 1998), chap. 5.

18. Sewall Wright, "Correlation and Causation," Journal of Agricultural Research 20, no. 7 (3 January 1921): 557–85.

19. Pearl, Causality, 423.

20. Pearl, Causality, 83–85.

21. Judea Pearl and Dana Mackenzie, The Book of Why: The New Science of Cause and Effect (New York: Basic Books, 2018), 293–96.

22. Erik P. Hoel, "Causal Structure Across Scales" (lecture, Araya Brain Imaging, Tokyo, 27 April 2018).

23. Veeresh Taranalli, Hironori Uchikawa, and Paul H. Siegel, "Channel Models for Multi-Level Cell Flash Memories Based on Empirical Error Analysis," IEEE Transactions on Communications 64, no. 8 (August 2016): 3169–81.

24. John Archibald Wheeler, "Pregeometry: Motivations and Prospects," in Quantum Theory and Gravitation, ed. A. R. Marlow (New York: Academic Press, 1980), 6.

25. Irina Higgins et al., "SCAN: Learning Hierarchical Compositional Visual Concepts" (preprint, submitted 11 July 2017).

26. Roderick M. Chisholm, Human Freedom and the Self (Lawrence: Dept. of Philosophy, University of Kansas, 1964).

27. Luca Bombelli et al., "Space-Time as a Causal Set," Physical Review Letters 59, no. 5 (3 August 1987): 521–24.

28. Daniel C. Dennett, Consciousness Explained (Boston: Little, Brown, 1991), 107.

29. Giulio Tononi et al., "Only What Exists Can Cause: An Intrinsic View of Free Will" (preprint, submitted 4 June 2022).

30. Ian Durham, "A Formal Model for Adaptive Free Choice in Complex Systems," Entropy 22, no. 5 (19 May 2020): 568.

31. Andrea Lavazza and Silvia Inglese, "Operationalizing and Measuring (a Kind of) Free Will (and Responsibility). Towards a New Framework for Psychology, Ethics, and Law," Rivista Internazionale di Filosofia e Psicologia 6, no. 1 (17 April 2015): 37–55.

32. Jonathan Barrett and Nicolas Gisin, "How Much Measurement Independence Is Needed to Demonstrate Nonlocality?," Physical Review Letters 106, no. 10 (10 March 2011): 100406.

33. Lars Marstaller, Arend Hintze, and Christoph Adami, "The Evolution of Representation in Simple Cognitive Networks," Neural Computation 25, no. 8 (August 2013): 2079-107.

34. Sarah Scoles, "NASA's Space Crash Succeeded in Forcing Asteroid onto New Path," New York Times, 12 October 2022.

35. Ismael, How Physics Makes Us Free, 105–106.

8. 시간과 공간

1. Ruth S. Ogden, "The Passage of Time During the UK Covid-19 Lockdown," PLoS ONE 15, no. 7 (6 July 2020): e02358871.

2. Stefanie Hüttermann, Benjamin Noël, and Daniel Memmert, "Evaluating Erroneous Offside Calls in Soccer," PLoS ONE 12, no. 3 (23 March 2017): e0174358.

3. Dean Buonomano, "Time, the Brain, and Consciousness" (lecture, The Science of Consciousness 2020, 15 September 2020).

4. Ralf Steinmetz, "Human Perception of Jitter and Media Synchronization," IEEE Journal on Selected Areas in Communications 14, no. 1 (January 1996): 61-72.

5. Barbara Tversky, Mind in Motion (New York: Basic Books, 2019), 80–82.

6. Mary B. Hesse, Forces and Fields: The Concept of Action at a Distance in the History of Physics (Mineola, NY: Dover, 2005), 39–40.

7. Plato, "Parmenides," in Readings in Ancient Greek Philosophy: From Thales to Aristotle, ed. S. Marc Cohen, Patricia Curd, and C. D. C. Reeve (Cambridge, MA: Hackett, 1995), 433.

8. Carlo Rovelli, Quantum Gravity (New York: Cambridge University Press, 2004), 84–87.

9. Richard A. Healey, "Can Physics Coherently Deny the Reality of Time?," in Time, Reality and Experience, ed. Craig Callender (New York: Cambridge University Press, 2002), 293–316.

10. Lee Smolin, Time Reborn: From the Crisis in Physics to the Future of the Universe (New York: Houghton Mifflin Harcourt, 2013).

11. Nathan Seiberg, "Emergent Spacetime," in The Quantum Structure of Space and Time, ed. David J. Gross, Marc Henneaux, and Alexander Sevrin (Hackensack, NJ: World Scientific, 2007), 162–213.

12. Smolin, Time Reborn, chap. 15.

13. John Archibald Wheeler, Papers 52:140, Relativity Notebook #14, 27 January 1967, American Philosophical Library, Philadelphia.

14. Christopher J. Isham, "Canonical Quantum Gravity and the Problem of Time," in Integrable Systems, Quantum Groups, and Quantum Field Theories, ed. L. A. Ibort and M. A. Rodríguez (Dordrecht: Springer Netherlands, 1993), 157–287.

15. Donald Salisbury, "Toward a Quantum Theory of Gravity: Syracuse 1949- 1962," in The Renaissance of General Relativity in Context, ed. Alexander S. Blum, Roberto Lalli, and Jürgen Renn (Cham, Switzerland: Springer International, 2020), 221-55.

16. John Stachel, "The Other Einstein: Einstein Contra Field Theory," Science in Context 6, no. 1 (Spring 1993): 285.

17. Bryce S. DeWitt, "Quantum Theory of Gravity. I. The

Canonical Theory," Physical Review 160, no. 5 (25 August 1967): 221–55.

18. Don N. Page and William K. Wootters, "Evolution Without Evolution: Dynamics Described by Stationary Observables," Physical Review D 27, no. 12 (15 June 1983): 2885–92.

19. Ekaterina Moreva et al., "Time from Quantum Entanglement: An Experimental Illustration," Physical Review A 89, no. 5 (20 May 2014): 052122.

20. Carlo Rovelli, "Forget Time" (preprint, submitted 23 March 2009).

21. Carlo Rovelli, What Is Time? What Is Space?, trans. J. C. van den Berg (Rome: Di Renzo Editore, 2006), 52.

22. Rovelli, Quantum Gravity, 140–44.

23. Zafeirios Fountas et al., "A Predictive Processing Model of Episodic Memory and Time Perception," Neural Computation 34, no. 7 (16 June 2022).

24. Ludwig Boltzmann, Lectures on Gas Theory, trans. Stephen G. Brush (Berkeley: University of California Press, 1964), 447.

25. Arseni Goussev et al., "Loschmidt Echo," Scholarpedia 7, no. 8 (27 June 2012): 11687.

26. Sean M. Carroll, "Cosmic Origins of Time's Arrow," Scientific American 298, no. 6 (June 2008): 48–53, 56.

27. Carlo Rovelli, "Is Time's Arrow Perspectival?," in The Philosophy of Cosmology, ed. Khalil Chamcham et al. (New York: Cambridge University Press, 2017), 285–96.

28. Leonard Mlodinow and Todd A. Brun, "Relation Between the Psychological and Thermodynamic Arrows of Time," Physical Review E 89, no. 5 (May 2014): 052102.

29. Meir Hemmo and Orly Shenker, "Can the Past Hypothesis Explain the Psychological Arrow of Time?," in Statistical Mechanics and Scientific Explanation, ed. Valia Allori (Singapore: World Scientific, 2020), 255–87.

30. Huw Price, Time's Arrow and Archimedes' Point: New Directions for the Physics of Time (New York:

Oxford University Press, 1996), 106–109.

31. Lorenzo Maccone, "Quantum Solution to the Arrow-of-Time Dilemma," Physical Review Letters 103, no. 8 (21 August 2009): 080401.

32. Ken B. Wharton, "Time- Symmetric Boundary Conditions and Quantum Foundations," Symmetry 2, no. 1 (March 2010): 272–83.

33. Barry Dainton, "Temporal Consciousness," Stanford Encyclopedia of Philosophy, last modified 28 June 2017, https://plato.stanford.edu /entries / consciousness -temporal /.

34. John Locke, An Essay Concerning Humane Understanding (London: Awnsham and John Churchill, 1706), 111–12.

35. William James, The Principles of Psychology (New York: Holt, 1890), 609.

36. Edmund R. Clay, The Alternative: A Study in Psychology (London: Macmillan, 1882), 168.

37. Holly K. Andersen and Rick Grush, "A Brief History of Time-Consciousness: Historical Precursors to James and Husserl," Journal of the History of Philosophy 47, no. 2 (April 2009): 277–307.

38. Stanislas Dehaene, Consciousness and the Brain: Deciphering How the Brain Codes Our Thoughts (New York: Penguin, 2014), 100–104.

39. Dehaene, Consciousness and the Brain, 63–64.

40. Ryota Kanai, "We Need Conscious Robots," Nautilus 47 (27 April 2017), https://nautil.us/we-need-conscious-robots-236579/.

41. Maxwell Nye et al., "Show Your Work: Scratchpads for Intermediate Computation with Language Models" (preprint, submitted 30 November 2021).

42. David J. Chalmers, "Could a Large Language Model Be Conscious?" (lecture, Conference on Neural Information Processing Systems, New Orleans, 28 November 2022).

43. Rick Grush, "Brain Time and Phenomenological Time," in Cognition and the Brain, ed. Andrew Brook and Kathleen Akins (New York: Cambridge University Press, 2005), 160–207.

44. Kristie Miller, Alex Holcombe, and Andrew James

주석

Latham, "Temporal Phenomenology: Phenomeno-logical Illusion Versus Cognitive Error," Synthese 197, no. 2 (February 2020): 751-71.

45. Murray Gell-Mann and James B. Hartle, "Quantum Mechanics in the Light of Quantum Cosmology," in Proceedings of the 3rd International Symposium Foundations of Quantum Mechanics in the Light of New Technology, ed. Shun'ichi Kobayashi et al. (Tokyo: Physical Society of Japan, 1990), 321-43.

46. James B. Hartle, "The Physics of Now," American Journal of Physics 73, no. 2 (February 2005): 101-109.

47. Jakob Hohwy, Bryan Paton, and Colin Palmer, "Distrusting the Present," Phenomenology and the Cognitive Sciences 15, no. 3 (September 2016): 315-35.

48. Craig Callender, What Makes Time Special (New York: Oxford University Press, 2017), 247-55.

49. Daniele Oriti, "Levels of Spacetime Emergence in Quantum Gravity," in Philosophy Beyond Spacetime, ed. Christian Wüthrich, Baptiste Le Bihan, and Nick Huggett (New York: Oxford University Press, 2021), 16-40.

50. Mark Van Raamsdonk, "Building Up Spacetime with Quantum Entanglement," General Relativity and Gravitation 42, no. 10 (19 June 2010): 2323-29; Michael Heller and Wieslaw Sasin, "Towards Noncommutative Quantization of Gravity" (preprint, submitted 1 December 1997).

51. Garry Kasparov, Deep Thinking: Where Machine Intelligence Ends and Human Creativity Begins (New York: PublicAffairs, 2017), 80, 137, 190-91.

52. Edvard I. Moser, Emilio Kropff, and May-Britt Moser, "Place Cells, Grid Cells, and the Brain's Spatial Representation System," Annual Review of Neuroscience 31 (2008): 69-89.

53. Dehaene, Consciousness and the Brain, 61-62.

54. William James, "The Spatial Quale," Journal of Speculative Philosophy 13, no. 1 (January 1879): 75.

55. Oliver Sacks, The Man Who Mistook His Wife for A Hat: And Other Clinical Tales (New York: Simon and Schuster, 1998), 77-79.

56. Scott Aaronson, "Why I Am Not an Integrated Information Theorist (or, The Unconscious Expander)," Shtetl-Optimized (blog), 24 May 2014, http://www.scottaaronson.com/blog/p =1799.

57. Andrew M. Haun and Giulio Tononi, "Why Does Space Feel the Way It Does? Towards a Principled Account of Spatial Experience," Entropy 21, no. 12 (December 2019): 1160.

58. Andrew M. Haun, "A Causal Account of Spatial Experience: IIT and the Visual Field" (lecture, Mathematical Consciousness Science, 13 August 2020).

59. Pankaj Mehta and David J. Schwab, "An Exact Mapping Between the Variational Renormalization Group and Deep Learning" (preprint, submitted 14 October 2014).

60. Brian Greene, The Hidden Reality: Parallel Universes and the Deep Laws of the Cosmos (New York: Knopf, 2011), 262-69.

61. Wen-Cong Gan and Fu-Wen Shu, "Holography as Deep Learning," International Journal of Modern Physics D 26, no. 12 (October 2017): 1743020.

62. Koji Hashimoto et al., "Deep Learning and the AdS/CFT Correspondence," Physical Review D 98, no. 4 (27 August 2018): 046019.

63. Vitaly Vanchurin, "The World as a Neural Network," Entropy 22, no. 11 (26 October 2020): 1210.

64. Stephon Alexander et al., "The Autodidactic Universe" (preprint, submitted 29 March 2021).

65. Richard A. Watson and Eörs Szathmáry, "How Can Evolution Learn?," Trends in Ecology and Evolution 31, no. 2 (February 2016): 147-57.

66. Colin McGinn, "Consciousness and Space," Journal of Consciousness Studies 2, no. 3 (1 March 1995): 220-30.

67. David Bohm, "Time, the Implicate Order and Pre-Space," in Physics and the Ultimate Significance of Time, ed. David Ray Griffin (Albany: State University of New York Press, 1986), 177-208.

68. Donald D. Hoffman, The Case Against Reality: Why

Evolution Hid the Truth from Our Eyes (New York: W. W. Norton, 2019).

69. Immanuel Kant, Critique of Pure Reason, ed. Vasilis Politis (London: J. M. Dent, 1993), 49–54.

70. Donald D. Hoffman, "The Origin of Time in Conscious Agents," Cosmology 18 (November 2014): 494–520.

에필로그
: 정말로 그렇게 어려울까

1. Owen Flanagan, The Science of the Mind (Cambridge, MA: MIT Press, 1991), 313–14.

2. Steven Pinker, How the Mind Works (New York: Penguin Random House, 2015), 561–65; Noam Chomsky, The Essential Chomsky (New York: New Press, 2008), 235–44.

3. Carlo Rovelli, "Consciousness, Time, Quantum" (lecture, The Science of Consciousness, 15 September 2020); Carlo Rovelli, Helgoland (New York: Penguin, 2021), 184–86.

4. Emily Adlam and Carlo Rovelli, "Information Is Physical: Cross-Perspective Links in Relational Quantum Mechanics" (preprint, submitted 24 March 2022).

5. M. D. Beni, "A Structuralist Defence of the Integrated Information Theory of Consciousness," Journal of Consciousness Studies 25, no. 9–10 (2018): 75–98.

6. David Balduzzi and Giulio Tononi, "Qualia: The Geometry of Integrated Information" PLoS Computational Biology 5, no. 8 (August 2009): e1000462.

7. Daniel C. Dennett, "Expecting Ourselves to Expect: The Bayesian Brain as a Projector," Behavioral and Brain Sciences 36, no. 3 (June 2013): 209–10.

8. Andy Clark, Karl J. Friston, and Sam Wilkinson, "Bayesing Qualia: Consciousness as Inference, Not Raw Datum," Journal of Consciousness Studies 26 (2019): 19–33.

9. Kristjan Loorits, "Structural Qualia: A Solution to the Hard Problem of Consciousness," Frontiers in Psychology 5 (18 March 2014): 237.

10. Daniel C. Dennett, Consciousness Explained (Boston: Little, Brown, 1991), 134–38.

11. Keith Frankish, "Illusionism as a Theory of Consciousness," Journal of Consciousness Studies 23, no. 11–12 (2016): 11–39.

12. Kristjan Loorits, "Qualities in the World, in Science, and in Consciousness," Journal of Consciousness Studies 29, no. 11 (2022): 108–30.

13. Richard P. Stanley, "Qualia Space," Journal of Consciousness Studies 6, no. 1 (1 January 1999): 49–60.

14. Naotsugu Tsuchiya, Shigeru Taguchi, and Hayato Saigo, "Using Category Theory to Assess the Relationship Between Consciousness and Integrated Information Theory," Neuroscience Research 107 (June 2016): 1–7.

15. Frank Jackson, "Epiphenomenal Qualia," Philosophical Quarterly 32, no. 127 (April 1982): 127.

16. John Locke, An Essay Concerning Humane Understanding (London: Awnsham and John Churchill, 1706), 68, 365.

17. Isaac Newton, Opticks: or, A Treatise of the Reflections, Refractions, Inflections and Colours of Light (London: Royal Society, 1718), 134–37.

18. Armin Saysani, Michael C. Corballis, and Paul M. Corballis, "Colour Envisioned: Concepts of Colour in the Blind and Sighted," Visual Cognition 26, no. 5 (May 2018): 382–92.

19. Helen Keller, The World I Live In (New York: Century, 1908), 106.

20. Mostafa Abdou et al., "Can Language Models Encode Perceptual Structure Without Grounding? A Case Study in Color" (preprint, submitted 13 September 2021).

21. Ron Chrisley, "Interactive Empiricism: The Philosopher in the Machine," in Philosophy of Engineering (London: Royal Academy of Engineering, 2010), 66–71.

22. Yuichi Yamashita and Jun Tani, "Spontaneous Prediction Error Generation in Schizophrenia,"

PLoS ONE 7, no. 5 (30 May 2012): e37843; Hayato Idei et al., "A Neurorobotics Simulation of Autistic Behavior Induced by Unusual Sensory Precision," Computational Psychiatry 2 (2 December 2018): 164–82.

23. Giuseppe Carleo et al., "Machine Learning and the Physical Sciences," Reviews of Modern Physics 91, no. 4 (5 December 2019): 045002.

24. M. Schmidt and H. Lipson, "Distilling Free-Form Natural Laws from Experimental Data," Science 324, no. 5923 (3 April 2009): 81–85.

25. Raban Iten et al., "Discovering Physical Concepts with Neural Networks," Physical Review Letters 124, no. 1 (10 January 2020): 010508; Mark Stalzer and Chao Ju, "Automated Rediscovery of the Maxwell Equations," Applied Sciences 9, no. 14 (19 July 2019): 2899; Samuel H. Rudy et al., "Data-Driven Discovery of Partial Differential Equations," Science Advances 3, no. 4 (April 2017): e1602614; Silviu-Marian Udrescu and Max Tegmark, "AI Feynman: A Physics-Inspired Method for Symbolic Regression," Science Advances 6, no. 16 (15 April 2020): eaay2631; Alireza Seif, Mohammad Hafezi, and Christopher Jarzynski, "Machine Learning the Thermodynamic Arrow of Time," Nature Physics 17, no. 1 (January 2021): 105–13.

26. Vishnu Jejjala, Arjun Kar, and Onkar Parrikar, "Deep Learning the Hyperbolic Volume of a Knot," Physics Letters B 799 (10 December 2019): 135033.

27. Toby S. Cubitt, Jens Eisert, and Michael M. Wolf, "Extracting Dynamical Equations from Experimental Data Is NP Hard," Physical Review Letters 108,

no. 12 (23 March 2012): 120503.

28. Gary Marcus and Ernest Davis, "Are Neural Networks About to Reinvent Physics?," Nautilus 78 (21 November 2019), https://nautil.us/are-neural-networks-about-to-reinvent-physics-237619/.

29. Steven Johnson, Where Good Ideas Come From: The Natural History of Innovation (New York: Penguin Group, 2010), chap. 5.

30. Mary B. Hesse, Forces and Fields: The Concept of Action at a Distance in the History of Physics (Mineola, NY: Dover, 2005), 126–31.

31. Hendrik Poulsen Nautrup et al., "Operationally Meaningful Representations of Physical Systems in Neural Networks," Machine Learning: Science and Technology 3, no. 4 (December 2022): 045025.

32. Bart Selman, "Dirty Secrets of Artificial Intelligence" (lecture, Foundational Questions Institute Fifth International Conference, Banff, Canada, 18 August 2016).

33. Terence Tao, "The Erdős Discrepancy Problem," Discrete Analysis 1 (28 February 2016).

34. Daniel C. Dennett, Darwin's Dangerous Idea (New York: Simon and Schuster, 1996), 381–83.

35. Margaret A. Boden, Mind as Machine: A History of Cognitive Science, 2 vols. (New York: Oxford University Press, 2006), 173–75.

36. Chomsky, Essential Chomsky, 34–38; Pinker, How the Mind Works, 124–25.

37. Zohar Z. Bronfman, Simona Ginsburg, and Eva Jablonka, "The Transition to Minimal Consciousness Through the Evolution of Associative Learning," Frontiers in Psychology 7 (2016): 1954.

참고문헌

Aaronson, Scott. "The Ghost in the Quantum Turing Machine." In The Once and Future Turing, edited by S. Barry Cooper and Andrew Hodges, 193–296. New York: Cambridge University Press, 2016.

———. "Why I Am Not an Integrated Information Theorist (or, The Unconscious Expander)." Shtetl-Optimized (blog), 24 May 2014. https://www.scottaaronson.com/blog /?p =1799.

Abbott, B. P., R. Abbott, T. D. Abbott, M. R. Abernathy, F. Acernese, K. Ackley, C. Adams et al. "Observation of Gravitational Waves from a Binary Black Hole Merger." Physical Review Letters 116, no. 6 (12 February 2016): 061102.

Abdou, Mostafa, Artur Kulmizev, Daniel Hershcovich, Stella Frank, Ellie Pavlick, and Anders Søgaard. "Can Language Models Encode Perceptual Structure Without Grounding? A Case Study in Color." Preprint, submitted 13 September 2021. https://arxiv.org/abs /2109.06129.

Ackley, David H., Geoffrey E. Hinton, and Terrence J. Sejnowski. "A Learning Algorithm for Boltzmann Machines." Cognitive Science 9, no. 1 (January 1985): 147-69.

Adams, Fred C. "The Degree of Fine-Tuning in Our Universe–and Others." Physics Reports 807 (15 May 2019): 1–111.

Adlam, Emily, and Carlo Rovelli. "Information Is Physical: Cross-Perspective Links in Relational Quantum Mechanics." Preprint, submitted 24 March 2022. https://arxiv.org /abs /2203.13342.

Aghanim, N., Y. Akrami, M. Ashdown, J. Aumont, C. Baccigalupi, M. Ballardini, A. J. Banday et al. "Planck 2018 Results VI. Cosmological Parameters." Astronomy & Astrophysics 641 (2020): A6.

Aguirre, Anthony, and Max Tegmark. "Born in an Infinite Universe: A Cosmological Interpretation of Quantum Mechanics." Physical Review D 84, no. 10 (3 November 2011): 105002.

Akrami, Yashar, Craig J. Copi, Johannes R. Eskilt, Andrew H. Jaffe, Arthur Kosowsky, Pip Petersen, Glenn D. Starkman et al. "The Search for the Topology of the Universe Has Just Begun." Preprint, submitted 20 October 2022. https://arxiv.org /abs /2210.11426.

Albantakis, Larissa, Arend Hintze, Christof Koch, Christoph Adami, and Giulio Tononi."Evolution of Integrated Causal Structures in Animats Exposed to Environments of Increasing Complexity." PLoS Computational Biology 10, no. 12 (18 December 2014): e1003966.

Albert, David, and Barry Loewer. "Interpreting the Many Worlds Interpretation."Synthese 77, no. 2 (November 1988): 195-213.

Albrecht, Andreas, and Lorenzo Sorbo. "Can the Universe Afford Inflation?" Physical Review D 70, no. 6 (21 September 2004): 063528.

Alexander, Samuel. Space, Time, and Deity: The Gifford Lectures at Glasgow, 1916- 1918. Gloucester, MA: Peter Smith, 1979.

Alexander, Stephon, William J. Cunningham, Jaron Lanier, Lee Smolin, Stefan Stanojevic, Michael W. Toomey, and Dave Wecker. "The Autodidactic Universe."Preprint, submitted 29 March 2021. https://arxiv.org /abs /2104. 03902.

Amari, Shun-Ichi. "Neural Theory of Association and Concept-Formation." Biological Cybernetics 26, no. 3 (17 May 1977): 175-85.

Amit, Daniel J., Hanoch Gutfreund, and Haim Sompolinsky. "Spin-Glass Models of Neural Networks." Physical Review A 32, no. 2 (August 1985): 1007-18.

Andersen, Holly K., and Rick Grush. "A Brief History of Time-Consciousness: Historical Precursors to James and Husserl." Journal of the History of Philosophy 47, no. 2 (April 2009): 277-307.

Anderson, James A., and Edward Rosenfeld, eds. "Geoffrey E. Hinton." In Talking Nets: An Oral History of Neural Networks, 361-84. Cambridge, MA: MIT Press, 2000.

Anderson, Philip W. "More Is Different." Science 177, no. 4 (4 August 1972): 393-96.

———. "More Is Different–One More Time." In More Is Different, edited by N. Phuan Ong and Ravin N. Bhatt, 1-8. Princeton, NJ: Princeton University Press, 2001.

Arbuzov, Andrej B. "Quantum Field Theory and the Electroweak Standard Model." In Proceedings of the 2017 European School of High-Energy Physics, edited by M. Mulders and G. Zanderighi, 1-35. Geneva: CERN, 2018.

Arena, A., R. Comolatti, S. Thon, A. G. Casali, and J. F. Storm. "General Anesthesia Disrupts Complex Cortical Dynamics in Response to Intracranial Electrical Stimulation in Rats." eNeuro 8, no. 4 (5 August 2021): ENEURO.0343-20.2021.

Bacciagaluppi, Guido. "A Critic Looks at QBism." In New Directions in the Philosophy of Science, edited by Maria Carla Galavotti, Dennis Dieks, Wenceslao J. Gonzalez, Stephan Hartmann, Thomas Uebel, and Marcel Weber, 403-16. Cham, Switzerland: Springer International, 2014.

Bain, Alexander. Mind and Body: The Theories of Their Relation. New York: D. Appleton, 1875.

Balduzzi, David, and Giulio Tononi. "Qualia: The Geometry of Integrated Information." PLoS Computational Biology 5, no. 8 (August 2009): e1000462.

Ballard, Dana H., Geoffrey E. Hinton, and Terrence J. Sejnowski. "Parallel Visual Computation." Nature 306, no. 5938 (3 November 1983): 21-26.

Ballentine, Leslie E. "A Meeting with Wigner." Foundations of Physics 49, no. 8 (August 2019): 783-85.

Barrett, Jeffrey A. "Empirical Adequacy and the Availability of Reliable Records in Quantum Mechanics." Philosophy of Science 63, no. 1 (March 1996): 49-64.

Barrett, Jeffrey A., and Peter Byrne, eds. The Everett Interpretation of Quantum Mechanics. Princeton, NJ: Princeton University Press, 2012.

Barrett, Jonathan, and Nicolas Gisin. "How Much Measurement Independence Is Needed to Demonstrate Nonlocality?" Physical Review Letters 106, no. 10 (10 March 2011): 100406.

Bayne, Tim. "On the Axiomatic Foundations of the Integrated Information Theory of Consciousness." Neuroscience of Consciousness 2018, no. 1 (29 June 2018): 159.

Bayne, Tim, Jakob Hohwy, and Adrian M. Owen. "Are There Levels of Consciousness?" Trends in Cognitive Sciences 20, no. 6 (June 2016): 405–13.

Bayne, Tim, Anik K. Seth, and Marcello Massimini. "Are There Islands of Awareness?" Trends in Neurosciences 43, no. 1 (January 2020): 6–16.

Behrman, Elizabeth C., K. Gaddam, James E. Steck, and S. R. Skinner. "Microtubules as a Quantum Hopfield Network." In The Emerging Physics of Consciousness, edited by Jack Tuszyński, 351–70. Heidelberg: Springer Berlin Heidelberg, 2006.

Behrman, Elizabeth C., J. Niemel, James E. Steck, and S. R. Skinner. "A Quantum Dot Neural Network." In Proceedings of the Fourth Workshop on Physics of Computation, edited by Tommaso Toffoli, Michael Biafore, and João Leão, 22–24. Cambridge, MA: New England Complex Systems Institute, 1996.

Behrman, Elizabeth C., and James E. Steck. "Multiqubit Entanglement of a General Input State." Quantum Information and Computation 13, no. 1/2 (2013): 36–53.

Belkin, Mikhail, Daniel Hsu, Siyuan Ma, and Soumik Mandal. "Reconciling Modern Machine-Learning Practice and the Classical Bias-Variance Trade-Off." Proceedings of the National Academy of Sciences of the United States of America 116, no. 32 (6 August 2019): 15849–54.

Bell, John S. Speakable and Unspeakable in Quantum Mechanics. New York: Cambridge University Press, 2004.

Beni, M. D. "A Structuralist Defence of the Integrated Information Theory of Consciousness." Journal of Consciousness Studies 25, no. 9–10 (2018): 75–98.

Beniaguev, David, Idan Segev, and Michael London. "Single Cortical Neurons as Deep Artificial Neural Networks." Neuron 109, no. 17 (1 September 2021): 2727–39.e3.

Biamonte, Jacob, Peter Wittek, Nicola Pancotti, Patrick Rebentrost, Nathan Wiebe, and Seth Lloyd. "Quantum Machine Learning." Nature 549, no. 7671 (13 September 2017): 195–202.

Boden, Margaret A. Mind as Machine: A History of Cognitive Science. 2 vols. New York: Oxford University Press, 2006.

Bohm, David. Quantum Theory. New York: Dover, 1951.

———. "Time, the Implicate Order and Pre-Space." In Physics and the Ultimate Significance of Time, edited by David Ray Griffin, 177–208. Albany: State University of New York Press, 1986.

Boltzmann, Ludwig. Lectures on Gas Theory. Translated by Stephen G. Brush. Berkeley: University of California Press, 1964.

Boly, Mélanie. "Are the Neural Correlates of Consciousness (Mostly) in the Front or in the Back of the Cerebral Cortex?" Lecture, Association of the Scientific Study of Consciousness, Kraków, Poland, 18 June 2018.

Bombelli, Luca, Joohan Lee, David A. Meyer, and Rafael D. Sorkin. "Space-Time as a Causal Set." Physical Review Letters 59, no. 5 (3 August 1987): 521–24.

Bong, Kok-Wei, Aníbal Utreras-Alarcón, Farzad Ghafari, Yeong-Cherng Liang, Nora Tischler, Eric G. Cavalcanti, Geoff J. Pryde, and Howard M. Wiseman. "A Strong No-Go Theorem on the Wigner's Friend Paradox." Nature Physics 16 (17 August 2020): 1199–205.

Bostrom, Nick. Anthropic Bias: Observation Selection Effects in Science and Philosophy. New York: Routledge, 2002.

———. "Are We Living in a Computer Simulation?" Philosophical Quarterly 53, no. 211 (April 2003): 243–55.

Bousso, Raphael, and Ben Freivogel. "A Paradox in the Global Description of the Multiverse." Journal of High Energy Physics 2007, no. 6 (June 2007): 018.

Briceño, Sebastián, and Stephen Mumford. "Relations All the Way Down? Against Ontic Structural Realism." In The Metaphysics of Relations, edited by Anna Marmodoro and David Yates, 198–217. New York: Oxford University Press, 2016.

Bricken, Trenton, and Cengiz Pehlevan. "Attention Approximates Sparse Distributed Memory." Preprint, submitted 10 November 2021. https://arxiv.org / abs /2111.05498.

Bronfman, Zohar Z., Simona Ginsburg, and Eva Jablonka. "The Transition to Minimal Consciousness Through the Evolution of Associative Learning." Frontiers in Psychology 7 (2016): 1954.

Brukner, Časlav. "On the Quantum Measurement Problem." In Quantum [Un]Speakables II: The Frontiers Collection, edited by Reinhold Bertlmann and Anton Zeilinger, 95–117. Cham, Switzerland: Springer International, 2017.

Buonomano, Dean. "Time, the Brain, and Consciousness." Lecture, The Science of Consciousness 2020, 15 September 2020.

Cable, Hugo, and Kavan Modi. "Harness Quantum Noise to Unlock Quantum Computing." New Scientist 220, no. 2943 (16 November 2013): 30–31.

Cahan, David. Helmholtz: A Life in Science. Chicago: University of Chicago Press, 2018.

Callender, Craig. What Makes Time Special. New York: Oxford University Press, 2017.

Candiotto, Laura. "The Reality of Relations." Giornale di Metafisica 39, no. 2 (2017): 537–51.

Carleo, Giuseppe, Ignacio Cirac, Kyle Cranmer, Laurent Daudet, Maria Schuld, Naftali Tishby, Leslie Vogt-Maranto, and Lenka Zdeborová. "Machine Learning and the Physical Sciences." Reviews of Modern Physics 91, no. 4 (5 December 2019): 045002.

Carroll, Sean M. "The Cosmic Origins of Time's Arrow." Scientific American 298, no. 6 (June 2008): 48–53, 56–57.

——. "Why Boltzmann Brains Are Bad." Preprint, submitted 2 February 2017. http://arxiv .org /abs /1702.00850.

Casali, Adenauer G., Olivia Gosseries, Mario Rosanova, Mélanie Boly, Simone Sarasso, Karina R. Casali, Silvia Casarotto et al. "A Theoretically Based Index of Consciousness Independent of Sensory Processing and Behavior." Science Translational Medicine 5, no. 198 (14 August 2013): 198ra105.

Chalmers, David J. The Conscious Mind: In Search of a Fundamental Theory. New York: Oxford University Press, 1996.

——. "Consciousness and Its Place in Nature." In The Blackwell Guide to Philosophy of Mind, 102–42. Malden, MA: Blackwell, 2007.

——. "Could a Large Language Model Be Conscious?" Lecture, Conference on Neural Information Processing Systems, New Orleans, 28 November 2022.

——. "Dirty Secrets of Consciousness." Lecture, Foundational Questions Institute Fifth International Conference, Banff, Canada, 18 August 2016.

——. "Explaining Consciousness Scientifically: Choices and Challenges." Lecture, Science of Consciousness, Tucson, 12 April 1994.

——. "Panpsychism and Panprotopsychism." In Consciousness in the Physical World: Perspectives on Russellian Monism, edited by Torin Alter and Yujin Nagasawa, 246–76. New York: Oxford University Press, 2015.

——. "The Virtual and the Real." Disputatio 9, no. 46 (2017): 309–52.

Chalmers, David J., and Kelvin J. McQueen. "Consciousness and the Collapse of the Wave Function." In Consciousness and Quantum Mechanics, edited by Shan Gao, 11–63. New York: Oxford University Press, 2022.

Chisholm, Roderick M. Human Freedom and the Self. Lawrence: Dept. of Philosophy, University of Kansas, 1964.

Chomsky, Noam. The Essential Chomsky. New York: New Press, 2008.

Chrisley, Ron. "Interactive Empiricism: The Philosopher in the Machine." In Philosophy of Engineering, 66–71. London: Royal Academy of Engineering, 2010.

Clark, Andy, Karl J. Friston, and Sam Wilkinson. "Bayesing Qualia: Consciousness as Inference, Not Raw Datum." Journal of Consciousness Studies 26 (2019): 1933.

Clay, Edmund R. The Alternative: A Study in Psychology. London: Macmillan, 1882.

Conselice, Christopher J., Aaron Wilkinson, Kenneth Duncan, and Alice Mortlock. "The Evolution of Galaxy Number Density at z < 8 and Its Implications." Astrophysical Journal 830, no. 2 (2016): 83.

Crease, Robert P., and James Sares. "Interview with Physicist Christopher Fuchs."

Continental Philosophy Review 54, no. 4 (December 2021): 541–61.

Cubitt, Toby S., Jens Eisert, and Michael M. Wolf. "Extracting Dynamical Equations from Experimental Data Is NP Hard." Physical Review Letters 108, no. 12 (23 March 2012): 120503.

Dainton, Barry. "Temporal Consciousness." Stanford Encyclopedia of Philosophy, last modified 28 June 2017. https://plato.stanford.edu /entries /consciousness-temporal/.

Darrow, Karl K. "Edmond Bauer." Physics Today 17, no. 6 (June 1964): 86–87.

Dayan, Peter, Geoffrey E. Hinton, Radford M. Neal, and Richard S. Zemel. "The Helmholtz Machine." Neural Computation 7, no. 5 (September 1995): 889–904.

Dehaene, Stanislas. Consciousness and the Brain: Deciphering How the Brain Codes Our Thoughts. New York: Penguin, 2014.

Dempsey, Liam P. "Thinking-Matter Then and Now: The Evolution of Mind-Body Dualism." History of Philosophy Quarterly 26 (January 2009): 43–61.

Denchev, Vasil S., Sergio Boixo, Sergei V. Isakov, Nan Ding, Ryan Babbush, Vadim Smelyanskiy, John Martinis, and Hartmut Neven. "What Is the Computational Value of Finite-Range Tunneling?" Physical Review X 6, no. 3 (1 August 2016): 031015.

Dennett, Daniel C. Consciousness Explained. Boston: Little, Brown, 1991.

——. Darwin's Dangerous Idea. New York: Simon and Schuster, 1996.

——. "Expecting Ourselves to Expect: The Bayesian Brain as a Projector." Behavioral and Brain Sciences 36, no. 3 (June 2013): 209–10.

Descartes, René. Meditations on First Philosophy. Translated by Michael Moriarty. New York: Oxford

University Press, 2008.

Deutsch, David. "Quantum Theory as a Universal Physical Theory." International Journal of Theoretical Physics 24, no. 1 (January 1985): 1–41.

DeWitt, Bryce S. "Quantum Theory of Gravity. I. The Canonical Theory." Physical Review 160, no. 5 (25 August 1967): 1113–48.

Donadi, Sandro, Kristian Piscicchia, Cătălina Curceanu, Lajos Diósi, Matthias Laubenstein, and Angelo Bassi. "Underground Test of Gravity-Related Wave Function Collapse." Nature Physics 17, no. 1 (January 2021): 74–78.

Dorr, Cian, and Frank Arntzenius. "Self-Locating Priors and Cosmological Measures." In The Philosophy of Cosmology, 396–428. Cambridge: Cambridge University Press, 2017.

Durham, Ian. "A Formal Model for Adaptive Free Choice in Complex Systems." Entropy 22, no. 5 (19 May 2020): 568.

Dvali, Gia. "Black Holes as Brains: Neural Networks with Area Law Entropy." Fortschritte der Physik 66, no. 4 (27 March 2018): 1800007.

Dyson, Freeman J. "Time Without End: Physics and Biology in an Open Universe." Review of Modern Physics 51, no. 3 (July 1979): 447–60.

Eagleman, David M. "How Does the Timing of Neural Signals Map onto the Timing of Perception?" In Space and Time in Perception and Action, edited by Romi Nijhawan and Beena Khurana, 216–31. Cambridge: Cambridge University Press, 2010.

Eccles, J. C. "Do Mental Events Cause Neural Events Analogously to the Probability Fields of Quantum Mechanics?" Proceedings of the Royal Society B: Biological Sciences 227, no. 1249 (22 May 1986): 411–28.

Einstein, Albert. The Meaning of Relativity. Princeton, NJ: Princeton University Press, 2005.

Elga, Adam. "Self-Locating Belief and the Sleeping Beauty Problem." Analysis 60, no. 2 (April 2000): 143–47.

Elkins, Katherine, and Jon Chun. "Can GPT-3 Pass a

Writer's Turing Test?" Journal of Cultural Analytics 5, no. 2 (14 September 2020). https://culturalanalytics.org /article/17212-can-gpt-3-pass-a-writer-s-turing-test.

Everett, Hugh. "The Theory of the Universal Wave Function." In The Many Worlds Interpretation of Quantum Mechanics, edited by Bryce S. DeWitt and Neill Graham, 1–140. Princeton, NJ: Princeton University Press, 1973.

Faber, Roger J. Clockwork Garden: On the Mechanistic Reduction of Living Things. Amherst: University of Massachusetts Press, 1986.

Farhi, Edward, and Hartmut Neven. "Classification with Quantum Networks on Near Term Processors." Preprint, submitted 18 December 2017. https://arxiv.org /abs /1802.06002.

Farley, B., and W. Clark. "Simulation of Self-Organizing Systems by Digital Computer." Transactions of the IRE Professional Group on Information Theory 4, no. 4 (September 1954): 76–84.

Fein, Yaakov Y., Philipp Geyer, Patrick Zwick, Filip Kiałka, Sebastian Pedalino, Mar-cel Mayor, Stefan Gerlich, and Markus Arndt. "Quantum Superposition of Molecules Beyond 25 kDa." Nature Physics 15, no. 12 (23 September 2019): 1242–45.

Feynman, Richard P. Feynman Lectures on Gravitation. Edited by William G. Wagner and Fernando B. Morinigo. New York: Addison-Wesley, 1995.

——. "Simulating Physics with Computers." International Journal of Theoretical Physics 21, no. 6/7 (1982): 467–88.

Flanagan, Owen. The Science of the Mind. Cambridge, MA: MIT Press, 1991.

Fountas, Zafeirios, Anastasia Sylaidi, Kyriacos Nikiforou, Anil K. Seth, Murray Shanahan, and Warrick Roseboom. "A Predictive Processing Model of Episodic Memory and Time Perception." Neural Computation 34, no. 7 (16 June 2022): 1501–44.

Frankish, Keith. "Illusionism as a Theory of Consciousness." Journal of Consciousness Studies 23, no. 11-12 (2016): 11–39.

Frauchiger, Daniela, and Renato Renner. "Quantum Theory Cannot Consistently Describe the Use of Itself." Nature Communications 9, no. 1 (18 September 2018): 823.

Friedman, Daniel A., and Eirik Søvik. "The Ant Colony as a Test for Scientific Theories of Consciousness." Synthese 198, no. 2 (12 February 2019): 1457–80.

Friston, Karl J. "Hallucinations and Perceptual Inference." Behavioral and Brain Sciences 28, no. 6 (22 December 2005): 764–66.

——. "I Am Therefore I Think." Lecture, Foundational Questions Institute Sixth International Conference, Castelvecchio Pascoli, Italy, 23 July 2019.

——. "Learning and Inference in the Brain." Neural Networks 16, no. 9 (November 2003): 1325–52.

Friston, Karl J., Tamara Shiner, Thomas FitzGerald, Joseph M. Galea, Rick Adams, Harriet Brown, Raymond J. Dolan, Rosalyn Moran, Klaas Enno Stephan, and Sven Bestmann. "Dopamine, Affordance and Active Inference." PLoS Computational Biology 8, no. 1 (January 2012): e1002327.

Friston, Karl J., Wanja Wiese, and J. Allan Hobson. "Sentience and the Origins of Consciousness: From Cartesian Duality to Markovian Monism." Entropy 22, no. 5 (May 2020): 516.

Fröhlich, H. "Long-Range Coherence and Energy Storage in Biological Systems." International Journal of Quantum Chemistry 2, no. 5 (September 1968): 641–49.

Fuchs, Christopher A., N. David Mermin, and Rüdiger Schack. "An Introduction to QBism with an Application to the Locality of Quantum Mechanics." American Journal of Physics 82, no. 8 (August 2014): 749–54.

Fuchs, Christopher A., Maximilian Schlosshauer, and Blake C. Stacey. "My Struggles with the Block Universe." Preprint, submitted 10 May 2014. https:// arxiv.org /abs /1405.2390.

Gan, Wen-Cong, and Fu-Wen Shu. "Holography as Deep Learning." International Journal of Modern Physics D 26, no. 12 (October 2017): 1743020.

Ganguli, Surya, and Haim Sompolinsky. "Compressed Sensing, Sparsity, and Dimensionality in Neuronal Information Processing and Data Analysis." Annual Review of Neuroscience 35, no. 1 (July 2012): 485–508.

Gavroglu, Kostas. Fritz London: A Scientific Biography. New York: Cambridge University Press, 1995.

Geiger, Mario, Stefano Spigler, Stéphane d'Ascoli, Levent Sagun, Marco Baity- Jesi, Giulio Biroli, and Matthieu Wyart. "Jamming Transition as a Paradigm to Understand the Loss Landscape of Deep Neural Networks." Physical Review E 100, no.1 (11 July 2019): 012115.

Gell-Mann, Murray, and James B. Hartle. "Quantum Mechanics in the Light of Quantum Cosmology." In Proceedings of the 3rd International Symposium Foundations of Quantum Mechanics in the Light of New Technology, edited by Shun'ichi Kobayashi, Hiroshi Ezawa, Yoshimasa Murayama, and Sadao Nomura, 321–43. Tokyo: Physical Society of Japan, 1990.

George, Mark S. "Stimulating the Brain." Scientific American 289 (September 2003): 66–73.

Ghirardi, G. C., A. Rimini, and T. Weber. "Unified Dynamics for Microscopic and Macroscopic Systems." Physical Review D 34, no. 2 (15 July 1986): 470–91.

Goff, Philip. Galileo's Error: Foundations for a New Science of Consciousness. New York: Pantheon, 2019.

Goodfellow, Ian J., Jean Pouget-Abadie, Mehdi Mirza, Bing Xu, David Warde-Farley, Sherjil Ozair, Aaron Courville, and Yoshua Bengio. "Generative Adversarial Networks." Preprint, submitted 10 June 2014. https://arxiv.org /abs /1406.2661.

Goussev, Arseni, Rodolfo A. Jalabert, Horacio M. Pastawski, and Diego Wisniacki. "Loschmidt Echo." Scholarpedia 7, no. 8 (27 June 2012): 11687.

Greene, Brian. The Hidden Reality: Parallel Universes and the Deep Laws of the Cosmos. New York: Knopf, 2011.

Grossberg, Stephen. "How Does a Brain Build a Cognitive Code?" Psychological Review 87, no. 1 (January 1980): 1–51.

Grush, Rick. "Brain Time and Phenomenological Time." In Cognition and the Brain, edited by Andrew Brook and Kathleen Akins, 160–207. New York: Cambridge University Press, 2005.

Hagan, Scott, Stuart R. Hameroff, and Jack A. Tuszyński. "Quantum Computation in Brain Microtubules: Decoherence and Biological Feasibility." Physical Review E 65, no. 6 pt. 1 (June 2002): 061901.

Hahn, Michael, and Marco Baroni. "Tabula Nearly Rasa: Probing the Linguistic Knowledge of Character-Level Neural Language Models Trained on Unsegmented Text." Preprint, submitted 17 June 2019. https://arxiv.org /abs /1906.07285.

Hameroff, Stuart R. "The Quantum Origin of Life: How the Brain Evolved to Feel Good." In On Human Nature: Biology, Psychology, Ethics, Politics, and Religion, edited by Michel Tibayrenc and Francisco J. Ayala, 333–53. New York: Elsevier, 2017.

——. Ultimate Computing: Biomolecular Consciousness and NanoTechnology. Amsterdam: Elsevier Science, 1987.

Hameroff, Stuart R., and Roger Penrose. "Consciousness in the Universe: An Updated Review of the 'Orch OR' Theory." In Biophysics of Consciousness: A Foundational Approach, edited by Roman R. Poznanski, Jack A. Tuszyński, and Todd E. Feinberg, 517–99. Singapore: World Scientific, 2016.

Hameroff, Stuart R., and Richard C. Watt. "Information Processing in Microtubules." Journal of Theoretical Biology 98, no. 4 (October 1982): 549–61.

Hardy, Quinten. "A Strange Computer Promises Great Speed." New York Times, 22 March 2013.

Harper, Kate. "Alexander Bain's Mind and Body (1872): An Underappreciated Contribution to Early Neuropsychology." Journal of the History of the Behavioral Sciences 55, no. 2 (April 2019): 139–60.

Hartle, James B. "The Physics of Now." American Journal of Physics 73, no. 2 (February 2005): 101–109.

Hartley, David. Observations on Man, His Frame, His Duty, and His Expectations. London: T. Tegg and

Sons, 1834.

Hashimoto, Koji, Sotaro Sugishita, Akinori Tanaka, and Akio Tomiya. "Deep Learning and the AdS/CFT Correspondence." Physical Review D 98, no. 4 (27 August 2018): 046019.

Haun, Andrew M. "A Causal Account of Spatial Experience: IIT and the Visual Field." Lecture, Mathematical Consciousness Science, 13 August 2020.

Haun, Andrew M., and Giulio Tononi. "Why Does Space Feel the Way It Does? Towards a Principled Account of Spatial Experience." Entropy 21, no. 12 (December 2019): 1160.

Hausman, Daniel M. Causal Asymmetries. New York: Cambridge University Press, 1998.

Healey, Richard A. "Can Physics Coherently Deny the Reality of Time?" In Time, Reality and Experience, edited by Craig Callender, 293–316. New York: Cambridge University Press, 2002.

———. "How Many Worlds?" Noûs 18, no. 4 (November 1984): 591.

———. "Quantum Theory: A Pragmatist Approach." British Journal for the Philosophy of Science 63, no. 4 (December 2012): 729–71.

Hebb, D. O. The Organization of Behavior: A Neuropsychological Theory. New York: Wiley, 1949.

Heims, Steve J. The Cybernetics Group. Cambridge, MA: MIT Press, 1991.

Heisenberg, Werner. "The Representation of Nature in Contemporary Physics." Daedalus 87, no. 3 (Summer 1958): 95–108.

Heller, Michael, and Wieslaw Sasin. "Towards Noncommutative Quantization of Gravity." Preprint, submitted 1 December 1997. https://arxiv.org /abs /gr-qc /9712009.

Helmholtz, Hermann von. Treatise on Physiological Optics. Translated by James P. C. Southall. Rochester, NY: Optical Society of America, 1925.

Hemmo, Meir, and Orly Shenker. "Can the Past Hypothesis Explain the Psychological Arrow of Time?" In Statistical Mechanics and Scientific Explanation, edited by Valia Allori, 255–87. Singapore: World Scientific, 2020.

Hesse, Mary B. Forces and Fields: The Concept of Action at a Distance in the History of Physics. Mineola, NY: Dover, 2005.

Higgins, Irina, Nicolas Sonnerat, Loic Matthey, Arka Pal, Christopher P. Burgess, Matko Bosnjak, Murray Shanahan, Matthew Botvinick, Demis Hassabis, and Alexander Lerchner. "SCAN: Learning Hierarchical Compositional Visual Concepts." Preprint, submitted 11 July 2017. https://arxiv.org /abs /1707.03389.

Hinton, Geoffrey E. "Connectionist Learning Procedures." Artificial Intelligence 40, no. 1–3 (September 1989): 185–234.

Hinton, Geoffrey E., and Terrence J. Sejnowski. "Optimal Perceptual Inference." Proceedings of the IEEE Conference on Computer Vision and Pattern Recognition 448 (June 1983): 448–53.

Hoel, Erik P. "Causal Structure Across Scales." Lecture, Araya Brain Imaging, Tokyo, 27 April 2018.

Hoffman, Donald D. The Case Against Reality: Why Evolution Hid the Truth from Our Eyes. New York: W. W. Norton, 2019.

———. "The Origin of Time in Conscious Agents." Cosmology 18 (November 2014): 494–520. https://cosmology.com/HoffmanTime.pdf.

Hofstadter, Douglas R. "Waking Up from the Boolean Dream, or, Subcognition as Computation." In Metamagical Themas: Questing for the Essence of Mind and Pattern, 631–65. New York: Basic Books, 1985.

Hohwy, Jakob. The Predictive Mind. New York: Oxford University Press, 2013.

———. "Priors in Perception: Top-Down Modulation, Bayesian Perceptual Learning Rate, and Prediction Error Minimization." Consciousness and Cognition 47 (January 2017): 75–85.

Hohwy, Jakob, Bryan Paton, and Colin Palmer. "Distrusting the Present." Phenomenology and the Cognitive Sciences 15, no. 3 (September 2016): 315–35.

Hopfield, John J. "Neural Networks and Physical Systems with Emergent Collective Computational

Abilities." Proceedings of the National Academy of Sciences 79, no. 8 (15 April 1982): 2554–58.

———. "Searching for Memories, Sudoku, Implicit Check Bits, and the Iterative Use of Not-Always-Correct Rapid Neural Computation." Neural Computation 20, no. 5 (May 2008): 1119–64.

Hopfield, John J., and David W. Tank. " 'Neural' Computation of Decisions in Optimization Problems." Biological Cybernetics 52, no. 3 (1985): 141–52.

Howard, Don. "Revisiting the Einstein-Bohr Dialogue." iyyun: The Jerusalem Philosophical Quarterly 56 (January 2007): 57–90.

Hu, Huping, and Maoxin Wu. "Spin-Mediated Consciousness Theory: Possible Roles of Neural Membrane Nuclear Spin Ensembles and Paramagnetic Oxygen." Medical Hypotheses 63, no. 4 (2004): 633–46.

Hüttermann, Stefanie, Benjamin Noël, and Daniel Memmert. "Evaluating Erroneous Offside Calls in Soccer." PLoS ONE 12, no. 3 (23 March 2017): e0174358.

Idei, Hayato, Shingo Murata, Yiwen Chen, Yuichi Yamashita, Jun Tani, and Tetsuya Ogata. "A Neurorobotics Simulation of Autistic Behavior Induced by Unusual Sensory Precision." Computational Psychiatry 2 (2 December 2018): 164–82.

Isham, Christopher J. "Canonical Quantum Gravity and the Problem of Time." In Integrable Systems, Quantum Groups, and Quantum Field Theories, edited by L. A. Ibort and M. A. Rodríguez, 157–287. Dordrecht: Springer Netherlands, 1993.

Ismael, Jenann T. How Physics Makes Us Free. New York: Oxford University Press, 2016.

Iten, Raban, Tony Metger, Henrik Wilming, Lídia Del Rio, and Renato Renner. "Discovering Physical Concepts with Neural Networks." Physical Review Letters 124, no. 1 (10 January 2020): 010508.

Jackson, Frank. "Epiphenomenal Qualia." Philosophical Quarterly 32, no. 127 (April 1982): 127.

James, William. The Principles of Psychology. New York:

Holt, 1890.

———. "The Spatial Quale." Journal of Speculative Philosophy 13, no. 1 (January 1879): 64–87.

Jammer, Max. The Philosophy of Quantum Mechanics: The Interpretations of Quantum Mechanics in Historical Perspective. New York: John Wiley and Sons, 1974.

Jejjala, Vishnu, Arjun Kar, and Onkar Parrikar. "Deep Learning the Hyperbolic Volume of a Knot." Physics Letters B 799 (10 December 2019): 135033.

Johnson, M. W., M. H. S. Amin, S. Gildert, T. Lanting, F. Hamze, N. Dickson, R. Harris et al. "Quantum Annealing with Manufactured Spins." Nature 473, no. 7346 (12 May 2011): 194–98.

Johnson, Steven. Where Good Ideas Come From: The Natural History of Innovation. New York: Penguin Group, 2010.

Joos, E., and H. D. Zeh. "The Emergence of Classical Properties Through Interaction with the Environment." Zeitschrift für Physik B Condensed Matter 59, no. 2 (June 1985): 223–43.

Kadowaki, Tadashi, and Hidetoshi Nishimori. "Quantum Annealing in the Transverse Ising Model." Physical Review E 58, no. 5 (1 November 1998): 5355–63.

Kagan, Brett J., Andy C. Kitchen, Nhi T. Tran, Forough Habibollahi, Moein Khajehnejad, Bradyn J. Parker, Anjali Bhat, Ben Rollo, Adeel Razi, and Karl J. Friston. "In vitro Neurons Learn and Exhibit Sentience When Embodied in a Simulated Game-World." Neuron 110, no. 23 (7 December 2022): 3952–69.e8.

Kaiser, David. "When Fields Collide." Scientific American 296, no. 6 (June 2007): 62–69.

Kanai, Ryota. "Consciousness and A.I." Lecture, Human-Level AI 2018, Prague, 25 August 2018.

———. "We Need Conscious Robots." Nautilus 47 (27 April 2017). https://nautil .us/we-need-conscious-robots-236579/.

Kant, Immanuel. Critique of Pure Reason. Edited by Vasilis Politis. London: J. M. Dent, 1993.

Károlyházy, F. "Gravitation and Quantum Mechanics of

Macroscopic Objects."
Nuovo Cimento A 42, no. 2 (March 1966): 390–402.

Kasparov, Garry. Deep Thinking: Where Machine Intelligence Ends and Human Creativity Begins. New York: PublicAffairs, 2017.

Kasting, James. How to Find a Habitable Planet. Princeton, NJ: Princeton University Press, 2012.

Keller, Helen. The World I Live In. New York: Century, 1908.

Kim, Hyoungkyu, and UnCheol Lee. "Criticality as a Determinant of Integrated Information Φ in Human Brain Networks." Entropy 21, no. 10 (October 2019): 981.

Kirchhoff, Michael D., and Tom Froese. "Where There Is Life There Is Mind: In Support of a Strong Life-Mind Continuity Thesis." Entropy 19, no. 4 (14 April 2017): 169.

Kitazono, Jun, Ryota Kanai, and Masafumi Oizumi. "Efficient Search for Informational Cores in Complex Systems: Application to Brain Networks." Neural Networks 132 (December 2020): 232–44.

Kiverstein, Julian, Mark Miller, and Erik Rietveld. "The Feeling of Grip: Novelty, Error Dynamics, and the Predictive Brain." Synthese 196, no. 7 (23 October 2017): 2847–69.

Kleiner, Johannes, and Erik P. Hoel. "Falsification and Consciousness." Neuroscience of Consciousness 2021, no. 1 (2021): niab001.

Klotz, Kelsey. "The Art of the Mistake." The Common Reader 11 (Summer 2019). https://commonreader.wustl.edu /c /the-art-of-the -mistake /.

Kolchinsky, Artemy, and David H. Wolpert. "Semantic Information, Autonomous Agency and Non-Equilibrium Statistical Physics." Interface Focus 8, no. 6 (6 December 2018): 20180041.

Kremnizer, Kobi, and André Ranchin. "Integrated Information-Induced Quantum Collapse." Foundations of Physics 45, no. 8 (19 May 2015): 889–99.

Kuhn, Thomas S. The Copernican Revolution: Planetary Astronomy in the Development of Western Thought. Cambridge, MA: Harvard University Press, 1957.

Kuipers, Benjamin, Edward A. Feigenbaum, Peter E. Hart, and Nils J. Nilsson. "Shakey: From Conception to History." AI Magazine 38, no. 1 (Spring 2017): 88–103.

Lapkiewicz, Radek, Peizhe Li, Christoph Schaeff, Nathan K. Langford, Sven Ramelow, Marcin Wieśniak, and Anton Zeilinger. "Experimental Non-Classicality of an Indivisible Quantum System." Nature 474, no. 7352 (23 June 2011): 490–93.

Lavazza, Andrea, and Silvia Inglese. "Operationalizing and Measuring (a Kind of) Free Will (and Responsibility). Towards a New Framework for Psychology, Ethics, and Law." Rivista Internazionale di Filosofia e Psicologia 6, no. 1 (17 April 2015): 37–55.

LeCun, Yann. "A Theoretical Framework for Back-Propagation." In Proceedings of the 1988 Connectionist Models Summer School, edited by David S. Touretzky, Geoffrey E. Hinton, and Terrence J. Sejnowski, 21–28. San Mateo, CA: Morgan Kaufmann, 1988.

LeCun, Yann, Léon Bottou, Yoshua Bengio, and Patrick Haffner. "Gradient-Based Learning Applied to Document Recognition." Proceedings of the IEEE 86, no. 11 (November 1998): 2278–324.

LeDoux, Joseph E., Matthias Michel, and Hakwan Lau. "A Little History Goes a Long Way Toward Understanding Why We Study Consciousness the Way We Do Today." Proceedings of the National Academy of Sciences of the United States of America 117, no. 13 (31 March 2020): 6976–84.

Lee, Jaehoon, Yasaman Bahri, Roman Novak, Samuel S. Schoenholz, Jeffrey Pennington, and Jascha Sohl-Dickstein. "Deep Neural Networks as Gaussian Processes." Preprint, submitted 31 October 2017. https://arxiv.org /abs /1711.00165.

Lee, K. S., Y. P. Tan, L. H. Nguyen, R. P. Budoyo, K. H. Park, C. Hufnagel, Y. S. Yap et al. "Entanglement in a Qubit-qubit-tardigrade System." New Journal of Physics 24, no. 12 (December 2022): 123024.

Leibniz, Gottfried. Leibniz's Monadology: A New Translation and Guide. Translated by Lloyd Strickland. Edinburgh: Edinburgh University Press, 2014.

우리를 방정식에 넣는다면

Levati, M. Vittoria, Matthias Uhl, and Ro'i Zultan. "Imperfect Recall and Time Inconsistencies: An Experimental Test of the Absentminded Driver 'Paradox.' " International Journal of Game Theory 43, no. 1 (23 April 2013): 65–88.

List, Christian. "What Is It Like to Be a Group Agent?" Noûs 52, no. 2 (28 July 2016): 295–319.

Little, W. A. "The Existence of Persistent States in the Brain." Mathematical Biosciences 19, no. 1–2 (February 1974): 101–20.

Litwin, Piotr, and Marcin Miłkowski. "Unification by Fiat: Arrested Development of Predictive Processing." Cognitive Science 44, no. 7 (July 2020): e12867.

Locke, John. An Essay Concerning Humane Understanding. London: Awnsham and John Churchill, 1706.

London, Fritz, and Edmond Bauer. "The Theory of Observation in Quantum Me-chanics." In Quantum Theory and Measurement, edited by John Archibald Wheeler and Wojciech Hubert Zurek, 217–59. Princeton, NJ: Princeton University Press, 1983.

Loorits, Kristjan. "Qualities in the World, in Science, and in Consciousness." Journal of Consciousness Studies 29, no. 11 (2022): 108–30.

———. "Structural Qualia: A Solution to the Hard Problem of Consciousness." Frontiers in Psychology 5, no. e1000462 (18 March 2014): 237.

Lundholm, Ida V., Helena Rodilla, Weixiao Y. Wahlgren, Annette Duelli, Gleb Bourenkov, Josip Vukusic, Ran Friedman, Jan Stake, Thomas Schneider, and Gergely Katona. "Terahertz Radiation Induces Non-Thermal Structural Changes Associated with Fröhlich Condensation in a Protein Crystal." Structural Dynamics 2, no. 5 (September 2015): 054702.

Maccone, Lorenzo. "Quantum Solution to the Arrow-of-Time Dilemma." Physical Review Letters 103, no. 8 (21 August 2009): 080401.

MacKay, Donald M. "The Epistemological Problem for Automata." In Automata Studies, edited by Claude E. Shannon and J. McCarthy, 235–52. Princeton, NJ: Princeton University Press, 1956.

———. "Mindlike Behaviour in Artefacts." British Journal for the Philosophy of Science 2, no. 6 (October 1951): 105–21.

Madau, Piero, and Mark Dickinson. "Cosmic Star-Formation History." Annual Review of Astronomy and Astrophysics 52, no. 1 (August 2014): 415–86.

Malicki, Jarema J., and Colin A Johnson. "The Cilium: Cellular Antenna and Central Processing Unit." Trends in Cell Biology 27, no. 2 (February 2017): 126–40.

Marcus, Gary, and Ernest Davis. "Are Neural Networks About to Reinvent Physics?" Nautilus 78 (21 November 2019). https://nautil.us/are-neural-networks-about -to -reinvent-physics-237619/.

Marletto, C., D. M. Coles, T. Farrow, and V. Vedral. "Entanglement Between Living Bacteria and Quantized Light Witnessed by Rabi Splitting." Journal of Physics Communications 2, no. 10 (10 October 2018): 101001.

Marshall, I. N. "Consciousness and Bose-Einstein Condensates." New Ideas in Psychology 7, no. 1 (1989): 73–83.

Marstaller, Lars, Arend Hintze, and Christoph Adami. "The Evolution of Representation in Simple Cognitive Networks." Neural Computation 25, no. 8 (August 2013): 2079–107.

Maudlin, Tim. Quantum Non-Locality and Relativity: Metaphysical Intimations of Modern Physics, 2nd ed. Malden, MA: Blackwell, 2002.

McFadden, Johnjoe, and Jim Al-Khalili. Life on the Edge: The Coming of Age of Quantum Biology. New York: Crown, 2014.

McGinn, Colin. "Consciousness and Space." Journal of Consciousness Studies 2, no. 3 (1 March 1995): 220–30.

Mediano, Pedro A. M., Fernando E. Rosas, Juan Carlos Farah, Murray Shanahan, Daniel Bor, and Adam B. Barrett. "Integrated Information as a Common Signature of Dynamical and Information-Processing Complexity." Chaos 32, no. 1 (January 2022): 013115.

Mehrabi, Ninareh, Fred Morstatter, Nripsuta Saxena, Kristina Lerman, and Aram Galstyan. "A Survey on Bias and Fairness in Machine Learning." ACM Computing Surveys 54, no. 6 (July 2021): 1–35.

Mehta, Pankaj, and David J. Schwab. "An Exact Mapping Between the Variational Renormalization Group and Deep Learning." Preprint, submitted 14 October 2014. https://arxiv.org/abs/1410.3831.

Miller, Kristie, Alex Holcombe, and Andrew James Latham. "Temporal Phenomenology: Phenomenological Illusion Versus Cognitive Error." Synthese 197, no. 2 (February 2020): 751–71.

Mlodinow, Leonard, and Todd A. Brun. "Relation Between the Psychological and Thermodynamic Arrows of Time." Physical Review E 89, no. 5 (May 2014): 052102.

Mora, Thierry, and William Bialek. "Are Biological Systems Poised at Criticality?" Journal of Statistical Physics 144, no. 2 (2 June 2011): 268–302.

Morange, Michel. The Black Box of Biology: A History of the Molecular Revolution. Cambridge, MA: Harvard University Press, 2020.

Mørch, Hedda Hassel. "Is the Integrated Information Theory of Consciousness Compatible with Russellian Panpsychism?" Erkenntnis 84, no. 5 (10 April 2018): 1065–85.

Moreva, Ekaterina, Giorgio Brida, Marco Gramegna, Vittorio Giovannetti, Lorenzo Maccone, and Marco Genovese. "Time from Quantum Entanglement: An Experimental Illustration." Physical Review A 89, no. 5 (20 May 2014): 052122.

Moser, Edvard I., Emilio Kropff, and May-Britt Moser. "Place Cells, Grid Cells, and the Brain's Spatial Representation System." Annual Review of Neuroscience 31 (2008): 69–89.

Mott, Alex, Joshua Job, Jean-Roch Vlimant, Daniel Lidar, and Maria Spiropulu. "Solving a Higgs Optimization Problem with Quantum Annealing for Machine Learning." Nature 550, no. 7676 (19 October 2017): 375–79.

Muciño, Ricardo, Elias Okon, and Daniel Sudarsky. "Assessing Relational Quantum Mechanics." Synthese 200, no. 5 (October 2022): 399.

Müller, Markus P. "Law Without Law: From Observer States to Physics via Algorithmic Information Theory." Quantum 4 (20 July 2020): 301.

Muñoz, Roberto N., Angus Leung, Aidan Zecevik, Felix A. Pollock, Dror Cohen, Bruno van Swinderen, Naotsugu Tsuchiya, and Kavan Modi. "General Anesthesia Reduces Complexity and Temporal Asymmetry of the Informational Structures Derived from Neural Recordings in Drosophila." Physical Review Research 2 (22 May 2020): 023219.

Muñoz Garganté, Núria. "A Physicist's Road to Emergence: Revisiting the Story of 'More Is Different.'" Lecture, Max Planck Institute for the History of Science, Berlin, 3 September 2019.

Musser, George. "Build Your Own Artificial Neural Network. It's Easy!" Nautilus (20 September 2020). https://nautil.us/build-your-own-artificial-neural-network-its-easy-237976/.

———. "How Autism May Stem from Problems with Prediction." Spectrum News (7 March 2018). https://www.spectrumnews.org/features/deep-dive/autism-may-stem-problems-prediction/.

———. "Schrödinger's A.I. Could Test the Foundations of Reality." FQxI Blogs, 19 September 2022. https://fqxi.org/community/articles/display/266.

———. "Watching the Watchmen: Demystifying the Frauchiger-Renner Experiment–Musings from Lidia del Rio and More at the 6th FQxI Meeting." FQxI Blogs, 24 December 2019. https://fqxi.org/community/forum/topic/3354.

Nautrup, Hendrik Poulsen, Tony Metger, Raban Iten, Sofiene Jerbi, Lea M. Trenkwalder, Henrik Wilming, Hans J. Briegel, and Renato Renner. "Operationally Meaningful Representations of Physical Systems in Neural Networks." Machine Learning: Science and Technology 3, no. 4 (December 2022): 045025.

Neal, Radford M. Bayesian Learning for Neural Networks: Lecture Notes in Statistics. New York: Springer New York, 1996.

Neven, Hartmut. "Car Detector Trained with the Quantum Adiabatic Algorithm." Demonstration, Conference on Neural Information Processing Systems, Vancouver, Canada, 8 December 2009.

Newton, Isaac. Opticks: or, A Treatise of the Reflections, Refractions, Inflections and Colours of Light. London: Royal Society, 1718.

Nishimori, Hidetoshi, and Yoshihiko Nonomura. "Quantum Effects in Neural Networks." Journal of the Physical Society of Japan 65, no. 12 (15 December 1996): 3780–96.

Nye, Maxwell, Anders Johan Andreassen, Guy Gur-Ari, Henryk Michalewski, Jacob Austin, David Bieber, David Dohan et al. "Show Your Work: Scratchpads for Intermediate Computation with Language Models." Preprint, submitted 30 November 2021. https://arxiv.org /pdf/2112.00114.

O'Connell, A. D., M. Hofheinz, M. Ansmann, Radoslaw C. Bialczak, M. Lenander, Erik Lucero, M. Neeley et al. "Quantum Ground State and Single-Phonon Control of a Mechanical Resonator." Nature 464, no. 7289 (1 April 2010): 697–703.

Oddie, Graham. "Armstrong on the Eleatic Principle and Abstract Entities." Philosophical Studies 41, no. 2 (March 1982): 285–95.

Odegaard, Brian, Robert T. Knight, and Hakwan Lau. "Should a Few Null Findings Falsify Prefrontal Theories of Conscious Perception?" Journal of Neuroscience 37, no. 40 (4 October 2017): 9593–602.

Ogden, Ruth S. "The Passage of Time During the UK Covid-19 Lockdown." PLoS ONE 15, no. 7 (6 July 2020): e0235871.

Okon, Elias, and Miguel Ángel Sebastián. "A Consciousness-Based Quantum Objective Collapse Model." Synthese 197, no. 9 (27 July 2018): 3947–67.

Olah, Chris, Alexander Mordvintsev, and Ludwig Schubert. "Feature Visualization." Distill, 7 November 2017. https://distill.pub/2017/feature-visualization/.

Olmsted, J. B., and G. G. Borisy. "Microtubules." Annual Review of Biochemistry 42 (1973): 507–40.

Oriti, Daniele. "Levels of Spacetime Emergence in Quantum Gravity." In Philosophy Beyond Spacetime, edited by Christian Wüthrich, Baptiste Le Bihan, and Nick Huggett, 16–40. New York: Oxford University Press, 2021.

Page, Don N., and William K. Wootters. "Evolution Without Evolution: Dynamics Described by Stationary Observables." Physical Review D 27, no. 12 (15 June 1983): 2885–92.

Päs, Heinrich. The One: How an Ancient Idea Holds the Future of Physics. New York: Basic Books, 2023.

Pearl, Judea. Causality, 2nd ed. New York: Cambridge University Press, 2009.

Pearl, Judea, and Dana Mackenzie. The Book of Why: The New Science of Cause and Effect. New York: Basic Books, 2018.

Penrose, Roger. The Emperor's New Mind: Concerning Computers, Minds, and the Laws of Physics. New York: Penguin Books, 1991.

———. "Gravity and State Vector Reduction." In Quantum Concepts in Space and Time, edited by Roger Penrose and Christopher J. Isham, 129–46. New York: Oxford University Press, 1986.

———. Shadows of the Mind: A Search for the Missing Science of Consciousness. New York: Oxford University Press, 1994.

Pereboom, Derk. Consciousness and the Prospects of Physicalism. New York: Oxford University Press, 2011.

Peres, Asher. "Unperformed Experiments Have No Results." American Journal of Physics 46, no. 7 (July 1978): 745–47.

Piccione, Michele, and Ariel Rubinstein. "On the Interpretation of Decision Problems with Imperfect Recall." Games and Economic Behavior 20, no. 1 (July 1997): 3–24.

Pienaar, Jacques L. "A Quintet of Quandaries: Five No-Go Theorems for Relational Quantum Mechanics." Foundations of Physics 51 (4 October 2021): 97.

Pinker, Steven. How the Mind Works. New York: Penguin Random House, 2015.

Plato. "Parmenides." In Readings in Ancient Greek Philosophy: From Thales to Aristotle, edited by S. Marc Cohen, Patricia Curd, and C. D. C. Reeve, 432–41. Cambridge, MA: Hackett, 1995.

Polchinski, Joseph. String Theory: An Introduction to the Bosonic String. New York: Cambridge University Press, 1998.

Price, Huw. "Causal Perspectivalism." In Causation, Physics, and the Constitution of Reality, edited by Huw Price and Richard Corry, 250–92. New York: Oxford University Press, 2007.

——. Time's Arrow and Archimedes' Point: New Directions for the Physics of Time. New York: Oxford University Press, 1996.

Principe, Lawrence M. "Reflections on Newton's Alchemy in Light of the New Historiography of Alchemy." In Newton and Newtonianism, edited by James E. Force and Sarah Hutton, 205–19. Boston: Kluwer Academic, 2004.

Proietti, Massimiliano, Alexander Pickston, Francesco Graffitti, Peter Barrow, Dmytro Kundys, Cyril Branciard, Martin Ringbauer, and Alessandro Fedrizzi. "Experimental Test of Local Observer Independence." Science Advances 5, no. 9 (20 September 2019): eaaw9832.

Rahimi, Ali. "Back When We Were Young." Lecture, Conference on Neural Information Processing Systems, Long Beach, CA, 5 December 2017.

Rao, Rajesh P. N., and Dana H. Ballard. "Predictive Coding in the Visual Cortex: A Functional Interpretation of Some Extra-Classical Receptive-Field Effects." Nature Neuroscience 2, no. 1 (January 1999): 79–87.

Rasmussen, Carl Edward. "Gaussian Processes in Machine Learning." In Advanced Lectures on Machine Learning: Lecture Notes in Computer Science, edited by Olivier Bousquet, Ulrike von Luxburg, and Gunnar Rätsch, 63–71. Berlin, Heidelberg: Springer Berlin Heidelberg, 2004.

Rauch, D., J. Handsteiner, A. Hochrainer, J. Gallicchio, A. S. Friedman, C. Leung, B. Liu et al. "Cosmic Bell Test Using Random Measurement Settings from High-Redshift Quasars." Physical Review Letters 121, no. 8 (24 August 2018): 080403.

Roose, Kevin. "Bing's Chatbot Drew Me In and Creeped Me Out." New York Times, 17 February 2023.

Rovelli, Carlo. "Consciousness, Time, Quantum." Lecture, The Science of Consciousness, 15 September 2020.

——. "Forget Time." Preprint, submitted 23 March 2009. https://arxiv.org /abs /0903.3832.

——. Helgoland. New York: Penguin, 2021.

——. "Is Time's Arrow Perspectival?" In The Philosophy of Cosmology, edited by Khalil Chamcham, Joseph Silk, John D. Barrow, and Simon Saunders, 285–96. New York: Cambridge University Press, 2017.

——. Quantum Gravity. New York: Cambridge University Press, 2004.

——. "Relational Quantum Mechanics." International Journal of Theoretical Physics 35, no. 8 (August 1996): 1637–78.

——. What Is Time? What Is Space? Translated by J. C. van den Berg. Rome: Di Renzo Editore, 2006.

Rubin, Sergio, Thomas Parr, Lancelot Da Costa, and Karl Friston. "Future Climates: Markov Blankets and Active Inference in the Biosphere." Journal of the Royal Society Interface 17, no. 172 (November 2020): 20200503.

Rudy, Samuel H., Steven L. Brunton, Joshua L. Proctor, and J. Nathan Kutz. "Data-Driven Discovery of Partial Differential Equations." Science Advances 3, no. 4 (April 2017): e1602614.

Rumelhart, David E., Geoffrey E. Hinton, and Ronald J. Williams. "Learning Representations by Back-Propagating Errors." Nature 323, no. 6088 (9 October 1986): 533–36.

Russell, Bertrand. "On the Notion of Cause." Proceedings of the Aristotelian Society 13 (1912): 1–26.

Sacks, Oliver. The Man Who Mistook His Wife for a Hat: And Other Clinical Tales. New York: Simon and Schuster, 1998.

Salisbury, Donald. "Toward a Quantum Theory of Gravity: Syracuse 1949–1962." In The Renaissance of General Relativity in Context, edited by Alexander S. Blum, Roberto Lalli, and Jürgen Renn, 221–55. Cham, Switzerland: Springer International, 2020.

Saysani, Armin, Michael C. Corballis, and Paul M. Corballis. "Colour Envisioned: Concepts of Colour in the Blind and Sighted." Visual Cognition 26, no. 5 (May 2018): 382–92.

Sayood, Khalid. Introduction to Data Compression, 4th ed. Waltham, MA: Morgan Kaufmann, 2012.

Schlosshauer, Maximilian, and Arthur Fine. "Decoherence and the Foundations of Quantum Mechanics." In The Frontiers Collection: Quantum Mechanics at the Crossroads, edited by James Evans and Alan S. Thorndike, 125–48. Heidelberg: Springer Berlin Heidelberg, 2007.

Schmidt, M., and H. Lipson. "Distilling Free-Form Natural Laws from Experimental Data." Science 324, no. 5923 (3 April 2009): 81–85.

Schneider, Susan. Artificial You. Princeton, NJ: Princeton University Press, 2019.

Schoenbrun, David. Soldiers of the Night: The Story of the French Resistance. New York: Dutton, 1980.

Schoenholz, Samuel S., Justin Gilmer, Surya Ganguli, and Jascha Sohl-Dickstein. "Deep Information Propagation." Preprint, submitted 4 November 2016. https://arxiv.org/abs/1611.01232.

Schramski, Sam. "Running Is Always Blind." Nautilus 38 (30 June 2016). https://nautil.us/running-is-always-blind-236003/.

Schrödinger, Erwin. Nature and the Greeks. Cambridge: Cambridge University Press, 1954.

Schuld, Maria, Ilya Sinayskiy, and Francesco Petruccione. "Quantum Computing for Pattern Classification." In Lecture Notes in Computer Science: PRICAI 2014: Trends in Artificial Intelligence, edited by Duc-Nghia Pham and Seong-Bae Park, 208–20. Cham, Switzerland: Springer International, 2014.

Schweber, Silvan S. "Physics, Community and the Crisis in Physical Theory." Physics Today 46, no. 11 (November 1993): 34–40.

Scoles, Sarah. "NASA's Space Crash Succeeded in Forcing Asteroid onto New Path." New York Times, 12 October 2022.

Seager, William. Natural Fabrications: Science, Emergence and Consciousness. New York: Springer, 2012.

———. "Neutral Monism and the Scientific Study of Consciousness." Lecture, Mathematical Consciousness Science, 15 December 2020.

Sebens, Charles T., and Sean M. Carroll. "Self-Locating Uncertainty and the Origin of Probability in Everettian Quantum Mechanics." British Journal for the Philosophy of Science 69, no. 1 (March 2018): 25–74.

Seiberg, Nathan. "Emergent Spacetime." In The Quantum Structure of Space and Time, edited by David J. Gross, Marc Henneaux, and Alexander Sevrin, 162–213. Hackensack, NJ: World Scientific, 2007.

Seif, Alireza, Mohammad Hafezi, and Christopher Jarzynski. "Machine Learning the Thermodynamic Arrow of Time." Nature Physics 17, no. 1 (January 2021): 105–13.

Sejnowski, Terrence J. "The Unreasonable Effectiveness of Deep Learning in Artificial Intelligence." Proceedings of the National Academy of Sciences 117, no. 48 (1 December 2020): 30033–38.

Sejnowski, Terrence J., and Charles R. Rosenberg. "Parallel Networks That Learn to Pronounce English Text." Complex Systems 1, no. 1 (February 1987): 145–68.

Selman, Bart. "Dirty Secrets of Artificial Intelligence." Lecture, Foundational Questions Institute Fifth International Conference, Banff, Canada, 18 August 2016.

Seth, Anil K. Being You: A New Science of Consciousness. New York: Penguin Random House, 2021.

Sharp, Kim, and Franz Matschinsky. "Translation of Ludwig Boltzmann's Paper 'On the Relationship Between the Second Fundamental Theorem of the Mechanical Theory of Heat and Probability Calculations Regarding the Conditions for Thermal Equilibrium.'

" Entropy 17, no. 4 (April 2015): 1971-2009.

Shimony, Abner. "Role of the Observer in Quantum Theory." American Journal of Physics 31, no. 10 (October 1963): 755-73.

Silver, David, Aja Huang, Chris J. Maddison, Arthur Guez, Laurent Sifre, George van den Driessche, Julian Schrittwieser et al. "Mastering the Game of Go with Deep Neural Networks and Tree Search." Nature 529, no. 7587 (28 January 2016): 484-89.

Smith, Jordan, Hadi Zadeh Haghighi, Dennis Salahub, and Christoph Simon. "Radical Pairs May Play a Role in Xenon-Induced General Anesthesia." Scientific Reports 11, no. 1 (18 March 2021): 6287.

Smith, Robert W. "Beyond the Galaxy: The Development of Extragalactic Astronomy 1885-1965, Part 1." Journal for the History of Astronomy 39, no. 1 (February 2008): 91-119.

Smolin, Lee. Time Reborn: From the Crisis in Physics to the Future of the Universe. New York: Houghton Mifflin Harcourt, 2013.

Solomonoff, R. J. "A Formal Theory of Inductive Inference. Part I." Information and Control 7, no. 1 (March 1964): 1-22.

Spalding, Kirsty L., Ratan D. Bhardwaj, Bruce A. Buchholz, Henrik Druid, and Jonas Frisén. "Retrospective Birth Dating of Cells in Humans." Cell 122, no. 1 (15 July 2005): 133-43.

Srinivasan, M. V., S. B. Laughlin, and A. Dubs. "Predictive Coding: A Fresh View of Inhibition in the Retina." Proceedings of the Royal Society B: Biological Sciences 216, no. 1205 (22 November 1982): 427-59.

Stachel, John. "The Other Einstein: Einstein Contra Field Theory." Science in Context 6, no. 1 (Spring 1993): 275-90.

Stalzer, Mark, and Chao Ju. "Automated Rediscovery of the Maxwell Equations." Applied Sciences 9, no. 14 (19 July 2019): 2899.

Stanley, Richard P. "Qualia Space." Journal of Consciousness Studies 6, no. 1 (1 January 1999): 49-60.

Stapp, Henry P. "Quantum Propensities and the Brain-Mind Connection." Foundations of Physics 21, no. 12 (November 1991): 1451-77.

Steinhardt, Paul J. "The Inflation Debate." Scientific American 304, no. 4 (April 2011): 36-43.

Steinmetz, Ralf. "Human Perception of Jitter and Media Synchronization." IEEE Journal on Selected Areas in Communications 14, no. 1 (January 1996): 61-72.

Sutton, John. Philosophy and Memory Traces. New York: Cambridge University Press, 1998.

Swazey, Judith P. "Forging a Neuroscience Community: A Brief History of the Neurosciences Research Program." In The Neurosciences: Paths of Discovery, edited by George Adelman, Judith P. Swazey, Frederic G. Worden, and Francis Otto Schmitt, 529-46. Cambridge, MA: MIT Press, 1975.

Tani, Jun. "An Interpretation of the 'Self ' from the Dynamical Systems Perspective: A Constructivist Approach." Journal of Consciousness Studies 5 (1 May 1998): 516-42.

———. "Learning to Generate Articulated Behavior Through the Bottom-Up and the Top-Down Interaction Processes." Neural Networks 16, no. 1 (January 2003): 11-23.

———. "Model-Based Learning for Mobile Robot Navigation from the Dynamical Systems Perspective." IEEE Transactions on Systems, Man, and Cybernetics, Part B (Cybernetics) 26, no. 3 (June 1996): 421-36.

Tao, Terence. "The Erdős Discrepancy Problem." Discrete Analysis 1 (28 February 2016). https://discreteanalysisjournal.com/article/609.

Taranalli, Veeresh, Hironori Uchikawa, and Paul H. Siegel. "Channel Models for Multi-Level Cell Flash Memories Based on Empirical Error Analysis." IEEE Transactions on Communications 64, no. 8 (August 2016): 3169-81.

Tegmark, Max. "Consciousness as a State of Matter." Chaos, Solitons & Fractals 76 (July 2015): 238-70.

———. "Importance of Quantum Decoherence in Brain Processes." Physical Review E 61, no. 4 (April 2000): 4194-206.

———. "Improved Measures of Integrated Information."

PLoS Computational Biology 12, no. 11 (21 November 2016): e1005123.

——. "Parallel Universes." Scientific American 288, no. 5 (May 2003): 40–51.

Tinsley, J. N., M. I. Molodtsov, R. Prevedel, D. Wartmann, J. Espigulé-Pons, M. Lauwers, and A. Vaziri. "Direct Detection of a Single Photon by Humans." Nature Communications 7 (19 July 2016): 12172.

Tononi, Giulio, Larissa Albantakis, Melanie Boly, Chiara Cirelli, and Christof Koch. "Only What Exists Can Cause: An Intrinsic View of Free Will." Preprint, submitted 4 June 2022. https://arxiv.org /abs /2206.02069.

Tononi, Giulio, Melanie Boly, Marcello Massimini, and Christof Koch. "Integrated Information Theory: From Consciousness to Its Physical Substrate." Nature Reviews Neuroscience 17, no. 7 (July 2016): 450–61.

Tononi, Giulio, and Christof Koch. "Consciousness: Here, There and Everywhere?" Philosophical Transactions of the Royal Society B: Biological Sciences 370, no. 1668 (19 May 2015).

Tsuchiya, Naotsugu, Shigeru Taguchi, and Hayato Saigo. "Using Category Theory to Assess the Relationship Between Consciousness and Integrated Information Theory." Neuroscience Research 107 (June 2016): 1–7.

Tversky, Barbara. Mind in Motion. New York: Basic Books, 2019.

Udrescu, Silviu-Marian, and Max Tegmark. "AI Feynman: A Physics-Inspired Method for Symbolic Regression." Science Advances 6, no. 16 (15 April 2020): eaay2631.

Uvarov, A. V., A. S. Kardashin, and Jacob D. Biamonte. "Machine Learning Phase Transitions with a Quantum Processor." Physical Review A 102, no. 1 (15 July 2020): 012415.

Vanchurin, Vitaly. "The World as a Neural Network." Entropy 22, no. 11 (26 October 2020): 1210.

Van Raamsdonk, Mark. "Building Up Spacetime with Quantum Entanglement." General Relativity and Gravitation 42, no. 10 (19 June 2010): 2323–29.

Vardanyan, Mihran, Roberto Trotta, and Joseph Silk. "Applications of Bayesian Model Averaging to the Curvature and Size of the Universe." Monthly Notices of the Royal Astronomical Society: Letters 413, no. 1 (May 2011): L91–95.

Vaswani, Ashish, Noam Shazeer, Niki Parmar, Jakob Uszkoreit, Llion Jones, Aidan N. Gomez, Lukasz Kaiser, and Illia Polosukhin. "Attention Is All You Need." Preprint, submitted 12 June 2017. https://arxiv.org /abs /1706.03762.

von Neumann, John. "The General and Logical Theory of Automata." In Cerebral Mechanisms in Behavior: The Hixon Symposium, edited by Lloyd A. Jeffress, 1–42. New York: Hafner, 1967.

——. Mathematical Foundations of Quantum Mechanics. Translated by Robert T. Beyer. Princeton, NJ: Princeton University Press, 1955.

von Weizsäcker, C. F. "Physics and Philosophy." In The Physicist's Conception of Nature, edited by Jagdish Mehra, 736–46. Dordrecht: Springer Netherlands, 1973.

Wallace, David. "Everett and Structure." Studies in History and Philosophy of Science Part B: Studies in History and Philosophy of Modern Physics 34, no. 1 (March 2003): 87–105.

Warren, Howard Crosby. A History of the Association Psychology. New York: Charles Scribner's Sons, 1921.

Watson, Richard A., and Eörs Szathmáry. "How Can Evolution Learn?" Trends in Ecology and Evolution 31, no. 2 (February 2016): 147–57.

Wharton, Ken B. "Time-Symmetric Boundary Conditions and Quantum Foundations." Symmetry 2, no. 1 (March 2010): 272–83.

Wheeler, John Archibald. "Genesis and Observership." In Foundational Problems in the Special Sciences, edited by Robert E. Butts and Jaakko Hintikka, 3–33. Dordrecht: Springer Netherlands, 1977.

——. Papers 52:140. Relativity Notebook #14, 27 January 1967. American Philosophical Society Library, Philadelphia.

———. "Pregeometry: Motivations and Prospects." In Quantum Theory and Gravitation, edited by A. R. Marlow, 1–11. New York: Academic Press, 1980.

Wiese, Wanja, and Karl J. Friston. "The Neural Correlates of Consciousness Under the Free Energy Principle: From Computational Correlates to Computational Explanation." Philosophy and the Mind Sciences 2 (22 September 2021).

Wigner, Eugene Paul. "Remarks on the Mind-Body Question." In The Scientist Speculates: An Anthology of Partly-Baked Ideas, edited by Irving John Good, 284– 302. London: Heinemann, 1962.

———. "Review of the Quantum Mechanical Measurement Problem." In Quantum Optics, Experimental Gravity, and Measurement Theory, edited by Pierre Meystre and Marlan O. Scully, 43–63. Boston: Springer U.S., 1983.

Wright, Sewall. "Correlation and Causation." Journal of Agricultural Research 20, no. 7 (3 January 1921): 557–85.

Yaida, Sho. "Non-Gaussian Processes and Neural Networks at Finite Widths." Preprint, submitted 30 September 2019. https://arxiv.org /abs /1910.00019.

Yamashita, Yuichi, and Jun Tani. "Spontaneous Prediction Error Generation in Schizophrenia." PLoS ONE 7, no. 5 (30 May 2012): e37843.

Zhang, Chiyuan, Samy Bengio, Moritz Hardt, Benjamin Recht, and Oriol Vinyals. "Understanding Deep Learning Requires Rethinking Generalization." Preprint, submitted 10 November 2016. https://arxiv. org /abs /1611.03530.

인터뷰 및 책에 대한 의견을 준 사람들

Scott Aaronson. 18 September 2011, 2 November 2022

Emily Adlam. 7 November 2022

Anthony Aguirre. 22 January 2014

Larissa Albantakis. 22 July 2019, 2 December 2019, 2 April 2020, 5 October 2020, 20 October 2021, 22 October 2021

David Albert. 28 March 2011, 11 April 2011, 24 April 2017, 3 May 2021

Igor Aleksander. 23 July 2018

Holly Andersen. 28 October 2020

Joscha Bach. 6 June 2017, 4 October 2017, 16 October 2017, 24 August 2018

Yasaman Bahri. 4 September 2019, 29 December 2019, 13 January 2020

Vijay Balasubramanian. 4 December 2018, 23 September 2019

Elizabeth Behrman. 15 December 2017, 21 January 2021, 22 March 2021

Mani Bhaumik. 27 June 2019, 29 June 2020

Raphael Bousso. 17 February 2011, 2 November 2022

Vern Brownell. 20 December 2018

Časlav Brukner. 4 August 2020, 6 February 2022

Craig Callender. 28 May 2002, 30 June 2020

Eric Cavalcanti. 28 July 2020, 29 July 2020, 17 August 2020, 8 February 2022

Ron Chrisley. 6 January 2016, 28 October 2017

Andy Clark. 8 November 2017, 15 February 2018

Kyle Cranmer. 14 December 2018, 4 October 2021

Cătălina Curceanu. 4 September 2020, 21 April 2021

Daniel Dennett. 3 April 2015

Dennis Dieks. 11 August 2020, 14 August 2020, 15 August 2020, 1 October 2020, 7 October 2020, 9 May 2021, 12 May 2021

Robbert Dijkgraaf. 7 December 2021

Gia Dvali. 13 March 2018, 19 March 2018, 31 March 2018, 2 April 2018, 29 January 2021

George Ellis. 24 March 2017, 25 March 2017

Zafeirios Fountas. 2 October 2020

Karl Friston. 24 October 2017, 25 January 2018, 27 January 2018, 28 September 2018, 23 July 2019

Christopher Fuchs. 7 July 2004, 5 May 2005, 7 April 2015, 3 July 2019, 8 November 2019, 11 June 2021

Surya Ganguli. 28 August 2019

Philip Goff. 15 July 2021, 28 July 2021, 1 August 2021, 10 August 2021

Rick Grush. 30 August 2021

Mile Gu. 29 September 2018

Nicholas Guttenberg. 14 October 2017, 17 December 2018, 18 February 2023

Joseph Halpern. 19 April 2017

Stuart Hameroff. 28 February 2020, 29 February 2020, 1 March 2020, 2 March 2020, 4 March 2020

Koji Hashimoto. 7 May 2020, 22 September 2021

Andrew Haun. 20 August 2020, 21 October 2021

Elad Hazan. 20 February 2019

Richard Healey. 21 November 2011, 28 June 2017, 26 May 2019, 8 May 2021

Irina Higgins. 25 August 2018, 22 July 2021

Erik Hoel. 1 June 2016, 28 March 2017, 31 March 2017, 3 April 2017, 5 April 2017

Donald Hoffman. 6 July 2020

John Hopfield. 28 November 2018, 11 December 2018, 8 January 2019, 15 January 2019, 31 January 2019, 22 April 2019, 13 December 2020, 23 February 2023

Jenann Ismael. 29 October 2013, 5 April 2017

Mark Johnson. 8 October 2020

Bjørn Erik Juel. 17 February 2021

Yann LeCun. 4 June 2019, 19 November 2019, 21 November 2019, 9 December 2021

Christian List. 9 March 2015, 13 March 2015, 31 March 2015, 12 April 2015, 27 May 2015, 30 April 2019, 2 May 2019, 3 May 2019

Seth Lloyd. 19 May 2007, 6 January 2014, 7 December 2017

Kristjan Loorits. 31 July 2020, 6 August 2020, 11 August 2020, 7 September 2022, 15 September 2022

Kelvin McQueen. 21 March 2017, 22 March 2017, 29 September 2018, 27 September 2020, 28 September 2020

Marc Mézard. 22 November 2019

Markus Müller. 29 September 2018, 26 October 2018, 24 October 2019, 29 May 2021, 31 May 2021

Hidetoshi Nishimori. 13 October 2017, 11 May 2020, 21 January 2021

Heinrich Päs. 26 June 2019, 28 June 2019

Jeffrey Pennington. 8 July 2019

Roger Penrose. 15 March 2010, 6 April 2018, 4 September 2020

Jacques Pienaar. 29 June 2021, 1 July 2021, 6 July 2021, 7 July 2021, 26 July 2021

Joseph Polchinski. 9 January 2009

Sandu Popescu. 17 November 2010

Huw Price. 22 July 2011, 25 October 2013

Giovanni Rabuffo. 11 November 2020, 13 October 2022, 20 October 2022

Renato Renner. 2 November 2019, 16 November 2019, 5 August 2020, 3 June 2022

Daniel Roberts. 20 November 2019, 24 March 2020, 21 April 2020, 13 January 2021, 27 September 2021, 3 April 2023

Warrick Roseboom. 2 October 2020

Carlo Rovelli. 20 January 2007, 28 January 2007, 27 May 2007, 28 May 2007, 9 March 2008, 9 October 2008, 9 January 2014, 26 June 2020

Jürgen Schmidhuber. 30 June 2019

Susan Schneider. 25 May 2017, 26 June 2018

Maria Schuld. 1 November 2017, 19 November 2019, 21 November 2019

Terry Sejnowski. 14 November 2019, 15 November 2019

Anil Seth. 9 November 2017, 18 July 2018, 25 February 2021

Lee Smolin. 25 August 2021

Jascha Sohl-Dickstein. 27 August 2019, 29 January 2021

Haim Sompolinsky. 19 November 2019

Joanna Szczotka. 20 August 2020

Jun Tani. 16 October 2017, 22 October 2017, 29 October 2017, 16 February 2019

Max Tegmark. 25 March 2015, 23 March 2017, 21 July 2019, 23 July 2019

Nora Tischler. 12 August 2020, 13 August 2020

Giulio Tononi. 12 January 2012, 8 January 2016, 21 January 2016, 29 February 2016, 10 March 2021, 20 October 2021, 21 October 2021, 22 October 2021

Vitaly Vanchurin. 31 August 2021
Marina Vegué Llorente. 28 June 2019, 9 November 2020, 10 November 2020
Jan Walleczek. 4 April 2018, 7 September 2019

David Wolpert. 2 April 2017, 12 June 2018
Lenka Zdeborová. 21 February 2019, 18 November 2019
Anton Zeilinger. 1 April 2011

감사의 글

이 주제를 탐구해 나가면서 나는 물리학, 신경과학, 마음 철학, 기계 학습, 인공 지능을 연구하는 완전히 새로운 학자들의 공동체에 들어갈 수 있었습니다. 그분들은 나를 환영해주었고, 관대히 시간을 내주었습니다.

정말 많은 분이 내 원고를 검토해주었습니다. 스콧 애런슨, 라파엘 부소, 차슬라프 브루크너, 크레이그 칼렌더, 데니스 딕스, 칼 프리스턴, 크리스토퍼 푹스, 이베트 푸엔테스, 앤드류 하운, 에릭 호엘, 도널드 호프만, 로렌조 마코네, 켈빈 맥퀸, 에카테리나 모레바, 마르쿠스 뮐러, 레나토 레너, 댄 로버츠, 워릭 로즈붐, 카를로 로벨리, 야샤 솔 딕스타인, 에프라임 스테인버그, 타니 준, 줄리오 토노니, 데이비드 월러스, 반야 비제가 그런 분들입니다.

참고 목록에서 언급한 분들 외에도 의견을 나누어준 분들이 있

습니다. 올가 아파나스예바, 숀 캐럴, 지트카 세이코바, 데이비드 칼
머스, 이안 더럼, 벤 코어첼, 제이콥 호위, 페에트 허트, 요하네스 클
라이너, 헤다 머크, 파보 필퀴넨, 마레크 로사, 하워드 와이즈먼이 그
런 분들입니다.

나와 함께 어울리며 흥미롭고 박식한 의견을 나눠주신 뉴욕의
신경과학과 AI 연구단체 YHouse 분들께도 감사합니다. YHouse는
프쿠이 아야코, 피에트 허트, 사카모토 숀, 칼레브 샤르프, 올라프 위
트코프스키가 조직한 단체입니다. 우리는 가끔 디팍 초프라와 함께
했고, 그가 과학을 더 큰 인간의 관심사와 연결하는 방식에 감탄했
습니다. 팬데믹 봉쇄 기간 동안 나는 크세르크세르 아르시왈라, 요
하네스 클라이너, 로빈 로렌츠, 조애나 스초트카, 숀 툴이 조직한 수
학적 인지 과학 연작 세미나, 제이콥 바란데스, 조너선 하이프너가
조직한 하버드 과학 철학 클럽, 내가 무급 연구 회원으로 있는 MIT
과학, 기술, 사회 프로그램 같은 지적 단체와 계속 교류했습니다.

페처 프랭클린 펀드 파이오니어 어워드의 관대한 지원이 없었
다면 나는 그 많은 학회에 참석하고 과학자들의 실험실을 방문할 수
없었을 것입니다. 능숙하게 계획을 세우고 업무를 처리해준 브루스
페처, 얀 윌레첵, 지묘 페원에게 깊은 감사를 드립니다.

FQxl(기본 의문 연구소)은 2016년에는 밴프에서, 2019년에는 토
스카나에서 열린 국제 학회에 참석할 수 있는 경비를 지원해주었습
니다. 나를 만나러 와준 앤서니 아기레와 맥스 테그마크, 계획을 세
우고 조정해준 카비타 라야나에게 감사의 말을 전합니다. FQxl은

피지컬 월드 프로그램 의식 프로젝트 보조금으로 내가 2022년에 채프먼 대학교에서 열린 양자 물리학 재단 학회 마음과 작인 회의에 참석할 수 있게 해주었습니다. 나를 초대해준 켈빈 맥퀸과 계획을 세우고 조정해준 테이트 렌빌, 감사합니다.

아라야 브레인 이미징은 2017년 도쿄에서 열린 AI와 사회 심포지엄의 여행 경비를 지원해주었습니다. 나를 초대해준 푸쿠이 아야코, 카나이 료타, 고맙습니다. AGI 학회는 2018년 프라하에서 열린 사람-수준 AI 학회 참석에 경비를 지원해주었습니다. 여행을 가능하게 해준 올가 아파나스예바와 매튜 이클레 덕분입니다. 2018년 그리스에서 열린 인과 관계, 복잡성, 의식 워크숍에 참석할 수 있도록 지원해준 모나시 대학교 혁신 네트워크, 감사합니다. 초대해준 팀베인과 나오 츠치야, 기획자 재스민 월터, 고맙습니다.

로베르트 데이크흐라프는 2018년과 2019년에 프린스턴 고등학회에서 열린 학회에 기획자 초대 손님으로 나를 불러주었습니다. 나를 추천해준 나탈리 월치오버, 니마 아르카니-하메드, 내 초대를 성사시켜준 조세핀 파스, 모두 감사합니다.

UCLA 순수-응용 수학 연구소(IPAM)는 2019년 기계 학습을 위한 물리학 영감 활용하기 워크숍에 다녀올 비용을 지원해주었습니다. 나를 초대해준 조직위원회의 얀 르쿤, 마티어스 러프, 렌카 즈데보로바, 리카르도 제키나, 기획자인 프로그램 매니저 에밀리 롤런드, 내게 학회 정보를 알려준 카일 크랜머, 감사합니다. IPAM은 자연과학 재단의 후원을 받습니다(보조금 No. DMS-1925919).

또한 위스콘신 수면과 의식 연구소에서 2021년 나의 방문을 허락해주었습니다. 나를 맞이해준 줄리노 토노니, 라리사 알반타키스, 기획하고 설계해준 조너선 랭, 감사합니다. 싱귤래리티 NET의 유명한 아나스타시아 골로비나, D 웨이브의 알리 래 헌트, 굿AI의 윌 밀러십, 오키나와 과학기술 연구소의 오쿠보 토모미 같은 다양한 연구소에서 내가 방문할 수 있도록 힘써준 미디어 담당 직원들에게도 감사의 말을 전합니다.

이 책의 아이디어를 위해 《이온(Aeon)》, 《나우필루스(Nautilus)》, 《사이콜로지 투데이》, 《콴타(Quanta)》, 《사이언스》, 《사이언티픽 아메리칸》, 《스펙트럼 뉴스》의 기사들과 NBC 뉴스 MACH, FQxl의 블로그를 탐독했습니다. 나의 편집자들, 팀 아펜젤러, 케빈 버저, 세스 플레처, 데이비드 프리먼, 에릭 핸드, 리비 마, 지야 메랄리, 마이클 모예르, 크리스틴 오젤리, 리즈 페터슨, 코리 파웰, 마이클 시걸, 게리 스틱스, 파멜라, 웨인트라우브, 잉그리드 위켈그렌, 감사합니다.

나를 지지해준 나의 동료 과학 작가들이 없었다면 책을 쓴다는 긴 마라톤 코스를 완주할 수 없었을 것입니다. 특히 마크 앨퍼트, 애닐 아난타스와미, 스티브 애슐리, 댄 폴크, 아나카 해리스, 필립 얌, 리나 젤도비치에게 감사합니다. 전체 원고를 읽어주고, 여러 번 나를 나에게서 구해준 아만다 게프터에게는 정말로 크게 고맙다고 외치고 싶습니다.

이 책을 쓰는 동안 지역 커피숍에도 자주 갔습니다. 듀어와 시니드 맥레오드가 운영하는 뉴저지주 몽클레어의 유명한 레거시 커피는 내게 카페인을 제공하고 지역 펑크 뮤직을 소개해주었습니다. 뉴저지주 블룸필드의 23 스키드두는 세상에서 가장 맛있는 피넛버터 컵 쿠키를 굽는 곳입니다.

파라, 스트라우스, 지룩스에 있는 그 팀이 아니었다면 나는 어디에 있을까요? 내가 준비됐다고 느끼기도 훨씬 전에 에릭 친스키는 이 주제를 탐구해보라고 권했습니다. 이 원고를 이해할 수 있는 상태로 만들려고 들인 이안 밴 와이의 고통은 내가 평생 맥주를 사는 것으로 갚아야 할 것입니다. 크리스티나 니콜스는 모든 작가가 꿈꾸는 교열 편집자로 틀린 구두점뿐 아니라 모호한 개념과 일치하지 않는 내용도 찾아주었습니다. 원고를 교정해 준 타냐 하인리히와 주디 키비아트, 페이지 레이아웃을 디자인해준 패트리스 셰리던, 멋진 표지를 만들어준 토머스 콜리건에게도 감사합니다.

대략적으로 그린 내 스케치를 멋진 삽화로 변신시켜준 루시 리딩 이칸다는 별을 다섯 개 받을 자격이 있습니다. 나의 오랜 친구이자 대가 사진작가인 필 칸토르는 그의 스튜디오에서 꼬박 하루를 나를 위해 시간을 내어 재킷 사진을 비롯한 사진을 다양한 각도에서 찍어주었습니다. 이 프로젝트는 될 수 있다는 확신을 주고 뒤에서 모든 과정을 지휘한 나의 에이전트 수전 라비너에게도 감사합니다.

나의 형제 브렛 머서와 처남 조너선 샤퍼는 언제나 내게 영감을 주었습니다. 뛰어난 학자인 두 사람은 저녁을 먹으며 나눈 깊은 대화를 바보 같은 농담으로 전환하는 데 능숙한 즐거운 친구들입니다. 나는 이 책을 두 사람에게 바칩니다. 장인, 장모님이신 앤 샤퍼와 벤 샤퍼는 언제나 내가 가족의 일원임을 분명히 느끼게 해주셨고, 언제나 사랑해주고 자랑스러워해 주셨습니다. 내가 어머니 주디에게서 테니스 기술 조금과 인생을 사랑하는 법을 물려받은 것은 행운이었습니다. 내가 처음으로 건축용지에 크레용으로 글을 썼을 때부터 어머니는 나의 글쓰기를 격려해주셨습니다. 새로 우리 가족이 된 작은 슈나우저, 밀로는 일상의 기쁨을 어떻게 누려야 하는지를 가르쳐 줍니다. 밀로는 외칩니다. 우와 인도잖아! 우와 차다! 나를 돌봐주는 인간의 집이야! 삶은 좋은 거야! 하고요.

팬데믹은 특히 젊은이들에게 가혹했습니다. 하지만 나의 딸 엘리애나는 대륙 전역에 있는 친구들을 온라인으로 사귀는 새로운 취미를 발견했습니다. 그 아이와 대화를 하면 내가 더 나은 사람이 되는 것 같습니다. 특히 아이스크림을 함께 먹을 때 말입니다.

이제는 많은 물리학자가 우주는 궁극적으로 관계로 이루어졌을 수 있다고 생각합니다. 사물은 고립된 상태로는 아무 속성이 없으며, 상호 작용을 통해 구성된다는 것입니다. 나의 아내 탈리아는 우리가 살아가는 문화라는 맥락에서 이와 동일한 생각을 탐구하고 있습니다. 그리고 그런 생각을 자신의 원칙 삼아 살아가면서 자신이 하는 모든 상호 작용이 주위 사람들에게 새롭고도 특별한 경험이 될 수 있도록 노력하고 있습니다. 내가 그런 노력의 혜택을 받고 있는 사람 가운데 한 명이라는 사실이 정말 행운입니다.